高等学校信息工程类专业“十三五”规划教材

电磁场与电磁波

（第二版）

曹祥玉　高　军
马嘉俊　冯奎胜　编著

西安电子科技大学出版社

内 容 简 介

本书根据“电磁场与电磁波”课程要求而编写，简明扼要地介绍了电磁场与电磁波理论的基础知识，内容包括矢量分析及场论、静电场、恒定电流的电场、恒定磁场、静电场边值问题的解法、时变电磁场、平面电磁波、导行电磁波和规则金属波导等。为了帮助读者掌握和理解所学内容，提高分析问题和解决问题的能力，书中每章末均附有习题，并在附录中收录了矢量分析与正交曲线坐标系的基本公式和特殊函数等内容。

本书可作为电子与通信类专业本科生的教材，也可作为相关工程技术人员的参考书。

图书在版编目(CIP)数据

电磁场与电磁波/曹祥玉等编著. —2版. —西安：西安电子科技大学出版社，2017.4

高等学校信息工程类专业“十三五”规划教材

ISBN 978-7-5606-4479-0

Ⅰ. 电…　Ⅱ. 曹…　Ⅲ. ①电磁场—电磁波　Ⅳ. O441.4

中国版本图书馆 CIP 数据核字(2017)第 065655 号

策　　划　臧延新

责任编辑　张　玮

出版发行　西安电子科技大学出版社(西安市太白南路 2 号)

电　　话　(029)88242885　88201467　　邮　　编　710071

网　　址　www.xduph.com　　电子邮箱　xdupfxb001@163.com

经　　销　新华书店

印刷单位　陕西华沐印刷科技有限责任公司

版　　次　2017 年 4 月第 1 版　2017 年 4 月第 3 次印刷

开　　本　787 毫米×1092 毫米　1/16　印　张　17

字　　数　402 千字

印　　数　6001～9000 册

定　　价　30.00 元

ISBN 978-7-5606-4479-0/O

XDUP 4771002-3

前　言

在19世纪之前，电学和磁学是分别进行研究的，19世纪之后人们才发现电和磁之间的内在联系。1820年丹麦物理学家H. C. Oersted(1777—1851)第一次揭示了电流可以产生磁场。同年法国物理学家A. M. Ampere(1775—1836)对这一物理现象做出进一步研究，提出了著名的安培定律。1831年英国物理学家M. Faraday(1791—1867)首次报道了电磁感应现象，即通过移动磁体可在导线上感应出电流。Oersted、Ampere和Faraday的工作为电磁学的建立提供了物理概念基础。电磁学真正上升为一门理论则应归功于伟大的苏格兰物理学家J. C. Maxwell(1831—1879)。1864年Maxwell完整地给出了电磁场所满足的方程组，即麦克斯韦方程，并预言了电磁波的存在。麦克斯韦方程是电磁场理论的根基，是研究一切电磁现象的出发点。1887年德国物理学家H. R. Hertz(1857—1894)用实验证明了电磁波的存在，后经意大利工程师M. G. Marconi(1874—1937)进一步的实验研究，电磁波逐渐发展成一种应用范围最广的信息载体，成为当今无线电通信的基础。

电磁场理论经过100多年的发展已根深叶茂，以电磁理论为基础、电磁信息的传输和转换为核心的电磁场与电磁波技术在电子工业及国民经济领域中发挥着重要的作用。近代科学的发展表明，电磁场与电磁波基本理论又是一些交叉学科的生长点和新兴边缘学科发展的基础，信息革命和材料革命给人们提出了许多新的电磁问题，使这一古老的学科仍然生机勃勃，充满活力，新的内容层出不穷，可以发展的方向不可胜数。

“电磁场与电磁波”是电子与通信类专业本科生必修的一门专业基础课，课程涵盖的内容是电子与通信类专业本科阶段所应具备的知识结构的重要组成部分。本书从“电磁场与电磁波”课程的教学要求出发，参考了国内使用较为广泛的优秀教材，在编者多年教学实践经验的基础上编写而成。通过对本书的学习，读者可掌握电磁场与电磁波的基本概念、基本性质、基本规律以及求解电磁场问题的基本方法；熟悉一些重要电磁场问题的数学模型(如波动方程、拉普拉斯方程等)的建立过程以及分析方法；培养从“场”的角度分析问题和解决问题的能力，为今后学习其他后续课程或从事电磁场理论与微波技术方面的研究和工程设计工作打下良好的基础。

全书共分为9章。每章前后分别有提要和小结，指出学习要点，总结重点；每章中有典型例题讲解及大量习题，帮助学生加深理解，巩固所学知识，提高分析问题和解决问题的能力。本书可作为电子与通信类专业本科生的教材，也可作为有关工程技术人员的参考书。本书的教学安排参考学时为40。

本书由空军工程大学信息与导航学院曹祥玉、高军教授担任主编，马嘉俊博士、冯奎胜博士、李桐博士、刘涛博士参与了部分章节的编写和修订。在编写过程中，编者得到了空军工程大学信息与导航学院各级领导和许多同志的支持与帮助，在此表示衷心的感谢。对参考的相关教材作者致以诚挚的谢意。

感谢西安电子科技大学出版社为编者提供了难得的机会，并为本书的出版付出了大量辛勤的劳动。

由于编者水平有限，书中难免有不足之处，恳请读者批评指正。

编　者

2017年1月11日

目　录

第1章 矢量分析及场论

本章提要

- 矢量代数运算
- 三种常用的正交坐标系
- 矢量微积分及其物理意义
- 亥姆霍兹定理和格林定理

物理量通常分为两类：标量和矢量。标量是一个确定的数值，只有大小，没有方向；而矢量不仅有大小，还有方向。在三维空间表示任意矢量的方向需要三个数值，这些数值与坐标系的选择有关，但是矢量运算却可以和坐标系无关。在电路理论中讨论的电压和电流是标量场，在电磁场理论中论述的电场 $\boldsymbol{E}$ 和磁场 $\boldsymbol{H}$ 是矢量场。在电磁学中，一个矢量场可以用三个标量场来表示，独立变量较多，公式书写也非常繁琐，应用矢量分析方法则可以列出简洁的公式，因此矢量的基本运算和分析在本课程中起重要作用。虽然矢量运算不需要规定具体的坐标系，但在应用电磁学定理或定律分析解决具体问题时，坐标系的选择却非常重要，如矩形线圈采用直角坐标系比较方便，而圆柱(或球)结构采用圆柱(或球)坐标系将更有利于问题求解。因此，本章从矢量代数的基本运算规则入手，介绍矢量的加法、减法和乘法；然后，介绍三种常用的正交坐标系：直角坐标系、圆柱坐标系和球坐标系，以及不同坐标系下矢量的表示和不同坐标系间矢量的转换关系；最后，介绍场论有关知识，包括标量场的梯度、矢量场的散度和旋度、高斯定理、斯托克斯定理、拉普拉斯算子以及亥姆霍兹定理和格林定理，并利用矢量分析工具对矢量场的性质和分类进行讨论。

1.1 矢量分析

1.1.1 矢量和标量

1. 标量

标量：只有大小没有方向的量，如温度、时间、质量等。

2. 矢量

矢量：既有大小又有方向的量。矢量可以形象地用一条有向线段表示，线段的长度表示矢量的模，其方向代表矢量的方向，如图1-1所示，矢量 $\boldsymbol{A}$ 可表示为

$$\boldsymbol{A}=\boldsymbol{e}_A A \tag{1-1}$$

图1-1 矢量 $\boldsymbol{A}$ 图示

其中，A 表示矢量 $\boldsymbol{A}$ 的模，即

$$A = |\boldsymbol{A}| = \sqrt{A_x^2 + A_y^2 + A_z^2} \tag{1-2a}$$

$\boldsymbol{e}_A$ 表示矢量 $\boldsymbol{A}$ 的单位矢量，沿矢量 $\boldsymbol{A}$ 方向且大小为 1 的无量纲矢量，即

$$\boldsymbol{e}_A = \frac{\boldsymbol{A}}{|\boldsymbol{A}|} \tag{1-2b}$$

3. 空间位置矢量与距离矢量

空间位置矢量(position vector)：简称位矢，用 $\boldsymbol{r}$ 表示。如图 1-2 所示，空间位置矢量指从坐标原点出发向空间任意点 $P(x, y, z)$ 引出的有向线段，可以用三坐标投影唯一地表示为

$$\boldsymbol{r} = \overrightarrow{OP} = \boldsymbol{e}_x x + \boldsymbol{e}_y y + \boldsymbol{e}_z z \tag{1-3}$$

距离矢量：在电磁场理论中，通常用 $\boldsymbol{r}$ 表示场点 $P(x, y, z)$ 的位置矢量，用 $\boldsymbol{r}'$ 表示源点 $P'(x', y', z')$ 的位置矢量，用 $\boldsymbol{R}$ 表示从源点 P' 出发引向场点 P 的距离矢量，即

$$\boldsymbol{R} = \boldsymbol{r} - \boldsymbol{r}' = \boldsymbol{e}_x(x - x') + \boldsymbol{e}_y(y - y') + \boldsymbol{e}_z(z - z') \tag{1-4}$$

$\boldsymbol{R}$ 的模为

$$R = |\boldsymbol{R}| = |\boldsymbol{r} - \boldsymbol{r}'| = \sqrt{(x - x')^2 + (y - y')^2 + (z - z')^2} \tag{1-5a}$$

$\boldsymbol{R}$ 的方向为

$$\boldsymbol{e}_R = \frac{\boldsymbol{R}}{R} = \boldsymbol{e}_x \frac{x - x'}{R} + \boldsymbol{e}_y \frac{y - y'}{R} + \boldsymbol{e}_z \frac{z - z'}{R} \tag{1-5b}$$

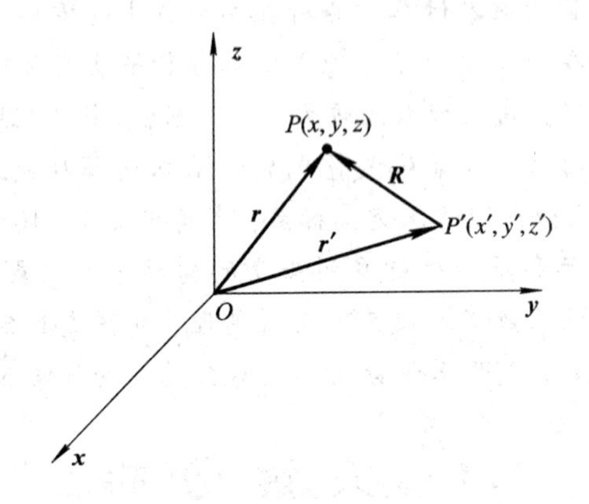

图 1-2 空间位置矢量和距离矢量

1.1.2 矢量运算

人们非常熟悉标量的加、减、乘、除运算，例如，两个相同单位标量相加，只需代数相加。但是，矢量运算却没有这么简单。

1. 矢量的加法和减法

矢量的加、减运算遵循平行四边形法则，即两个不在同一直线上的矢量决定一个平面，它们的和是同一平面上的另一矢量。

1) 矢量加法

【例 1-1】 已知矢量 $\boldsymbol{A}$、$\boldsymbol{B}$，求 $\boldsymbol{C}=\boldsymbol{A}+\boldsymbol{B}$。

解 可以使用作图法得到 $\boldsymbol{C}=\boldsymbol{A}+\boldsymbol{B}$。

（1）平行四边形法：从坐标系中同一点画出矢量 $\boldsymbol{A}$ 和矢量 $\boldsymbol{B}$，构成一个平行四边形，其对角线就是和矢量 $\boldsymbol{C}$，如图 1-3(a)所示。

（2）首尾相接法：矢量 $\boldsymbol{A}$ 的头接于矢量 $\boldsymbol{B}$ 的尾，从 $\boldsymbol{A}$ 的首端画到 $\boldsymbol{B}$ 的尾端，所得矢量就是它们的和矢量 $\boldsymbol{C}$，如图 1-3(b)所示。

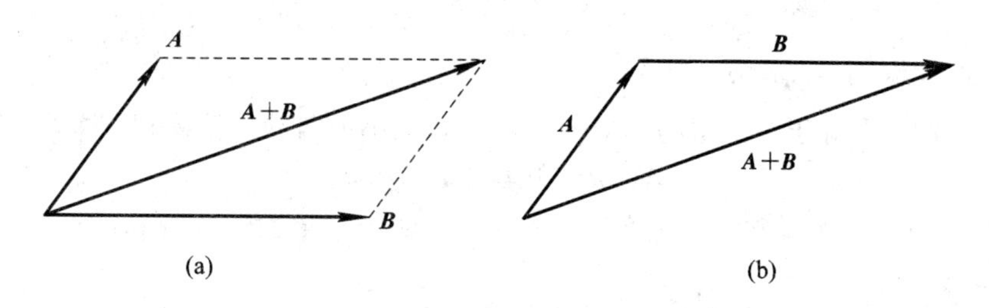

图 1-3　矢量加法

(a) 平行四边形法；(b) 首尾相接法

2）矢量减法

借助于矢量加法运算，矢量减法可以写成

$$\boldsymbol{A}-\boldsymbol{B}=\boldsymbol{A}+(-\boldsymbol{B}) \tag{1-6}$$

$-\boldsymbol{B}$ 为矢量 $\boldsymbol{B}$ 的负值，即 $-\boldsymbol{B}$ 的模与 $\boldsymbol{B}$ 相等，但方向相反。

令 $\boldsymbol{D}=\boldsymbol{A}-\boldsymbol{B}$，采用如图 1-4 所示的作图法，表示从矢量 $\boldsymbol{A}$ 中减去矢量 $\boldsymbol{B}$。

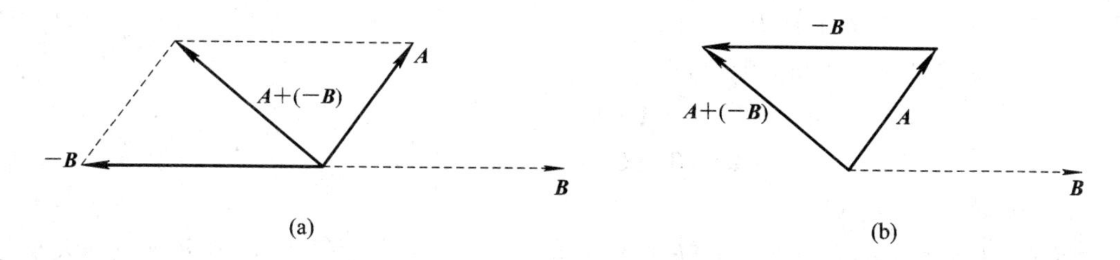

图 1-4　矢量减法

3）矢量加法的代数表示

矢量加法可以用代数表示为

$$\boldsymbol{A}+\boldsymbol{B}=(A_x+B_x)\boldsymbol{e}_x+(A_y+B_y)\boldsymbol{e}_y+(A_z+B_z)\boldsymbol{e}_z \tag{1-7}$$

4）矢量加法的特性

矢量加法满足交换律和结合律，即

$$\boldsymbol{A}+\boldsymbol{B}=\boldsymbol{B}+\boldsymbol{A} \tag{1-8a}$$

$$\boldsymbol{A}+(\boldsymbol{B}+\boldsymbol{C})=(\boldsymbol{A}+\boldsymbol{B})+\boldsymbol{C} \tag{1-8b}$$

2. 矢量的乘法

矢量乘法分为以下三种情况：

（1）矢量乘以标量：$\boldsymbol{B}=k\boldsymbol{A}$。

如图 1-5 所示，$\boldsymbol{B}=k\boldsymbol{A}$，$\boldsymbol{B}$ 的方向根据 k 的取值而不同，若 $k>0$，则 $\boldsymbol{B}$ 与 $\boldsymbol{A}$ 同向；若 $k<0$，则 $\boldsymbol{B}$ 与 $\boldsymbol{A}$ 反向。

$B=kA\ (k<0)$　　A　　$B=kA(k>0)$

图 1-5　常数与矢量乘积示意图

在直角坐标系下

$$\boldsymbol{B} = k\boldsymbol{A} = k(A_x\boldsymbol{e}_x + A_y\boldsymbol{e}_y + A_z\boldsymbol{e}_z) \tag{1-9}$$

(2) 矢量点乘：$\boldsymbol{C}=\boldsymbol{A}\cdot\boldsymbol{B}$。

定义：矢量点乘等于两矢量的模值与它们之间较小夹角的余弦乘积，即

$$\boldsymbol{A}\cdot\boldsymbol{B} = |\boldsymbol{A}||\boldsymbol{B}|\cos\theta \tag{1-10}$$

如图 1-6 所示，矢量点乘的结果是一标量，也称为标量积(scalar product)或矢量点积(dot product)。

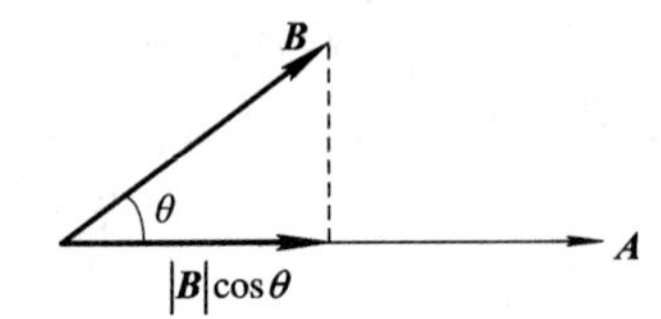

图 1-6　矢量点乘示意图

在直角坐标系下

$$\begin{aligned}\boldsymbol{A}\cdot\boldsymbol{B} &= (\boldsymbol{e}_xA_x + \boldsymbol{e}_yA_y + \boldsymbol{e}_zA_z)\cdot(\boldsymbol{e}_xB_x + \boldsymbol{e}_yB_y + \boldsymbol{e}_zB_z)\\ &= A_xB_x + A_yB_y + A_zB_z\end{aligned} \tag{1-11}$$

矢量点乘满足交换律和分配律，即

$$\boldsymbol{A}\cdot\boldsymbol{B} = \boldsymbol{B}\cdot\boldsymbol{A} \tag{1-12a}$$

$$\boldsymbol{A}\cdot(\boldsymbol{B}+\boldsymbol{C}) = \boldsymbol{A}\cdot\boldsymbol{B}+\boldsymbol{A}\cdot\boldsymbol{C} \tag{1-12b}$$

(3) 矢量叉乘：$\boldsymbol{C}=\boldsymbol{A}\times\boldsymbol{B}$。

定义：矢量叉乘的方向垂直于包含 $\boldsymbol{A}$、$\boldsymbol{B}$ 所在的平面，其值等于 $\boldsymbol{A}$、$\boldsymbol{B}$ 两矢量的大小与它们之间较小夹角的正弦之积(即两矢量所组成平行四边形的面积)，即

$$\boldsymbol{A}\times\boldsymbol{B} = \boldsymbol{e}_\text{n}AB\ \sin\theta \tag{1-13}$$

叉乘的模 $C=AB\ \sin\theta$，叉积的方向 $\boldsymbol{e}_\text{n}$ 是 $\boldsymbol{A}$、$\boldsymbol{B}$ 所在平面的法向，如图 1-7(a)所示。叉积的方向也可以用右手螺旋法则确定：右手四指从 $\boldsymbol{A}$ 到 $\boldsymbol{B}$ 旋转 θ 角，大拇指所指方向表示矢量叉乘的方向，如图 1-7(b)所示。

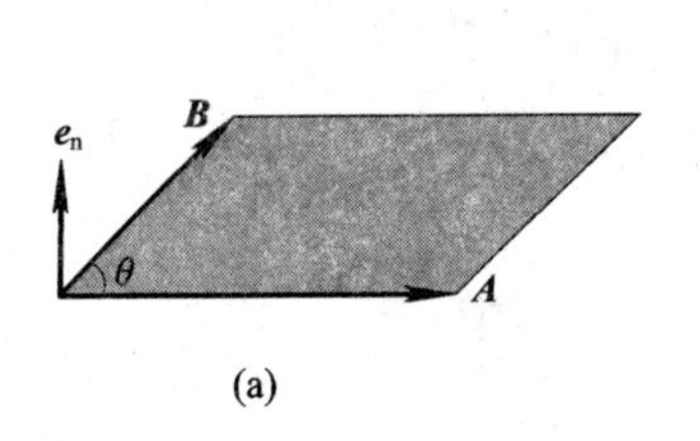

(a)

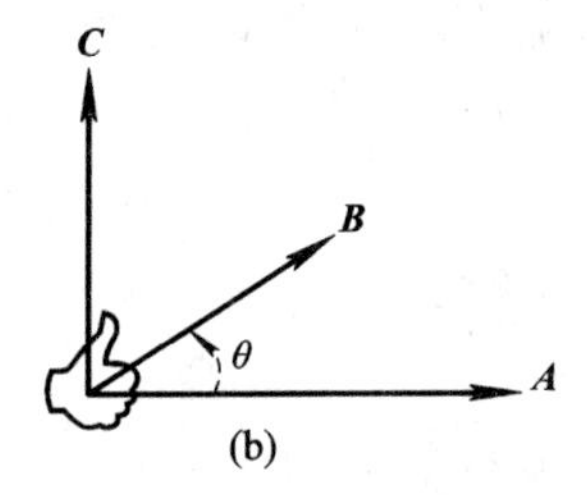

(b)

图 1-7　决定叉积 $\boldsymbol{C}=\boldsymbol{A}\times\boldsymbol{B}$ 方向的法则

(a) 叉积方向示意图；(b) 右手螺旋法则

矢量叉乘结果为一矢量，又称为矢量积(vector product)。

矢量叉乘可以采用行列式计算。在直角坐标系下：

$$\boldsymbol{A}\times\boldsymbol{B}=\begin{vmatrix}\boldsymbol{e}_x & \boldsymbol{e}_y & \boldsymbol{e}_z\\ A_x & A_y & A_z\\ B_x & B_y & B_z\end{vmatrix}$$

$$=\boldsymbol{e}_x(A_yB_z-A_zB_y)-\boldsymbol{e}_y(A_xB_z-A_zB_x)+\boldsymbol{e}_z(A_xB_y-A_yB_x)\qquad(1-14)$$

矢量叉乘满足分配律，即

$$\boldsymbol{A}\times(\boldsymbol{B}+\boldsymbol{C})=\boldsymbol{A}\times\boldsymbol{B}+\boldsymbol{A}\times\boldsymbol{C}\qquad(1-15)$$

矢量叉乘不满足交换律和结合律，即

$$\boldsymbol{A}\times\boldsymbol{B}=-\boldsymbol{B}\times\boldsymbol{A}\neq\boldsymbol{B}\times\boldsymbol{A}$$

$$\boldsymbol{A}\times(\boldsymbol{B}\times\boldsymbol{C})\neq(\boldsymbol{A}\times\boldsymbol{B})\times\boldsymbol{C}$$

【例 1-2】 用矢量证明三角形正弦定理。

证明　如图 1-8 所示，三角形三边分别用矢量 $\boldsymbol{A}$、$\boldsymbol{B}$、$\boldsymbol{C}$ 表示，根据矢量运算有

$$\boldsymbol{B}=\boldsymbol{C}-\boldsymbol{A}$$

图 1-8　矢量三角形

因为 $\boldsymbol{B}\times\boldsymbol{B}=\boldsymbol{0}$，则有

$$\boldsymbol{B}\times(\boldsymbol{C}-\boldsymbol{A})=\boldsymbol{0},\quad \boldsymbol{B}\times\boldsymbol{C}=\boldsymbol{B}\times\boldsymbol{A}$$

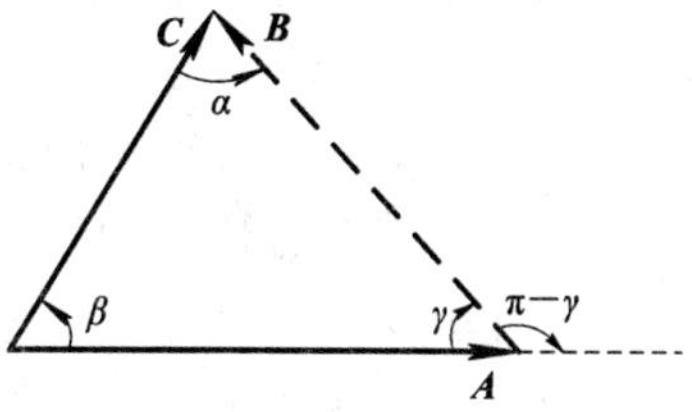

所以

$$BC\ \sin\alpha=BA\ \sin(\pi-\gamma)$$

$$\frac{A}{\sin\alpha}=\frac{C}{\sin\gamma}$$

同理，可以证明

$$\frac{A}{\sin\alpha}=\frac{B}{\sin\beta}$$

最后可得

$$\frac{A}{\sin\alpha}=\frac{B}{\sin\beta}=\frac{C}{\sin\gamma}$$

3. 三个矢量的乘积

三个矢量的乘积分为两类：三重标量积和三重矢量积。

1) 三重标量积

三重标量积可表示为

$$\boldsymbol{A}\cdot(\boldsymbol{B}\times\boldsymbol{C})=\boldsymbol{B}\cdot(\boldsymbol{C}\times\boldsymbol{A})=\boldsymbol{C}\cdot(\boldsymbol{A}\times\boldsymbol{B})\qquad(1-16)$$

式(1-16)有明显的规律，满足顺序循环记忆法则，即 $\boldsymbol{A}$、$\boldsymbol{B}$、$\boldsymbol{C}$ 的次序满足循环互换规律。

如果三个矢量代表一个平行六面体的边，如图 1-9 所示，则三重标量积就是此六面体的体积。

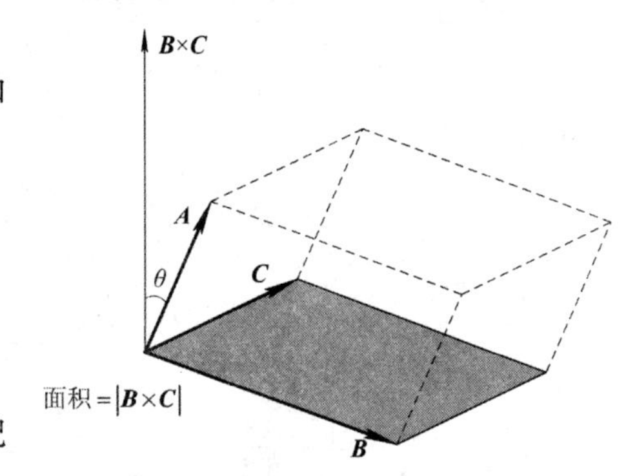

图 1-9　三重标量积 $\boldsymbol{A}\cdot(\boldsymbol{B}\times\boldsymbol{C})$ 示意图

2) 三重矢量积

三重矢量积可表示为

$$\boldsymbol{A}\times(\boldsymbol{B}\times\boldsymbol{C})=\boldsymbol{B}(\boldsymbol{A}\cdot\boldsymbol{C})-\boldsymbol{C}(\boldsymbol{A}\cdot\boldsymbol{B})\qquad(1-17)$$

式(1-17)具有明显的规律：左边是三重矢量积，右边是点积再倍乘(三重乘积)；左边是一项，右边是两项之差，且矢量出现顺序按左边矢量排列顺序出现。

1.2　正交曲面坐标系

为了描述空间点的分布，考察物理量在空间的分布和变化规律，必须引入坐标系。由于两个曲面相交形成一条交线，三个曲面相交有一个交点，因此空间任意一点 M 可以用三个相互垂直的曲面表示，这样构成的坐标系称为正交曲面坐标系。直角坐标系、圆柱坐标系和球坐标系就是常用的三种正交曲面坐标系。

正交曲面坐标系的构成原则如下：

(1) 坐标曲面相互正交。

(2) 沿各坐标量正的增加方向作为正方向。

(3) 沿三条坐标曲线的切线方向各取一个单位矢量称为坐标单位矢量。

(4) 坐标单位矢量相互正交，并且满足右手螺旋法则。

1.2.1　直角坐标系

如图 1-10 所示，直角坐标系由三个正交的平面构成，其任意两个平面的交线均为直线，分别称为 x 轴、y 轴和 z 轴，三轴线的交点是原点 O。分别用单位矢量 $\boldsymbol{e}_x$、$\boldsymbol{e}_y$ 和 $\boldsymbol{e}_z$ 表征矢量沿 x、y 和 z 轴分量的方向，$\boldsymbol{e}_x$、$\boldsymbol{e}_y$ 和 $\boldsymbol{e}_z$ 相互正交且满足右手螺旋法则，即 $\boldsymbol{e}_x\times\boldsymbol{e}_y=\boldsymbol{e}_z$，$\boldsymbol{e}_y\times\boldsymbol{e}_z=\boldsymbol{e}_x$，$\boldsymbol{e}_z\times\boldsymbol{e}_x=\boldsymbol{e}_y$，而空间任意一点 P 可用点 P 在三轴线上的投影 x_0、y_0 和 z_0 唯一确定。

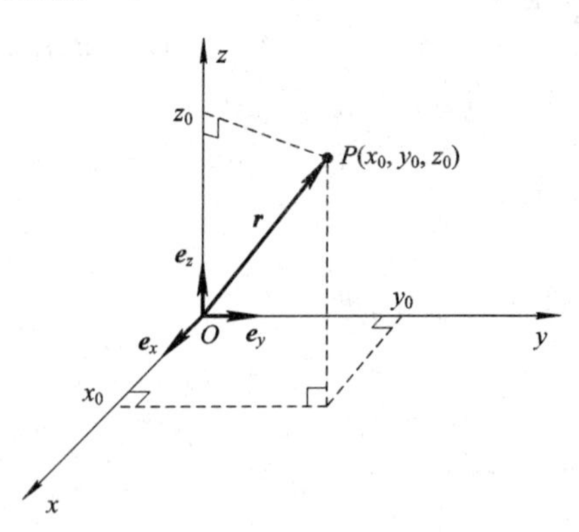

图 1-10　空间点表示

1. 直角坐标系中的矢量及其表示

在直角坐标系中，对任意矢量 $\boldsymbol{A}$，假设 A_x、A_y、A_z 分别是矢量在三个坐标方向的投影，则 $\boldsymbol{A}$ 可以写成

$$\boldsymbol{A}=A_x\boldsymbol{e}_x+A_y\boldsymbol{e}_y+A_z\boldsymbol{e}_z \tag{1-18}$$

矢量 $\boldsymbol{A}$ 的模为

$$A=|\boldsymbol{A}|=\sqrt{A_x^2+A_y^2+A_z^2} \tag{1-19a}$$

矢量 $\boldsymbol{A}$ 的方向为

$$\begin{aligned}\boldsymbol{e}_A&=\frac{\boldsymbol{A}}{|\boldsymbol{A}|}=\frac{A_x}{\sqrt{A_x^2+A_y^2+A_z^2}}\boldsymbol{e}_x+\frac{A_y}{\sqrt{A_x^2+A_y^2+A_z^2}}\boldsymbol{e}_y+\frac{A_z}{\sqrt{A_x^2+A_y^2+A_z^2}}\boldsymbol{e}_z\\&=\boldsymbol{e}_x\cos\alpha+\boldsymbol{e}_y\cos\beta+\boldsymbol{e}_z\cos\gamma\end{aligned} \tag{1-19b}$$

式中，$\cos\alpha$、$\cos\beta$、$\cos\gamma$ 分别表示矢量 $\boldsymbol{A}$ 与 x、y、z 轴正向之间夹角的余弦，称为方向余弦。显然 $\cos^2\alpha+\cos^2\beta+\cos^2\gamma=1$。

【注】空间点和空间点处场量不同。例如，点 P 是空间点，三坐标投影唯一确定了点 P 在空间中的位置；矢量 $\boldsymbol{A}$ 则是空间矢量，它既可以与空间位置有关，描述矢量的位置，也

可以是空间坐标的函数，描述矢量的大小和方向。

【例 1-3】 在直角坐标系下，试求：

(1) 空间点 $M(1, 3, 2)$。

(2) 标量场 $\Phi(x, y, z)=2x+y-3z$ 在空间点 $M(1, 3, 2)$处的场值。

(3) 矢量场 $\boldsymbol{A}(x, y, z)=x\boldsymbol{e}_x+\frac{1}{z}\boldsymbol{e}_y+2y^2\boldsymbol{e}_z$ 在空间点 $M(1, 3, 2)$处的矢量场。

解 (1) $M(1, 3, 2)$表示直角坐标系下空间的一个点，点的 x 坐标等于1，y 坐标等于3，z 坐标等于2。

(2) 标量场 Φ 在空间点 M 处的值：

$$\Phi(x, y, z)|_M=\Phi(x=1, y=3, z=2)=2\times1+3-3\times2=-1$$

(3) 矢量场 $\boldsymbol{A}$ 在空间点 M 处的值：

因为

$$\boldsymbol{A}(x, y, z)=A_x\boldsymbol{e}_x+A_y\boldsymbol{e}_y+A_z\boldsymbol{e}_z$$

所以

$$A_x(x, y, z)=x=1$$

$$A_y(x, y, z)=\frac{1}{z}=\frac{1}{2}$$

$$A_z(x, y, z)=2y^2=18$$

从而

$$\boldsymbol{A}(x, y, z)|_M=\boldsymbol{e}_x+\frac{1}{2}\boldsymbol{e}_y+18\boldsymbol{e}_z$$

矢量 $\boldsymbol{A}$ 的模为

$$A=|\boldsymbol{A}(1, 3, 2)|=\sqrt{A_x^2+A_y^2+A_z^2}=\sqrt{1+\frac{1}{4}+18\times18}=\frac{\sqrt{1301}}{2}$$

这里一定要注意矢量的方向和函数变量的概念，A_x、A_y、A_z 表明矢量 $\boldsymbol{A}$ 在 x、y、z 三个坐标方向的投影，同时它们分别是空间坐标点 x、y、z 的函数。

2. 长度、面和体积的微分元

电磁场理论中常常用到线、面和体积分，在直角坐标系中矢量长度、矢量面积、体积的微分元如图 1-11 所示。

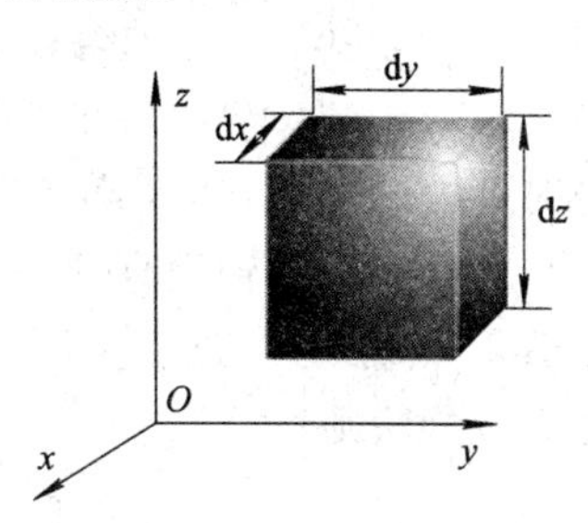

图 1-11　微分元

在正交坐标系中，坐标变换的微分元可能并非都有长度量纲，需要将它们分别乘以一个变换因子，才能构成沿坐标单位矢量的微分长度元。这个变换因子称为拉梅系数，用 h_1、h_2、h_3 表示。直角坐标系的拉梅系数 $h_1=1$、$h_2=1$、$h_3=1$。

矢量长度元

$$\left.\begin{aligned}\mathrm{d}l_x&=h_1\,\mathrm{d}x\\\mathrm{d}l_y&=h_2\,\mathrm{d}y\\\mathrm{d}l_z&=h_3\,\mathrm{d}z\\\mathrm{d}\boldsymbol{l}&=\boldsymbol{e}_x\,\mathrm{d}l_x+\boldsymbol{e}_y\,\mathrm{d}l_y+\boldsymbol{e}_z\,\mathrm{d}l_z\end{aligned}\right\}\tag{1-20}$$

矢量面积元

$$\left.\begin{aligned} \mathrm{d}\boldsymbol{S}_x &= \boldsymbol{e}_x\,\mathrm{d}y\,\mathrm{d}z \\ \mathrm{d}\boldsymbol{S}_y &= \boldsymbol{e}_y\,\mathrm{d}x\,\mathrm{d}z \\ \mathrm{d}\boldsymbol{S}_z &= \boldsymbol{e}_z\,\mathrm{d}x\,\mathrm{d}y \end{aligned}\right\} \tag{1-21}$$

矢量体积元

$$\mathrm{d}V = \mathrm{d}x\,\mathrm{d}y\,\mathrm{d}z \tag{1-22}$$

1.2.2　圆柱坐标系

如图 1-12(a)所示，圆柱坐标系的三个变量是 ρ、φ、z。与直角坐标系相同，圆柱坐标系也有一个 z 变量。各变量的变化范围：$0\leqslant\rho<\infty$，$0\leqslant\varphi<2\pi$，$-\infty\leqslant z<\infty$。

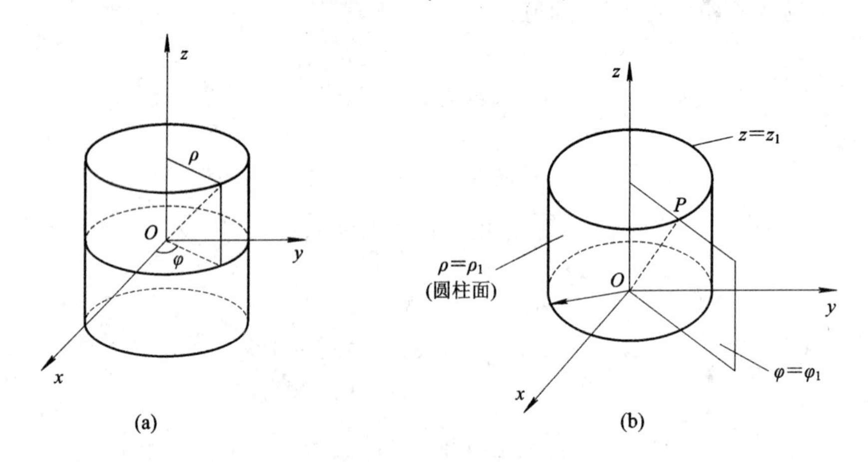

图 1-12　圆柱坐标系

(a) 圆柱坐标系；(b) 圆柱坐标系中的一点 P

如图 1-12(b)所示，决定空间任一点 $P(\rho_1, \varphi_1, z_1)$的三个坐标曲面如下：

(1) $\rho=\rho_1$，以 z 轴为轴线、ρ_1 为半径的圆柱面。ρ_1 是点 P 到 z 轴的垂直距离。

(2) $\varphi=\varphi_1$，以 z 轴为界的半平面。φ_1 是 xOz 平面与通过点 P 的半平面之间的夹角，定义逆时针方向为正方向，若点 P 在 z 轴，则角 φ 不确定。

(3) $z=z_1$，与 z 轴垂直的平面。z_1 是点 P 到 xOy 平面的垂直距离。

如图 1-13 所示，过空间任一点 $P(\rho_1, \varphi_1, z_1)$的坐标单位矢量 $\boldsymbol{e}_\rho$、$\boldsymbol{e}_\varphi$、$\boldsymbol{e}_z$ 相互正交，且满足右手螺旋法则，即

$$\boldsymbol{e}_\rho\times\boldsymbol{e}_\varphi=\boldsymbol{e}_z,\ \boldsymbol{e}_\varphi\times\boldsymbol{e}_z=\boldsymbol{e}_\rho,\ \boldsymbol{e}_z\times\boldsymbol{e}_\rho=\boldsymbol{e}_\varphi$$

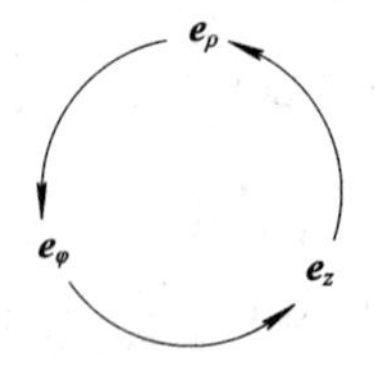

图 1-13　圆柱坐标系单位矢量循环关系

1. 矢量及其表示

位于点 $P(\rho_1, \varphi_1, z_1)$的任一矢量 **A** 可表示为

$$\boldsymbol{A} = A_\rho \boldsymbol{e}_\rho + A_\varphi \boldsymbol{e}_\varphi + A_z \boldsymbol{e}_z \tag{1-23}$$

其中，A_ρ、A_φ、A_z 分别是矢量在 $\boldsymbol{e}_\rho$、$\boldsymbol{e}_\varphi$、$\boldsymbol{e}_z$ 方向上的投影。

【注】角 φ 相对 x 轴逆时针旋转为正方向。

2. 长度、面和体积的微分元

1）拉梅系数

圆柱坐标系的拉梅系数为 $h_1=1$、$h_2=\rho$、$h_3=1$。

2）矢量长度元

如图 1－14 所示，在点 $P(\rho_1, \varphi_1, z_1)$处沿 $\boldsymbol{e}_\rho$、$\boldsymbol{e}_\varphi$、$\boldsymbol{e}_z$ 方向的长度元分别为

$$\left.\begin{aligned} dl_\rho &= h_1 d\rho = d\rho \\ dl_\varphi &= h_2 d\varphi = \rho\, d\varphi \\ dl_z &= h_3 dz = dz \\ d\boldsymbol{l} &= \boldsymbol{e}_\rho d\rho + \boldsymbol{e}_\varphi \rho d\varphi + \boldsymbol{e}_z dz \end{aligned}\right\} \tag{1-24}$$

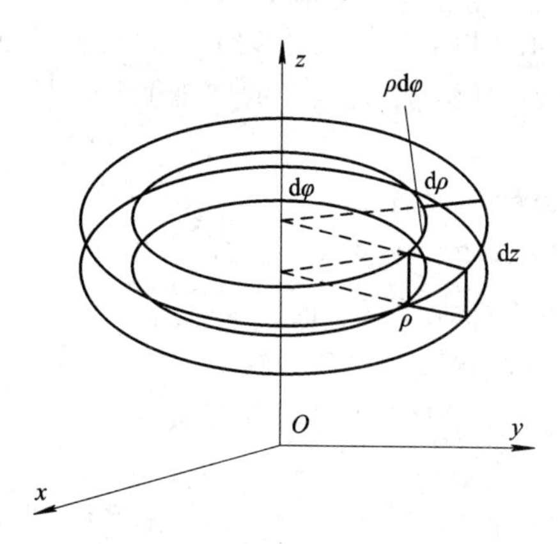

图 1－14　圆柱坐标系微分元

3）矢量面积元

由 $\rho \to \rho + d\rho$, $\varphi \to \varphi + d\varphi$, $z \to z + dz$ 六个坐标曲面决定的六面体上的面积元为

$$\left.\begin{aligned} d\boldsymbol{S}_\rho &= dl_\varphi\, dl_z \boldsymbol{e}_\rho = \rho\, d\varphi\, dz\, \boldsymbol{e}_\rho \\ d\boldsymbol{S}_\varphi &= dl_\rho\, dl_z \boldsymbol{e}_\varphi = d\rho\, dz\, \boldsymbol{e}_\varphi \\ d\boldsymbol{S}_z &= dl_\rho\, dl_\varphi \boldsymbol{e}_z = \rho\, d\rho\, d\varphi\, \boldsymbol{e}_z \end{aligned}\right\} \tag{1-25}$$

4）六面体的体积元

六面体的体积元可表示为

$$dV = dl_\rho\, d\varphi_z\, dl_z = \rho\, d\rho\, d\varphi\, dz \tag{1-26}$$

1.2.3　球坐标系

如图 1－15 所示，球坐标系的三个变量为 r、θ、φ。与圆柱坐标系相似，球坐标系也有一个 φ 变量。各变量的变化范围：$0 \leqslant r < \infty$，$0 \leqslant \theta \leqslant \pi$，$0 \leqslant \varphi < 2\pi$。

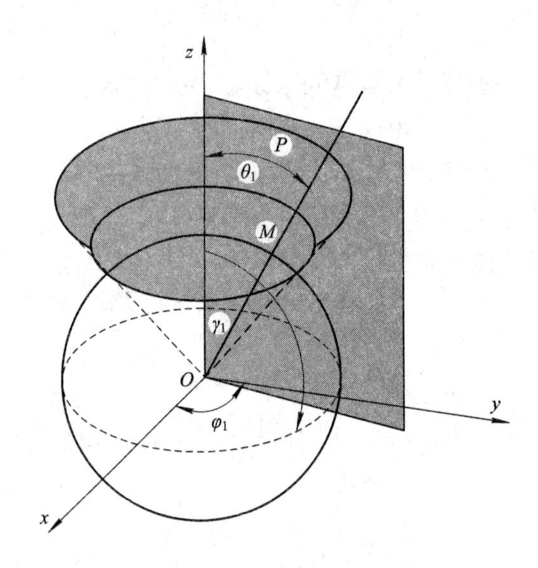

图 1－15　球坐标系

决定空间任一点 $P(r_1, \theta_1, \varphi_1)$ 的三个坐标曲面如下：

(1) $r=r_1$，以原点为圆心、以 r_1 为半径的球面。r_1 是点 P 到原点的距离。

(2) $\theta=\theta_1$，以原点为顶点、以 z 轴为轴线的圆锥面。θ_1 是 z 轴正向与连线 OP 之间的夹角。坐标变量 θ 称为极角。

(3) $\varphi=\varphi_1$，以 z 轴为界的半平面。φ_1 是 xOz 平面与通过点 P 的半平面之间的夹角。坐标变量 φ 称为方位角，若点 P 在 z 轴上，则角 φ 是不确定的。

如图 1－16 所示，过任意点 $P(r_1, \theta_1, \varphi_1)$ 的坐标单位矢量为 $\boldsymbol{e}_r$、$\boldsymbol{e}_\theta$、$\boldsymbol{e}_\varphi$，它们相互垂直，并遵循右手螺旋法则，即

$$\boldsymbol{e}_r \times \boldsymbol{e}_\theta = \boldsymbol{e}_\varphi,\ \boldsymbol{e}_\theta \times \boldsymbol{e}_\varphi = \boldsymbol{e}_r,\ \boldsymbol{e}_\varphi \times \boldsymbol{e}_r = \boldsymbol{e}_\theta$$

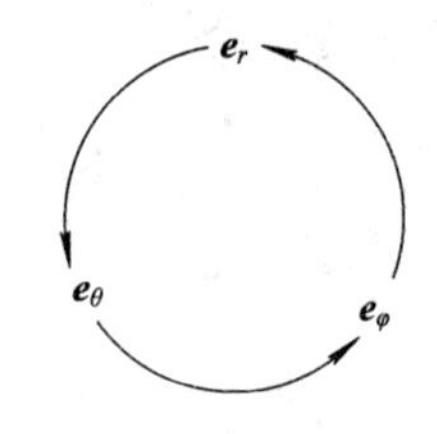

图 1－16　球坐标系单位矢量循环关系

1. 矢量及其表示

球坐标系下点 P 的任一矢量 $\boldsymbol{A}$ 可表示为

$$\boldsymbol{A} = A_r\boldsymbol{e}_r + A_\theta\boldsymbol{e}_\theta + A_\varphi\boldsymbol{e}_\varphi \tag{1-27}$$

其中，A_r、A_θ、A_φ 分别是矢量 $\boldsymbol{A}$ 在 $\boldsymbol{e}_r$、$\boldsymbol{e}_\theta$、$\boldsymbol{e}_\varphi$ 方向上的投影。

2. 长度、面和体积的微分元

1）拉梅系数

球坐标系的拉梅系数为 $h_1=1$、$h_2=r$、$h_3=r\sin\theta$。

2）矢量长度元

如图 1－17 所示，在点 $P(r, \theta, \varphi)$ 处沿 $\boldsymbol{e}_r$、$\boldsymbol{e}_\theta$、$\boldsymbol{e}_\varphi$ 方向的长度元分别为

$$\left.\begin{aligned} \mathrm{d}l_r &= \mathrm{d}r \\ \mathrm{d}l_\theta &= r\,\mathrm{d}\theta \\ \mathrm{d}l_\varphi &= r\sin\theta\,\mathrm{d}\varphi \\ \mathrm{d}\boldsymbol{l} &= \boldsymbol{e}_r\,\mathrm{d}r + \boldsymbol{e}_\theta r\,\mathrm{d}\theta + \boldsymbol{e}_\varphi r\sin\theta\,\mathrm{d}\varphi \end{aligned}\right\} \tag{1-28}$$

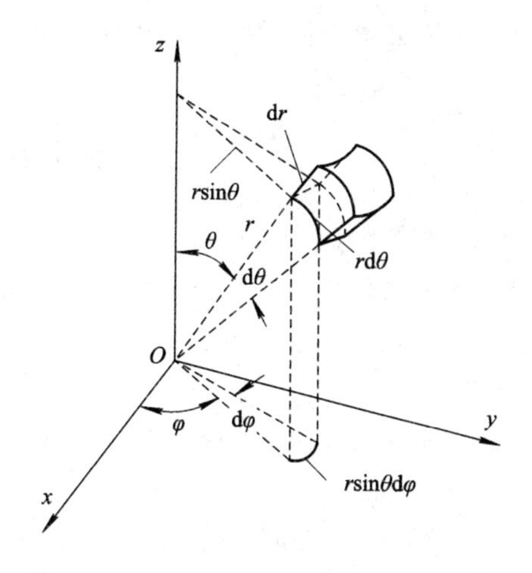

图 1-17　球坐标系微分元

3）矢量面积元

由 $r\to r+\mathrm{d}r$，$\theta\to\theta+\mathrm{d}\theta$，$\varphi\to\varphi+\mathrm{d}\varphi$ 六个坐标曲面决定的六面体上的矢量面积元为

$$\left.\begin{aligned}\mathrm{d}\boldsymbol{S}_r&=\mathrm{d}l_\varphi\,\mathrm{d}l_\theta\boldsymbol{e}_r=r^2\sin\theta\,\mathrm{d}\theta\,\mathrm{d}\varphi\,\boldsymbol{e}_r\\\mathrm{d}\boldsymbol{S}_\theta&=\mathrm{d}l_r\,\mathrm{d}l_\varphi\boldsymbol{e}_\theta=r\sin\theta\,\mathrm{d}r\,\mathrm{d}\varphi\,\boldsymbol{e}_\theta\\\mathrm{d}\boldsymbol{S}_\varphi&=\mathrm{d}l_r\,\mathrm{d}l_\theta\boldsymbol{e}_\varphi=r\,\mathrm{d}r\,\mathrm{d}\theta\,\boldsymbol{e}_\varphi\end{aligned}\right\}\tag{1-29}$$

4）六面体的体积元

六面体的体积元可表示为

$$\mathrm{d}V=\mathrm{d}l_r\,\mathrm{d}l_\theta\,\mathrm{d}l_\varphi=r^2\sin\theta\,\mathrm{d}r\,\mathrm{d}\theta\,\mathrm{d}\varphi\tag{1-30}$$

1.2.4　圆柱坐标系、球坐标系与直角坐标系的矢量变换

1. 圆柱坐标系和直角坐标系之间的相互转换

1）单位矢量坐标变换

如图 1-18 所示，圆柱坐标系单位矢量 $\boldsymbol{e}_\rho$、$\boldsymbol{e}_\varphi$ 用直角坐标单位矢量可表示为

$$\left.\begin{aligned}\boldsymbol{e}_\rho&=\cos\varphi\,\boldsymbol{e}_x+\sin\varphi\,\boldsymbol{e}_y\\\boldsymbol{e}_\varphi&=-\sin\varphi\,\boldsymbol{e}_x+\cos\varphi\,\boldsymbol{e}_y\end{aligned}\right\}\tag{1-31}$$

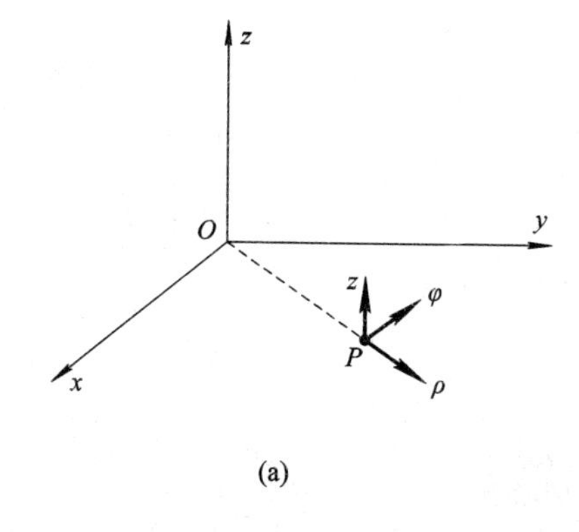

(a)

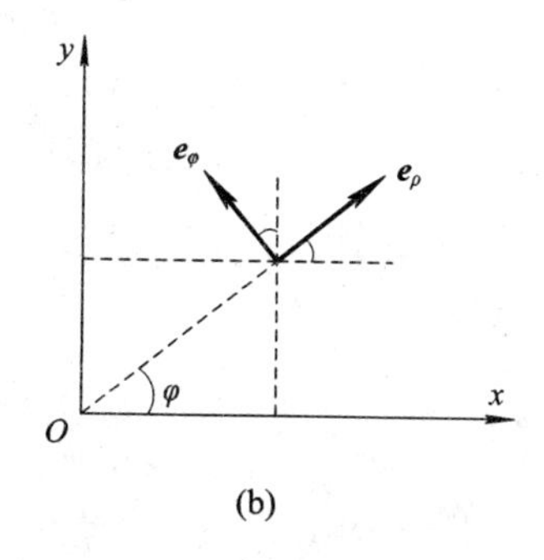

(b)

图 1-18

从直角坐标系到圆柱坐标系的单位矢量变换关系可写成如下矩阵形式：

$$\begin{bmatrix} \boldsymbol{e}_\rho \\ \boldsymbol{e}_\varphi \\ \boldsymbol{e}_z \end{bmatrix} = \begin{bmatrix} \cos\varphi & \sin\varphi & 0 \\ -\sin\varphi & \cos\varphi & 0 \\ 0 & 0 & 1 \end{bmatrix} \begin{bmatrix} \boldsymbol{e}_x \\ \boldsymbol{e}_y \\ \boldsymbol{e}_z \end{bmatrix} \tag{1-32}$$

2）矢量变换

如果矢量 **A** 是以圆柱坐标系来表示的，将它投影到直角坐标系 x、y、z 轴上，就得到矢量 **A** 在直角坐标系中的表达式，即

$$\begin{aligned} A_x &= \boldsymbol{A}\cdot\boldsymbol{e}_x = (A_\rho\boldsymbol{e}_\rho + A_\varphi\boldsymbol{e}_\varphi + A_z\boldsymbol{e}_z)\cdot\boldsymbol{e}_x \\ &= A_\rho\boldsymbol{e}_\rho\cdot\boldsymbol{e}_x + A_\varphi\boldsymbol{e}_\varphi\cdot\boldsymbol{e}_x + A_z\boldsymbol{e}_z\cdot\boldsymbol{e}_x \\ &= A_\rho\cos\varphi - A_\varphi\sin\varphi \\ A_y &= \boldsymbol{A}\cdot\boldsymbol{e}_y = (A_\rho\boldsymbol{e}_\rho + A_\varphi\boldsymbol{e}_\varphi + A_z\boldsymbol{e}_z)\cdot\boldsymbol{e}_y \\ &= A_\rho\boldsymbol{e}_\rho\cdot\boldsymbol{e}_y + A_\varphi\boldsymbol{e}_\varphi\cdot\boldsymbol{e}_y + A_z\boldsymbol{e}_z\cdot\boldsymbol{e}_y \\ &= A_\rho\sin\varphi + A_\varphi\cos\varphi \\ A_z &= \boldsymbol{A}\cdot\boldsymbol{e}_z = (A_\rho\boldsymbol{e}_\rho + A_\varphi\boldsymbol{e}_\varphi + A_z\boldsymbol{e}_z)\cdot\boldsymbol{e}_z \\ &= A_\rho\boldsymbol{e}_\rho\cdot\boldsymbol{e}_z + A_\varphi\boldsymbol{e}_\varphi\cdot\boldsymbol{e}_z + A_z\boldsymbol{e}_z\cdot\boldsymbol{e}_z \\ &= A_z \end{aligned}$$

转化成矩阵形式，即

$$\begin{bmatrix} A_x \\ A_y \\ A_z \end{bmatrix} = \begin{bmatrix} \cos\varphi & -\sin\varphi & 0 \\ \sin\varphi & \cos\varphi & 0 \\ 0 & 0 & 1 \end{bmatrix} \begin{bmatrix} A_\rho \\ A_\varphi \\ A_z \end{bmatrix} \tag{1-33}$$

同样，直角坐标系中的矢量，通过下列变换可以得到其在圆柱坐标系中的表达式：

$$\begin{bmatrix} A_\rho \\ A_\varphi \\ A_z \end{bmatrix} = \begin{bmatrix} \cos\varphi & \sin\varphi & 0 \\ -\sin\varphi & \cos\varphi & 0 \\ 0 & 0 & 1 \end{bmatrix} \begin{bmatrix} A_x \\ A_y \\ A_z \end{bmatrix} \tag{1-34}$$

比较式(1－32)和式(1－34)可以知道，坐标变换矩阵和矢量变换矩阵相同，而式(1－33)和式(1－34)互为逆矩阵。

【例 1－4】 求矢量 $\boldsymbol{A}=\frac{k}{\rho^2}\boldsymbol{e}_\rho+5\sin 2\varphi\,\boldsymbol{e}_z$ 在直角坐标系中的表达式。

解

$$A_x=\boldsymbol{A}\cdot\boldsymbol{e}_x=\left(\frac{k}{\rho^2}\boldsymbol{e}_\rho+5\sin 2\varphi\boldsymbol{e}_z\right)\cdot\boldsymbol{e}_x=\frac{k}{\rho^2}\cos\varphi$$

$$A_y=\boldsymbol{A}\cdot\boldsymbol{e}_y=\left(\frac{k}{\rho^2}\boldsymbol{e}_\rho+5\sin 2\varphi\boldsymbol{e}_z\right)\cdot\boldsymbol{e}_y=\frac{k}{\rho^2}\sin\varphi$$

$$A_z=\boldsymbol{A}\cdot\boldsymbol{e}_z=\left(\frac{k}{\rho^2}\boldsymbol{e}_\rho+5\sin 2\varphi\boldsymbol{e}_z\right)\cdot\boldsymbol{e}_z=5\sin 2\varphi$$

其中

$$\rho^2=x^2+y^2,\ \cos\varphi=\frac{x}{\rho}=\frac{x}{\sqrt{x^2+y^2}}$$

$$\sin\varphi=\frac{y}{\rho}=\frac{y}{\sqrt{x^2+y^2}},\ \sin 2\varphi=2\sin\varphi\cos\varphi$$

所以矢量 **A** 在直角坐标系中的表达式为

$$\boldsymbol{A}=\frac{kx}{(x^2+y^2)^{3/2}}\boldsymbol{e}_x+\frac{ky}{(x^2+y^2)^{3/2}}\boldsymbol{e}_y+\frac{10xy}{x^2+y^2}\boldsymbol{e}_z$$

【例1-5】 在圆柱坐标系下，若矢量$\boldsymbol{A}=3\boldsymbol{e}_\rho+2\boldsymbol{e}_\varphi+5\boldsymbol{e}_z$，$\boldsymbol{B}=-2\boldsymbol{e}_\rho+3\boldsymbol{e}_\varphi-\boldsymbol{e}_z$分别位于点$P\left(3,\ \frac{\pi}{6},\ 5\right)$和$Q\left(4,\ \frac{\pi}{3},\ 3\right)$，求空间点$S\left(2,\ \frac{\pi}{4},\ 4\right)$上的矢量和$\boldsymbol{A}+\boldsymbol{B}$。

解 因为矢量$\boldsymbol{A}$、$\boldsymbol{B}$没有位于φ=常数的圆柱坐标系中，所以在圆柱坐标系下不能直接求和，必须首先转换到直角坐标系下求和，再转换到圆柱坐标系下。

因为对点$P\left(3,\ \frac{\pi}{6},\ 5\right)$，矢量$\boldsymbol{A}=3\boldsymbol{e}_\rho+2\boldsymbol{e}_\varphi+5\boldsymbol{e}_z$可转化为如下矩阵形式：

$$\begin{bmatrix}A_x\\A_y\\A_z\end{bmatrix}=\begin{bmatrix}\cos\varphi & -\sin\varphi & 0\\ \sin\varphi & \cos\varphi & 0\\ 0 & 0 & 1\end{bmatrix}\begin{bmatrix}A_\rho\\A_\varphi\\A_z\end{bmatrix}=\begin{bmatrix}\cos\frac{\pi}{6} & -\sin\frac{\pi}{6} & 0\\ \sin\frac{\pi}{6} & \cos\frac{\pi}{6} & 0\\ 0 & 0 & 1\end{bmatrix}\begin{bmatrix}3\\2\\5\end{bmatrix}\approx\begin{bmatrix}1.598\\3.232\\5\end{bmatrix}$$

所以，在直角坐标系下，$\boldsymbol{A}=1.598\boldsymbol{e}_x+3.232\boldsymbol{e}_y+5\boldsymbol{e}_z$。

因为对点$Q\left(4,\ \frac{\pi}{3},\ 3\right)$，矢量$\boldsymbol{B}=-2\boldsymbol{e}_\rho+3\boldsymbol{e}_\varphi-\boldsymbol{e}_z$可转化为如下矩阵形式：

$$\begin{bmatrix}B_x\\B_y\\B_z\end{bmatrix}=\begin{bmatrix}\cos\varphi & -\sin\varphi & 0\\ \sin\varphi & \cos\varphi & 0\\ 0 & 0 & 1\end{bmatrix}\begin{bmatrix}B_\rho\\B_\varphi\\B_z\end{bmatrix}=\begin{bmatrix}\cos\frac{\pi}{3} & -\sin\frac{\pi}{3} & 0\\ \sin\frac{\pi}{3} & \cos\frac{\pi}{3} & 0\\ 0 & 0 & 1\end{bmatrix}\begin{bmatrix}-2\\3\\-1\end{bmatrix}\approx\begin{bmatrix}-3.598\\-0.232\\-1\end{bmatrix}$$

所以，在直角坐标系下，$\boldsymbol{B}=-3.598\boldsymbol{e}_x-0.232\boldsymbol{e}_y-\boldsymbol{e}_z$。

故矢量和为

$$\boldsymbol{C}=\boldsymbol{A}+\boldsymbol{B}=-2\boldsymbol{e}_x+3\boldsymbol{e}_y+4\boldsymbol{e}_z$$

将直角坐标系下的矢量$\boldsymbol{C}$转换到圆柱坐标系下点$S\left(2,\ \frac{\pi}{4},\ 4\right)$，得到如下矩阵形式：

$$\begin{bmatrix}C_\rho\\C_\varphi\\C_z\end{bmatrix}=\begin{bmatrix}\cos\varphi & \sin\varphi & 0\\ -\sin\varphi & \cos\varphi & 0\\ 0 & 0 & 1\end{bmatrix}\begin{bmatrix}C_x\\C_y\\C_z\end{bmatrix}=\begin{bmatrix}\cos\frac{\pi}{4} & \sin\frac{\pi}{4} & 0\\ -\sin\frac{\pi}{4} & \cos\frac{\pi}{4} & 0\\ 0 & 0 & 1\end{bmatrix}\begin{bmatrix}-2\\3\\4\end{bmatrix}\approx\begin{bmatrix}0.707\\3.536\\4\end{bmatrix}$$

故空间点$S\left(2,\ \frac{\pi}{4},\ 4\right)$上的矢量和为

$$\boldsymbol{C}=0.707\boldsymbol{e}_\rho+3.536\boldsymbol{e}_\varphi+4\boldsymbol{e}_z$$

【注】

(1) 一个矢量从一种坐标系变换到另一种坐标系，只改变矢量的表达形式，矢量的模和方向不会改变。

(2) 矢量求和通常转换到直角坐标系下求和。

2. 球坐标系与直角坐标系互换

1) 单位矢量坐标变换

与圆柱坐标系类似，可以得到球坐标系单位矢量与圆柱坐标系单位矢量之间的变换关

系，即

$$\boldsymbol{e}_r \cdot \boldsymbol{e}_x = \sin\theta\cos\varphi,\quad \boldsymbol{e}_r \cdot \boldsymbol{e}_y = \sin\theta\sin\varphi,\quad \boldsymbol{e}_r \cdot \boldsymbol{e}_z = \cos\theta \tag{1-35a}$$

$$\boldsymbol{e}_\theta \cdot \boldsymbol{e}_x = \cos\theta\cos\varphi,\quad \boldsymbol{e}_\theta \cdot \boldsymbol{e}_y = \cos\theta\sin\varphi,\quad \boldsymbol{e}_\theta \cdot \boldsymbol{e}_z = -\sin\theta \tag{1-35b}$$

$$\boldsymbol{e}_\varphi \cdot \boldsymbol{e}_x = -\sin\varphi,\quad \boldsymbol{e}_\varphi \cdot \boldsymbol{e}_y = \cos\varphi,\quad \boldsymbol{e}_\varphi \cdot \boldsymbol{e}_z = 0 \tag{1-35c}$$

转化成矩阵形式，即

$$\begin{bmatrix} \boldsymbol{e}_r \\ \boldsymbol{e}_\theta \\ \boldsymbol{e}_\varphi \end{bmatrix} = \begin{bmatrix} \sin\theta\cos\varphi & \sin\theta\sin\varphi & \cos\theta \\ \cos\theta\cos\varphi & \cos\theta\sin\varphi & -\sin\theta \\ -\sin\varphi & \cos\varphi & 0 \end{bmatrix} \begin{bmatrix} \boldsymbol{e}_x \\ \boldsymbol{e}_y \\ \boldsymbol{e}_z \end{bmatrix} \tag{1-36}$$

对球坐标系的单位矢量在直角坐标系中进行投影，如图 1-19 所示。

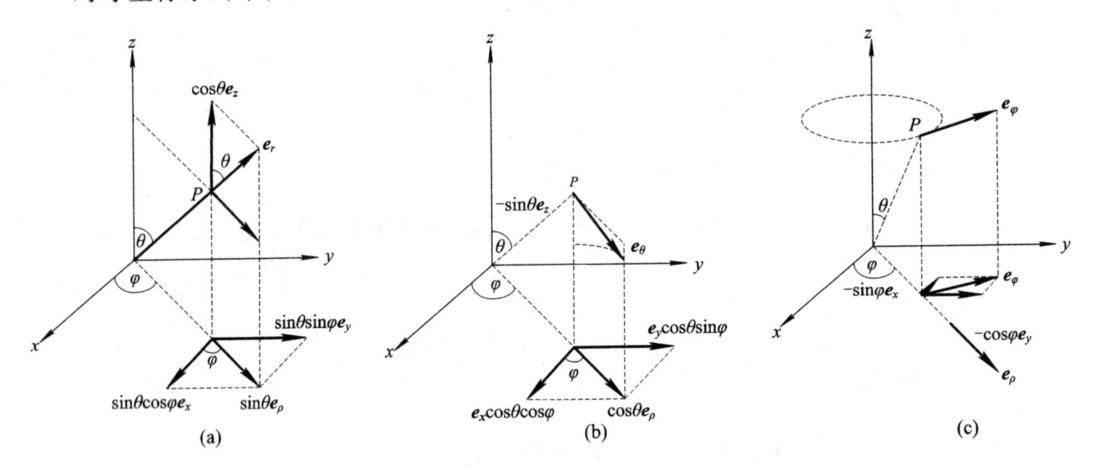

图 1-19　单位矢量在 $\boldsymbol{e}_x$、$\boldsymbol{e}_y$、$\boldsymbol{e}_z$ 上的投影

(a) $\boldsymbol{e}_r$ 在 $\boldsymbol{e}_x$、$\boldsymbol{e}_y$、$\boldsymbol{e}_z$ 坐标上的投影；(b) $\boldsymbol{e}_\theta$ 在 $\boldsymbol{e}_x$、$\boldsymbol{e}_y$、$\boldsymbol{e}_z$ 坐标上的投影；

(c) $\boldsymbol{e}_\varphi$ 在 $\boldsymbol{e}_x$、$\boldsymbol{e}_y$、$\boldsymbol{e}_z$ 坐标上的投影

2) 矢量变换

如果在球坐标系下有矢量 $\boldsymbol{A}=A_r\boldsymbol{e}_r+A_\theta\boldsymbol{e}_\theta+A_\varphi\boldsymbol{e}_\varphi$，将它投影到直角坐标系的 x 轴上就得到其在直角坐标系下的 x 分量，即

$$A_x = (A_r\boldsymbol{e}_r + A_\theta\boldsymbol{e}_\theta + A_\varphi\boldsymbol{e}_\varphi) \cdot \boldsymbol{e}_x = A_r\sin\theta\cos\varphi + A_\theta\cos\theta\cos\varphi - A_\varphi\sin\varphi \tag{1-37a}$$

同理，可得 $\boldsymbol{A}$ 在直角坐标系下的 y 和 z 分量，即

$$A_y = (A_r\boldsymbol{e}_r + A_\theta\boldsymbol{e}_\theta + A_\varphi\boldsymbol{e}_\varphi) \cdot \boldsymbol{e}_y = A_r\sin\theta\sin\varphi + A_\theta\cos\theta\sin\varphi + A_\varphi\cos\varphi \tag{1-37b}$$

$$A_z = (A_r\boldsymbol{e}_r + A_\theta\boldsymbol{e}_\theta + A_\varphi\boldsymbol{e}_\varphi) \cdot \boldsymbol{e}_z = A_r\cos\theta - A_\theta\sin\theta \tag{1-37c}$$

转化成矩阵形式，即

$$\begin{bmatrix} A_x \\ A_y \\ A_z \end{bmatrix} = \begin{bmatrix} \sin\theta\cos\varphi & \cos\theta\cos\varphi & -\sin\varphi \\ \sin\theta\sin\varphi & \cos\theta\sin\varphi & \cos\varphi \\ \cos\theta & -\sin\theta & 0 \end{bmatrix} \begin{bmatrix} A_r \\ A_\theta \\ A_\varphi \end{bmatrix} \tag{1-38}$$

同样，一个给定直角坐标系下的矢量，通过矩阵变换，可以表示成球坐标系下的矢量，即

$$\begin{bmatrix} A_r \\ A_\theta \\ A_\varphi \end{bmatrix} = \begin{bmatrix} \sin\theta\cos\varphi & \sin\theta\sin\varphi & \cos\theta \\ \cos\theta\cos\varphi & \cos\theta\sin\varphi & -\sin\theta \\ -\sin\varphi & \cos\varphi & 0 \end{bmatrix} \begin{bmatrix} A_x \\ A_y \\ A_z \end{bmatrix} \tag{1-39}$$

与圆柱坐标对比可以发现，不同坐标系下单位矢量间的变换矩阵与矢量变换矩阵相同。

【注】

（1）在三维空间，任一矢量可以用三个标量来表示，即需要三个数值，这些数值的大小与坐标系的选择有关。同一矢量在不同坐标系有不同的表示，当一给定的矢量从一个坐标系转换到另一个坐标系时，这些数值也将改变。

（2）矢量从一个坐标系变换到另一坐标系，矢量本身并没有改变，改变的只是它的表现形式。

（3）坐标系选取原则：有利于简化矢量运算，使求解更容易。在复杂的矢量运算中，通常都是转换到直角坐标系进行矢量运算。

1.3　场论基础

1.3.1　场的概念

场是描述空间一定区域所有点的一个物理量，该物理量可以是标量也可以是矢量，因而其相应的场也称为标量场或矢量场。

（1）标量场(scalar field)：空间点的场值用标量表示的场。如温度场、电位场、高度场、大气压力场等，这些物理量在指定时刻和空间上的每一点可用一个标量函数 $u(x, y, z, t)$ 来表示，则这个标量函数在空间域上就确定出标量场。例如，直角坐标系下：

$$u(x, y, z) = \frac{5xyz}{(x-1)^2 + (y+2)^2 + z^2} \tag{1-40}$$

表示空间一标量场。

（2）矢量场(vector field)：空间点的场值同时用它的大小和方向表示的场。如流体的速度、加速度、重力、电场、磁场等，这些物理量在指定时刻和空间上的每一点可用一个矢量函数 $\boldsymbol{A}(x, y, z, t)$来表示，则这个矢量函数在空间域上就确定出矢量场。例如，直角坐标系下：

$$\boldsymbol{A}(x, y, z) = \boldsymbol{e}_x xy^2 + \boldsymbol{e}_y(z^2 - 1) + \boldsymbol{e}_z x^3 y^2 \tag{1-41}$$

表示空间一矢量场。

（3）静态场：如果标量(或矢量)场不随时间变化而变化，则称之为静态场。如以后要讲到的静止电荷产生的场(静电场)和恒定电流产生的电场(或磁场)。

（4）时变场：如果标量(或矢量)场随时间变化而变化，则称之为时变场，又称为动态场。如时变的电场和磁场。

1.3.2　标量场的梯度

为了考察标量场在空间的分布和变化规律，需要引入等值面、方向导数和梯度的概念。

1. 等值面

标量场中量值相等的点构成的面称为标量场 u 的等值面，用方程可表示为

$$u(x, y, z) = C \tag{1-42}$$

随着 C 的取值不同，给出一组曲面。在每一个曲面上的各点，虽然坐标值 x、y、z 不同，但函数值相等，因此式(1-42)称为等值面方程。例如，温度场中的等温面、电位场中的等位面等。

【例 1-6】 设点电荷 q 位于直角坐标系的原点，在它周围空间的任一点 $M(x, y, z)$ 的电位是

$$\phi(x, y, z) = \frac{q}{4\pi\varepsilon_0\sqrt{x^2+y^2+z^2}}$$

式中 q 和 ε_0 是常数，试求等电位面方程。

解 根据等值面的定义，令 $\phi(x, y, z)=C$(常数)，即可得到等电位面方程，即

$$C = \frac{q}{4\pi\varepsilon_0\sqrt{x^2+y^2+z^2}}$$

或

$$x^2+y^2+z^2 = \left(\frac{q}{4\pi\varepsilon_0 C}\right)^2$$

这是一个球面方程。它表示一族以原点为中心、以 $q/(4\pi\varepsilon_0 C)$ 为半径的球面，如图 1-20 所示。C 值(电位值)越小，对应的球面半径越大；C 值等于零时对应的是一个半径为无限大的球面。可见，用等电位面可以帮助了解电位场的分布情况。

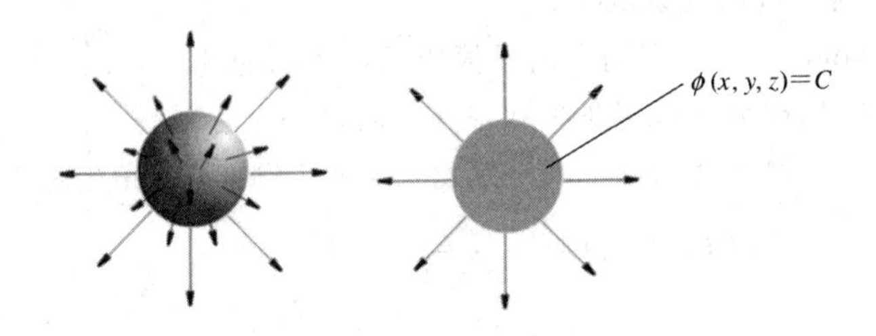

图 1-20 点电荷等位面示意图

2. 方向导数

函数 $u(x, y, z)$ 在给定点 M 沿某个方向对距离的变化率称为方向导数。如图 1-21 所示，设点 $M_0(x,y,z)$ 为标量场 $u(x,y,z)$ 中的一点，场值为 u。从点 M_0 出发朝任一方向引一条射线 $\boldsymbol{l}$，并在该方向上靠近点 M_0 取一动点 $M(x+\Delta x, y+\Delta y, z+\Delta z)$，点 M_0 到点 M 的距离表示为 Δl，标量场值为 $u+\Delta u$。根据定义，有

$$\lim_{\Delta l\to 0}\frac{u+\Delta u-u}{MM_0} = \lim_{\Delta l\to 0}\frac{\Delta u}{MM_0} = \frac{\partial u}{\partial l} \tag{1-43}$$

$\frac{\partial u}{\partial l}$就称为函数 $u(x, y, z)$在点 M_0 沿 $\boldsymbol{l}$ 方向的方向导数。在直角坐标系中，$\frac{\partial u}{\partial x}$、$\frac{\partial u}{\partial y}$、$\frac{\partial u}{\partial z}$就是函数 u 沿三个坐标轴方向的方向导数。

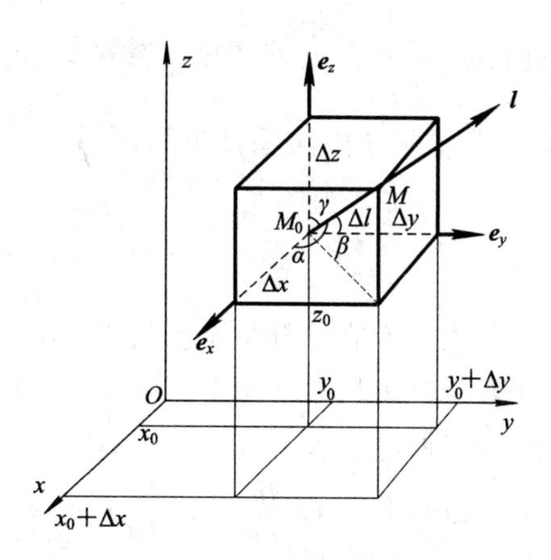

图 1-21　直角坐标系中方向导数$\frac{\partial u}{\partial l}$示意图

如图 1-21 所示，直角坐标系中，有

$$MM_0 = \Delta l = \sqrt{(\Delta x)^2 + (\Delta y)^2 + (\Delta z)^2}$$

式中：$\Delta x=\Delta l\cos\alpha$，$\Delta y=\Delta l\cos\beta$，$\Delta z=\Delta l\cos\gamma$；$\cos\alpha$、$\cos\beta$、$\cos\gamma$ 是 $\boldsymbol{l}$ 的方向余弦。

根据多元函数的全增量和全微分关系，有

$$\Delta u = u(M) - u(M_0) = \frac{\partial u}{\partial x}\Delta x + \frac{\partial u}{\partial y}\Delta y + \frac{\partial u}{\partial z}\Delta z \tag{1-44}$$

所以，方向导数为

$$\frac{\partial u}{\partial l} = \lim_{\Delta l\to 0}\frac{u(M)-u(M_0)}{\Delta l} = \frac{\partial u}{\partial x}\cos\alpha + \frac{\partial u}{\partial y}\cos\beta + \frac{\partial u}{\partial z}\cos\gamma \tag{1-45}$$

【例 1-7】　求函数 $u=\sqrt{x^2+y^2+z^2}$ 在点 $M(1,0,1)$ 处沿 $\boldsymbol{l}=\boldsymbol{e}_x+\boldsymbol{e}_y 2+\boldsymbol{e}_z 2$ 方向的方向导数。

解

$$\frac{\partial u}{\partial x}=\frac{x}{\sqrt{x^2+y^2+z^2}}$$

$$\frac{\partial u}{\partial y}=\frac{y}{\sqrt{x^2+y^2+z^2}}$$

$$\frac{\partial u}{\partial z}=\frac{z}{\sqrt{x^2+y^2+z^2}}$$

在点 $M(1,0,1)$ 处有

$$\frac{\partial u}{\partial x}=\frac{1}{\sqrt{2}},\quad \frac{\partial u}{\partial y}=0,\quad \frac{\partial u}{\partial z}=\frac{1}{\sqrt{2}}$$

$\boldsymbol{l}$ 的方向余弦是

$$\cos\alpha=\frac{1}{\sqrt{1^2+2^2+2^2}}=\frac{1}{3},\quad \cos\beta=\frac{2}{3},\quad \cos\gamma=\frac{2}{3}$$

由式(1-45)得方向导数为

$$\left.\frac{\partial u}{\partial l}\right|_{M_0}=\frac{1}{\sqrt{2}}\times\frac{1}{3}+0\times\frac{2}{3}+\frac{1}{\sqrt{2}}\times\frac{2}{3}=\frac{1}{\sqrt{2}}$$

方向导数是一个标量，其值不仅与场点位置有关，还与 $\boldsymbol{l}$ 的方向有关。方向导数绝对值的大小表示该点沿给定方向标量场函数 u 的变化快慢程度。$\frac{\partial u}{\partial l}>0$，说明场函数值沿 $\boldsymbol{l}$ 方向是增加的；$\frac{\partial u}{\partial l}<0$，说明场函数值沿 $\boldsymbol{l}$ 方向是减小的；$\frac{\partial u}{\partial l}=0$，说明场函数值沿 $\boldsymbol{l}$ 方向无变化。

3. 梯度

若在标量场 $u(M)$ 中的点 M 处，存在这样一个矢量 $\boldsymbol{G}$，其方向为函数 $u(M)$ 在点 M 处变化率最大的方向，其模也正好是这个最大变化率，则称矢量 $\boldsymbol{G}$ 为函数 $u(M)$ 在点 M 处的梯度(gradient)，用 **grad** u 表示，即

$$\boldsymbol{G}=\mathbf{grad}\ u=\boldsymbol{e}_x\frac{\partial u}{\partial x}+\boldsymbol{e}_y\frac{\partial u}{\partial y}+\boldsymbol{e}_z\frac{\partial u}{\partial z}\tag{1-46}$$

证明：标量场由点 M 移动到点 M'，等相位面变化量为

$$\Delta u=u(M')-u(M)=\frac{\partial u}{\partial x}\Delta x+\frac{\partial u}{\partial y}\Delta y+\frac{\partial u}{\partial z}\Delta z$$

而从点 M 移动到点 M'，位移矢量为

$$\Delta\boldsymbol{l}=\boldsymbol{e}_x\Delta x+\boldsymbol{e}_y\Delta y+\boldsymbol{e}_z\Delta z$$

根据矢量点乘公式，有

$$\Delta u=\boldsymbol{G}\cdot\Delta\boldsymbol{l}$$

其中矢量

$$\boldsymbol{G}=\boldsymbol{e}_x\frac{\partial u}{\partial x}+\boldsymbol{e}_y\frac{\partial u}{\partial y}+\boldsymbol{e}_z\frac{\partial u}{\partial z}$$

1) 哈密顿(Hamilton)算子

为了方便，引入一个算子，即

$$\nabla=\boldsymbol{e}_x\frac{\partial}{\partial x}+\boldsymbol{e}_y\frac{\partial}{\partial y}+\boldsymbol{e}_z\frac{\partial}{\partial z}\tag{1-47}$$

式(1-47)称为哈密顿算子。因为"∇"既是一个微分算子，又可以看做一个矢量，所以称它为一个矢性微分算子。

算子∇与标量函数 u 相乘，其结果是一个矢量函数。在直角坐标系中，

$$\nabla u=\left(\boldsymbol{e}_x\frac{\partial}{\partial x}+\boldsymbol{e}_y\frac{\partial}{\partial y}+\boldsymbol{e}_z\frac{\partial}{\partial z}\right)u=\boldsymbol{e}_x\frac{\partial u}{\partial x}+\boldsymbol{e}_y\frac{\partial u}{\partial y}+\boldsymbol{e}_z\frac{\partial u}{\partial z}\tag{1-48}$$

式(1-48)右边刚好是 **grad** u，因此用哈密顿算子可将梯度记为

$$\mathbf{grad}\ u=\nabla u\tag{1-49}$$

【注】∇算子的定义仅适用于直角坐标系，对其他坐标系，∇算符没有确定的形式。

2) 梯度的性质

(1) 梯度垂直于给定函数的等值面。

(2) 梯度的方向为给定函数在某位置变化最快的方向。

(3) 梯度的大小等于给定函数每单位距离的最大变化率。

(4) 标量场 u 在给定点沿任意 $\boldsymbol{l}$ 方向的方向导数等于该点梯度与该方向单位矢量的标量积(即在 $\boldsymbol{l}$ 方向上的投影)，即

$$\frac{\partial u}{\partial l}=(\mathbf{grad}\ u)\cdot\boldsymbol{e}_l=\mathbf{grad}\ u\,|_l=\frac{\partial u}{\partial x}\cos\alpha+\frac{\partial u}{\partial y}\cos\beta+\frac{\partial u}{\partial z}\cos\gamma$$

以性质(1)为例进行证明：

如图1-22所示，因为对等值面上任意点M，总有$\frac{\partial u}{\partial l}=0$，而$\frac{\partial u}{\partial l}=\boldsymbol{G}\cdot\boldsymbol{e}_l=0$，所以$\boldsymbol{G}\perp\boldsymbol{e}_l$。根据这一性质，曲面$u(x, y, z)=C$上任一点的单位法线矢量$\boldsymbol{e}_n$可以用梯度表示，即

$$\boldsymbol{e}_n=\frac{\mathbf{grad}\ u}{|\mathbf{grad}\ u|}$$

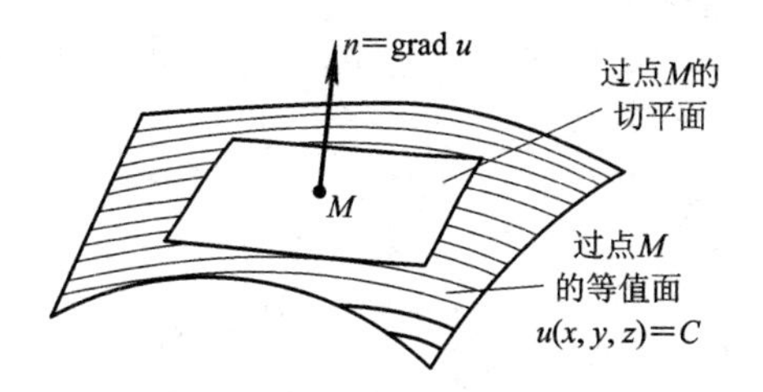

图1-22　梯度方向垂直于等值面

也可得到标量函数在圆柱坐标系中的梯度表达式，即

$$\mathbf{grad}u=\nabla u=\boldsymbol{e}_\rho\frac{\partial u}{\partial\rho}+\boldsymbol{e}_\varphi\frac{1}{\rho}\frac{\partial u}{\partial\varphi}+\boldsymbol{e}_z\frac{\partial u}{\partial z}\tag{1-50}$$

标量函数在球坐标系中的梯度表达式为

$$\mathbf{grad}u=\nabla u=\boldsymbol{e}_r\frac{\partial u}{\partial r}+\boldsymbol{e}_\theta\frac{1}{r}\frac{\partial u}{\partial\theta}+\boldsymbol{e}_\varphi\frac{1}{r\sin\theta}\frac{\partial u}{\partial\varphi}\tag{1-51}$$

3) 梯度运算公式

梯度运算公式类似于对一般函数求导数的法则，即

$$\nabla C=\mathbf{0}\qquad(C\text{ 为常数})\tag{1-52}$$

$$\nabla(Cu)=C\nabla u\qquad(C\text{ 为常数})\tag{1-53}$$

$$\nabla(u\pm v)=\nabla u\pm\nabla v\tag{1-54}$$

$$\nabla(uv)=u\nabla v+v\nabla u\tag{1-55}$$

$$\nabla\left(\frac{u}{v}\right)=\frac{1}{v^2}(v\nabla u-u\nabla v)\tag{1-56}$$

$$\nabla f(u)=f'(u)\nabla u\tag{1-57}$$

这里仅以式(1-57)为例，证明如下：

$$\begin{aligned}\nabla f(u)&=\left(\boldsymbol{e}_x\frac{\partial}{\partial x}+\boldsymbol{e}_y\frac{\partial}{\partial y}+\boldsymbol{e}_z\frac{\partial}{\partial z}\right)f(u)\\&=\boldsymbol{e}_x\frac{\partial f(u)}{\partial x}+\boldsymbol{e}_y\frac{\partial f(u)}{\partial y}+\boldsymbol{e}_z\frac{\partial f(u)}{\partial z}\\&=\boldsymbol{e}_x\left[\frac{\partial f(u)}{\partial u}\cdot\frac{\partial u}{\partial x}\right]+\boldsymbol{e}_y\left[\frac{\partial f(u)}{\partial u}\cdot\frac{\partial u}{\partial y}\right]+\boldsymbol{e}_z\left[\frac{\partial f(u)}{\partial u}\cdot\frac{\partial u}{\partial z}\right]\\&=\frac{\mathrm{d}f(u)}{\mathrm{d}u}\left[\boldsymbol{e}_x\frac{\partial u}{\partial x}+\boldsymbol{e}_y\frac{\partial u}{\partial y}+\boldsymbol{e}_z\frac{\partial u}{\partial z}\right]\end{aligned}$$

所以$\nabla f(u)=f'(u)\nabla u$，得证。

【例1-8】 已知平面方程$5x+2y+4z=20$，求平面的单位法向矢量$\boldsymbol{e}_n$。

解　设标量场$u(x, y, z)=5x+2y+4z$，则

$$\mathbf{grad}\ u = \boldsymbol{e}_x \frac{\partial u}{\partial x} + \boldsymbol{e}_y \frac{\partial u}{\partial y} + \boldsymbol{e}_z \frac{\partial u}{\partial z} = 5\boldsymbol{e}_x + 2\boldsymbol{e}_y + 4\boldsymbol{e}_z$$

$$|\ \mathbf{grad}\ u\ | = \sqrt{5^2 + 2^2 + 4^2} = 3\sqrt{5}$$

$$\boldsymbol{e}_\text{n} = \frac{\mathbf{grad}\ u}{|\ \mathbf{grad}\ u\ |} = \boldsymbol{e}_x \frac{\sqrt{5}}{3} + \boldsymbol{e}_y \frac{2\sqrt{5}}{15} + \boldsymbol{e}_x \frac{4\sqrt{5}}{15}$$

【例 1-9】 求 $\boldsymbol{r}$ 在圆柱坐标系下的梯度，此处 r 是位矢 $\boldsymbol{r}=\boldsymbol{e}_\rho\rho+\boldsymbol{e}_z z$ 的大小。

解 在圆柱坐标系下，位矢 $\boldsymbol{r}$ 的大小 $r=\sqrt{\rho^2+z^2}$，r 相对于各坐标的偏导数为

$$\frac{\partial r}{\partial \rho} = \frac{\rho}{r},\ \frac{\partial r}{\partial \varphi} = 0,\ \frac{\partial r}{\partial z} = \frac{z}{r}$$

$\boldsymbol{r}$ 的梯度为

$$\nabla r = \boldsymbol{e}_\rho \frac{\partial r}{\partial \rho} + \boldsymbol{e}_z \frac{\partial r}{\partial z} = \boldsymbol{e}_r$$

$\nabla r=\boldsymbol{e}_r$ 是一个非常重要的结论，可以用它简化某些公式。

【例 1-10】 空间点(x, y, z)与点(x', y', z')之间的距离为

$$R = [(x-x')^2 + (y-y')^2 + (z-z')^2]^{1/2}$$

证明$\nabla\left(\frac{1}{R}\right) = -\nabla'\left(\frac{1}{R}\right)$，式中$\nabla$表示对 x、y、z 微分，∇'表示对 x'、y'、z'微分。

证明

$$\begin{aligned}\nabla\left(\frac{1}{R}\right) &= \nabla\,[(x-x')^2 + (y-y')^2 + (z-z')^2]^{-1/2} \\ &= \left(\boldsymbol{e}_x \frac{\partial}{\partial x} + \boldsymbol{e}_y \frac{\partial}{\partial y} + \boldsymbol{e}_z \frac{\partial}{\partial z}\right)[(x-x')^2 + (y-y')^2 + (z-z')^2]^{-1/2} \\ &= -\frac{\boldsymbol{e}_x(x-x') + \boldsymbol{e}_y(y-y') + \boldsymbol{e}_z(z-z')}{[(x-x')^2 + (y-y')^2 + (z-z')^2]^{3/2}}\end{aligned}$$

即

$$\nabla\left(\frac{1}{R}\right) = -\frac{\boldsymbol{R}}{R^3} = -\frac{\boldsymbol{e}_R}{R^2}$$

$$\begin{aligned}\nabla'\left(\frac{1}{R}\right) &= \nabla'[(x-x')^2 + (y-y')^2 + (z-z')^2]^{-1/2} \\ &= \left(\boldsymbol{e}_x \frac{\partial}{\partial x'} + \boldsymbol{e}_y \frac{\partial}{\partial y'} + \boldsymbol{e}_z \frac{\partial}{\partial z'}\right)[(x-x')^2 + (y-y')^2 + (z-z')^2]^{-1/2} \\ &= \frac{\boldsymbol{e}_x(x-x') + \boldsymbol{e}_y(y-y') + \boldsymbol{e}_z(z-z')}{[(x-x')^2 + (y-y')^2 + (z-z')^2]^{3/2}}\end{aligned}$$

亦即

$$\nabla'\left(\frac{1}{R}\right) = \frac{\boldsymbol{R}}{R^3} = \frac{\boldsymbol{e}_R}{R^2}$$

所以得证

$$\nabla\left(\frac{1}{R}\right) = -\nabla'\left(\frac{1}{R}\right)$$

1.3.3 矢量场的散度

为了考察矢量场在空间的分布和变化规律，引入矢量线、通量和散度的概念。

1. 矢量线

为了形象地描绘矢量场在空间的分布状况，我们引入矢量线的概念。矢量线是这样一些曲线，线上每一点的切线方向都代表该点矢量场的方向。一般说来，矢量场中的每一点均有唯一的一条矢量线通过，因此，矢量线充满了整个矢量场所在的空间，如电场中的电力线和磁场中的磁力线等。例如，位于坐标原点的点电荷 q，它在周围空间的任一点 $M(x, y, z)$所产生的电场强度矢量为

$$\boldsymbol{E} = \frac{q}{4\pi\varepsilon_0 r^3}\boldsymbol{r}$$

点电荷所在点(原点)向空间发散的电力线如图 1-23 所示。这样一族矢量线形象地描绘出点电荷电场的分布状况。

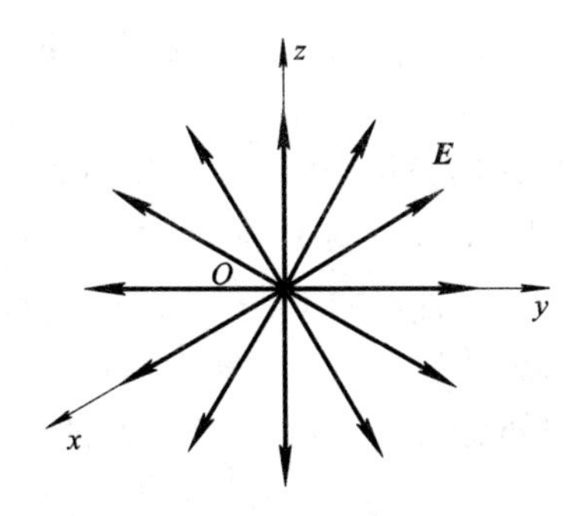

图 1-23　点电荷电场的矢量线

2. 通量

矢量 $\boldsymbol{F}$ 在场中某一有向曲面 S 上的面积分，称为该矢量场通过此曲面的通量，记作

$$\Phi = \iint_S \boldsymbol{F} \cdot \mathrm{d}\boldsymbol{S} \tag{1-58}$$

如图 1-24 所示，在场中任意曲面 S 上的点 M 周围取一小面积元 $\mathrm{d}\boldsymbol{S}$，它有两个方向相反的单位法线矢量 $\pm\boldsymbol{e}_\mathrm{n}$。假设是如图 1-24 所取的方向，则 $\mathrm{d}\Phi=\boldsymbol{F}\cdot\boldsymbol{e}_\mathrm{n}\mathrm{d}S=F\cos\theta\,\mathrm{d}S>0$；反之，则 $\mathrm{d}\Phi<0$。可见，通量是一个代数量，它的正、负与面积元法线矢量方向的选取有关。

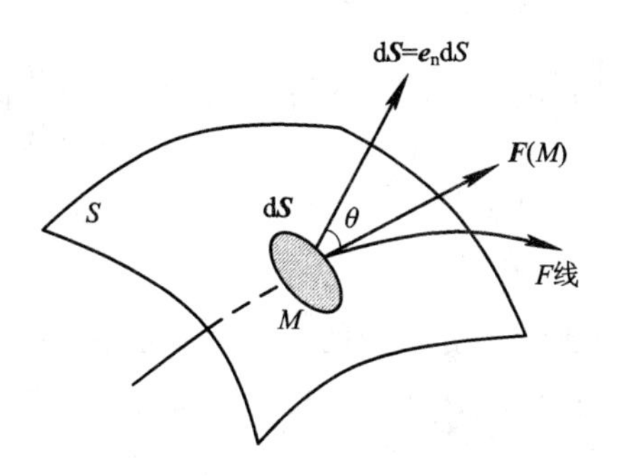

图 1-24　矢量场的通量

利用矢量线的概念，通量也可以认为是穿过曲面 S 的矢量线总数，故矢量线也叫做通量线。式(1-58)中的矢量场 $\boldsymbol{F}$ 可称为通量面密度矢量，它的模 F 就等于在某点与 $\boldsymbol{F}$ 垂直

的单位面积上通过的矢量线的数目，如图 1-25 所示。

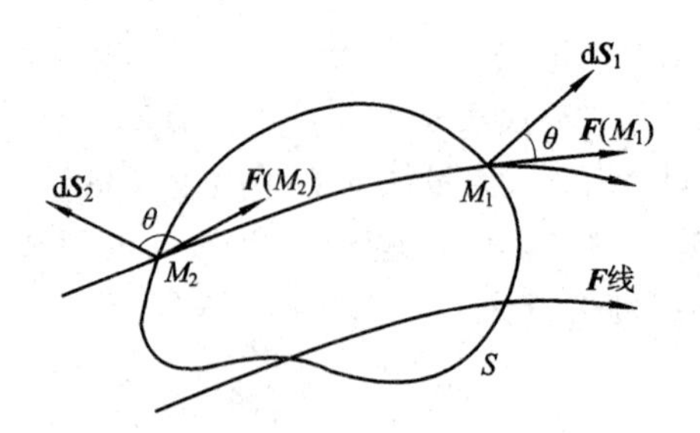

图 1-25　**F** 通过闭合曲线面的通量

如果 S 是一定体积 V 的闭合面，则通过闭合面的总通量可表示为

$$\Phi = \oiint_S \boldsymbol{F} \cdot \mathrm{d}\boldsymbol{S} = \oiint_S \boldsymbol{F} \cdot \boldsymbol{e}_{\mathrm{n}} \mathrm{d}S \tag{1-59}$$

对于闭合面，可以假定面积元的单位法线矢量 $\boldsymbol{e}_{\mathrm{n}}$ 均由面内指向面外。由图 1-25 可以看到，在闭合面 S 的一部分面积上，各点的 $\boldsymbol{F}$ 与 $\boldsymbol{e}_{\mathrm{n}}$ 的夹角 $\theta<90°$，矢量线穿出这部分面积的通量为正值；在另一部分面积上，各点的 $\boldsymbol{F}$ 与 $\boldsymbol{e}_{\mathrm{n}}$ 的夹角 $\theta>90°$，矢量线穿入这部分面积的通量为负值。式(1-59)中的 Φ 则表示从 S 内穿出的正通量与从 S 外穿入的负通量的代数和，即通过 S 面的净通量。当 $\Phi>0$ 时，穿出闭合面 S 的通量线多于穿入 S 的通量线，这时 S 内必有发出通量线的源，称它为正源；当 $\Phi<0$ 时，穿入多于穿出，这时 S 内必有吸收通量线的沟，为对称起见，称它为负源；当 $\Phi=0$ 时，穿出等于穿入，这时 S 内的正源与负源的代数和为零，或者 S 内没有源。这里说的正源和负源都称为通量源，对应的场称为具有通量源的场(简称通量场)。例如，静电场中的正电荷发出电力线，在包围它的任意闭合面上的通量为正值；负电荷吸收电力线，在包围它的任意闭合面上的通量为负值；闭合面里的电荷电量的代数和为零或无电荷时，闭合面上的通量等于零。静电场就是具有通量源的场。

如果一闭合面 S 上任一点的矢量场为

$$\boldsymbol{F} = \boldsymbol{F}_1 + \boldsymbol{F}_2 + \cdots + \boldsymbol{F}_n = \sum_{i=1}^{n} \boldsymbol{F}_i$$

则通过 S 面的矢量场 $\boldsymbol{F}$ 的通量为

$$\Phi = \oiint_S \boldsymbol{F} \cdot \mathrm{d}\boldsymbol{S} = \oiint_S \left(\sum_{i=1}^{n} \boldsymbol{F}_i\right) \cdot \mathrm{d}\boldsymbol{S} = \sum_{i=1}^{n} \oiint_S \boldsymbol{F}_i \cdot \mathrm{d}\boldsymbol{S} \tag{1-60}$$

式(1-60)表明，通量是可以叠加的。

3. 散度

矢量场在闭合面 S 上的通量是由 S 内的通量源决定的。但是，通量只能描述这种关系在较大范围内的情况，如果想了解场中每点上场与源之间的关系，则需要引入矢量场散度的概念。

1) 散度的定义

设有矢量场 $\boldsymbol{F}$，在场中任一点 M 作一包围该点的任意闭合面 S，并使 S 所限定的体积 ΔV 以任意方式趋于零(即缩至点 M)，然后取下列极限：

$$\lim_{\Delta V\to 0}\frac{\Phi}{\Delta V}=\lim_{\Delta V\to 0}\frac{\oint\!\!\!\oint_S \boldsymbol{F}\cdot\boldsymbol{e}_{\mathrm{n}}\,\mathrm{d}S}{\Delta V}$$

这个极限称为矢量场 $\boldsymbol{F}$ 在点 M 处的散度，记作 $\mathrm{div}\boldsymbol{F}$ 或$\nabla\cdot\boldsymbol{F}$(读作散度 $\boldsymbol{F}$)，即

$$\nabla\cdot\boldsymbol{F}=\lim_{\Delta V\to 0}\frac{\oint\!\!\!\oint_S \boldsymbol{F}\cdot\boldsymbol{e}_{\mathrm{n}}\mathrm{d}S}{\Delta V} \tag{1-61}$$

这个定义与所选取的坐标系无关，$\nabla\cdot\boldsymbol{F}$ 表示在场中任意一点处，通过包围该点的单位体积由内向外散发的通量，又称为“通量源密度”。

在点 M 处，若$\nabla\cdot\boldsymbol{F}>0$，则该点有发出通量线的正源，如图 1-26(a)所示；若$\nabla\cdot\boldsymbol{F}<0$，则该点有吸收通量线的负源，如图 1-26(b)所示；若$\nabla\cdot\boldsymbol{F}=0$，则该点无源，如图 1-26(c)所示。若在某一区域内的所有点上矢量场的散度都等于零，则称该区域内的矢量场为无源场。

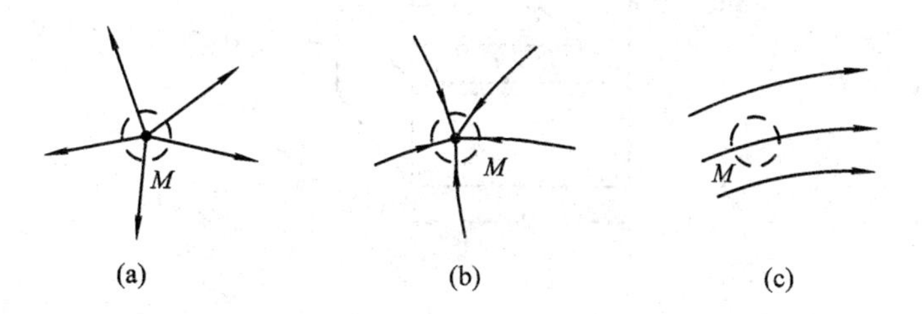

图 1-26　矢量场的散度

(a)$\nabla\cdot\boldsymbol{F}>0$；(b) $\nabla\cdot\boldsymbol{F}<0$；(c) $\nabla\cdot\boldsymbol{F}=0$

2) 散度在三种坐标系中的表达式

散度在直角坐标系、圆柱坐标系及球坐标系中的表达式如下：

直角坐标系
$$\nabla\cdot\boldsymbol{F}=\frac{\partial F_x}{\partial x}+\frac{\partial F_y}{\partial y}+\frac{\partial F_z}{\partial z} \tag{1-62}$$

圆柱坐标系
$$\nabla\cdot\boldsymbol{F}=\frac{1}{\rho}\frac{\partial}{\partial\rho}(\rho F_\rho)+\frac{1}{\rho}\frac{\partial F_\varphi}{\partial\varphi}+\frac{\partial F_z}{\partial z} \tag{1-63}$$

球坐标系
$$\nabla\cdot\boldsymbol{F}=\frac{1}{r^2}\frac{\partial}{\partial r}(r^2F_r)+\frac{1}{r\sin\theta}\frac{\partial}{\partial\theta}(F_\theta\sin\theta)+\frac{1}{r\sin\theta}\frac{\partial F_\varphi}{\partial\varphi} \tag{1-64}$$

3) 散度运算基本公式

散度运算的基本公式如下：

$$\nabla\cdot\boldsymbol{C}=0\qquad(\boldsymbol{C}\text{ 为常矢量}) \tag{1-65}$$

$$\nabla\cdot(C\boldsymbol{F})=C\,\nabla\cdot\boldsymbol{F}\qquad(C\text{ 为常数}) \tag{1-66}$$

$$\nabla\cdot(\boldsymbol{F}\pm\boldsymbol{G})=\nabla\cdot\boldsymbol{F}\pm\nabla\cdot\boldsymbol{G} \tag{1-67}$$

$$\nabla\cdot(u\boldsymbol{F})=u\,\nabla\cdot\boldsymbol{F}+\boldsymbol{F}\cdot\nabla u\qquad(u\text{ 为标量函数}) \tag{1-68}$$

4. 高斯(Gauss)散度定理

根据散度的定义，$\nabla\cdot\boldsymbol{F}$ 等于空间某一点从包围该点的单位体积内穿出的 $\boldsymbol{F}$ 通量。因此，从空间任一体积 V 内穿出的 $\boldsymbol{F}$ 通量应等于$\nabla\cdot\boldsymbol{F}$ 在 V 内的体积分，即

$$\Phi=\iiint_V \nabla\cdot\boldsymbol{F}\,\mathrm{d}V$$

这个通量也就是从限定体积 V 的闭合面 S 上穿出的净通量，所以

$$\iiint_V \nabla \cdot \boldsymbol{F}\,\mathrm{d}V = \oint\!\!\!\oint_S \boldsymbol{F} \cdot \mathrm{d}\boldsymbol{S} \tag{1-69}$$

这就是高斯散度定理。高斯散度定理说明：任意矢量场的法向分量在闭合曲面上的积分等于该矢量场的散度在该闭合曲面所包围体积上的积分。这种矢量场中的积分变换关系，在电磁场理论中将经常用到。

【例 1-11】 在 $\boldsymbol{E}=\boldsymbol{e}_x \dfrac{3}{8}x^3y^2$ 的矢量场中，假设有一个正六面体，其边长为 $2a$，中心在直角坐标系原点，各表面与三个坐标面平行，如图 1-27 所示。试求从正六面体内穿出的电场净通量 Φ，并验证高斯散度定理。

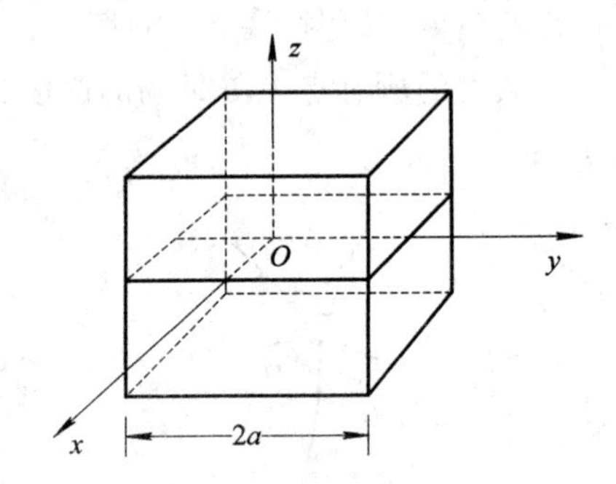

图 1-27　例 1-11 用图

解　先用公式 $\Phi=\iint_S \boldsymbol{E}\cdot\mathrm{d}\boldsymbol{S}$ 计算通量。因为 $\boldsymbol{E}$ 只有 x 分量，在六面体上、下、左、右四个表面上的 $\boldsymbol{E}$ 和 $\mathrm{d}\boldsymbol{S}$ 垂直，面积分为零，所以

$$\begin{aligned}\Phi &= \oint\!\!\!\oint_S \boldsymbol{E}\cdot\mathrm{d}\boldsymbol{S} = \iint_{S前} \boldsymbol{E}\cdot\mathrm{d}\boldsymbol{S} + \iint_{S后} \boldsymbol{E}\cdot\mathrm{d}\boldsymbol{S} \\ &= \iint_{S前}\left(\boldsymbol{e}_x \frac{3}{8}x^3y^2\right)\cdot(\boldsymbol{e}_x\,\mathrm{d}S) + \iint_{S后}\left(\boldsymbol{e}_x \frac{3}{8}x^3y^2\right)\cdot(-\boldsymbol{e}_x\,\mathrm{d}S) \\ &= \int_{-a}^{a}\frac{3}{8}a^3y^2\,\mathrm{d}y\int_{-a}^{a}\mathrm{d}z - \int_{-a}^{a}\frac{3}{8}(-a)^3y^2\,\mathrm{d}y\int_{-a}^{a}\mathrm{d}z = a^7\end{aligned}$$

再用公式 $\iiint_V \nabla\cdot\boldsymbol{E}\,\mathrm{d}V$ 计算通量，即

$$\nabla\cdot\boldsymbol{E} = \frac{\partial}{\partial x}\left(\frac{3}{8}x^3y^2\right) = \frac{9}{8}x^2y^2$$

$$\iiint_V \nabla\cdot\boldsymbol{E}\,\mathrm{d}V = \iiint_V \frac{9}{8}x^2y^2\,\mathrm{d}x\,\mathrm{d}y\,\mathrm{d}z = \int_{-a}^{a}\frac{9}{8}x^2\,\mathrm{d}x\int_{-a}^{a}y^2\,\mathrm{d}y\int_{-a}^{a}\mathrm{d}z = a^7$$

所以

$$\Phi = \oint\!\!\!\oint_V \boldsymbol{E}\cdot\mathrm{d}\boldsymbol{S} = \iiint_S \nabla\cdot\boldsymbol{E}\,\mathrm{d}V \qquad \text{（验证了高斯散度定理）}$$

1.3.4　矢量场的旋度

由 1.3.3 节可知，一个具有通量源的矢量场，可以采用通量与散度来描述场与源之间

的关系。而对于具有另一种源(即涡旋源)的矢量场，为了描述场与源之间的关系，引入环量和旋度的概念。

1. 环量

矢量 $\boldsymbol{F}$ 沿某一闭合曲线(路径)的线积分，称为该矢量沿此闭合曲线的环量，记作

$$\Gamma=\oint_l \boldsymbol{F}\cdot \mathrm{d}\boldsymbol{l}=\oint_l F\ \cos\theta\,\mathrm{d}l \tag{1-70}$$

式中的 $\boldsymbol{F}$ 是闭合积分路径上任一点的矢量，$\mathrm{d}\boldsymbol{l}$ 是该点路径的切向长度元矢量，它的方向取决于闭合曲线的环绕方向，θ 是在该点处 $\boldsymbol{F}$ 与 $\mathrm{d}\boldsymbol{l}$ 的夹角，如图 1-28 所示。

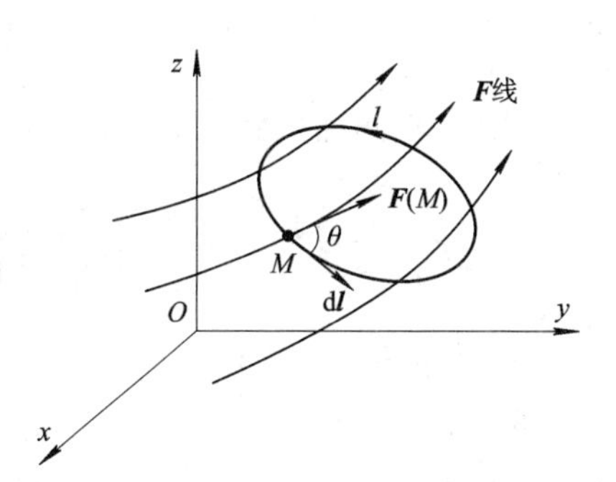

图 1-28　矢量场的环量

从式(1-70)可以看出，环量是一个代数量，它的大小和正负不仅与矢量场的分布有关，而且与所取的积分环绕方向有关。

如果某一矢量场的环量不等于零，则可认为场中必定有产生这种场的涡旋源。例如在磁场中，沿围绕电流的闭合路径的环量不等于零，电流就是产生磁场的涡旋源。如果在一个矢量场中沿任何闭合路径上的环量恒等于零，则在这个场中不可能有涡旋源。这种类型的场称为保守场或无旋场，例如静电场和重力场等。

2. 旋度的定义

设 M 为矢量场 $\boldsymbol{F}$ 中任意一点，包含 M 点作一微小面元 ΔS，其周界为 l，周界的环绕方向与面元 ΔS 的法向矢量 $\boldsymbol{e}_{\mathrm{n}}$ 成右手螺旋关系。令曲面 ΔS 在 M 点处保持以 $\boldsymbol{e}_{\mathrm{n}}$ 为法矢不变，以任意方式缩向 M 点，定义矢量 $\boldsymbol{F}$ 的环量与曲面面积之比的极限值为矢量 $\boldsymbol{F}$ 的环量密度，即

$$\lim_{\Delta S\to 0}\frac{\oint_L \boldsymbol{F}\cdot \mathrm{d}\boldsymbol{l}}{\Delta S}$$

显然，该环量密度与曲面 ΔS 的取向密切相关，其中一定可以找到某个方向，使得在此方向下该点的环量密度最大。

在矢量场 $\boldsymbol{F}$ 中的点 M 存在这样一个矢量 $\boldsymbol{R}$，矢量场 $\boldsymbol{F}$ 在点 M 处沿其方向的环量密度为最大，这个最大的数值正好就是 $|\boldsymbol{R}|$，则称矢量 $\boldsymbol{R}$ 为矢量场 $\boldsymbol{F}$ 在点 M 处的旋度，记为 $\mathbf{rot}\boldsymbol{F}$、$\nabla\times\boldsymbol{F}$ 或 $\mathbf{curl}\boldsymbol{F}$，即

$$\nabla\times\boldsymbol{F}=\boldsymbol{R} \tag{1-71}$$

直角坐标系中旋度的表示式为

$$\begin{aligned}\mathbf{rot}\boldsymbol{F}=\nabla\times\boldsymbol{F}&=\begin{vmatrix}\boldsymbol{e}_x & \boldsymbol{e}_y & \boldsymbol{e}_z\\ \dfrac{\partial}{\partial x} & \dfrac{\partial}{\partial y} & \dfrac{\partial}{\partial z}\\ F_x & F_y & F_z\end{vmatrix}\\ &=\boldsymbol{e}_x\left(\frac{\partial F_z}{\partial y}-\frac{\partial F_y}{\partial z}\right)-\boldsymbol{e}_y\left(\frac{\partial F_z}{\partial x}-\frac{\partial F_x}{\partial z}\right)+\boldsymbol{e}_z\left(\frac{\partial F_y}{\partial x}-\frac{\partial F_x}{\partial y}\right)\end{aligned} \tag{1-72}$$

式(1-72)用叉积表示可以写成

$$\nabla \times \boldsymbol{F} = \left(\boldsymbol{e}_x \frac{\partial}{\partial x} + \boldsymbol{e}_y \frac{\partial}{\partial y} + \boldsymbol{e}_z \frac{\partial}{\partial z}\right) \times (\boldsymbol{e}_x F_x + \boldsymbol{e}_y F_y + \boldsymbol{e}_z F_z)$$

为方便记忆，$\nabla \times \boldsymbol{F}$ 可以写成行列式的形式，即

$$\nabla \times \boldsymbol{F} = \begin{vmatrix} \boldsymbol{e}_x & \boldsymbol{e}_y & \boldsymbol{e}_z \\ \dfrac{\partial}{\partial x} & \dfrac{\partial}{\partial y} & \dfrac{\partial}{\partial z} \\ F_x & F_y & F_z \end{vmatrix}$$

同理，在圆柱坐标系下

$$\nabla \times \boldsymbol{F} = \frac{1}{\rho} \begin{vmatrix} \boldsymbol{e}_\rho & \rho \boldsymbol{e}_\varphi & \boldsymbol{e}_z \\ \dfrac{\partial}{\partial \rho} & \dfrac{\partial}{\partial \varphi} & \dfrac{\partial}{\partial z} \\ F_\rho & \rho F_\varphi & F_z \end{vmatrix}$$

在球坐标系下

$$\nabla \times \boldsymbol{F} = \frac{1}{r^2 \sin\theta} \begin{vmatrix} \boldsymbol{e}_r & r \boldsymbol{e}_\theta & r \sin\theta \boldsymbol{e}_\varphi \\ \dfrac{\partial}{\partial r} & \dfrac{\partial}{\partial \theta} & \dfrac{\partial}{\partial \varphi} \\ F_r & r F_\theta & r \sin\theta F_\varphi \end{vmatrix}$$

矢量场旋度的物理意义：旋度表示该矢量场每单位面积的环量，其大小等于该矢量在给定处的最大环量面密度，方向为最大环量面密度对应面元的法向方向。若矢量场的旋度不为零，则称该矢量场是有旋的(rotational)；若矢量场的旋度为零，则称此矢量场是无旋的或保守场(irrotational 或 conservative)。如力作用于物体做功就是保守场的典型例子。

【例 1-12】 已知 $u(x, y, z)$是一个连续可微的标量函数，证明$\nabla \times (\nabla u)=0$。

证明 标量函数 $u(x, y, z)$的梯度为

$$\nabla u = \boldsymbol{e}_x \frac{\partial u}{\partial x} + \boldsymbol{e}_y \frac{\partial u}{\partial y} + \boldsymbol{e}_z \frac{\partial u}{\partial z}$$

因为∇u 的旋度可表示为

$$\begin{aligned} \nabla \times (\nabla u) &= \begin{vmatrix} \boldsymbol{e}_x & \boldsymbol{e}_y & \boldsymbol{e}_z \\ \dfrac{\partial}{\partial x} & \dfrac{\partial}{\partial y} & \dfrac{\partial}{\partial z} \\ \dfrac{\partial u}{\partial x} & \dfrac{\partial u}{\partial y} & \dfrac{\partial u}{\partial z} \end{vmatrix} \\ &= \boldsymbol{e}_x \left(\frac{\partial^2 u}{\partial y \partial z} - \frac{\partial^2 u}{\partial y \partial z}\right) + \boldsymbol{e}_y \left(\frac{\partial^2 u}{\partial x \partial z} - \frac{\partial^2 u}{\partial x \partial z}\right) + \boldsymbol{e}_z \left(\frac{\partial^2 u}{\partial x \partial y} - \frac{\partial^2 u}{\partial x \partial y}\right) \end{aligned}$$

所以$\nabla \times (\nabla u)=\boldsymbol{0}$，得证。

由于标量函数梯度的旋度恒为零，因此∇u 可表示一个无旋场或保守场。反之，如果一个矢量场的旋度为零，则此矢量场可以表示为标量函数的梯度，即如果$\nabla \times \boldsymbol{F}=\boldsymbol{0}$，则$\boldsymbol{F}=\pm \nabla u$，其中正(+)或负(-)号的选择取决于 u 的物理解释。

3. 旋度的性质

(1) 旋度矢量在任一方向上的投影等于该方向上的环量密度。

（2）对于任何矢量场 $\boldsymbol{F}$，旋度的散度恒等于 0，即

$$\nabla \cdot (\nabla \times \boldsymbol{F}) = 0 \tag{1-73}$$

根据这一性质，对于一个散度恒为 0 的矢量 $\boldsymbol{B}$，可以将其表示为矢量 $\boldsymbol{A}$ 的旋度，即

$$\boldsymbol{B} = \nabla \times \boldsymbol{A} \tag{1-74}$$

（3）对于任何位置的标量场，梯度的旋度是 $\boldsymbol{0}$ 矢量，即

$$\nabla \times (\nabla u) = \boldsymbol{0} \tag{1-75}$$

对于静态场，因为 $\boldsymbol{E} = -\nabla \phi$，所以 $\nabla \times \boldsymbol{E} = \boldsymbol{0}$。

4. 旋度与散度的区别

（1）一个矢量场的旋度是一个矢量函数；一个矢量场的散度是一个标量函数。

（2）旋度表示场中各点的场与涡旋源的关系。如果在矢量场所存在的全部空间里，场的旋度处处等于零，则这种场不可能有涡旋源，因而称它为无旋场或保守场。散度表示场中各点的场与通量源的关系。如果在矢量场所充满的空间里，场的散度处处为零，则这种场不可能有通量源，因而被称为管形场或无源场。以后将会讲到，静电场是无旋场，而磁场是管形场。

（3）从旋度公式可以看出，矢量场 $\boldsymbol{F}$ 的 x 分量 F_x 只对 y、z 求偏导数，F_y 和 F_z 也类似地只对与其垂直方向的坐标变量求偏导数，旋度描述的是场分量沿着与它相垂直的方向上的变化规律；对比散度公式，场分量 F_x、F_y、F_z 分别对 x、y、z 求偏导数，散度描述的是场分量沿着各自方向上的变化规律。

5. 旋度的基本运算公式

旋度的基本运算公式如下：

$$\nabla \times \boldsymbol{C} = \boldsymbol{0} \quad (\boldsymbol{C}\text{ 为常矢量}) \tag{1-76}$$

$$\nabla \times (C\boldsymbol{F}) = C\nabla \times \boldsymbol{F} \quad (C\text{ 为常数}) \tag{1-77}$$

$$\nabla \times (\boldsymbol{F} \pm \boldsymbol{G}) = \nabla \times \boldsymbol{F} \pm \nabla \times \boldsymbol{G} \tag{1-78}$$

$$\nabla \times (u\boldsymbol{F}) = u\nabla \times \boldsymbol{F} + \nabla u \times \boldsymbol{F} \quad (u\text{ 为标量函数}) \tag{1-79}$$

$$\nabla \cdot (\boldsymbol{F} \times \boldsymbol{G}) = \boldsymbol{G} \cdot (\nabla \times \boldsymbol{F}) - \boldsymbol{F} \cdot (\nabla \times \boldsymbol{G}) \tag{1-80}$$

6. 斯托克斯(Stokes)定理

对于矢量场 $\boldsymbol{F}$ 所在的空间中任一个以 l 为周界的曲面 S，矢量场 $\boldsymbol{F}$ 的切向分量沿 l 的线积分等于矢量场 $\boldsymbol{F}$ 旋度的法向分量在 S 上的面积分，即

$$\iint_S (\nabla \times \boldsymbol{F}) \cdot \mathrm{d}\boldsymbol{S} = \oint \boldsymbol{F} \cdot \mathrm{d}\boldsymbol{l} \tag{1-81}$$

式(1-81)称为斯托克斯定理，其中，S 的形状不限，只需以 l 为界，且 S 的法向分量与 l 的环绕方向满足右手法则，如图 1-29 所示。斯托克斯定理的意义是：任意矢量场 $\boldsymbol{F}$ 的旋度沿场中任意一个以 l 为周界的曲面的面积分，等于矢量场 $\boldsymbol{F}$ 沿此周界 l 的线积分。换句话说，$\nabla \times \boldsymbol{F}$ 在任意曲面 S 的通量等于 $\boldsymbol{F}$ 沿该曲面的周界 l 的环量。同高斯散度定理一样，斯托克斯定理表示的积分变换关系在电磁

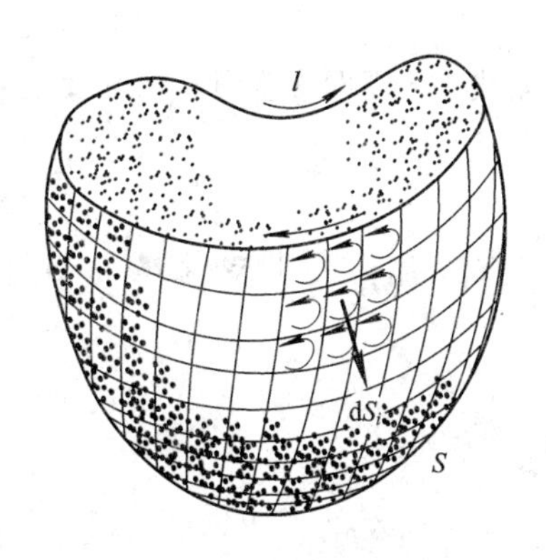

图 1-29　斯托克斯定理的证明

场理论中也是经常要用到的。

【例 1-13】 矢量场 $\boldsymbol{F}=-\boldsymbol{e}_x y+\boldsymbol{e}_y x$，试求它沿图 1-30 中的闭合曲线 l 上的环量并验证斯托克斯定理。l 的参量方程是

$$\begin{cases} x = a\cos^3\theta \\ y = a\sin^3\theta \end{cases}$$

这是一条星形线。

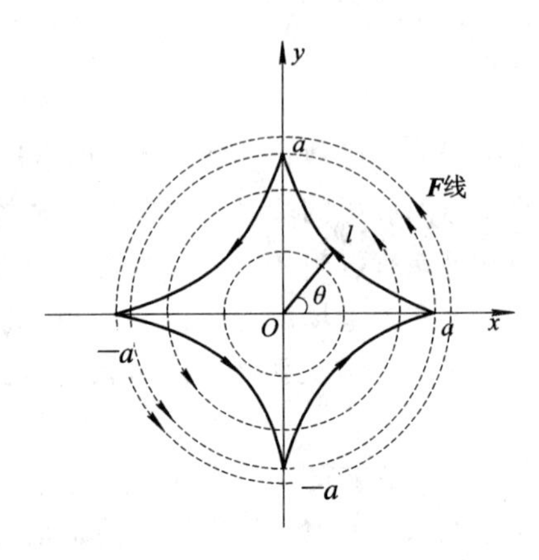

图 1-30 例 1-13 用图

解 由矢量线方程 $\dfrac{\mathrm{d}x}{F_x}=\dfrac{\mathrm{d}y}{F_y}$ 可解得

$$x^2+y^2=C \qquad (C\text{ 为任意常数})$$

由此可以看出，矢量线是一族以坐标原点为中心的平面圆。

(1) 用公式 $\oint_l \boldsymbol{F}\cdot\mathrm{d}\boldsymbol{l}$ 计算 $\boldsymbol{F}$ 的环量：

$$\oint_l \boldsymbol{F}\cdot\mathrm{d}\boldsymbol{l}=\oint_l(-\boldsymbol{e}_x y+\boldsymbol{e}_y x)\cdot(\boldsymbol{e}_x\,\mathrm{d}x+\boldsymbol{e}_y\,\mathrm{d}y)=\oint_l(-y\,\mathrm{d}x+x\,\mathrm{d}y)$$

由闭合曲线 l 的参量方程得

$$\begin{cases} \mathrm{d}x=\mathrm{d}(a\cos^3\theta)=-3a\cos^2\theta\sin\theta\,\mathrm{d}\theta \\ \mathrm{d}y=\mathrm{d}(a\sin^3\theta)=3a\sin^2\theta\cos\theta\,\mathrm{d}\theta \end{cases}$$

沿曲线 l 一周即参变量 θ 从 0 变到 2π（弧度），可得

$$\oint_l \boldsymbol{F}\cdot\mathrm{d}\boldsymbol{l}=\int_0^{2\pi}(3a^2\cos^2\theta\sin^4\theta+3a^2\sin^2\theta\cos^4\theta)\,\mathrm{d}\theta=\frac{3}{4}\pi a^2$$

(2) 用公式 $\iint_S(\nabla\times\boldsymbol{F})\cdot\mathrm{d}\boldsymbol{S}$ 计算 $\nabla\times\boldsymbol{F}$ 的通量：

由于

$$\nabla\times\boldsymbol{F}=\begin{vmatrix} \boldsymbol{e}_x & \boldsymbol{e}_y & \boldsymbol{e}_z \\ \dfrac{\partial}{\partial x} & \dfrac{\partial}{\partial y} & \dfrac{\partial}{\partial z} \\ -y & x & 0 \end{vmatrix}=2\boldsymbol{e}_z$$

因此

$$\iint_S(\nabla\times\boldsymbol{F})\cdot\mathrm{d}\boldsymbol{S}=\iint_S(2\boldsymbol{e}_z)\cdot(\boldsymbol{e}_z\,\mathrm{d}x\,\mathrm{d}y)=2\iint_S\mathrm{d}x\,\mathrm{d}y$$

由 l 的参量方程可得 $x^{\frac{2}{3}}+y^{\frac{2}{3}}=a^{\frac{2}{3}}$。由于对称关系，上述以 l 为周界的面积分值等于第一象限中的 4 倍，因此

$$\iint_S (\nabla\times\boldsymbol{F})\cdot \mathrm{d}\boldsymbol{S} = 4\times 2\int_0^a \mathrm{d}x\int_0^{(a^{\frac{2}{3}}-x^{\frac{2}{3}})^{\frac{3}{2}}} \mathrm{d}y$$

$$= 8\int_0^a (a^{\frac{2}{3}}-x^{\frac{2}{3}})^{\frac{3}{2}}\,\mathrm{d}x$$

利用参量方程代换积分元，即

$$(a^{\frac{2}{3}}-x^{\frac{2}{3}})^{\frac{3}{2}} = a(1-\cos^2\theta)^{\frac{3}{2}}$$

$$\mathrm{d}x = -3a\cos^2\theta\sin\theta\,\mathrm{d}\theta$$

因为当 $x=0$ 时，$\theta=\frac{\pi}{2}$；当 $x=a$ 时，$\theta=0$，所以

$$\iint_S (\nabla\times\boldsymbol{F})\cdot \mathrm{d}\boldsymbol{S} = -8\int_{\frac{\pi}{2}}^0 3a^2(1-\cos^2\theta)^{\frac{3}{2}}\cos^2\theta\sin\theta\,\mathrm{d}\theta$$

$$= 24a^2\int_0^{\frac{\pi}{2}} \sin^4\theta(1-\sin^2\theta)\,\mathrm{d}\theta$$

$$= \frac{3}{4}\pi a^2$$

即

$$\iint_S (\nabla\times\boldsymbol{F})\cdot \mathrm{d}\boldsymbol{S} = \oint_l \boldsymbol{F}\cdot \mathrm{d}\boldsymbol{l} = \frac{3}{4}\pi a^2$$

这样就验证了斯托克斯定理。

1.3.5 拉普拉斯算子

前面讲到的都是一阶微分算子，在场论中经常用到二阶微分算子，即拉普拉斯算子，用符号 ∇^2 表示。它可用标量函数梯度的散度定义。如果 $u(x, y, z)$是连续可微的标量函数，则 $u(x, y, z)$的拉普拉斯表达式为

$$\nabla^2 u = \nabla\cdot(\nabla u) \tag{1-82}$$

在直角坐标系下

$$\nabla\cdot(\nabla u) = \left(\boldsymbol{e}_x\frac{\partial}{\partial x}+\boldsymbol{e}_y\frac{\partial}{\partial y}+\boldsymbol{e}_z\frac{\partial}{\partial z}\right)\cdot\left(\boldsymbol{e}_x\frac{\partial u}{\partial x}+\boldsymbol{e}_y\frac{\partial u}{\partial y}+\boldsymbol{e}_z\frac{\partial u}{\partial z}\right) \tag{1-83}$$

即

$$\nabla^2 u = \nabla\cdot(\nabla u) = \frac{\partial^2 u}{\partial x^2}+\frac{\partial^2 u}{\partial y^2}+\frac{\partial^2 u}{\partial z^2} \tag{1-84}$$

式(1-84)显示了标量函数的拉普拉斯表达式是一个标量，它涉及函数的二阶偏微分。经过变换，可以得到标量函数在圆柱坐标系下的拉普拉斯表达式，即

$$\nabla^2 u = \nabla\cdot(\nabla u) = \frac{1}{\rho}\frac{\partial}{\partial\rho}\left(\rho\frac{\partial u}{\partial\rho}\right)+\frac{1}{\rho^2}\frac{\partial^2 u}{\partial\varphi^2}+\frac{\partial^2 u}{\partial z^2} \tag{1-85}$$

用同样方法可得球坐标系下的拉普拉斯表达式，即

$$\nabla^2 u = \nabla\cdot(\nabla u) = \frac{1}{r^2}\frac{\partial}{\partial r}\left(r^2\frac{\partial u}{\partial r}\right)+\frac{1}{r^2\sin\theta}\frac{\partial}{\partial\theta}\left(\sin\theta\frac{\partial u}{\partial\theta}\right)+\frac{1}{r^2\sin^2\theta}\frac{\partial^2 u}{\partial\varphi^2} \tag{1-86}$$

由于无旋场 $\boldsymbol{F}=-\nabla\phi$，因此 $\nabla\cdot\boldsymbol{F}=-\nabla\cdot\nabla\phi=-\nabla^2\phi$，或写成

$$\nabla^2\phi=-\nabla\cdot\boldsymbol{F} \tag{1-87}$$

式(1-87)可分为以下两种情况讨论：

(1) $\nabla\cdot\boldsymbol{F}\neq 0$，即已知矢量场 $\boldsymbol{F}$ 的散度源时，式(1-87)称为标量位函数 ϕ 的泊松(Poisson)方程。

(2) $\nabla\cdot\boldsymbol{F}=\mathbf{0}$，即在所讨论的区域内，矢量场 $\boldsymbol{F}$ 无散度源时，式(1-87)称为标量位函数 ϕ 的拉普拉斯方程。由于此时 $\nabla\cdot\boldsymbol{F}=0$ 且 $\nabla\times\boldsymbol{F}=\mathbf{0}$，即在所讨论的区域内，矢量场是无源无旋的，这种矢量场称为调和场，调和场的标量位函数 ϕ 满足其拉普拉斯方程，称为调和函数。

总之，求解标量位函数 ϕ 的泊松方程或拉普拉斯方程，即可求得 ϕ，进而求得无旋场 $\boldsymbol{F}=-\nabla\phi$ 的解。例如，静电场中，可通过求解标量电位 ϕ 的泊松方程或拉普拉斯方程求得电场强度 $\boldsymbol{E}$。

1.3.6 亥姆霍兹定理

前面介绍了矢量分析中的一些基本概念和运算方法，其中矢量场的散度、旋度和标量场的梯度都是场性质的重要度量。换言之，一个矢量场所具有的性质可完全由它的散度和旋度来表明；一个标量场的性质则完全可以由它的梯度来表明。亥姆霍兹定理就是对矢量场性质的总结说明。在阐述亥姆霍兹定理之前，先介绍矢量分析中有关“∇”运算的两个零恒等式，它们分别表明梯度矢量和旋度的一个重要性质，并对场的分析、引入辅助位函数起重要作用。

1. 两个零恒等式

1) 恒等式Ⅰ与无旋场

梯度矢量的一个重要性质就是：任何标量场的梯度的旋度恒等于零，即

$$\nabla\times(\nabla u)\equiv\mathbf{0} \tag{1-88}$$

在直角坐标系中，证明如下：

$$\begin{aligned}\nabla\times(\nabla u)&=\left(\boldsymbol{e}_x\frac{\partial}{\partial x}+\boldsymbol{e}_y\frac{\partial}{\partial y}+\boldsymbol{e}_z\frac{\partial}{\partial z}\right)\times\left(\boldsymbol{e}_x\frac{\partial u}{\partial x}+\boldsymbol{e}_y\frac{\partial u}{\partial y}+\boldsymbol{e}_z\frac{\partial u}{\partial z}\right)\\&=\boldsymbol{e}_x\left(\frac{\partial}{\partial y}\frac{\partial u}{\partial z}-\frac{\partial}{\partial z}\frac{\partial u}{\partial y}\right)+\boldsymbol{e}_y\left(\frac{\partial}{\partial z}\frac{\partial u}{\partial x}-\frac{\partial}{\partial x}\frac{\partial u}{\partial z}\right)+\boldsymbol{e}_z\left(\frac{\partial}{\partial x}\frac{\partial u}{\partial y}-\frac{\partial}{\partial y}\frac{\partial u}{\partial x}\right)\\&=\mathbf{0}\end{aligned}$$

恒等式Ⅰ的逆定理也成立，即如果一个矢量的旋度为零，则该矢量可以表示为一个标量场的梯度。

将逆定理应用于电磁场理论中时，可以引入辅助位函数，以方便求解场矢量。例如静电场，因 $\nabla\times\boldsymbol{E}=\mathbf{0}$，可引入标量电位函数 ϕ，令

$$\boldsymbol{E}=-\nabla\phi \tag{1-89}$$

式中负号表明 $\boldsymbol{E}$ 矢量沿 ϕ 减小的方向。

如果在矢量场所在的全部空间中，场的旋度处处为零，即 $\nabla\times\boldsymbol{F}=\mathbf{0}$，则这种场不可能存在涡旋源，因而称之为无旋场。

无旋场同时也是位场、保守场。因无旋场中，$\boldsymbol{F}=\nabla u$，由斯托克斯定理可得

$$\oint_l \boldsymbol{F}\cdot \mathrm{d}\boldsymbol{l}=\iint_S \nabla\times\boldsymbol{F}\cdot \mathrm{d}\boldsymbol{S}=\iint_S \nabla\times(\nabla u)\cdot \mathrm{d}\boldsymbol{S}=0 \tag{1-90}$$

可见场力 $\boldsymbol{F}$ 沿闭合曲线路径作功等于零，场能无变化，故称保守场。

2）恒等式Ⅱ与无散场

旋度的一个重要性质是：任何矢量场的旋度的散度恒等于零，即

$$\nabla\cdot(\nabla\times\boldsymbol{A})\equiv 0 \tag{1-91}$$

在直角坐标系中，证明如下：

$$\begin{aligned}\nabla\cdot(\nabla\times\boldsymbol{A})&=\left(\boldsymbol{e}_x\frac{\partial}{\partial x}+\boldsymbol{e}_y\frac{\partial}{\partial y}+\boldsymbol{e}_z\frac{\partial}{\partial z}\right)\cdot\left[\boldsymbol{e}_x\left(\frac{\partial A_z}{\partial y}-\frac{\partial A_y}{\partial z}\right)+\boldsymbol{e}_y\left(\frac{\partial A_x}{\partial z}-\frac{\partial A_z}{\partial x}\right)+\boldsymbol{e}_z\left(\frac{\partial A_y}{\partial x}-\frac{\partial A_x}{\partial y}\right)\right]\\&=\frac{\partial}{\partial x}\left(\frac{\partial A_z}{\partial y}-\frac{\partial A_y}{\partial z}\right)+\frac{\partial}{\partial y}\left(\frac{\partial A_x}{\partial z}-\frac{\partial A_z}{\partial x}\right)+\frac{\partial}{\partial z}\left(\frac{\partial A_y}{\partial x}-\frac{\partial A_x}{\partial y}\right)\\&=0\end{aligned}$$

恒等式Ⅱ的逆定理：如果一个矢量场的散度为零，则它可表示为另一个矢量的旋度。

该定理应用于电磁场研究时，可引入辅助矢量位，有利于场矢量的求解。例如恒定磁场 $\nabla\cdot\boldsymbol{B}=0$，可引入矢量磁位 $\boldsymbol{A}$，令

$$\boldsymbol{B}=\nabla\times\boldsymbol{A} \tag{1-92}$$

如果矢量场所在的全部空间中，场的散度处处为零，即 $\nabla\cdot\boldsymbol{F}=0$，则这种场中不可能存在通量源，因而称之为无散场或无源场。恒定磁场就是这样的场。

由散度定理可知，无旋场 $\boldsymbol{F}$ 穿过任何闭合曲面 S 的通量都等于零，即

$$\oint_l \boldsymbol{F}\cdot \mathrm{d}\boldsymbol{S}=0 \tag{1-93}$$

【例 1-14】 已知 $\boldsymbol{F}=\boldsymbol{e}_x(3y-C_1z)+\boldsymbol{e}_y(C_2x-2z)-\boldsymbol{e}_z(C_3y+z)$。

(1) 如果 $\boldsymbol{F}$ 是无旋场，试确定常数 C_1、C_2、C_3。

(2) 将 C_i 代入，判断 $\boldsymbol{F}$ 能否表示为一个矢量的旋度。

解 (1) 因为 $\nabla\times\boldsymbol{F}=\boldsymbol{0}$，即

$$\begin{aligned}\nabla\times\boldsymbol{F}&=\begin{vmatrix}\boldsymbol{e}_x & \boldsymbol{e}_y & \boldsymbol{e}_z\\ \dfrac{\partial}{\partial x} & \dfrac{\partial}{\partial y} & \dfrac{\partial}{\partial z}\\ 3y-C_1z & C_2x-2z & -C_3y-z\end{vmatrix}\\&=\boldsymbol{e}_x(-C_3+2)+\boldsymbol{e}_y(-C_1)+\boldsymbol{e}_z(C_2-3)=0\end{aligned}$$

所以

$$C_1=0,\quad C_2=3,\quad C_3=2$$

(2) 只有当 $\nabla\cdot\boldsymbol{F}=0$ 时，才可使 $\boldsymbol{F}=\nabla\times\boldsymbol{A}$，因此需计算 $\boldsymbol{F}$ 的散度是否为零。

$$\nabla\cdot\boldsymbol{F}=\nabla\cdot[\boldsymbol{e}_x3y+\boldsymbol{e}_y(3x-2z)-\boldsymbol{e}_z(2y+z)]=-1\neq 0$$

可见 $\boldsymbol{F}$ 不能表示为一个矢量的旋度，本题中 $\boldsymbol{F}$ 属有源无旋场。

2. 亥姆霍兹定理

可以证明，在有限的区域 V 内，任一矢量场由它的散度、旋度和边界条件(即限定区域 V 的闭合曲面 S 上的矢量场的分布)唯一确定，这就是亥姆霍兹定理。

对于这个定理，我们可以从下述两个方面来理解。

首先需要了解矢量场 $\boldsymbol{F}$ 在空间的变化率。$\boldsymbol{F}$ 的散度反映了 $\boldsymbol{F}$ 在坐标轴上的分量沿这个坐标的变化率；而 $\boldsymbol{F}$ 的旋度则反映了这些分量沿其他坐标的变化率，两者结合起来，就给定了 $\boldsymbol{F}$ 的所有分量沿空间各个坐标的变化率。依照积分方法，原则上可以确定这个矢量函数 $\boldsymbol{F}$，最多相差一个常矢量，但当边界上的常矢量值给出时，这个矢量函数也就可以确定了，于是该矢量函数唯一确定。

对于无界空间，$\boldsymbol{F}$ 仅由它的散度和旋度确定。这时，我们可视它们自然满足无限远边界面上场矢量为零的自然边界条件。

现在，我们再从矢量场的"源"这个角度来说明这个问题。

一般矢量场可能既有散度又有旋度，则这个矢量场可表示为一个没有旋度只有散度的无旋场 $\boldsymbol{F}_1=-\nabla\phi$ 和一个没有散度只有旋度的涡旋场分量 $\boldsymbol{F}_2=\nabla\times\boldsymbol{A}$ 之和：

$$\boldsymbol{F}=\boldsymbol{F}_1+\boldsymbol{F}_2=-\nabla\phi+\nabla\times\boldsymbol{A} \tag{1-94}$$

对于一个无界空间的无旋场 $\boldsymbol{F}_1$，有 $\nabla\times\boldsymbol{F}_1=\boldsymbol{0}$，故

$$\boldsymbol{F}_1=-\nabla\phi \tag{1-95}$$

但是 $\boldsymbol{F}_1$ 必是有源场，即 $\nabla\cdot\boldsymbol{F}_1\neq 0$。因为任何一个物理场必定要有源来激发它。如果这个场在无界空间中的涡旋源和散度源都是零，这个场也就不会存在。因此，对式(1-95)取散度，有

$$\nabla\cdot\boldsymbol{F}_1=-\nabla^2\phi \tag{1-96}$$

对于一个无界空间中的无源场 $\boldsymbol{F}_2$，有 $\nabla\cdot\boldsymbol{F}_2=0$，故

$$\boldsymbol{F}_2=\nabla\times\boldsymbol{A} \tag{1-97}$$

同理，$\boldsymbol{F}_2$ 必是有旋场，即 $\nabla\times\boldsymbol{F}_2\neq\boldsymbol{0}$，因此，对式(1-97)取旋度，有

$$\nabla\times\boldsymbol{F}_2=\nabla\times\nabla\times\boldsymbol{A} \tag{1-98}$$

在 1.3.5 节的讨论中已知式(1-96)为标量位函数 ϕ 的泊松方程，即

$$\nabla^2\phi=-\nabla\cdot\boldsymbol{F}_1 \tag{1-99}$$

而式(1-98)可写为

$$\nabla^2\boldsymbol{A}-\nabla(\nabla\cdot\boldsymbol{A})=-\nabla\times\boldsymbol{F}_2 \tag{1-100}$$

式中可将 $\nabla\cdot\boldsymbol{A}$ 选为任何方便的形式，例如取 $\nabla\cdot\boldsymbol{A}=0$，上述方程则成为矢量函数 $\boldsymbol{A}$ 的泊松方程。

因此，当给定 $\nabla\cdot\boldsymbol{F}_1$ 和 $\nabla\times\boldsymbol{F}_2$ 时，通过求解式(1-99)和式(1-100)，即可得到矢量场 $\boldsymbol{F}_1$ 和 $\boldsymbol{F}_2$ 的解，也即式(1-95)和式(1-97)。

对于无界空间中既有散度源又有旋度源的矢量场 $\boldsymbol{F}$，令

$$\boldsymbol{F}=\boldsymbol{F}_1+\boldsymbol{F}_2 \tag{1-101}$$

因而 $\nabla\cdot\boldsymbol{F}=\nabla\cdot\boldsymbol{F}_1$，$\nabla\times\boldsymbol{F}=\nabla\times\boldsymbol{F}_2$，故由式(1-99)和式(1-100)可得

$$\begin{cases}\nabla^2\phi=-\nabla\cdot\boldsymbol{F}\\ \nabla^2\boldsymbol{A}-\nabla(\nabla\cdot\boldsymbol{A})=-\nabla\times\boldsymbol{F}\end{cases} \tag{1-102}$$

在给定 $\nabla\cdot\boldsymbol{F}$ 和 $\nabla\times\boldsymbol{F}$ 时，由方程(1-102)的解 ϕ 和 $\boldsymbol{A}$ 即可得到矢量场 $\boldsymbol{F}$ 的确定解，即

$$\boldsymbol{F}=-\nabla\phi+\nabla\times\boldsymbol{A} \tag{1-103}$$

因而矢量场 $\boldsymbol{F}$ 由其散度和旋度唯一确定。

$\boldsymbol{F}$ 的散度代表通量源密度 $\rho(x, y, x)$，$\boldsymbol{F}$ 的旋度代表矢量场另一种涡旋源密度 $\boldsymbol{J}(x, y, z)$。因为场是由它的源引起的，所以场的分布由源的分布所决定。假定矢量的散

度、旋度已知，即源分布已确定，则矢量场分布也就唯一地确定了。

亥姆霍兹定理非常重要，它总结了矢量场的基本性质，是研究电磁场理论的一条主线。无论是静态场还是时变场，都要研究场矢量的散度、旋度以及边界条件，得出像式(1-96)、式(1-98)那样的方程，我们称这些方程为矢量场基本方程的微分形式。如果从矢量场的通量、环量两方面去研究，便会得到矢量场基本方程的积分形式。

1.3.7　格林定理

格林定理又称格林公式，是场论中的一个重要公式。在历史上，格林定理是独立提出来的，因而是一个原始定理，可以由散度定理导出。散度定理可以表示为

$$\iiint_V \nabla \cdot \boldsymbol{F}\,\mathrm{d}V = \oint\!\!\!\oint_S \boldsymbol{F} \cdot \mathrm{d}\boldsymbol{S} \tag{1-104}$$

在式(1-104)中，令 $\boldsymbol{F}=\phi\,\nabla\Psi$，则

$$\nabla \cdot \boldsymbol{F} = \nabla \cdot (\phi\,\nabla\Psi) = \phi\nabla^2\Psi + \nabla\phi \cdot \nabla\Psi \tag{1-105}$$

$$\begin{aligned}\iiint_V \nabla \cdot \boldsymbol{F}\,\mathrm{d}V &= \iiint_V (\phi\nabla^2\Psi + \nabla\phi \cdot \nabla\Psi)\mathrm{d}V \\ &= \oint\!\!\!\oint_S (\phi\,\nabla\Psi) \cdot \mathrm{d}\boldsymbol{S} \\ &= \oint\!\!\!\oint_S (\phi\,\nabla\Psi) \cdot \boldsymbol{e}_\mathrm{n}\,\mathrm{d}S \\ &= \oint\!\!\!\oint_S \phi\,\frac{\partial\Psi}{\partial n}\,\mathrm{d}S\end{aligned}$$

式中 $\boldsymbol{e}_\mathrm{n}$ 为面元 $\mathrm{d}\boldsymbol{S}$ 的法向单位矢量。由梯度与方向导数的关系 $\nabla\Psi \cdot \boldsymbol{e}_\mathrm{n}=\frac{\partial\Psi}{\partial n}$，可以得到

$$\iiint_V (\phi\nabla^2\Psi + \nabla\phi \cdot \nabla\Psi)\mathrm{d}V = \oint\!\!\!\oint_S \phi\,\frac{\partial\Psi}{\partial n}\,\mathrm{d}S \tag{1-106}$$

这就是格林第一恒等式。$\boldsymbol{e}_\mathrm{n}$ 是面元的正法向矢量，即闭合面的外法向矢量。

将式(1-106)中的 ϕ 和 Ψ 交换，可得

$$\iiint_V (\Psi\nabla^2\phi + \nabla\Psi \cdot \nabla\phi)\mathrm{d}V = \oint\!\!\!\oint_S \Psi\,\frac{\partial\phi}{\partial n}\,\mathrm{d}S \tag{1-107}$$

式(1-106)和式(1-107)相减，可得

$$\iiint_V (\phi\nabla^2\Psi - \Psi\nabla^2\phi)\mathrm{d}V = \oint\!\!\!\oint_S \left(\phi\,\frac{\partial\Psi}{\partial n} - \Psi\,\frac{\partial\phi}{\partial n}\right)\mathrm{d}S \tag{1-108}$$

式(1-108)称为格林第二恒等式。

本 章 小 结

1. 物理量若只有大小，则它是一个标量函数，该标量函数在某一空间区域内确定了该

物理量的一个场——标量场。若物理量既有大小又有方向，则它是一个矢量函数，该矢量函数在某一空间区域内确定了该物理量的一个场——矢量场。矢量运算满足矢量运算法则。

2. 梯度、散度、旋度用来描述场的性质。为此，梯度、散度、旋度在直角坐标系、圆柱坐标系及球坐标系中的计算是非常重要的。

3. 哈密顿微分算子∇是一个兼有矢量和微分运算作用的矢量运算符号。而亥姆霍兹定理总结了矢量场共同的性质：矢量场由它的散度和旋度唯一地确定；矢量场的散度和旋度各对应矢量场中的一种源。

* **知识结构图**

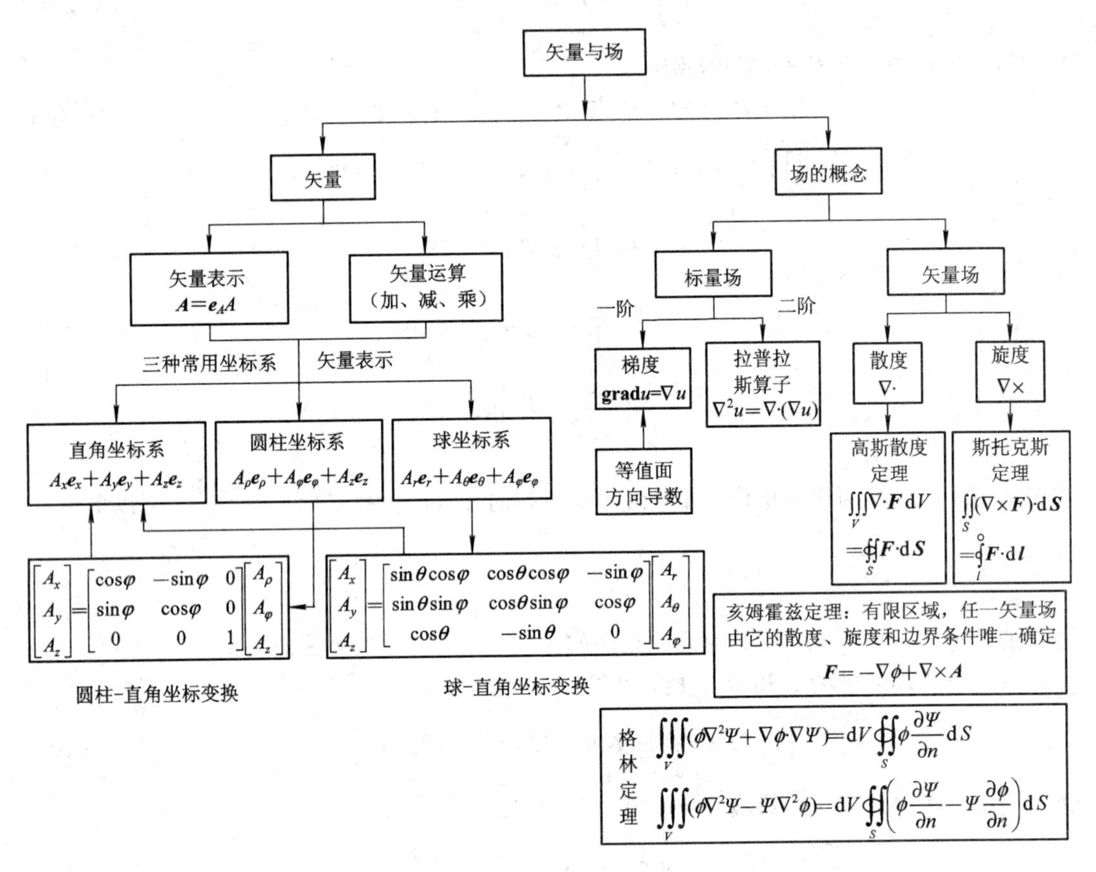

习　题

1.1　已知 $\boldsymbol{A}=\boldsymbol{e}_x+2\boldsymbol{e}_y-3\boldsymbol{e}_z$，$\boldsymbol{B}=-4\boldsymbol{e}_y+\boldsymbol{e}_z$，$\boldsymbol{C}=5\boldsymbol{e}_x-2\boldsymbol{e}_z$，求：

(1) $\boldsymbol{e}_A$；　(2) $|\boldsymbol{A}-\boldsymbol{B}|$；　(3) $\boldsymbol{A}\cdot\boldsymbol{B}$；

(4) θ_{AB}；　(5) $\boldsymbol{A}\times\boldsymbol{C}$；　(6) $\boldsymbol{A}\cdot(\boldsymbol{B}\times\boldsymbol{C})$ 和 $(\boldsymbol{A}\times\boldsymbol{B})\cdot\boldsymbol{C}$；

(7) $(\boldsymbol{A}\times\boldsymbol{B})\times\boldsymbol{C}$ 和 $\boldsymbol{A}\times(\boldsymbol{B}\times\boldsymbol{C})$。

1.2　如果矢量 $\boldsymbol{A}$、$\boldsymbol{B}$ 和 $\boldsymbol{C}$ 在同一个平面上，证明 $\boldsymbol{A}\cdot(\boldsymbol{B}\times\boldsymbol{C})=0$。

1.3　已知 $\boldsymbol{A}=\boldsymbol{e}_x\cos\alpha+\boldsymbol{e}_y\sin\alpha$，$\boldsymbol{B}=\boldsymbol{e}_x\cos\beta-\boldsymbol{e}_y\sin\beta$，$\boldsymbol{C}=\boldsymbol{e}_x\cos\beta+\boldsymbol{e}_y\sin\beta$，证明这三个矢量都是单位矢量，且这三个矢量是共面的。

1.4　$\boldsymbol{A}=\boldsymbol{e}_x+2\boldsymbol{e}_y-\boldsymbol{e}_z$，$\boldsymbol{B}=\alpha\boldsymbol{e}_x+\boldsymbol{e}_y-3\boldsymbol{e}_z$，当 $\boldsymbol{A}\perp\boldsymbol{B}$ 时，求 α。

1.5　已知 $\boldsymbol{r}=\boldsymbol{e}_x x+\boldsymbol{e}_y y+\boldsymbol{e}_z z$，$A$ 为一常量，$r=|\boldsymbol{r}|$，求：

(1) $\nabla\cdot\boldsymbol{r}$；(2) $\nabla\times\boldsymbol{r}$；(3) $\nabla\times\dfrac{\boldsymbol{r}}{r}$；(4) $\nabla\cdot(A\boldsymbol{r})$。

1.6　证明三个矢量 $\boldsymbol{A}=5\boldsymbol{e}_x-5\boldsymbol{e}_y$、$\boldsymbol{B}=3\boldsymbol{e}_x-7\boldsymbol{e}_y-\boldsymbol{e}_z$ 和 $\boldsymbol{C}=-2\boldsymbol{e}_x-3\boldsymbol{e}_y-\boldsymbol{e}_z$ 形成一个三角形的三条边，并利用矢积求此三角形的面积。

1.7　点 P 和点 Q 的位置矢量分别为 $5\boldsymbol{e}_x+12\boldsymbol{e}_y+\boldsymbol{e}_z$ 和 $2\boldsymbol{e}_x-3\boldsymbol{e}_y+\boldsymbol{e}_z$，求从点 P 到点 Q 的距离矢量及其长度。

1.8　求与两矢量 $\boldsymbol{A}=4\boldsymbol{e}_x-3\boldsymbol{e}_y+\boldsymbol{e}_z$ 和 $\boldsymbol{B}=2\boldsymbol{e}_x+\boldsymbol{e}_y-\boldsymbol{e}_z$ 都正交的单位矢量。

1.9　将直角坐标系中的矢量场 $\boldsymbol{F}_1(x, y, z)=\boldsymbol{e}_x$ 和 $\boldsymbol{F}_2(x, y, z)=\boldsymbol{e}_y$ 分别用圆柱坐标系和球坐标系中的坐标分量表示。

1.10　计算在圆柱坐标系中两点 $P(5, \pi/6, 5)$ 和 $Q(2, \pi/3, 4)$ 之间的距离。

1.11　空间中同一点上有两个矢量，取圆柱坐标系 $\boldsymbol{A}=3\boldsymbol{e}_\rho+5\boldsymbol{e}_\varphi-4\boldsymbol{e}_z$，$\boldsymbol{B}=2\boldsymbol{e}_\rho+4\boldsymbol{e}_\varphi+3\boldsymbol{e}_z$。求：

(1) $\boldsymbol{A}+\boldsymbol{B}$；　(2) $\boldsymbol{A}\times\boldsymbol{B}$；　(3) $\boldsymbol{A}$ 和 $\boldsymbol{B}$ 的单位矢量；

(4) $\boldsymbol{A}$ 和 $\boldsymbol{B}$ 之间的夹角；　(5) $\boldsymbol{A}$ 和 $\boldsymbol{B}$ 的大小；　(6) $\boldsymbol{A}$ 在 $\boldsymbol{B}$ 上的投影。

1.12　矢量场中，取圆柱坐标系，已知在点 $P\left(1, \dfrac{\pi}{2}, 2\right)$ 处的矢量为 $\boldsymbol{A}=2\boldsymbol{e}_\rho+3\boldsymbol{e}_\varphi$，在点 $Q(2, \pi, 3)$ 处的矢量为 $\boldsymbol{B}=-3\boldsymbol{e}_\rho+10\boldsymbol{e}_z$。求：

(1) $\boldsymbol{A}+\boldsymbol{B}$；(2) $\boldsymbol{A}\cdot\boldsymbol{B}$；(3) $\boldsymbol{A}$ 和 $\boldsymbol{B}$ 之间的夹角。

1.13　计算在球坐标系中两点 $P\left(10, \dfrac{\pi}{4}, \dfrac{\pi}{3}\right)$ 和 $Q\left(2, \dfrac{\pi}{2}, \pi\right)$ 之间的距离及从点 P 到点 Q 的距离矢量。

1.14　已知一标量函数 $\phi=\sin\left(\dfrac{\pi x}{2}\right)\sin\left(\dfrac{\pi y}{3}\right)\mathrm{e}^{-z}$，求：

(1) 在点 $P(1, 2, 3)$ 处 ϕ 的速率增加最快的方向及大小。

(2) 点 P 向坐标原点方向 ϕ 增加率（方向导数）的大小。

1.15　求 $f(x, y, z)=x^3y^2z$ 的梯度。

1.16　求标量场 $f(x, y, z)=xy+2z^2$ 在点 $(1, 1, 1)$ 处沿 $\boldsymbol{l}=x\boldsymbol{e}_x-2\boldsymbol{e}_y+\boldsymbol{e}_z$ 的变化率。

1.17　由 $\nabla\Phi=\boldsymbol{e}_x\dfrac{\partial\Phi}{\partial x}+\boldsymbol{e}_y\dfrac{\partial\Phi}{\partial y}+\boldsymbol{e}_z\dfrac{\partial\Phi}{\partial z}$，利用圆柱坐标系和直角坐标系的关系，推导：

$$\nabla\Phi=\boldsymbol{e}_\rho\frac{\partial\Phi}{\partial r}+\boldsymbol{e}_\varphi\frac{1}{r}\frac{\partial\Phi}{\partial\varphi}+\boldsymbol{e}_z\frac{\partial\Phi}{\partial z}$$

1.18　求 $f(\rho, \varphi, z)=\rho\cos\varphi$ 的梯度。

1.19　由 $\nabla\Phi=\boldsymbol{e}_x\dfrac{\partial\Phi}{\partial x}+\boldsymbol{e}_y\dfrac{\partial\Phi}{\partial y}+\boldsymbol{e}_z\dfrac{\partial\Phi}{\partial z}$，利用球坐标系和直角坐标系的关系，推导：

$$\nabla \Phi = \boldsymbol{e}_r \frac{\partial \Phi}{\partial r} + \boldsymbol{e}_\theta \frac{1}{r} \frac{\partial \Phi}{\partial \theta} + \boldsymbol{e}_\varphi \frac{1}{r \sin\theta} \frac{\partial \Phi}{\partial \varphi}$$

1.20　求 $f(r, \theta, \varphi) = r^2 \sin\theta \cos\varphi$ 的梯度。

1.21　计算下列矢量场的散度：

(1) $\boldsymbol{F} = yz\boldsymbol{e}_x + zy\boldsymbol{e}_y + xz\boldsymbol{e}_z$；

(2) $\boldsymbol{F} = \boldsymbol{e}_\rho + \rho\boldsymbol{e}_\varphi + \boldsymbol{e}_z$；

(3) $\boldsymbol{F} = 2\boldsymbol{e}_r + r\cos\theta\boldsymbol{e}_\theta + r\boldsymbol{e}_\varphi$。

1.22　由 $\nabla^2 \Phi = \frac{\partial^2 \Phi}{\partial x^2} + \frac{\partial^2 \Phi}{\partial y^2}$ 推导 $\nabla^2 \Phi = \frac{1}{\rho}\frac{\partial}{\partial \rho}\left(\rho \frac{\partial \Phi}{\partial \rho}\right) + \frac{1}{\rho^2}\frac{\partial^2 \Phi}{\partial \varphi^2}$。

1.23　已知：(1) $f(x, y, z) = x^2 z$；(2) $f(r) = r$。求 $\nabla^2 f$。

1.24　求矢量场 $\boldsymbol{F} = r\boldsymbol{e}_r + \boldsymbol{e}_\varphi + z\boldsymbol{e}_z$ 穿过由 $r \leqslant 1$、$0 \leqslant \varphi \leqslant \pi$ 及 $0 \leqslant z \leqslant 1$ 所确定区域的封闭面的通量。

1.25　计算矢量场 $\boldsymbol{F} = xy\boldsymbol{e}_x + 2yz\boldsymbol{e}_y - \boldsymbol{e}_z$ 的旋度。

1.26　计算 $\nabla \times \boldsymbol{r}$，$\nabla \times (z\boldsymbol{e}_\rho)$，$\nabla \times \boldsymbol{e}_\varphi$。

1.27　已知 $\boldsymbol{A} = y\boldsymbol{e}_x - x\boldsymbol{e}_y$，计算 $\boldsymbol{A} \cdot (\nabla \times \boldsymbol{A})$。

1.28　证明矢量场 $\boldsymbol{E} = yz\boldsymbol{e}_x + xz\boldsymbol{e}_y + xy\boldsymbol{e}_z$ 既是无散场，又是无旋场。

1.29　已知 $\boldsymbol{E} = E_0 \cos\theta\, \boldsymbol{e}_r - E_0 \sin\theta\, \boldsymbol{e}_\theta$，求 $\nabla \cdot \boldsymbol{E}$ 和 $\nabla \times \boldsymbol{E}$。

1.30　已知 $\nabla \cdot \boldsymbol{F} = 0$，$\nabla \times \boldsymbol{F} = \boldsymbol{e}_z \delta(x)\delta(y)\delta(z)$，计算 $\boldsymbol{F}$。

第2章　静　电　场

本章提要

- 库仑定律、电场强度的定义及其物理意义
- 静电场的旋度和散度
- 高斯定理及其应用
- 电介质中的静电场方程
- 泊松方程和拉普拉斯方程
- 能量和能量密度

静电场是相对观察者静止且量值不随时间变化的电荷所产生的电场。它是电磁理论最基本的内容。由此建立的物理概念、分析方法在一定条件下可应用推广到恒定电场、恒定磁场及时变场。

本章以库仑定律为基础，以电场强度作为出发点，导出静电场散度和旋度基本方程，得到拉普拉斯方程及静电场的边界条件，分析静电场的性质和它的求解方法；然后介绍电偶极子、介质极化的概念，给出静电场基本方程；最后讨论电容、导体系统电容的概念以及在实际工程中的应用，推导出静电场能量和能量密度表达式。

2.1　电　　荷

电荷是电场的源，电荷的总量及空间分布是决定电场大小和分布的重要因素。自然界存在两类电荷：正电荷和负电荷。电荷的最小单元为基本电荷数，用 e 表示

$$e = 1.602\times10^{-19} \qquad (\mathrm{C})$$

它是一个质子的电量，电子的电量为 $-e$，库仑(C)是 MKSA 国际单位制中电量的单位，1 库仑的电荷是基本电荷的 6.24×10^{18} 倍。

在讨论宏观电现象时，通常认为电荷是连续分布的。

连续分布于体积 V 的电荷称为体电荷，如图 2-1(a)所示。体电荷密度用于描述体电荷的分布特征，其含义：在体电荷内部任意一点 P 取一体积元 ΔV，若 ΔV 内全部电荷的代数和为 $\sum q$，则称 $\sum q$ 与 ΔV 的比值为平均体电荷密度，当 ΔV 趋于零时，则称此时的平均值为点 P 的体电荷密度，以 ρ_V 表示

$$\rho_V = \lim_{\Delta V\to 0}\frac{\sum q}{\Delta V} = \frac{\mathrm{d}q}{\mathrm{d}V} \qquad \left(\frac{\mathrm{C}}{\mathrm{m}^3}\right) \tag{2-1}$$

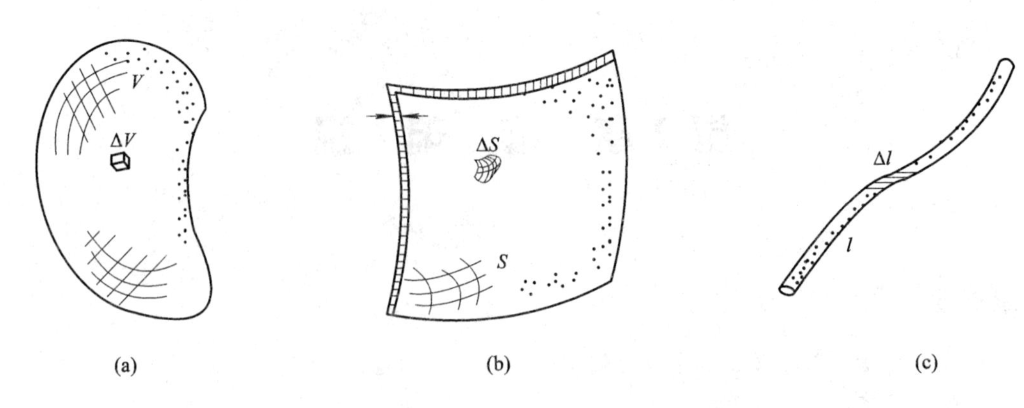

图 2-1　分布电荷

(a) 体电荷分布；(b) 面电荷分布；(c) 线电荷分布

有时电荷连续分布在物理表面的一个薄层内或分布在一条细线上，如图 2-1(b)、(c)所示，前者称为面电荷，后者称为线电荷。类似于体电荷密度的概念，面电荷密度 ρ_S 和线电荷密度 ρ_l 的定义分别如下：

面电荷密度
$$\rho_S = \lim_{\Delta S \to 0} \frac{\sum q}{\Delta S} = \frac{\mathrm{d}q}{\mathrm{d}S} \qquad \left(\frac{\mathrm{C}}{\mathrm{m}^2}\right) \tag{2-2}$$

线电荷密度
$$\rho_l = \lim_{\Delta l \to 0} \frac{\sum q}{\Delta l} = \frac{\mathrm{d}q}{\mathrm{d}l} \qquad \left(\frac{\mathrm{C}}{\mathrm{m}}\right) \tag{2-3}$$

在电磁场理论中，常常提到点电荷的概念，点电荷是电荷分布的极限情况，可以看成是一个体积很小而电荷密度很大的小带电体。类似于分布电荷的概念，引入 δ 函数，其定义为

$$\delta(\boldsymbol{r}-\boldsymbol{r}') = \delta(x-x')\delta(y-y')\delta(z-z') = \begin{cases} 0 & \boldsymbol{r} \neq \boldsymbol{r}' \\ 1 & \boldsymbol{r} = \boldsymbol{r}' \end{cases} \tag{2-4}$$

δ 函数具有下列重要性质：

$$\int_V f(\boldsymbol{r})\delta(\boldsymbol{r}-\boldsymbol{r}') = \begin{cases} 0 & \boldsymbol{r}' \notin V \\ f(\boldsymbol{r}') & \boldsymbol{r}' \in V \end{cases} \tag{2-5}$$

$$\nabla^2 \frac{1}{|\boldsymbol{r}-\boldsymbol{r}'|} = -4\pi\delta(\boldsymbol{r}-\boldsymbol{r}') \tag{2-6}$$

应用 δ 函数，可将 $\boldsymbol{r}'$处的点电荷 q 的密度表示为

$$\rho(\boldsymbol{r}) = q\delta(\boldsymbol{r}-\boldsymbol{r}') \tag{2-7}$$

包含 $\boldsymbol{r}'$的任意体积 V 内的总电荷为

$$\iiint_V \rho(\boldsymbol{r}')\,\mathrm{d}V = \iiint_V q\delta(\boldsymbol{r}-\boldsymbol{r}')\,\mathrm{d}V = q \tag{2-8}$$

点电荷的概念在电磁场理论中占有重要地位，可以将线度(电量与观察者到带电体的距离相比)很小的带电体以及带电粒子看做点电荷，也可以将连续分布于体、面、线的电荷看做无穷多个点电荷之和。

电荷有均匀分布和非均匀分布。均匀分布是指电荷密度在电荷分布的区域内处处相同，即电荷密度不随坐标而变；非均匀分布是指电荷密度并非处处相同，而是坐标的函数。

2.2 库仑定律

1785年，法国物理学家库仑(Charles-Augustin de Coulomb)发表了关于两个点电荷之间相互作用力规律的试验结果——库仑定律。其内容如下：

设点电荷q'和q分别位于$r'(x', y', z')$和$r(x, y, z)$，如图2-2所示，点电荷q'作用于点电荷q的电场力为

$$\boldsymbol{F}=\frac{q'q}{4\pi\varepsilon_0 R^2}\boldsymbol{e}_R=\frac{q'q}{4\pi\varepsilon_0}\frac{\boldsymbol{R}}{R^3} \tag{2-9}$$

电场力的单位是牛顿(N)。

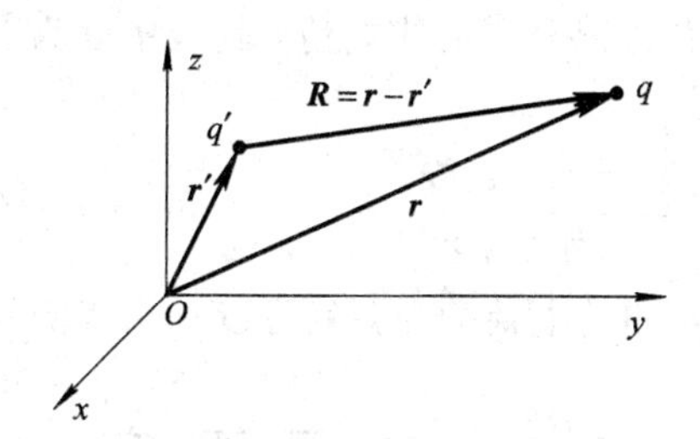

图2-2 库仑定律用图

式(2-9)中$\boldsymbol{R}=\boldsymbol{r}-\boldsymbol{r}'$表示从$\boldsymbol{r}'$到$\boldsymbol{r}$的矢量；$R=|\boldsymbol{r}-\boldsymbol{r}'|=\sqrt{(x-x')^2+(y-y')+(z-z')^2}$表示从$\boldsymbol{r}'$到$\boldsymbol{r}$的距离；$\varepsilon_0=8.854\times10^{-12}\approx\frac{1}{36\pi}\times10^{-9}$(F/m)是表征真空电性质的物理量，称为真空中的介电常数。

库仑定律表明，在真空中，两个相对静止的点电荷之间相互作用力的大小与两点电荷乘积成正比，与距离的平方成反比，力的方向沿着它们之间的连线，同号电荷相斥，异号电荷相吸。两点电荷之间的作用力符合牛顿第三定理：点电荷q'受到q的作用力$\boldsymbol{F}'=-\boldsymbol{F}$。

库仑定律只说明了真空中存在两个点电荷的情况，若真空中有n个点电荷$q_1', q_2', \cdots, q_n'$，分别位于点$\boldsymbol{r}_1'$，$\boldsymbol{r}_2'$，…，$\boldsymbol{r}_n'$，则$\boldsymbol{r}$处的点电荷q所受到的力应等于各个点电荷$q_i'(i=1, 2, \cdots, n)$单独存在时对q的作用力$\boldsymbol{F}_i$的矢量和，即

$$\boldsymbol{F}=\frac{q}{4\pi\varepsilon_0}\sum_{i=1}^{n}q_i'\frac{\boldsymbol{e}_{R_i}}{R_i^2} \tag{2-10}$$

式中：

$$\boldsymbol{e}_{R_i}=\frac{\boldsymbol{r}-\boldsymbol{r}_i'}{|\boldsymbol{r}-\boldsymbol{r}_i'|},\quad R_i=|\boldsymbol{r}-\boldsymbol{r}_i'| \tag{2-11}$$

式(2-10)表明库仑定律满足叠加原理。

【注】库仑定律是通过宏观带电体的实验得出的规律，只有两带电体的几何尺寸远小于它们之间的距离，才可以忽略带电体的形状和电荷在其中的分布，即将带电体看成点电荷，否则它们之间的距离$\boldsymbol{R}$就不是一个简单的确定数，库仑定律也不能简单套用。

在考察物体的宏观性质时，可以用电荷连续分布的概念来代替电荷的分离性。

如果在空间体积V'内有连续分布的体电荷，且体电荷密度为ρ_V，则体电荷微分元$\mathrm{d}q=\rho_V(\boldsymbol{r}')\,\mathrm{d}V'$，该微分元对$\boldsymbol{r}$处点电荷$q$的作用力为

$$\mathrm{d}\boldsymbol{F}_q = \frac{q}{4\pi\varepsilon_0}\frac{\rho_V(\boldsymbol{r}')}{R^3}\boldsymbol{R}\,\mathrm{d}V' \tag{2-12}$$

体电荷对 $\boldsymbol{r}$ 处点电荷 q 的作用力为各微分电荷元作用力之和。根据微积分的概念，连续求和可用积分表示，则体电荷对 $\boldsymbol{r}$ 处点电荷 q 的作用力为

$$\boldsymbol{F}_q = \frac{q}{4\pi\varepsilon_0}\iiint_{V'}\frac{\rho_V(\boldsymbol{r}')}{R^3}\boldsymbol{R}\,\mathrm{d}V' \qquad \boldsymbol{R} = \boldsymbol{r} - \boldsymbol{r}' \tag{2-13}$$

同理，如果在空间某一面 S' 内有连续分布的面电荷，其面电荷密度为 ρ_S，则在观察点 $\boldsymbol{r}$ 处的点电荷 q 受到的作用力为

$$\boldsymbol{F}_q = \frac{q}{4\pi\varepsilon_0}\iint_{S'}\frac{\rho_S(\boldsymbol{r}')}{R^3}\boldsymbol{R}\,\mathrm{d}S' \qquad \boldsymbol{R} = \boldsymbol{r} - \boldsymbol{r}' \tag{2-14}$$

如果在空间某一线 l' 上有连续分布的线电荷，其线密度为 ρ_l，则在空间 $\boldsymbol{r}$ 处的点电荷 q 受到的作用力为

$$\boldsymbol{F}_q = \frac{q}{4\pi\varepsilon_0}\int_{l'}\frac{\rho_l(\boldsymbol{r}')}{R^3}\boldsymbol{R}\,\mathrm{d}l' \qquad \boldsymbol{R} = \boldsymbol{r} - \boldsymbol{r}' \tag{2-15}$$

综上所述，只要知道了空间的电荷分布，就可以求出空间任一点的电荷所受作用力。

2.3 电场强度

库仑定律只表明两个点电荷之间作用力的大小和方向，并没有说明两点电荷之间的这种作用力是如何传递的。实验表明：任何电荷都在自己周围空间产生电场，而电场对于处在其中的任何其他电荷都有力的作用，这种力称为电场力，电荷之间的相互作用正是通过电场传递的。电场的大小和方向用电场强度表示。

电场中某点处的电场强度 $\boldsymbol{E}(\boldsymbol{r})$ 定义为单位试验电荷在该点所受的力。其数学表达式为

$$\boldsymbol{E} = \frac{\boldsymbol{F}}{q_0} \tag{2-16}$$

电场强度的单位为伏/米(V/m)或牛/库仑(N/C)。

【注】试验电荷自身也会产生电场，为避免该电场对被测电场的影响，假设试验电荷 q_0 带电量很小，它的引入不影响原电场分布。

将电场强度定义式(2-16)与库仑定律(2-9)比较，可得到电场强度计算公式。事实上，处于 $\boldsymbol{r}'$ 的点电荷 q' 对处于 $\boldsymbol{r}$ 处的试验电荷 q_0 的作用力为

$$\boldsymbol{F} = \frac{q' q_0 \boldsymbol{e}_R}{4\pi\varepsilon_0 |\boldsymbol{r} - \boldsymbol{r}'|^2} \tag{2-17}$$

式中 $\boldsymbol{e}_R = \dfrac{\boldsymbol{r}-\boldsymbol{r}'}{|\boldsymbol{r}-\boldsymbol{r}'|}$，是 q' 指向 q_0 方向的单位矢量。

将式(2-17)与式(2-16)比较，可得到位于 $\boldsymbol{r}'$ 的点电荷 q' 在 $\boldsymbol{r}$ 处产生的电场强度计算式：

$$\boldsymbol{E} = \frac{q' \boldsymbol{e}_R}{4\pi\varepsilon_0 |\boldsymbol{r} - \boldsymbol{r}'|^2} \tag{2-18}$$

点电荷 q' 的电场示意图如图 2-3 所示。

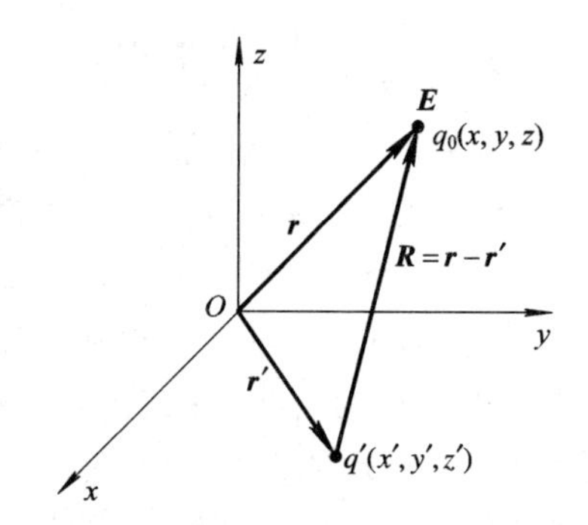

图 2-3　点电荷 q' 的电场

库仑定律表明电场是存在于电荷周围的特殊物质，虽然我们看不见，但它的确存在，真空中两个点电荷之间的相互作用力正是通过电场传递的。同电场力一样，电场也具有可叠加性，遵循矢量叠加原理。

若真空中有 n 个点电荷 q_1'，q_2'，…，q_n'，分别位于点 $\boldsymbol{r}_1'$，$\boldsymbol{r}_2'$，…，$\boldsymbol{r}_n'$，则真空中任意点 $\boldsymbol{r}$ 处的电场强度等于各点电荷在该点所产生的电场强度的矢量和，即

$$\boldsymbol{E} = \sum_{i=1}^{n} \frac{q_i' \boldsymbol{e}_{R_i}}{4\pi\varepsilon_0 R_i^2} \tag{2-19}$$

【注】

(1) 电场强度 $\boldsymbol{E}$ 的定义来源于库仑定律并反映了电场的基本性质，是静电场的基本物理量。

(2) 电场强度 $\boldsymbol{E}$ 是一个矢量函数。空间某点电场强度(简称场强)的大小等于单位点电荷在该点所受电场力的大小，方向与正电荷在该点所受电场力的方向一致。

(3) 电场强度与产生电场的点电荷的电量成正比，场与源的这种关系使我们可以利用叠加原理来计算任意个点电荷的电场强度。对于真空中连续分布电荷的电场，可利用电场的叠加性来计算。

【例 2-1】 求区域 V 中体电荷密度为 ρ_V 的带电体在空间 $\boldsymbol{r}$ 点的电场强度 $\boldsymbol{E}(\boldsymbol{r})$。

解　如图 2-4 所示，在体电荷区域中某一点 $\boldsymbol{r}'$，取体积元 $\mathrm{d}V'$，该体积元中的电量 $\rho_V(r')\,\mathrm{d}V'$ 可看成一点电荷，该点电荷在 $\boldsymbol{r}$ 点的电场可按式(2-18)计算，即

$$\mathrm{d}\boldsymbol{E}_{V'}(\boldsymbol{r}) = \frac{1}{4\pi\varepsilon_0}\frac{\rho_V(\boldsymbol{r}')\,\mathrm{d}V'}{R^3}\boldsymbol{R} \tag{2-20}$$

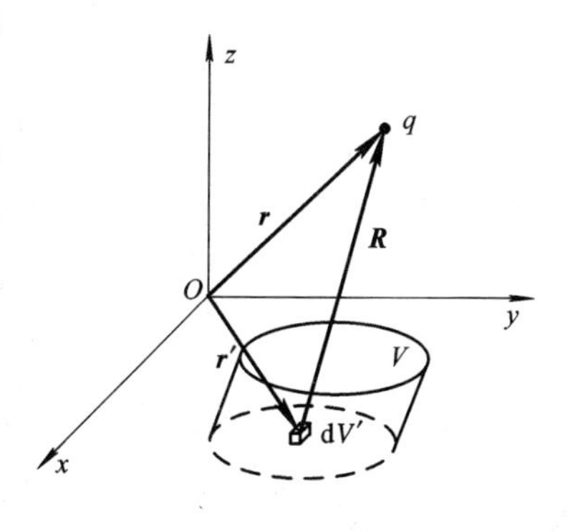

图 2-4　体电荷分布

连续分布的电荷可细化分成许许多多这样的点电荷，根据电场的叠加性，区域 V 中电荷密度为 $\rho_V(\boldsymbol{r}')$ 的电荷在 $\boldsymbol{r}$ 点产生的电场强度为

$$\boldsymbol{E}(\boldsymbol{r}) = \sum_{V} \mathrm{d}\boldsymbol{E}_{V'}(\boldsymbol{r}) = \frac{1}{4\pi\varepsilon_0}\iiint_{V'}\frac{\rho_V(\boldsymbol{r}')}{R^3}\boldsymbol{R}\,\mathrm{d}V' \tag{2-21}$$

同理，对于面分布和线分布的情况，电场强度的计算公式分别如下：

面电荷分布

$$E = \frac{1}{4\pi\varepsilon_0}\iint_{S'} \frac{\rho_S(\boldsymbol{r}')}{R^3}\boldsymbol{R}\,\mathrm{d}S' \tag{2-22}$$

线电荷分布

$$\boldsymbol{E} = \frac{1}{4\pi\varepsilon_0}\int_{l'} \frac{\rho_l(\boldsymbol{r}')}{R^3}\boldsymbol{R}\,\mathrm{d}l' \tag{2-23}$$

电场强度 $\boldsymbol{E}$ 是一个矢量。矢量分析中已讲过，矢量场可以用矢量线形象地描述。电场强度 $\boldsymbol{E}$ 的矢量线称为电力线。电力线每点的切线方向就是该点 $\boldsymbol{E}$ 的方向，其分布密度(垂直于 $\boldsymbol{E}$ 的单位面积上电力线数目)正比于 $\boldsymbol{E}$ 的大小。

【例 2-2】 一个半径为 a 的均匀带电圆环，求轴线上的电场强度。

解 假设电荷线密度为 ρ_l，取如图 2-5 所示的坐标系，圆环位于 xOy 平面，圆环中心与坐标原点重合，则

$$\boldsymbol{r} = z\boldsymbol{e}_z$$

$$\boldsymbol{r}' = a\cos\theta\,\boldsymbol{e}_x + a\sin\theta\,\boldsymbol{e}_y$$

$$|\boldsymbol{r}-\boldsymbol{r}'| = \sqrt{a^2+z^2}$$

$$\mathrm{d}l' = a\,\mathrm{d}\theta$$

即

$$\boldsymbol{E}(\boldsymbol{r}) = \frac{1}{4\pi\varepsilon_0}\oint_l \frac{(\boldsymbol{r}-\boldsymbol{r}')}{|\boldsymbol{r}-\boldsymbol{r}'|^3}\rho_l\,\mathrm{d}l' = \frac{\rho_l}{4\pi\varepsilon_0}\int_0^{2\pi} \frac{(z\boldsymbol{e}_z - a\cos\theta\,\boldsymbol{e}_x - a\sin\theta\,\boldsymbol{e}_y)}{(a^2+z^2)^{3/2}}a\,\mathrm{d}\theta$$

$$= \frac{1}{4\pi\varepsilon_0}\cdot\frac{2\pi a\rho_l}{(a^2+z^2)^{3/2}}z\boldsymbol{e}_z$$

式中，$2\pi a\rho_l$ 表示圆环的电量。当 $z=0$ 时，$\boldsymbol{E}(r)=0$，表示线电荷对场的贡献在环心互相抵消。当 $z\to\infty$时，半径 a 可以忽略不计，场强反比于 z 的平方，相当于带电量 $Q=2\pi a\rho_l$ 的点电荷的电场强度。

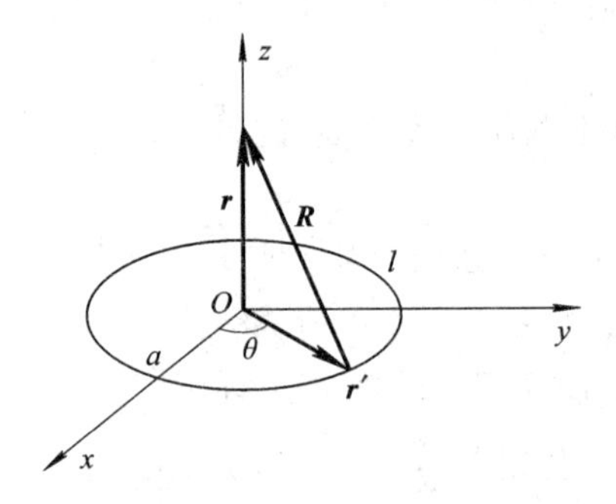

图 2-5　例 2-2 用图

【例 2-3】 计算半径为 a、电荷面密度 $\rho_S(\boldsymbol{r})$为常数的均匀带电圆盘在轴线上的电场强度。

解 选择坐标系，使圆盘位于 xOy 平面，圆盘轴线与 z 轴重合，如图 2-6 所示。在圆盘上取半径为 r'、宽度为 $\mathrm{d}r'$的圆环，其电荷线密度为 $\rho_l=\rho_S\,\mathrm{d}r'$，由例 2-2 已知该带电圆环的电场为

$$\mathrm{d}\boldsymbol{E}(\boldsymbol{r}) = \boldsymbol{e}_z\frac{z}{4\pi\varepsilon_0}\frac{2\pi r'\rho_S}{(r'^2+z^2)^{3/2}}\mathrm{d}r'$$

对 r'积分可得圆盘在轴线上的电场，即

$$\boldsymbol{E}(\boldsymbol{r}) = \boldsymbol{e}_z \frac{z}{4\pi\varepsilon_0}\int_0^a \frac{2\pi r'\rho_S}{(r'^2 + z^2)^{3/2}} \mathrm{d}r'$$

式中，$2\pi r'\ \mathrm{d}r'$代表环面积元。积分结果为

$$\boldsymbol{E}(0,\ 0,\ z) = \boldsymbol{e}_z \frac{\rho_S}{2\varepsilon_0} z\left[\frac{1}{|z|} - (a^2 + z^2)^{-\frac{1}{2}}\right]$$

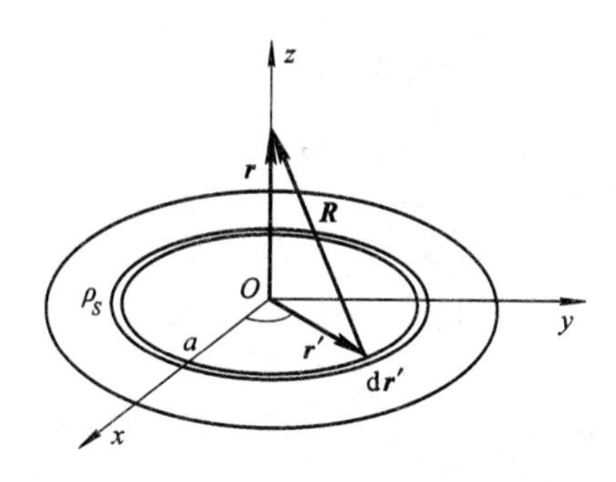

图 2－6　例 2－3 用图

当 $z\to 0^+$ 时，$\boldsymbol{E}=\frac{\rho_S}{2\varepsilon_0}\boldsymbol{e}_z$；当 $z\to 0^-$ 时，$\boldsymbol{E}=-\frac{\rho_S}{2\varepsilon_0}\boldsymbol{e}_z$。这表明：在薄圆盘的两侧，场强等值反向，这完全是圆盘上面电荷引起的结果。用高斯定理可以证明：无限大均匀带电平面两侧的电场强度表达式与圆盘上的这一结果完全相同。这是因为只要充分靠近圆盘表面，圆盘看起来就显得很大。

当 z 趋于无穷大时，$\left[\frac{1}{|z|}-(a^2+z^2)^{-\frac{1}{2}}\right]\to\frac{a^2}{2z^3}$，$E\to\frac{\rho_S a^2}{4\varepsilon_0 z^2}\to\frac{q}{4\pi\varepsilon_0 z^2}$。其中，$q$ 为圆盘带电量。由此可见，在离开圆盘很远的地方，难以察觉带电圆盘的存在，因为其电学效应等价于电量全部集中到盘心位置的一个点电荷。

进一步的研究表明，本题所求电场强度的量值为

$$\boldsymbol{E}(0,\ 0,\ z) = \boldsymbol{e}_z \frac{\rho_S}{4\pi\varepsilon_0} \times \text{圆盘(相对于场点)所张的立体角}$$

2.4　静电场的散度——高斯定理及其应用

静电场是一个矢量场，其基本物理量是电场强度。根据亥姆霍兹定理，一个矢量场可以由它的散度和旋度确定。本节讨论静电场的散度——高斯(Gauss)定理，它表明静电场具有通量源，因而是有源场，电荷就是场的源。

讨论静电场的散度也是以库仑定律为依据的。设电荷连续分布在体积 V 内，由库仑定律得到电场强度：

$$\boldsymbol{E}(\boldsymbol{r}) = \frac{1}{4\pi\varepsilon_0}\iiint_V \frac{\rho(\boldsymbol{r}')(\boldsymbol{r}-\boldsymbol{r}')\ \mathrm{d}V'}{|\boldsymbol{r}-\boldsymbol{r}'|^3} \tag{2-24}$$

对式(2－24)两端以场点坐标(x，y，z)为变量作散度运算。因为积分是对源点(x'，y'，z')坐标进行的，所以散度符号∇可移入积分号内，即

$$\nabla \cdot \boldsymbol{E}(\boldsymbol{r}) = \frac{1}{4\pi\varepsilon_0}\iiint_V \nabla \cdot \frac{\rho(\boldsymbol{r}')(\boldsymbol{r}-\boldsymbol{r}')\,\mathrm{d}V'}{|\boldsymbol{r}-\boldsymbol{r}'|^3} \tag{2-25}$$

由于$\rho(\boldsymbol{r}')$是(x', y', z')的函数，可以移到$\nabla \cdot$外，以及

$$\frac{\boldsymbol{r}-\boldsymbol{r}'}{|\boldsymbol{r}-\boldsymbol{r}'|^3} = -\nabla \frac{1}{|\boldsymbol{r}-\boldsymbol{r}'|} \tag{2-26}$$

因而代入式(2－25)可得

$$\nabla \cdot \boldsymbol{E}(\boldsymbol{r}) = \frac{1}{4\pi\varepsilon_0}\iiint_V \rho(\boldsymbol{r}')\,\nabla \cdot \left[-\nabla\left(\frac{1}{|\boldsymbol{r}-\boldsymbol{r}'|}\right)\right]\mathrm{d}V' \tag{2-27}$$

因为$\nabla \cdot \nabla u = \nabla^2 u$，$\nabla^2\left(\frac{1}{|\boldsymbol{r}-\boldsymbol{r}'|}\right) = -4\pi\delta(\boldsymbol{r}-\boldsymbol{r}')$

所以代入式(2－27)可得

$$\begin{aligned}\nabla \cdot \boldsymbol{E}(\boldsymbol{r}) &= \frac{1}{4\pi\varepsilon_0}\iiint_V \rho(\boldsymbol{r}')\,\nabla \cdot \left[-\nabla\left(\frac{1}{|\boldsymbol{r}-\boldsymbol{r}'|}\right)\right]\mathrm{d}V' \\ &= -\frac{1}{4\pi\varepsilon_0}\iiint_V \rho(\boldsymbol{r}')\,\nabla^2\left(\frac{1}{|\boldsymbol{r}-\boldsymbol{r}'|}\right)\mathrm{d}V' \\ &= \frac{1}{\varepsilon_0}\iiint_V \rho(\boldsymbol{r}')\delta(\boldsymbol{r}-\boldsymbol{r}')\,\mathrm{d}V'\end{aligned} \tag{2-28}$$

由式(2－7)可得

$$\nabla \cdot \boldsymbol{E}(\boldsymbol{r}) = \frac{\rho(\boldsymbol{r})}{\varepsilon_0} \tag{2-29}$$

式(2－29)就是真空中高斯定理的的微分形式。它说明任意一点电场强度$\boldsymbol{E}$的散度(而不是$\boldsymbol{E}$本身)等于该点的体电荷密度与真空介电常数的比值。根据散度的概念，如果某点的$\nabla \cdot \boldsymbol{E} > 0$，则该点$\rho > 0$，该点有正电荷堆积，该点电力线向外发散；反之，如果某点$\nabla \cdot \boldsymbol{E} < 0$，则该点$\rho < 0$，该点有负电荷堆积，电力线向该点汇聚；如若某点$\nabla \cdot \boldsymbol{E} = 0$，则该点$\rho = 0$，即没有电荷，电力线既不会从该点出发，也不会在该点汇聚，而只是通过该点。因此，高斯定理表明了静电场的另一个重要性质：它是一个发散场，电荷是场的发散源，电力线从正电荷出发而终止于负电荷。

将式(2－29)两端在任意体积V内积分，即

$$\iiint_V \nabla \cdot \boldsymbol{E}(\boldsymbol{r})\,\mathrm{d}V = \frac{1}{\varepsilon_0}\iiint_V \rho(\boldsymbol{r})\,\mathrm{d}V \tag{2-30}$$

应用高斯散度定理将式(2－30)左端的体积分变换成在被包围体积V的闭合面S上的面积分，即

$$\oint_S \boldsymbol{E} \cdot \mathrm{d}\boldsymbol{S} = \frac{1}{\varepsilon_0}\iiint_V \rho(\boldsymbol{r})\,\mathrm{d}V = \frac{\sum_S q}{\varepsilon_0} \tag{2-31}$$

这就是真空中高斯定理的积分形式。它表明电场强度$\boldsymbol{E}$在任一闭合面上的通量等于该闭合面所包围的总电量与真空介电常数的比值。

【注】

(1) 式(2－31)中的$\boldsymbol{E}$是带电系统(包括闭合面S内，也包括S外)所有电荷产生的总电场，而$\sum_S q$仅指S面内的总电荷。这是因为S面外的电荷对S上的$\boldsymbol{E}$通量没有贡献，而

对总场强 $\boldsymbol{E}$ 是有贡献的。

(2) 高斯定理的微分形式中的电荷密度仅指体电荷密度，而积分形式中的电荷 q 既包括(线、面、体)分布电荷，又包括点电荷。微分形式描述的是场内任一点电场强度的散度 $\nabla\cdot\boldsymbol{E}$ 与同一点的电荷密度 ρ 之间的关系，而积分形式描述的是在一个宏观范围内，穿过其表面的电场强度的通量与该范围内总电荷量之间的关系。

(3) 和前述电场强度计算方法相比，高斯定理是求电场强度最有效的方法，但前提条件是电荷分布必须具有某种对称条件，如在封闭面上电场强度的法线分量是常数，在这种条件下，式(2-31)左边的面积分很容易计算。相反，当对称条件不存在时，高斯定理是没有多大用途的。

【例 2-4】 一条无限长直导线上均匀分布着线密度为 ρ_l 的电荷，应用高斯定理计算周围任一点的电场强度。

解 以直导线为轴线，做半径为 r、高为 l 的圆柱面，如图 2-7 所示。设轴线为 z 轴，两底面分别为 S_1、S_2，侧面为 S_3，闭合曲面由 S_1、S_2、S_3 组成。由高斯定理可得

$$\oiint_S \boldsymbol{E}\cdot\mathrm{d}\boldsymbol{S}=\frac{\sum_S q}{\varepsilon_0}$$

可以写成

$$\iint_{S_1}\boldsymbol{E}\cdot\mathrm{d}\boldsymbol{S}_1+\iint_{S_2}\boldsymbol{E}\cdot\mathrm{d}\boldsymbol{S}_2+\iint_{S_3}\boldsymbol{E}\cdot\mathrm{d}\boldsymbol{S}_3=\frac{\sum_S q}{\varepsilon_0}$$

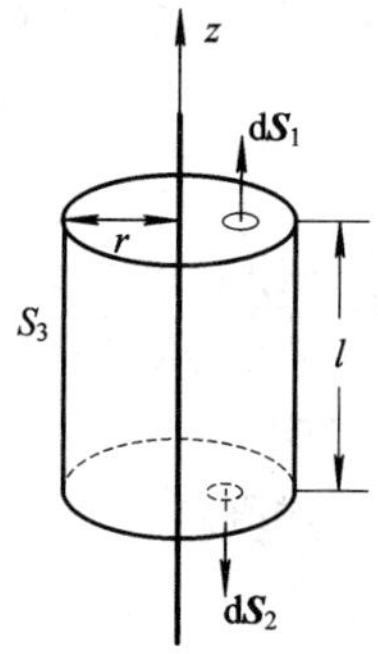

图 2-7 例 2-4 用图

由于电荷分布关于垂直于 z 轴的任何一个平面为对称，因而空间任意一点的电场强度的 E_z 分量为零，只有 E_r 分量，即 $\boldsymbol{E}=E_r\boldsymbol{e}_r$。$\mathrm{d}\boldsymbol{S}_1=\boldsymbol{e}_z\,\mathrm{d}S_1$，$\mathrm{d}\boldsymbol{S}_2=-\boldsymbol{e}_z\,\mathrm{d}S_2$，$\mathrm{d}\boldsymbol{S}_3=\boldsymbol{e}_r\,\mathrm{d}S_3$，在闭合面上 $\sum_S q=l\rho_l$。

将各分量代入上式，得

$$E_r\iint_{S_3}\mathrm{d}S_3=E_r\cdot 2\pi rl=\frac{l\rho_l}{\varepsilon_0}$$

$$E_r=\frac{\rho_l}{2\pi\varepsilon_0 r}$$

因而空间任一点的电场强度为

$$E = \frac{\rho_l}{2\pi\varepsilon_0 r} e_r$$

由此可以看出，应用高斯定理的要点在于：① 找出对称条件；② 选择一个适当面，使给定的电荷分布所产生的电场强度 E 的法线分量在此表面上为常量(这样的表面称为高斯面)，从而可将该常量提出积分号外。这样，整个过程变为求曲面面积的积分运算，求解简单方便。

2.5　静电场的旋度和电位

2.5.1　电场强度矢量 E 的旋度

静电场是矢量场，要全面了解它的特征，除了散度，还必须研究它的旋度，并引入电位函数。由式(2-18)，已知电场强度为

$$\boldsymbol{E}(\boldsymbol{r}) = \frac{q(\boldsymbol{r}-\boldsymbol{r}')}{4\pi\varepsilon_0 |\boldsymbol{r}-\boldsymbol{r}'|^3} \tag{2-32}$$

由于

$$\nabla \frac{1}{|\boldsymbol{r}-\boldsymbol{r}'|} = -\frac{\boldsymbol{r}-\boldsymbol{r}'}{|\boldsymbol{r}-\boldsymbol{r}'|^3}$$

因此可将点电荷的电场强度表示为

$$\boldsymbol{E}(\boldsymbol{r}) = \frac{q(\boldsymbol{r}-\boldsymbol{r}')}{4\pi\varepsilon_0 |\boldsymbol{r}-\boldsymbol{r}'|^3} = -\nabla\left(\frac{q}{4\pi\varepsilon_0 |\boldsymbol{r}-\boldsymbol{r}'|}\right) \tag{2-33}$$

式(2-33)说明，电场强度可以表示为一个标量函数的负梯度。矢量分析中已讲到，任何一个标量函数梯度的旋度恒等于零，因此

$$\nabla \times \boldsymbol{E}(\boldsymbol{r}) = 0 \tag{2-34}$$

即点电荷的电场强度 E 的旋度等于零。对于点电荷群的电场公式(2-19)，上述结论也是正确的。对于分布电荷的电场公式，同样可以证明，分布电荷的电场强度的旋度也等于零。下面以体电荷分布电场强度为例进行说明。

对于体电荷分布，由式(2-24)可得电场强度为

$$\begin{aligned}\boldsymbol{E}(\boldsymbol{r}) &= \frac{1}{4\pi\varepsilon_0}\iiint_V \frac{\rho(\boldsymbol{r}')(\boldsymbol{r}-\boldsymbol{r}')}{|\boldsymbol{r}-\boldsymbol{r}'|^3}\,\mathrm{d}V' \\ &= -\frac{1}{4\pi\varepsilon_0}\iiint_V \rho(\boldsymbol{r}')\,\nabla\left(\frac{1}{|\boldsymbol{r}-\boldsymbol{r}'|}\right)\mathrm{d}V' \\ &= -\nabla\left[\frac{1}{4\pi\varepsilon_0}\iiint_V \rho(\boldsymbol{r}')\left(\frac{1}{|\boldsymbol{r}-\boldsymbol{r}'|}\right)\mathrm{d}V'\right]\end{aligned} \tag{2-35}$$

应注意式(2-35)中的积分是对源点 $\boldsymbol{r}'(x', y', z')$进行的，算子$\nabla$是对场点 $\boldsymbol{r}(x,y,z)$作用的，因而∇移到积分号外。对体电荷分布，有

$$\nabla \times \boldsymbol{E}(\boldsymbol{r}) = 0$$

因此可以得出结论：任何静电场产生的电场的旋度恒等于零，静电场是无旋场。

2.5.2　电位函数

从矢量分析知道：一个矢量场，如果它的旋度等于零，则可以用一个标量函数的梯度

来表示。因为任意标量函数梯度的旋度恒等于零。在静电场中，可以用一个标量函数$\phi(\boldsymbol{r})$的梯度来表示$\boldsymbol{E}(\boldsymbol{r})$，$\phi(\boldsymbol{r})$称为电位(电势)函数。下面以点电荷的电场为例，推导静电场的电位函数$\phi(\boldsymbol{r})$。

由式(2-33)，可得

$$\boldsymbol{E}(\boldsymbol{r})=\frac{q(\boldsymbol{r}-\boldsymbol{r}')}{4\pi\varepsilon_0|\boldsymbol{r}-\boldsymbol{r}'|^3}=-\nabla\left(\frac{q}{4\pi\varepsilon_0|\boldsymbol{r}-\boldsymbol{r}'|}\right)=-\nabla\phi(\boldsymbol{r}) \tag{2-36}$$

式中$\phi(\boldsymbol{r})$就是点电荷电场的电位函数。电位的单位是伏特。必须指出，这里的$\phi(\boldsymbol{r})$并不是唯一确定的，因为若给它加上一个与坐标无关的任意常数C，丝毫不影响$\boldsymbol{E}(\boldsymbol{r})$的大小和方向，所以$\phi(\boldsymbol{r})$的一般表达式为

$$\phi(\boldsymbol{r})=\frac{q}{4\pi\varepsilon_0|\boldsymbol{r}-\boldsymbol{r}'|}+C \tag{2-37}$$

点电荷群的电场，由式(2-19)可得到

$$\boldsymbol{E}(\boldsymbol{r})=-\nabla\left(\sum_{i=1}^{N}\frac{q_i}{4\pi\varepsilon_0|\boldsymbol{r}-\boldsymbol{r}_i'|}\right)=-\nabla\phi(\boldsymbol{r}) \tag{2-38}$$

$$\phi(\boldsymbol{r})=\frac{1}{4\pi\varepsilon_0}\left(\sum_{i=1}^{N}\frac{q_i}{|\boldsymbol{r}-\boldsymbol{r}_i'|}\right)+C \tag{2-39}$$

对于分布电荷的电场，只要记住积分是对源点进行的，而梯度是对场点进行的，同样可以得到

$$\boldsymbol{E}(\boldsymbol{r})=-\nabla\phi(\boldsymbol{r}) \tag{2-40}$$

注意，式(2-40)中的负号来自物理概念，即沿着$\boldsymbol{E}$的方向$\phi(\boldsymbol{r})$是降低的。

体电荷、面电荷、线电荷分布产生的电场中电位函数的表示式分别如下：

$$\phi(\boldsymbol{r})=\frac{1}{4\pi\varepsilon_0}\int_V\frac{\rho_V(\boldsymbol{r}')}{|\boldsymbol{r}-\boldsymbol{r}'|}\mathrm{d}V'+C \tag{2-41}$$

$$\phi(\boldsymbol{r})=\frac{1}{4\pi\varepsilon_0}\int_S\frac{\rho_S(\boldsymbol{r}')}{|\boldsymbol{r}-\boldsymbol{r}'|}\mathrm{d}S'+C \tag{2-42}$$

$$\phi(\boldsymbol{r})=\frac{1}{4\pi\varepsilon_0}\int_l\frac{\rho_l(\boldsymbol{r}')}{|\boldsymbol{r}-\boldsymbol{r}'|}\mathrm{d}l'+C \tag{2-43}$$

任何静电场产生的电场与电位函数的关系都由式(2-40)决定。也就是说，电场强度矢量是负的电位梯度。式(2-40)说明，场中任意一点电场强度$\boldsymbol{E}$的方向总是沿着电位减小最快的方向，即从高电位指向低电位；其数值等于电位随距离的最大变化率。同其他的标量函数一样，可用等电位面(等位线)形象描述电位的空间分布。根据梯度与等值面垂直的概念，电场强度$\boldsymbol{E}$与等位面垂直，或者说，电场所在空间中任意一点的电力线与等位面正交。

已知电荷分布，由式(2-41)～式(2-43)求得电位函数$\phi(\boldsymbol{r})$后，再由式(2-40)求得电场强度比直接求电场$\boldsymbol{E}$更简便。

$\nabla\times\boldsymbol{E}(\boldsymbol{r})=0$和$\boldsymbol{E}(\boldsymbol{r})=-\nabla\phi(\boldsymbol{r})$是对静电场任一点性质的微分描述，也是电场$\boldsymbol{E}$与电位$\phi(\boldsymbol{r})$之间关系的微分形式。

对$\nabla\times\boldsymbol{E}(\boldsymbol{r})=0$两边在某一曲面上积分，并利用斯托克斯(Stokes)定理，即

$$\iint_S(\nabla\times\boldsymbol{E})\cdot\mathrm{d}\boldsymbol{S}=\oint_l\boldsymbol{E}\cdot\mathrm{d}\boldsymbol{l}$$

可得

$$\oint_l \boldsymbol{E} \cdot \mathrm{d}\boldsymbol{l} = 0 \tag{2-44}$$

式(2-44)表明，电场强度 $\boldsymbol{E}$ 的环量恒等于零。

由于电场强度 $\boldsymbol{E}$ 的意义是单位正电荷在电场中所受的电场力，因而式(2-44)可理解为绕闭合路径 l 移动一周时，电场力作的净功等于零。这说明静电场像重力场一样，是一个保守场(或称位场)，它沿某一路径从 P_0 点到 P 点的线积分与路径无关，仅与起点和终点的位置有关。

如图 2-8 所示，电场强度从点 P_0 到点 P 沿曲线积分，即

$$\int_{P_0}^{P} \boldsymbol{E} \cdot \mathrm{d}\boldsymbol{l} = \int_{P_0}^{P} -\nabla\phi \cdot \mathrm{d}\boldsymbol{l} \tag{2-45}$$

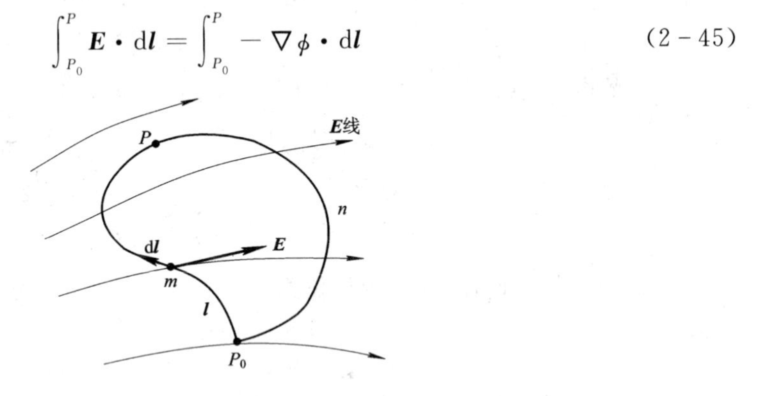

图 2-8　电场力做功与路径无关

因为

$$\nabla\phi \cdot \mathrm{d}\boldsymbol{l} = \frac{\partial\phi}{\partial x}\mathrm{d}x + \frac{\partial\phi}{\partial y}\mathrm{d}y + \frac{\partial\phi}{\partial z}\mathrm{d}z = \mathrm{d}\phi$$

所以

$$\int_{P_0}^{P} \boldsymbol{E} \cdot \mathrm{d}\boldsymbol{l} = \phi(P_0) - \phi(P)$$

或

$$\phi(P) - \phi(P_0) = \int_{P}^{P_0} \boldsymbol{E} \cdot \mathrm{d}\boldsymbol{l} \tag{2-46}$$

式(2-46)表明，电场力做功仅与起点和终点有关，而与积分路径无关。

式(2-46)决定了场中两点之间的电位差，如果要单值确定场中任一点 P 的电位，就必须规定场中另一固定点的电位为零，这种固定点称为参考点，即令 $\phi(P_0)=0$，则有

$$\phi(P) = \phi(\boldsymbol{r}) = \int_{P}^{P_0} \boldsymbol{E} \cdot \mathrm{d}\boldsymbol{l} \tag{2-47}$$

这就是场中宏观范围电场强度 $\boldsymbol{E}$ 与电位 ϕ 的关系，是与 $\boldsymbol{E}=-\nabla\phi$ 微分形式对应的积分形式。显然，电位是与参考点有关的物理量，即同一点的电位可能因为参考点的选择不同而不同。参考点的选择原则上是任意的，但在具体选择上，最好使电位函数的表示式简洁为宜。如当电荷分布在有限区域时，点 P 的电位为

$$\begin{aligned}\phi(P) &= \int_{P}^{P_0} \boldsymbol{E} \cdot \mathrm{d}\boldsymbol{l} = \int_{r}^{r_0} \frac{q\boldsymbol{r} \cdot \mathrm{d}\boldsymbol{r}}{4\pi\varepsilon_0 r^3} = \int_{r}^{r_0} \frac{q\,\mathrm{d}r}{4\pi\varepsilon_0 r^2} \\ &= \frac{q}{4\pi\varepsilon_0 r} - \frac{q}{4\pi\varepsilon_0 r_0} = \frac{q}{4\pi\varepsilon_0 r} + C\end{aligned} \tag{2-48}$$

如果将参考点选择在无穷远处 $r_0=\infty$，则式(2-48)中 $C=0$，这时电位的表达式最简洁。但当电荷分布延伸至无限远时，如无限长的线电荷或无限大的带电平面，则必须将电位参考点选在有限远处。

若已知某区域内电位分布 $\phi(\boldsymbol{r})$，可由微分表达式 $\boldsymbol{E}(\boldsymbol{r})=-\nabla\phi(\boldsymbol{r})$求得电场强度 $\boldsymbol{E}(\boldsymbol{r})$；反之，在选定电位参考点后，可由积分式 $\phi(P)=\phi(\boldsymbol{r})=\int_P^{P_0}\boldsymbol{E}\cdot \mathrm{d}\boldsymbol{l}$ 计算任一点电位分布 $\phi(\boldsymbol{r})$。

【例 2-5】 在半径为 a 的球体内均匀分布着电荷，总电荷量为 q，求各点的电场$\boldsymbol{E}(\boldsymbol{r})$，并计算 $\boldsymbol{E}(\boldsymbol{r})$的散度和旋度。

解 由于电荷分布的球对称性，电场 $\boldsymbol{E}(\boldsymbol{r})$只有沿 r 方向的分量，并且在与带电球同心的球面上电场值处处相同，因此可以采用高斯定理计算电场 $\boldsymbol{E}$。

如图 2-9 所示，在 $r>a$ 的区域内，取半径为 r 的同心球面为高斯面，高斯面上各点的电场 $\boldsymbol{E}$ 与面元 $\mathrm{d}\boldsymbol{S}$ 的方向相同。根据高斯定理有

$$\oint_S \boldsymbol{E}\cdot \mathrm{d}\boldsymbol{S}=E_r\oint_S \mathrm{d}S=E_r 4\pi r^2=\frac{q}{\varepsilon_0}$$

所以

$$E_r=\frac{q}{4\pi\varepsilon_0 r^2}\qquad (r>a)$$

写成矢量形式，即

$$\boldsymbol{E}=\frac{q\boldsymbol{r}}{4\pi\varepsilon_0 r^3}\qquad (r>a)$$

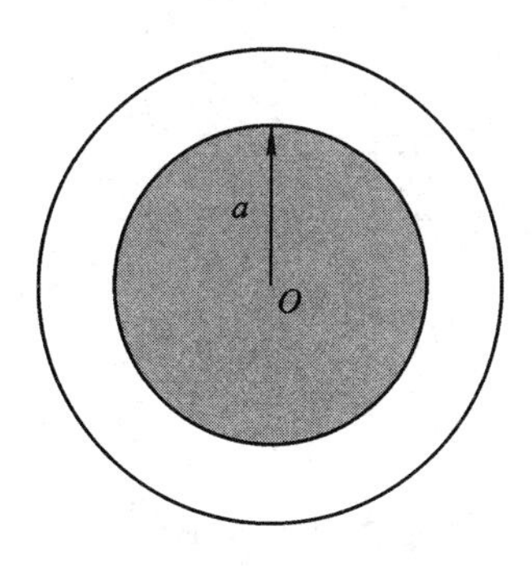

图 2-9 例 2-5 用图

在 $r<a$ 的区域内，同样作半径为 r 的高斯面，有

$$\oint_S \boldsymbol{E}\cdot \mathrm{d}\boldsymbol{S}=E_r\oint_S \mathrm{d}S=E_r 4\pi r^2=\frac{q'}{\varepsilon_0}$$

$$q'=\frac{4}{3}\pi r^3\rho_V=\frac{4}{3}\pi r^3\left(\frac{q}{\frac{4}{3}\pi a^3}\right)=\frac{qr^3}{a^3}$$

所以

$$E_r=\frac{qr}{4\pi\varepsilon_0 a^3}\qquad (r<a)$$

写成矢量形式，即

$$E = \frac{q\boldsymbol{r}}{4\pi\varepsilon_0 a^3} \qquad (r < a)$$

$r>a$ 区域内，有

$$\nabla \cdot \boldsymbol{E} = \frac{q}{4\pi\varepsilon_0} \nabla \cdot \frac{\boldsymbol{r}}{r^3} = 0$$

$$\nabla \times \boldsymbol{E} = \frac{q}{4\pi\varepsilon_0} \nabla \times \frac{\boldsymbol{r}}{r^3} = 0$$

$r<a$ 区域内，有

$$\nabla \cdot \boldsymbol{E} = \frac{q}{4\pi\varepsilon_0 a^3} \nabla \cdot \boldsymbol{r} = \frac{3q}{4\pi\varepsilon_0 a^3}$$

$$\nabla \times \boldsymbol{E} = \frac{q}{4\pi\varepsilon_0 a^3} \nabla \times \boldsymbol{r} = 0$$

2.6 电偶极子

电偶极子定义为一对极性相反且非常靠近的等量电荷，如图 2-10 所示。假设每个带电体的电量为 q，它们之间的距离为 d，且 $r \gg d$，求空间任一点 $P(r, \theta, \varphi)$ 的电位和电场强度。

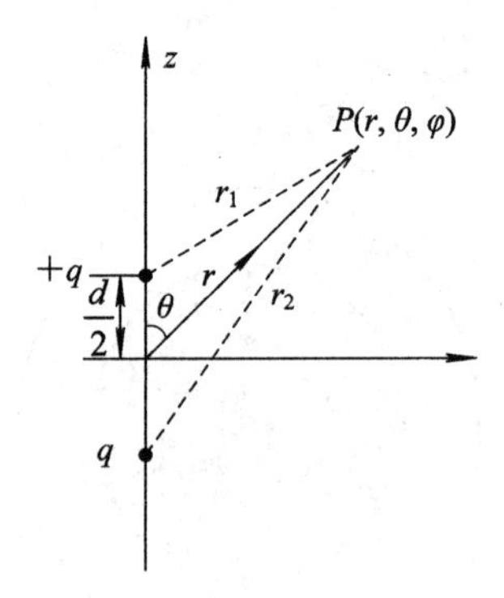

图 2-10　电偶极子

解　根据电位定义，在球坐标系下点 $P(r, \theta, \varphi)$ 的电位为

$$\phi_P = \frac{q}{4\pi\varepsilon_0}\left(\frac{1}{r_1} - \frac{1}{r_2}\right) = \frac{q}{4\pi\varepsilon_0} \frac{r_2 - r_1}{r_1 r_2}$$

其中，r_1、r_2 为两点电荷到点 P 的距离，r 为坐标原点到点 P 的距离。

$$r_1 = \left(r^2 + \frac{d^2}{4} - rd\cos\theta\right)^{\frac{1}{2}}, \quad r_2 = \left(r^2 + \frac{d^2}{4} + rd\cos\theta\right)^{\frac{1}{2}}$$

因为 $r \gg d$，根据二项展开定理，取近似可得

$$r_1 = r - \frac{d}{2}\cos\theta, \quad r_2 = r + \frac{d}{2}\cos\theta$$

$$\phi_P = \frac{q}{4\pi\varepsilon_0}\left(\frac{d\cos\theta}{r^2}\right) \tag{2-49}$$

有趣的是，当 $\theta=90°$时，即偶极子平分面上的任意点，电位 ϕ_P 处处为零。因此，在这个平面上，电荷从一点移动到另一点没有能量损耗。

定义偶极矩矢量 $\boldsymbol{p}$，其大小为距离和电荷量的乘积 $p=qd$，方向由负电荷指向正电荷，即

$$\boldsymbol{p} = qd\boldsymbol{e}_z$$

则点 P 的电位可以写成

$$\phi_P = \frac{p\cos\theta}{4\pi\varepsilon_0 r^2} = \frac{\boldsymbol{p} \cdot \boldsymbol{e}_r}{4\pi\varepsilon_0 r^2} \tag{2-50}$$

【注】电偶极子在空间任一点的电位随距离的平方下降，但是，对单个点电荷其电位却是与距离的一次方成反比。

为考察电偶极子等电位面，令 ϕ_P 等于常数，即

$$\phi_P(r, \theta, \varphi) = \frac{qd\cos\theta}{4\pi\varepsilon_0 r^2} = C$$

可得等位线方程为

$$r^2 = k\cos\theta \tag{2-51}$$

不同的 k 值，画出不同的等位线，如图 2-11 所示。在 $0\leqslant\theta\leqslant\pi/2$ 范围内，$\phi>0$；而在 $\pi/2<\theta\leqslant\pi$ 时，$\phi<0$，其等位线关于 $\theta=\pi/2$ 呈镜像对称。基于电偶极子电场的轴对称性，将等位线绕 z 轴旋转便可得到空间三维的等位面分布，其中 $z=0$(即 $\theta=\pi/2$)的平面为零电位面。由电位可得电场强度为

$$\boldsymbol{E}_P = -\nabla\phi = \frac{qd}{4\pi\varepsilon_0 r^3}(2\cos\theta\,\boldsymbol{e}_r + \sin\theta\,\boldsymbol{e}_\theta)$$

在 $\theta=90°$的平面上，电力线沿 $\boldsymbol{e}_\theta=-\boldsymbol{e}_z$ 方向，即 $\boldsymbol{E}=-\frac{\boldsymbol{p}}{4\pi\varepsilon_0 r^3}(\theta=90°)$，而当 $\theta=0°$或 $\theta=180°$时，电力线与偶极矩平行，如图 2-11 所示。

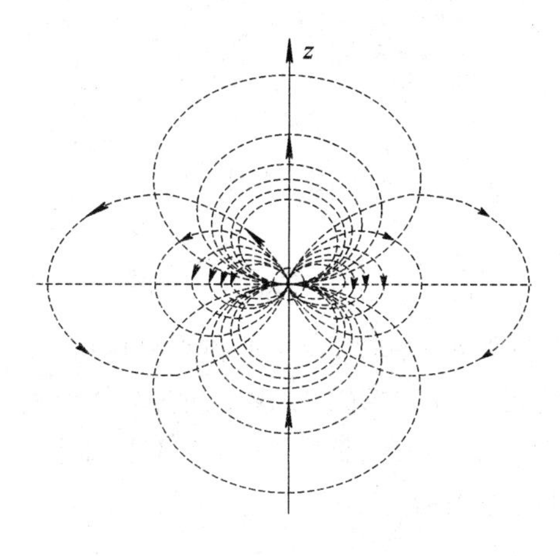

图 2-11　电偶极子远区场图

综上所述，电偶极子就是两个等量但极性相反且相距很近的电荷对。与每个偶极子相关联的矢量称为偶极矩。如果电荷带电量为 q，间距为 d，则偶极矩 $\boldsymbol{p}=q\boldsymbol{d}$。

2.7　电场中的物质

通常将物质分为三大类：导体、半导体和绝缘体。

2.7.1　电场中的导体

导体的特点是其中有大量的自由电子，因此导体是指自由电荷可以在其中自由运动的物质。如图 2-12 所示，将导体球引入外电场后，其自由电荷将会在导体中移动，原来的静电平衡状态被破坏。外加电场对导体内的自由电子将产生力的作用，使它们逆着电场 $\boldsymbol{E}$ 的方向运动。这样，导体的一边堆积正电荷，另一边堆积负电荷，并在导体内部建立附加电场，直至其表面电荷(这些电荷也称为感应电荷)建立的附加电场与外加电场在导体内部处处相抵消为止，这样才达到一种新的静电平衡状态。这时，将出现下列现象：第一，导体内的电场为零，$\boldsymbol{E}=0$，否则导体内的自由电荷将受到电场力的作用而移动，就不属于静电问题的范围了；第二，导体中的电位处处相等，$\boldsymbol{E}=-\nabla\phi=0$，导体内既无体电荷密度也无电场强度，每个导体表面必为等位面；第三，导体表面上的 $\boldsymbol{E}$ 必定垂直于表面；第四，导体如带电，则电荷只能分布于其表面。总之，静电场中导体的特点是：在导体表面形成一定面积的电荷分布，使导体内的电场为零，每个导体都成为等位体，其表面为等位面。

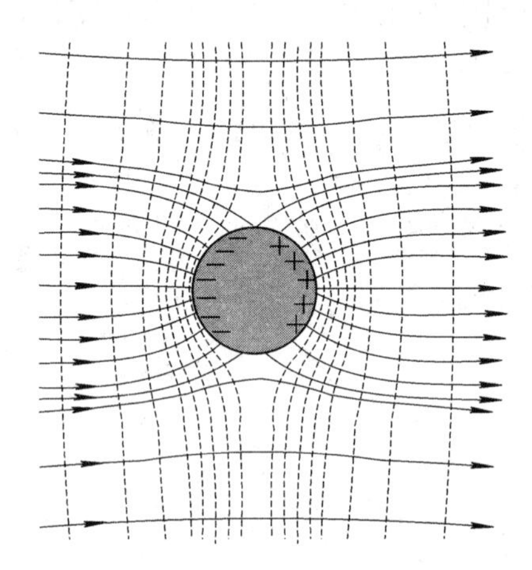

图 2-12　静电场中的孤立导体

【例 2-6】 一个内半径为 b、外半径为 c 的孤立导体球壳，内部同心放置一个电荷均匀分布、半径为 a 的球，如图 2-13 所示。试求空间各处的电场强度。

解　设球体 a 的电荷密度为 ρ，将图 2-13 所示的空间分成以下四个区域：

(1) 区域Ⅰ，$r<a$。球面包围的总电荷为

$$q=\frac{4\pi}{3}r^3\rho$$

因为电荷均匀分布，$\boldsymbol{E}$ 场不仅是沿着半径方向，而且在球(高斯)面上为常数，所以由

$$\oiint_S \boldsymbol{E}\cdot d\boldsymbol{S}=4\pi r^2E_r$$

可得

$$\boldsymbol{E}=\frac{r}{3\varepsilon_0}\rho\boldsymbol{e}_r \qquad (0<r<a)$$

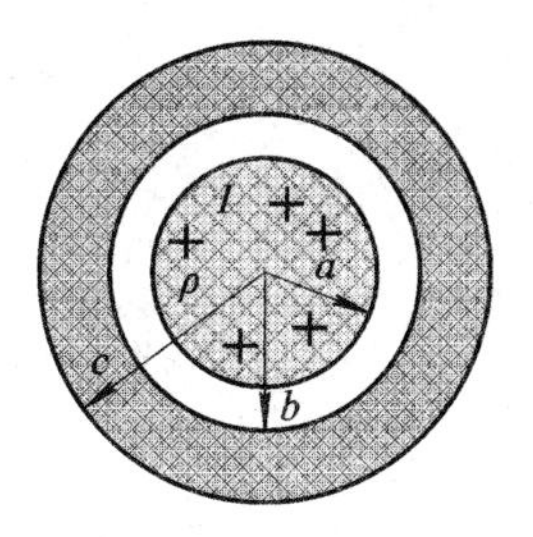

图 2-13　例 2-6 用图

(2) 区域Ⅱ，$a\leqslant r<b$。球面包围的总电荷为

$$q=\frac{4\pi}{3}a^3\rho$$

由高斯定理得

$$\boldsymbol{E}=\frac{a^3}{3\varepsilon_0 r^2}\rho\boldsymbol{e}_r \qquad (a\leqslant r<b)$$

(3) 区域Ⅲ，$b\leqslant r<c$。因为导体内的 $\boldsymbol{E}$ 必须是零，在半径 $r=b$ 的球面上一定拥有与所围总电荷等量的负电荷。若 ρ_{Sb} 为面电荷密度，则表面电荷总量为 $-4\pi b^2\rho_{Sb}$，因而

$$\rho_{Sb}=-\frac{a^3}{3b^2}\rho$$

(4) 区域Ⅳ，$r\geqslant c$。如果孤立导体球壳的内表面获得负电荷，则 $r=c$ 的外表面必须获得与之等量的正电荷，若 ρ_{Sc} 为外表面的面电荷密度，则

$$\rho_{Sc}=\frac{a^3}{3c^2}\rho$$

在此区域的电场强度为

$$\boldsymbol{E}=\frac{a^3}{3\varepsilon_0 r^2}\rho\boldsymbol{e}_r \qquad (r\geqslant c)$$

2.7.2　电场中的电介质

与导体不同，电介质的特点是其中的电子被原子核所束缚而不能自由运动，称为束缚电荷。极化前电介质内部电荷分布如图 2-14(a)所示。但在外加电场的作用下，电介质分子中的正负电荷可以有微小的移动，但不能离开分子的范围，其作用中心不再重合，形成一个个小的电偶极子，如图 2-14(b)所示，这种现象称为介质极化。极化的结果，使在电介质内部出现连续的电偶极子分布。这些电偶极子形成附加电场，从而引起原来电场分布发生变化。极化的电介质可视为体分布的电偶极子，因此引起的附加电场可视为这些电偶极子电场的叠加。均匀电场中置入介质圆柱后场的畸变如图 2-14(c)所示。当然，实际中并不存在绝对理想的电介质，但存在一些物质，它们的电导率约为良导体的 $1/10^{20}$，称其为介质。

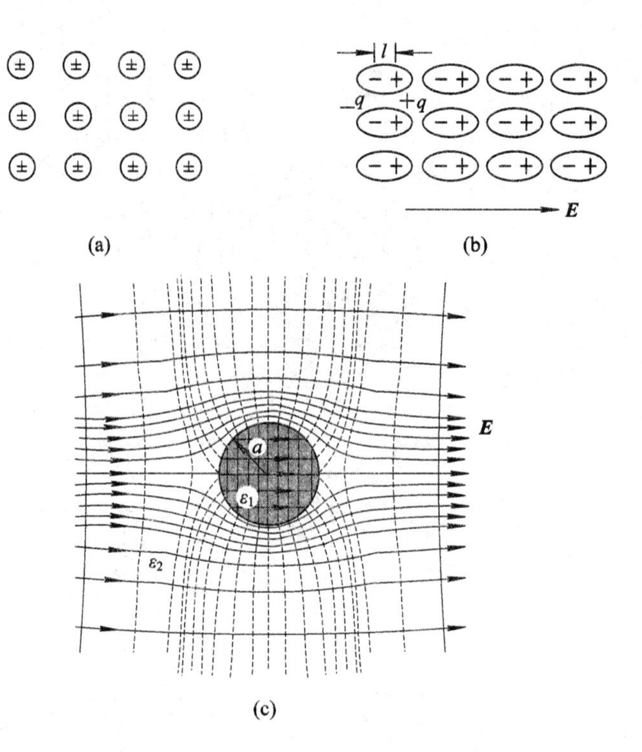

图 2－14 电介质中的正负电荷

(a) 极化前的介质内部电荷分布；(b) 极化后(电荷对分离)形成电偶极子

(c) 均匀电场中置入介质圆柱后场的畸变

1. 极化强度

为了描述介质极化状态，我们引入极化强度矢量，定义极化强度为单位体积内的偶极矩数，用 $\boldsymbol{P}$ 表示，单位为库/米^2(C/m^2)。

$$\boldsymbol{P} = \lim_{\Delta V \to 0} \frac{\boldsymbol{p}}{\Delta V} \tag{2-52}$$

式(2－52)中，$\boldsymbol{p}$ 为极限 $\Delta V \to 0$ 时体积 ΔV 的偶极矩。

如图 2－15 所示，偶极矩为

$$\boldsymbol{p} = \boldsymbol{P}\,\mathrm{d}V' \tag{2-53}$$

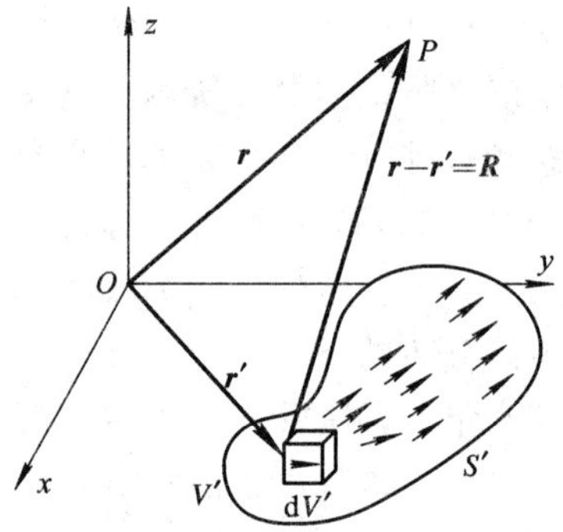

图 2－15 极化强度定义示意图

由式(2－50)得 $\boldsymbol{p}$ 在点 P 处产生的电位为

$$d\phi_P = \frac{\boldsymbol{P}\, dV' \cdot \boldsymbol{e}_R}{4\pi\varepsilon_0 R^2} = \frac{\boldsymbol{P} \cdot \boldsymbol{e}_R}{4\pi\varepsilon_0 R^2}\, dV' \tag{2-54}$$

式中，$\boldsymbol{R}=|\boldsymbol{r}-\boldsymbol{r}'|$，$\boldsymbol{e}_R=\dfrac{\boldsymbol{r}-\boldsymbol{r}'}{|\boldsymbol{r}-\boldsymbol{r}'|}$。因为$\nabla'\left(\dfrac{1}{R}\right)=\dfrac{1}{R^2}\boldsymbol{e}_R$，所以式(2－54)可以写成

$$d\phi_P = \frac{\boldsymbol{P} \cdot \nabla'(1/R)}{4\pi\varepsilon_0}\, dV' \tag{2-55}$$

利用矢量恒等式

$$\boldsymbol{P} \cdot \nabla'\left(\frac{1}{R}\right) = \nabla' \cdot \left(\frac{\boldsymbol{P}}{R}\right) - \frac{(\nabla' \cdot \boldsymbol{P})}{R}$$

式(2－55)可以写成

$$d\phi_P = \frac{1}{4\pi\varepsilon_0}\left[\nabla' \cdot \frac{\boldsymbol{P}}{R} - \frac{\nabla' \cdot \boldsymbol{P}}{R}\right] dV'$$

对极化电介质的体积 V'积分，得到点 P 的电位，即

$$\phi_P = \frac{1}{4\pi\varepsilon_0}\left[\iiint_{V'}\left(\nabla' \cdot \frac{\boldsymbol{P}}{R}\right) dV' - \iiint_{V'}\left(\frac{\nabla' \cdot \vec{\boldsymbol{P}}}{R}\right) dV'\right]$$

对等式右边第一项利用散度定理得

$$\phi_P = \frac{1}{4\pi\varepsilon_0}\left[\oint_{S'} \frac{\boldsymbol{P} \cdot \boldsymbol{e}_n}{R}\, dS' - \iiint_{V'}\left(\frac{\nabla' \cdot \boldsymbol{P}}{R}\right) dV'\right] \tag{2-56}$$

其中 $\boldsymbol{e}_n$ 为电介质边界的外法向。

2. 极化强度与极化电荷的关系

从式(2－56)可以看出，极化电介质在点 P 产生的电位是两项的代数和，一个是表面项，一个是体积项。如果定义

$$\rho_{SP} = \boldsymbol{P} \cdot \boldsymbol{e}_n \tag{2-57}$$

为束缚面电荷密度，那么

$$\rho_P = -\nabla' \cdot \boldsymbol{P} \tag{2-58}$$

为束缚体电荷密度，则式(2－56)可写成

$$\phi_P = \frac{1}{4\pi\varepsilon_0}\left[\oint_{S'} \frac{\rho_{SP}}{R}\, dS' + \iiint_{V'}\left(\frac{\rho_P}{R}\right) dV'\right] \tag{2-59}$$

这样，电介质的极化导致束缚电荷(bound charge)分布，这些束缚电荷分布不像自由电荷，它们的产生是由于电荷对分离。这两部分极化电荷的总和 $(q_P)_{\text{total}} = \oint_{S'}\rho_{SP}\, dS' + \iiint_{V'}\rho_P\, dV'$ 应等于零，符合电荷守恒原理。电介质对电场的影响，可归结为极化后极化电荷或电偶极子在真空中所产生的作用。

3. 电介质中的静电场方程

如果电介质中除了束缚电荷密度还有自由电荷密度 ρ，则自由电荷的作用也必须同时考虑，即极化电荷与自由电荷都是产生电场的源。在电介质中，高斯定理的微分形式可写为

$$\nabla \cdot \boldsymbol{E} = \frac{\rho + \rho_P}{\varepsilon_0} = \frac{\rho - \nabla \cdot \boldsymbol{P}}{\varepsilon_0}$$

或

$$\nabla \cdot (\varepsilon_0 \boldsymbol{E} + \boldsymbol{P}) = \rho \tag{2-60}$$

式(2-60)右边是自由体电荷密度。当我们讨论自由空间电场时，有$\nabla \cdot \boldsymbol{E}=\rho/\varepsilon_0$，显然自由空间$\boldsymbol{P}=0$。因此对任意媒质，可定义电通量密度为

$$\boldsymbol{D} = \varepsilon_0 \boldsymbol{E} + \boldsymbol{P} \tag{2-61}$$

此定义用于说明电介质极化的影响，这样方程对任意媒质都成立。其中ρ仅表示任意媒质中的自由电荷。由此可知，电介质中的电偶极矩$\boldsymbol{p}$是由外电场$\boldsymbol{E}$感应的，如果电极化强度与外电场成正比，就说这种介质是线性的，ε、μ、σ与电场无关；如果介质电特性与电场方向无关，即ε、μ、σ与电场方向无关，则说这种介质是各向同性的；如果电介质的各部分性质相同，即ε、μ、σ与空间位置无关，则说这种介质是均匀的。实验表明，在各向同性的均匀线性电介质中，电极化强度$\boldsymbol{P}$与电场强度$\boldsymbol{E}$成正比，即

$$\boldsymbol{P} = \varepsilon_0 \chi_e \boldsymbol{E} \tag{2-62}$$

其中，χ_e称为电介质的电极化率。

因此式(2-61)可以写成

$$\boldsymbol{D} = \varepsilon_0 (1 + \chi_e) \boldsymbol{E} \tag{2-63}$$

其中，$1+\chi_e$称为介质的相对电容率或相对介电常数，用ε_r表示。这样电通量密度的最后表达式为

$$\boldsymbol{D} = \varepsilon_0 \varepsilon_r \boldsymbol{E} = \varepsilon \boldsymbol{E} \tag{2-64}$$

其中，$\varepsilon=\varepsilon_0\varepsilon_r$为介质的介电常数。在自由空间，$\varepsilon_r=1$，$\boldsymbol{D}=\varepsilon_0\boldsymbol{E}$。因此，对于任何电介质，静电场都满足下列方程：

$$\left.\begin{aligned} \nabla \times \boldsymbol{E} &= 0 \\ \nabla \cdot \boldsymbol{D} &= \rho \\ \boldsymbol{D} &= \varepsilon \boldsymbol{E} \end{aligned}\right\} \tag{2-65}$$

式(2-64)中，ρ为介质中自由体电荷密度，$\varepsilon=\varepsilon_0\varepsilon_r$为介质的介电常数($\varepsilon_r$为介质的相对介电常数)。实际上将$\varepsilon_0$换成$\varepsilon$，就可以将已经导出的所有方程推广到任意媒质。

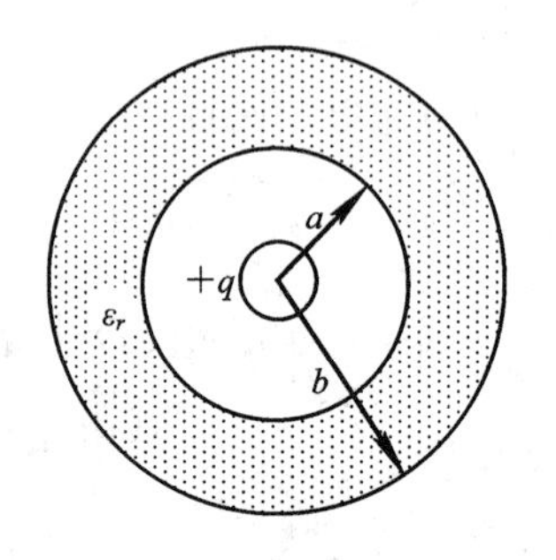

图 2-16　例 2-7 用图

【例 2-7】 有一带电系统如图 2-16 所示，介质球壳的相对介电常数为ε_r，球壳中心所带电量为q，求空间各点的电场和极化电荷分布。

解 (1) 分析电场强度的分布。根据系统的对称性，空间电场$\boldsymbol{E}=E(r)\boldsymbol{e}_r$。

(2) 根据电荷和介质球分布，将空间分为三个区域，在每个区域以球壳中心为球心作高斯面球面。

① 区域Ⅰ，$0<r<a$，因为球面包围总电荷为q，即

$$q = \oint_S \boldsymbol{D} \cdot \mathrm{d}\boldsymbol{S} = 4\pi r^2 \varepsilon_0 E_r$$

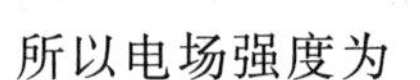

所以电场强度为

$$\boldsymbol{E}=\frac{q}{4\pi\varepsilon_0 r^2}\boldsymbol{e}_r$$

② 区域Ⅱ，$a<r<b$，因为球面包围总电荷为 q，即

$$q=\oiint_S \boldsymbol{D}\cdot\mathrm{d}\boldsymbol{S}=\oiint_S \varepsilon_0\varepsilon_r\boldsymbol{E}\cdot\mathrm{d}\boldsymbol{S}=4\pi r^2\varepsilon_0\varepsilon_r E_r$$

所以电场强度为

$$\boldsymbol{E}=\frac{q}{4\pi\varepsilon_0\varepsilon_r r^2}\boldsymbol{e}_r$$

可以看出，电介质的出现，使电场 $\boldsymbol{E}$ 按因数 ε_r 减弱了，于是介质内电场强度随 ε_r 的增大而下降，但 $\boldsymbol{D}=\varepsilon\boldsymbol{E}=\frac{q}{4\pi r^2}\boldsymbol{e}_r$ 仍保持不变。因为极化强度为

$$\boldsymbol{P}=\boldsymbol{D}-\varepsilon_0\boldsymbol{E}=\frac{q(\varepsilon-\varepsilon_0)}{4\pi r^2\varepsilon}\boldsymbol{e}_r$$

所以 $r=a$ 时，球壳内侧的极化面电荷密度为

$$\rho_{SP}=\boldsymbol{P}\big|_{r=a}\cdot(-\boldsymbol{e}_r)=-\frac{q}{4\pi a^2}\left(\frac{\varepsilon-\varepsilon_0}{\varepsilon}\right)$$

$r=b$ 时，球壳外侧的极化面电荷密度为

$$\rho_{SP}=\boldsymbol{P}\big|_{r=b}\cdot\boldsymbol{e}_r=\frac{q}{4\pi b^2}\left(\frac{\varepsilon-\varepsilon_0}{\varepsilon}\right)$$

【注】 此时球壳内侧的外法向为 $-\boldsymbol{e}_r$，内侧总的面电荷为 $-q\left(\frac{\varepsilon-\varepsilon_0}{\varepsilon}\right)$。球壳外侧的外法向为 $\boldsymbol{e}_r$，外侧总的面电荷为 $q\left(\frac{\varepsilon-\varepsilon_0}{\varepsilon}\right)$。由于球壳内、外侧总的极化电荷相等，因此球壳内没有体极化电荷分布。

③ 区域Ⅲ，$r>b$，因为球面包围总电荷为 q，即

$$q=\oiint_S \boldsymbol{D}\cdot\mathrm{d}\boldsymbol{S}=4\pi r^2\varepsilon_0 E_r$$

所以电场强度为

$$\boldsymbol{E}=\frac{q}{4\pi\varepsilon_0 r^2}\boldsymbol{e}_r$$

2.7.3 电场中的半导体

有一些物质，比如硅和锗，价电子总数的一小部分在晶格空间自由随机运动，这些自由电子给予该物质一定导电性。这种类型的物质称为半导体，是一种不良导体。如果在半导体内部放置一些多余电荷，由于排斥力的作用，这些电荷将移动到半导体的外表面上，但是比在导体内移动的速度要慢。当达到平衡状态时，半导体内部将没有多余电荷。

如果将一块半导体放入电场中，自由电子的运动将产生一个电场来抵消外加电场，即在稳态时，孤立半导体内部静电场为零。这样，静电场中导体和半导体没有区别。因此，从静电场的观点来讲，物质分为两类：导体和电介质。

2.8　静电场的边界条件

在不同媒质分界面两侧，静电场的场量所满足的相互关系称为静电场的边界条件。边界条件可由静电场基本方程的积分形式 $\oint_S \boldsymbol{D}\cdot \mathrm{d}\boldsymbol{S}=q$ 和 $\oint_l \boldsymbol{E}\cdot \mathrm{d}\boldsymbol{l}=0$ 导出。

2.8.1　*D* 的法向分量

设两种不同的电介质 ε_1 和 ε_2，其分界面的法线方向为 $\boldsymbol{e}_\mathrm{n}$，在分界面上作一小圆柱形表面，两底面分别位于介质两侧，底面积为 ΔS，高 h 为无穷小量，如图 2-17 所示。将方程 $\oint_S \boldsymbol{D}\cdot \mathrm{d}\boldsymbol{S}=q$ 用于此封闭面，方程左边为

$$\oint_S \boldsymbol{D}\cdot \mathrm{d}\boldsymbol{S}=\boldsymbol{D}_1\cdot \boldsymbol{e}_\mathrm{n}\Delta S+\boldsymbol{D}_2\cdot(-\boldsymbol{e}_\mathrm{n})\Delta S+\boldsymbol{D}\cdot \Delta \boldsymbol{S}' \tag{2-66}$$

其中，$\Delta S'$ 表示圆柱侧面积。由于圆柱高度 h 为无穷小，因此 $\Delta S'\to 0$，式(2-66)可写成

$$\oint_S \boldsymbol{D}\cdot \mathrm{d}\boldsymbol{S}=(D_{1\mathrm{n}}-D_{2\mathrm{n}})\Delta S \tag{2-67}$$

因为方程 $\oint_S \boldsymbol{D}\cdot \mathrm{d}\boldsymbol{S}=q$ 的右边为

$$q=\rho_S\Delta S \tag{2-68}$$

所以可得到电位移矢量的边界条件，即

$$\boldsymbol{e}_\mathrm{n}\cdot(\boldsymbol{D}_1-\boldsymbol{D}_2)=\rho_S \tag{2-69a}$$

或

$$D_{1\mathrm{n}}-D_{2\mathrm{n}}=\rho_S \tag{2-69b}$$

其中，ρ_S 表示分界面上自由电荷的面密度。

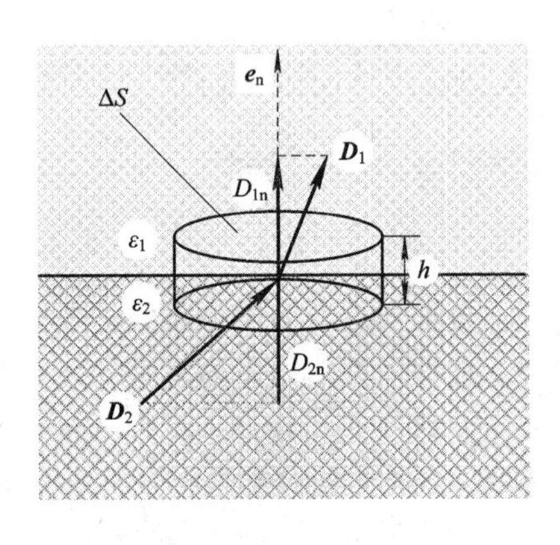

图 2-17　***D*** 的法向分量

2.8.2　*E* 的切向分量

在分界面上作一小的矩形回路，其两边长 Δl 分居于分界面两侧，而高 $h\to 0$，如图

2－18 所示。将方程$\oint_l \boldsymbol{E}\cdot \mathrm{d}\boldsymbol{l}=0$用于此回路，得

$$\oint_l \boldsymbol{E}\cdot \mathrm{d}\boldsymbol{l}=\boldsymbol{E}_1\cdot\Delta\boldsymbol{l}-\boldsymbol{E}_2\cdot\Delta\boldsymbol{l}=(\boldsymbol{E}_1-\boldsymbol{E}_2)\cdot(\boldsymbol{S}_0\times\boldsymbol{e}_n)\Delta l$$

其中，$\boldsymbol{S}_0$ 为回路所围面积的法线方向。

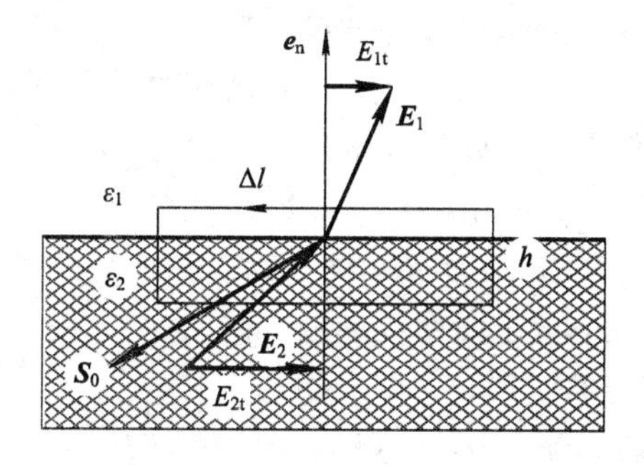

图 2－18 **E** 的切向分量

因为回路是任意的，其所围面的法向也是任意的，所以电场强度 **E** 的边界条件为

$$\boldsymbol{e}_n\times(\boldsymbol{E}_1-\boldsymbol{E}_2)=0 \qquad (2-70a)$$

或

$$E_{1t}-E_{2t}=0 \qquad (2-70b)$$

即介质分界面两侧电场强度的切向分量连续。

2.8.3 电位的边界条件

对于电位 ϕ，见图 2－17，由不同介质分界面电位移的法向分量满足边界条件：$D_{1n}-D_{2n}=\rho_S$，可得

$$\varepsilon_1 E_{1n}-\varepsilon_2 E_{2n}=\rho_S$$

即

$$\varepsilon_2\frac{\partial\phi_2}{\partial n}-\varepsilon_1\frac{\partial\phi_1}{\partial n}=\rho_S \qquad (2-71)$$

如图 2－18，因为 $\boldsymbol{E}=-\nabla\phi$，由不同介质分界面电场的切向分量满足边界条件：$E_{1t}=E_{2t}$，可得

$$-\frac{\partial\phi_1}{\partial t}=-\frac{\partial\phi_2}{\partial t}$$

即

$$\phi_1=\phi_2 \qquad (2-72)$$

式(2－71)和式(2－72)为标量电位满足的边界条件。

2.8.4 两种常见情况

1. 介质分界面上的边界条件

由于在两种介质分界面上不存在自由电荷，即 $\rho_S=0$，因此在这样的界面上边界条件为

$$\boldsymbol{e}_n \cdot (\boldsymbol{D}_1 - \boldsymbol{D}_2) = 0 \tag{2-73a}$$

或

$$D_{1n} - D_{2n} = 0 \tag{2-73b}$$

$$\boldsymbol{e}_n \times (\boldsymbol{E}_1 - \boldsymbol{E}_2) = 0 \tag{2-74a}$$

或

$$E_{1t} - E_{2t} = 0 \tag{2-74b}$$

由于在两种不同电介质的分界面上存在极化面电荷，因此边界两侧电场强度的切向分量连续，而法向分量不连续，即 $E_{1t}=E_{2t}$，$E_{1n}\neq E_{2n}$，故 $\boldsymbol{D}$ 线和 $\boldsymbol{E}$ 线在界面两侧的方向通常不同。如图 2-19 所示，设 α_1、α_2 分别为 $\boldsymbol{E}_1$、$\boldsymbol{E}_2$ 与界面法线的夹角，对于两种线性且各向同性介质 ε_1、ε_2，应用上述边界条件，得

$$\varepsilon_1 E_1 \cos\alpha_1 = \varepsilon_2 E_2 \cos\alpha_2,\ E_1 \sin\alpha_1 = E_2 \sin\alpha_2$$

两式相除，得

$$\frac{\tan\alpha_1}{\tan\alpha_2} = \frac{\varepsilon_1}{\varepsilon_2}$$

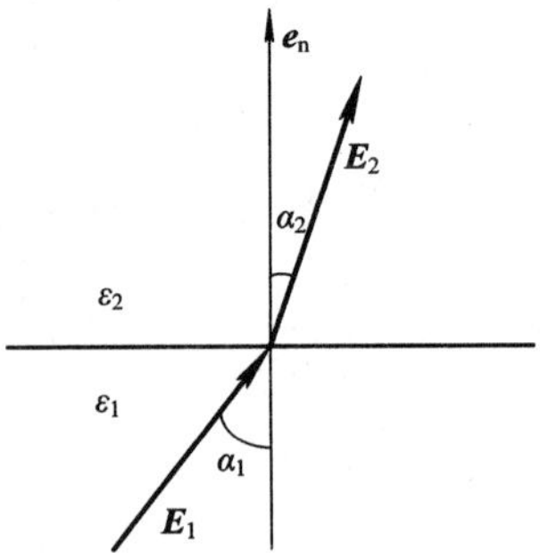

图 2-19　静电场的折射定律

上式综合表述了场量在介质分界面上遵循的物理规律，称为静电场的折射定律。

2. 导体表面上的边界条件

设导体为媒质 2、导体外介质为媒质 1，并考虑到导体内部电场强度和电位移矢量均为零且其电荷只能分布在导体表面，得

$$D_{1n} - D_{2n} = D_n = \rho_S,\ E_{1t} = E_{2t} = 0$$

其中，ρ_S 是导体表面的电荷面密度。上式说明在导体表面相邻处的电场强度 $\boldsymbol{E}$ 和电位移 $\boldsymbol{D}$ 都垂直于导体表面，且电位移的量值等于该点的电荷面密度(需注意 $\boldsymbol{e}_n$ 是导体表面的外法线单位矢量)。一般写为

$$E_t = 0 \quad 或 \quad \boldsymbol{e}_n \times \boldsymbol{E} = 0$$

$$D_n = \rho_S \quad 或 \quad \boldsymbol{e}_n \cdot \boldsymbol{D} = \rho_S$$

2.9　泊松方程和拉普拉斯方程

归纳真空中的静电场基本方程微分形式为

$$\begin{cases} \nabla \cdot \boldsymbol{E} = \dfrac{\rho}{\varepsilon_0} \\ \nabla \times \boldsymbol{E} = 0 \end{cases} \tag{2-75}$$

相应的积分形式为

$$\begin{cases} \oint_S \boldsymbol{E} \cdot \mathrm{d}\boldsymbol{S} = \dfrac{q}{\varepsilon_0} \\ \oint_l \boldsymbol{E} \cdot \mathrm{d}\boldsymbol{l} = 0 \end{cases} \tag{2-76}$$

即静电场为有源无旋场。

将 $\boldsymbol{E}=-\nabla\phi$ 代入高斯定理的微分形式 $\nabla\cdot\boldsymbol{E}=\dfrac{\rho}{\varepsilon_0}$，得到

$$\nabla\cdot\nabla\phi=\nabla^2\phi=-\frac{\rho}{\varepsilon_0} \tag{2-77}$$

此方程称为泊松方程。若讨论的区域 $\rho=0$，则方程(2-77)为

$$\nabla^2\phi=0 \tag{2-78}$$

上述方程为二阶偏微分方程，称为拉普拉斯方程。

其中，∇^2 在直角坐标系中为

$$\nabla^2=\frac{\partial^2}{\partial x^2}+\frac{\partial^2}{\partial y^2}+\frac{\partial^2}{\partial z^2} \tag{2-79a}$$

∇^2 在圆柱坐标系中为

$$\nabla^2=\frac{1}{r}\frac{\partial}{\partial r}\left(r\frac{\partial}{\partial r}\right)+\frac{1}{r^2}\frac{\partial^2}{\partial\varphi^2}+\frac{\partial^2}{\partial z^2} \tag{2-79b}$$

∇^2 在球坐标系中为

$$\nabla^2=\frac{1}{r^2}\frac{\partial}{\partial r}\left(r^2\frac{\partial}{\partial r}\right)+\frac{1}{r^2\sin\theta}\frac{\partial}{\partial\theta}\left(\sin\theta\frac{\partial}{\partial\theta}\right)+\frac{1}{r^2\sin^2\theta}\frac{\partial^2}{\partial\varphi^2} \tag{2-79c}$$

【例 2-8】 半径分别为 a 和 b 的同轴线，外加电压为 U，如图 2-20 所示。圆柱电极间在图示 θ_1 角部分填充介电常数为 ε 的介质，其余部分为空气，求内外导体间的电场。

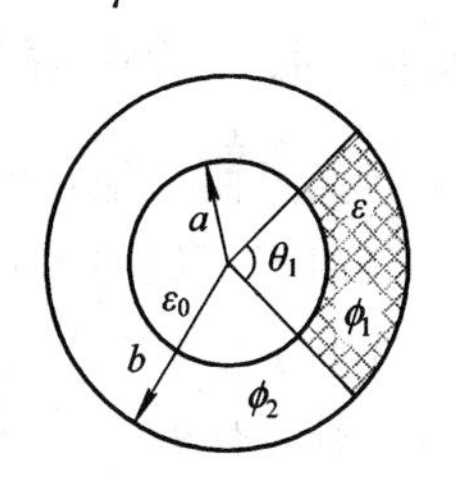

图 2-20　例 2-8 图

解　因为本例具有轴对称性，所以选用柱坐标系。待求函数为

$$\phi_1=\phi_1(r),\ \phi_2=\phi_2(r)$$

在柱坐标系下有

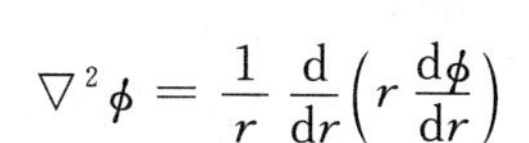

$$\nabla^2\phi=\frac{1}{r}\frac{\mathrm{d}}{\mathrm{d}r}\left(r\frac{\mathrm{d}\phi}{\mathrm{d}r}\right)$$

于是电位 $\phi_1(r)$ 满足拉普拉斯方程，即

$$\nabla^2\phi_1=\frac{1}{r}\frac{\mathrm{d}}{\mathrm{d}r}\left(r\frac{\mathrm{d}\phi_1}{\mathrm{d}r}\right)=0$$

其通解为

$$\phi_1=A\ln r+B$$

同理

$$\phi_2=C\ln r+D$$

其中，系数 A、B、C、D 可由边界条件确定。由边界条件 $\phi_1|_{r=a}=U$，$\phi_1|_{r=b}=0$ 得

$$A=\frac{U}{\ln\dfrac{a}{b}},\quad B=-\frac{U\ln b}{\ln\dfrac{a}{b}}$$

由边界条件 $\phi_2|_{r=a}=U$，$\phi_2|_{r=b}=0$ 得

$$C=\frac{U}{\ln\dfrac{a}{b}},\quad D=-\frac{U\ln b}{\ln\dfrac{a}{b}}$$

于是

$$\phi_1 = \phi_2 = \left(\frac{U}{\ln \frac{b}{a}}\right) \ln\left(\frac{b}{r}\right)$$

则

$$\boldsymbol{E}_1 = \boldsymbol{E}_2 = -\nabla \phi_1 = -\nabla \phi_2 = \boldsymbol{e}_r \left(\frac{U}{\ln \frac{a}{b}}\right)\frac{1}{r}$$

2.10　电容与部分电容

普通物理学中已介绍过电容的概念及电容器电容的计算方法。通常电容器都是由两个导体组成的独立系统，但在实际工作中，我们还常会遇到三个或更多个导体组成的系统。在多导体系统中，一个导体在其他导体的影响下，与另一导体构成的电容用部分电容概念来描述。电容或部分电容是多导体系统重要的集总电气参数，也是导体系统静电场的集总体现。电容的分析计算与静电场的分析计算密切相关。

2.10.1　电容及电容器

相互接近而又绝缘的两块任意形状的导体构成一个电容器。如图 2-21 所示，在外部能量的作用下可以将电荷从一个导体传输到另一个导体，即我们通常讲的充电。在充电过程中，两块导体上有等量异性电荷，从而在介质中产生场，并使导体间产生电位差。若继续充电，则会有更多的电荷从一个导体传输到另一个导体，它们之间的电位差也将增大。不难发现，导体间的电位差与传输的电荷量之间成正比关系。定义导体所带电荷量 q 与导体间电压 U 之比为电容，用 C 表示，即

$$C = \frac{q}{U} \tag{2-80}$$

其中，C 表示电容，单位为法拉(F)；q 表示导体所带电荷量，单位为库仑(C)；U 表示导体间电位差，单位为伏特(V)。在电路理论中，无论电容器形状如何，都习惯用一对平行粗线表示。

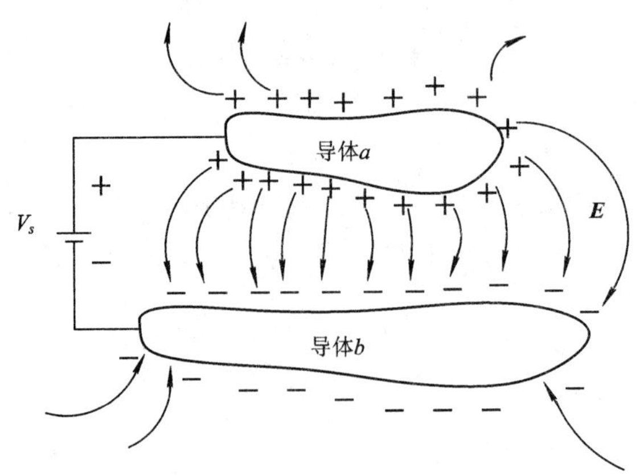

图 2-21　带电电容器

如果将两导体之一移至无限远处，则此时两导体间的电位差就是另一导体的电位，此时导体所带电量 q 与其电位 ϕ 之比称为该孤立导体的电容，即

$$C=\frac{q}{\phi} \tag{2-81}$$

可见，孤立导体电容可看成双导体电容的特例。

计算两导体电容的方法通常有以下两种：

(1) 假定两导体携带的电荷为 $\pm q$，计算其电场分布和其间电位差 U，则电容 $C=q/U$。

(2) 假定两导体间电位差为 U，计算其电场分布和其携带的电荷 $\pm q$，则电容 $C=q/U$。

【例 2-9】 两间距为 d、面积为 A 的平行导电板构成一平板电容器，见图 2-22 所示。上面板的电荷为 Q，下面板的电荷为 $-Q$，求平板电容器的电容。

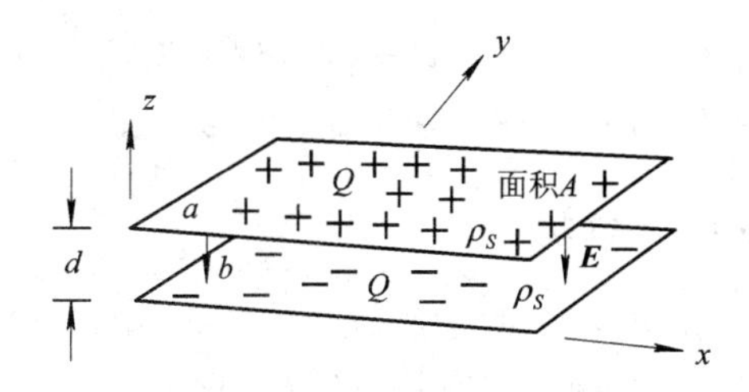

图 2-22 平板电容器

解 假设两板间距与其面积相比足够小，可忽略边缘效应，且电荷均匀分布在每块板的内侧面，单位面积电荷量为 ρ_S。根据高斯定理 $\oint_S \boldsymbol{E}\cdot \mathrm{d}\boldsymbol{S}=\frac{\rho_S}{\varepsilon}$，导体间电场强度为

$$E(-\boldsymbol{e}_z)=\frac{\rho_S}{\varepsilon},\quad \boldsymbol{E}=-\frac{\rho_S}{\varepsilon}\boldsymbol{e}_z,\quad \rho_S=\frac{Q}{A}$$

式中，ε 为媒质介电常数。

a 板相对于 b 板的电位为

$$\phi_{ab}=-\int_b^a \boldsymbol{E}\cdot \mathrm{d}\boldsymbol{l}=\frac{\rho_S}{\varepsilon}\int_0^d \mathrm{d}z=\frac{\rho_S d}{\varepsilon}=\frac{Qd}{\varepsilon A}$$

因此，平板电容器的电容为

$$C=\frac{Q}{\phi_{ab}}=\frac{\varepsilon A}{d}$$

【例 2-10】 一球形电容器由半径分别为 a 和 b 的同心球壳组成，见图 2-23。(1) 试求同心球壳电容器的电容；(2) 求孤立球体的电容；(3) 将地球视为半径为 6.5×10^6 m 的孤立球体，计算它的电容。

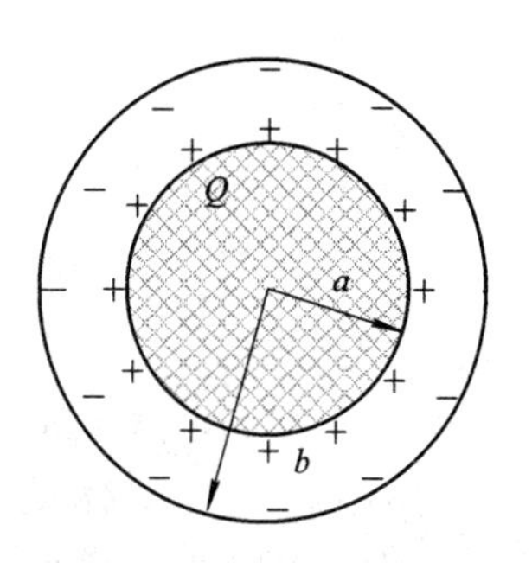

图 2-23 例 2-10 用图

解 设内导体带电 $+Q$，外导体带电 $-Q$，由高斯定理 $\oint_S \boldsymbol{D}\cdot \mathrm{d}\boldsymbol{S}=q$，可得到球内电场强度为

$$\boldsymbol{E}=\frac{q}{4\pi\varepsilon_0 r^2}\boldsymbol{e}_r$$

同心球壳间的电压为

$$U = \int_a^b \boldsymbol{E} \cdot \mathrm{d}\boldsymbol{r} = \frac{Q}{4\pi\varepsilon_0}\left(\frac{1}{a} - \frac{1}{b}\right)$$

因此球形电容器的电容为

$$C = \frac{q}{U} = \frac{4\pi\varepsilon_0 ab}{b-a}$$

若 $b \to \infty$，可得到孤立球体的电容为

$$C = \lim_{b\to\infty} \frac{4\pi\varepsilon_0 ab}{b-a} = 4\pi\varepsilon_0 a$$

地球可看成一孤立球体，其电容为

$$C = 4\pi\varepsilon_0 a = \frac{6.5\times 10^6}{9\times 10^9} \approx 0.722\times 10^{-3}\,\mathrm{F} = 722\ \mu\mathrm{F}$$

由上述例题可以看出，电容 C 的大小只与两导体的形状、尺寸、相互位置及导体间的介质有关，而与导体之间施加的电压或携带电荷量的多少无关。

2.10.2　部分电容及多导体系统

我们在实际工作中经常遇到多导体系统，如图 2-24 中考虑大地影响的架空平行双导线、耦合带状线、多芯电缆以及我们经常讲到的静电屏蔽系统等。在多导体系统中，每一导体遵循静电场中的静电平衡性质，即导体内部场强为零，导体是一个等位体，导体内不存在净电荷，导体上所带电荷以面电荷的形式分布在导体表面，任何一个导体都受周围其他导体的影响。在多导体系统中，将一个导体在其他导体影响下，与另一导体构成的电容定义为部分电容。

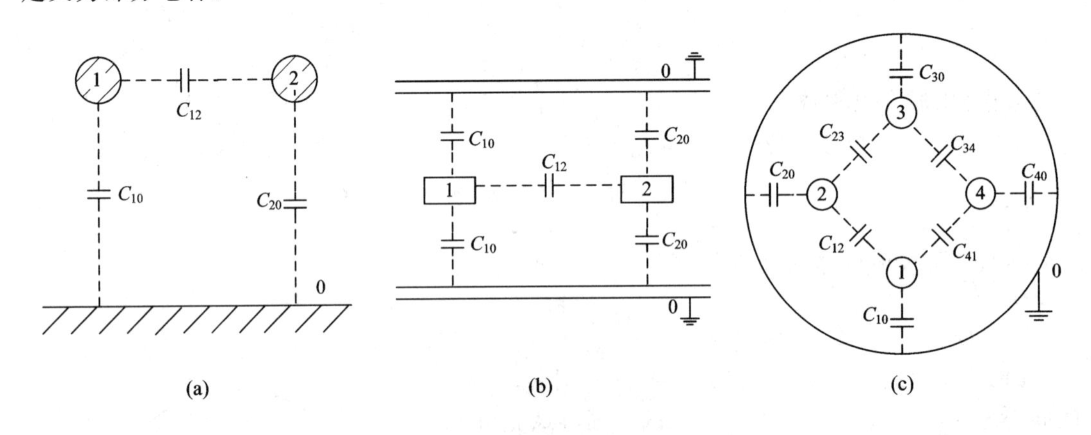

图 2-24　部分电容

(a) 架空平行双导线；(b) 耦合带状线；(c) 多芯电缆

假定所要讨论的多导体系统是静电独立的，即系统的电场分布只与系统内各带电导体的形状、相互位置和电介质的分布有关，而与系统外的带电导体无关，并且所有电位移通量全部从系统内的带电导体发出又全部终止于系统内的带电导体。考察 $n+1$ 导体构成的静电独立系统，其中之一通常指大地或无穷远。根据静电独立概念，所有导体带电量总和等于零，即

$$q_0 + q_1 + q_2 + \cdots + q_n = 0 \tag{2-82}$$

以图 2-25 所示四导体(其中之一为大地)的静电独立系统为例，说明部分电容的计算过程。

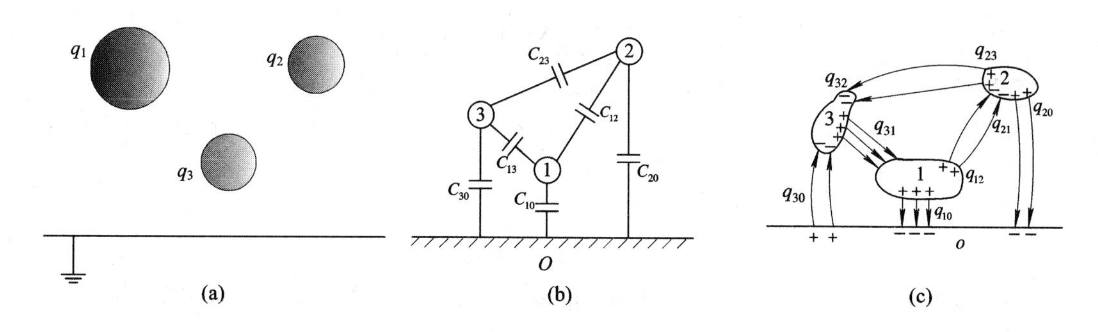

图 2-25 静电独立系统

(a) 四导体系统；(b) 导体部分电容；(c) 导体上电荷分布及电力线

已知当系统中的电介质为线性介质时，系统内任一导体的电位不但与其自身所带电量成正比，也与其他各导体所带电量成正比。选 0 号导体——大地为电位参考点，应用叠加原理，可求得多导体系统中每个导体上所带电量与它们之间电位差的关系，即

$$\left.\begin{aligned}q_1 &= C_{10}U_{10} + C_{12}U_{12} + C_{13}U_{13}\\ q_2 &= C_{21}U_{21} + C_{20}U_{20} + C_{23}U_{23}\\ q_3 &= C_{31}U_{31} + C_{32}U_{32} + C_{30}U_{30}\end{aligned}\right\} \tag{2-83}$$

式中，$U_{ij}=\phi_i-\phi_j$($i=1, 2, 3$；$j=1, 2, 3$；且 $i\neq j$)为导体 i 对导体 j 的电位差，当 $j=0$ 时，U_{i0}($i=1, 2, 3$)表示导体 i 对 0 号导体的电压；C_{ij}($i=1, 2, 3$；$j=1, 2, 3$；且 $i\neq j$)表示导体 i 与导体 j 之间的部分电容，称为互部分电容，C_{i0}($i=1, 2, 3$)表示导体 i 与 0 号导体之间的部分电容，称为导体 i 的自部分电容。

导体 1 上的电荷由三部分组成：

$$q_1 = q_{10} + q_{12} + q_{13} \tag{2-84}$$

其中，$q_{10}=C_{10}U_{10}$，$q_{12}=C_{12}U_{12}$，$q_{13}=C_{13}U_{13}$分别为导体 1 与导体 0、导体 2 及导体 3 相作用的部分电荷量，它们分别等于部分电容与相应电压的乘积。同理，有

$$q_2 = q_{21} + q_{20} + q_{23} \tag{2-85}$$

其中，$q_{21}=C_{21}U_{21}$，$q_{20}=C_{20}U_{20}$，$q_{23}=C_{23}U_{23}$。

$$q_3 = q_{31} + q_{32} + q_{30} \tag{2-86}$$

其中，$q_{31}=C_{31}U_{31}$，$q_{32}=C_{32}U_{32}$，$q_{30}=C_{30}U_{30}$。

部分电容具有如下性质：

(1) 静电独立系统中，$n+1$ 个导体有$\dfrac{n(n+1)}{2}$个部分电容。

(2) 部分电容 C_{ij} 均为正值，且 $C_{ij}=C_{ji}$，$q_{ij}=-q_{ji}$。

(3) 部分电容将场与路联系起来，应用场的知识求得电容，就可以得到其等效电路。

2.10.3 静电屏蔽

静电屏蔽在工程中具有重要用途，下面举例阐述其原理。

【例 2-11】 说明图 2-26 所示静电屏蔽系统的工作原理。

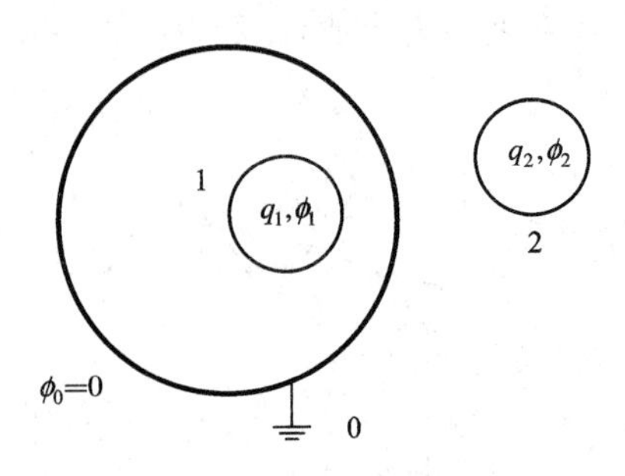

图 2-26　静电屏蔽示意图

解　设带电的电气设备以导体 1 表示，带电荷为 q_1，且被置于接地导体薄壳 0 中，它们与邻近的导体 2 一起组成三导体系统，如图 2-26 所示。由式(2-83)得到三导体系统方程为

$$\begin{cases} q_1 = C_{10}U_{10} + C_{12}U_{12} \\ q_2 = C_{21}U_{21} + C_{20}U_{20} \end{cases}$$

因为当 $q_1=0$ 时，即导体 1 不带电，有 $U_{10}=0$，则

$$C_{12}U_{12} = 0,\ C_{21} = C_{12} = 0$$

所以

$$q_1 = C_{10}U_{10},\ q_2 = C_{20}U_{20}$$

以上表明，导体 0 因接地而静电屏蔽，其内外形成两个相互独立的静电系统，即 1 号导体与 2 号导体之间无静电联系，故实现了静电屏蔽。

2.11　静电场能量和能量密度

带电体在周围空间产生的静电场可以使此空间中的另一带电体移动而作功。可见，静电场中储存着能量。

2.11.1　带电系统的能量

1. 点电荷系的能量

假设所考虑的空间没有电场，即所有电荷放置在无限远处。如图 2-27，现在将一个电荷 q_1 从无限远处移至 a 点，由于电荷不受力的作用，因此移动此电荷所需能量 $W_1=0$。q_1 的出现，在该区域中产生了电场，如果再将另一电荷 q_2 从无限远处移到空间点 b，就需要克服电场力而做功，即

$$W_2 = \int_{\infty}^{b} \boldsymbol{F} \cdot \mathrm{d}\boldsymbol{l} = \int_{\infty}^{b} q_2 \boldsymbol{E}_a \cdot \mathrm{d}\boldsymbol{l} = q_2 \phi_{ba} = q_2 \frac{q_1}{4\pi\varepsilon R} \tag{2-87}$$

其中，ϕ_{ba} 为 a 点的点电荷 q_1 在 b 点的电位，R 为两点间距离。在上述分析中已假设无限远处为电位参考点。

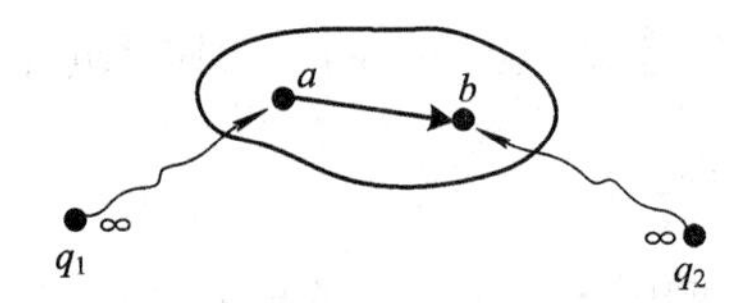

图 2-27　计算两个点电荷的电场能量

把两个电荷从无限远处移到 a、b 两点所需的总能量为

$$W_e = W_1 + W_2 = q_2 \frac{q_1}{4\pi\varepsilon R} \tag{2-88}$$

如果改变移动顺序，先将 q_2 从无限远处移到空间点 b，则移动 q_2 所作的功同样等于零，即 $W_2=0$。此时点 b 的点电荷 q_2 在点 a 的电位为

$$\phi_{ab} = \frac{q_2}{4\pi\varepsilon R}$$

将电荷 q_1 从无限远处移至点 a 所需的能量为

$$W_1 = q_1 \phi_{ab} = \frac{q_1 q_2}{4\pi\varepsilon R} \tag{2-89}$$

所需总能量为

$$W_e = W_1 + W_2 = \frac{q_1 q_2}{4\pi\varepsilon R} \tag{2-90}$$

比较式(2-88)和式(2-90)，两种情况所需的总能量相同，因此总能量与移动顺序无关。

如果将上述讨论扩展到三个点电荷系统，如图 2-28 所示。先将电荷 q_1 从无限远处移至点 a，然后将电荷 q_2、q_3 分别从无限远处移到空间点 b、c，则需要克服电场力而作功，即

$$\begin{aligned} W_e &= \int_{\infty}^{b} q_2 \boldsymbol{E}_a \cdot \mathrm{d}\boldsymbol{l} + \int_{\infty}^{c} q_3 (\boldsymbol{E}_a + \boldsymbol{E}_b) \cdot \mathrm{d}\boldsymbol{l} = q_2 \phi_{ba} + q_3 (\phi_{ca} + \phi_{cb}) \\ &= \frac{1}{4\pi\varepsilon}\left(\frac{q_2 q_1}{R_{21}} + \frac{q_3 q_1}{R_{31}} + \frac{q_3 q_2}{R_{32}}\right) \end{aligned} \tag{2-91}$$

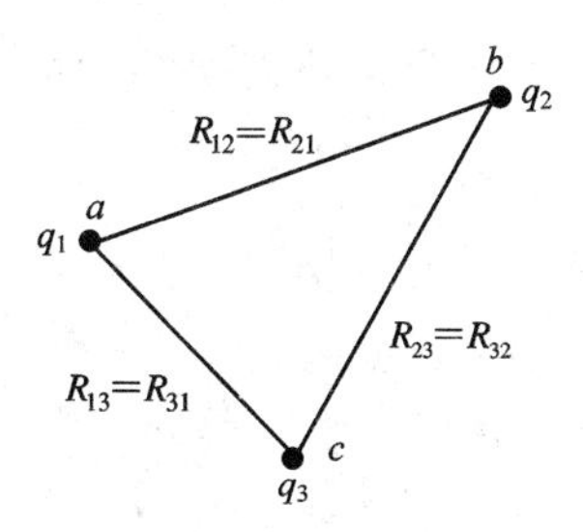

图 2-28 三个点电荷系统的电场能量

如果改变点电荷的移动顺序，先移动 q_3，然后依次移动 q_2、q_1，则

$$\begin{aligned} W_e &= \int_{\infty}^{b} q_2 \boldsymbol{E}_c \cdot \mathrm{d}\boldsymbol{l} + \int_{\infty}^{a} q_1 (\boldsymbol{E}_c + \boldsymbol{E}_b) \cdot \mathrm{d}\boldsymbol{l} = q_2 \phi_{bc} + q_1 (\phi_{ac} + \phi_{ab}) \\ &= \frac{1}{4\pi\varepsilon}\left(\frac{q_2 q_3}{R_{23}} + \frac{q_1 q_3}{R_{13}} + \frac{q_1 q_2}{R_{12}}\right) \end{aligned} \tag{2-92}$$

将式(2-91)与式(2-92)相加，并考虑到距离为标量，即 $R_{12}=R_{21}$、$R_{13}=R_{31}$、$R_{23}=R_{32}$，可得

$$\begin{aligned} 2W_e &= q_1 \frac{1}{4\pi\varepsilon}\left(\frac{q_3}{R_{13}} + \frac{q_2}{R_{12}}\right) + q_2 \frac{1}{4\pi\varepsilon}\left(\frac{q_1}{R_{21}} + \frac{q_3}{R_{23}}\right) + q_3 \frac{1}{4\pi\varepsilon}\left(\frac{q_1}{R_{31}} + \frac{q_2}{R_{32}}\right) \\ &= q_1 (\phi_{ac} + \phi_{ab}) + q_2 (\phi_{ba} + \phi_{bc}) + q_3 (\phi_{ca} + \phi_{cb}) \\ &= q_1 \phi_1 + q_2 \phi_2 + q_3 \phi_3 \end{aligned} \tag{2-93}$$

其中，$\phi_1 = \phi_{ac} + \phi_{ab}$ 表示 b、c 两点的电荷在点 a 的电位，其他类同。

总能量可以写成

$$W_e = \frac{1}{2}(q_1\phi_1 + q_2\phi_2 + q_3\phi_3) = \frac{1}{2}\sum_{i=1}^{3} q_i\phi_i \tag{2-94}$$

将式(2-94)推广到 n 个点电荷系统，则有

$$W_e = \frac{1}{2}\sum_{i=1}^{n} q_i\phi_i \tag{2-95}$$

式中 q_i 为第 i 个点电荷，ϕ_i 为除去第 i 个点电荷外，其他所有点电荷在 q_i 所在点处产生的电位。

【注】

(1) 从上述推导过程可以看出，系统必须是线性的，才能满足叠加原理。

(2) 以上所求的电场能量只考虑了 n 个点电荷的相互作用而储存于系统的能量——电位能，故称为相互作用能，而认为单个电荷建立所需能量为零。因为电荷 q_i 所在处电位必然会出现无穷的发散结果，这是点电荷模型所存在的固有问题。

(3) 相互作用能可正可负，如两个点电荷同号，则 $W_e>0$；反之，则 $W_e<0$。

2. 分布电荷的能量

对于分布电荷，如体分布电荷，可将它分为 N 个电荷 $\rho(\boldsymbol{r})\Delta V_i$，并把它们看成点电荷，应用式(2-95)，在 $\Delta V_i\to 0$，$N\to\infty$ 的极限情况下，其电位能为

$$W_e = \lim_{\substack{\Delta V_i\to 0\\ N\to\infty}} \frac{1}{2}\sum_{i=1}^{N} \rho(\boldsymbol{r})\,\mathrm{d}V_i\phi_i = \frac{1}{2}\iiint_V \rho(\boldsymbol{r})\phi(\boldsymbol{r})\,\mathrm{d}V \tag{2-96}$$

式中，V 是包含电荷的全部体积，$\phi(\boldsymbol{r})$ 为电荷密度 $\rho(\boldsymbol{r})$ 处的电位，此电位由所有分布电荷决定。对于面分布电荷则有

$$W_e = \frac{1}{2}\iint_S \rho_S(\boldsymbol{r})\phi(\boldsymbol{r})\,\mathrm{d}S \tag{2-97}$$

对于线分布电荷则有

$$W_e = \frac{1}{2}\int_l \rho_l(\boldsymbol{r})\phi(\boldsymbol{r})\,\mathrm{d}l \tag{2-98}$$

前面已指出，由于式(2-95)中的 ϕ_i 是除第 i 个点电荷外，所有其他电荷在 q_i 所在点产生的电位，式(2-95)计算的只是点电荷系的相互作用能，而认为单个电荷建立所需能量为零。当我们利用式(2-95)将式中的点电荷改换为电荷元 $\rho(\boldsymbol{r})\Delta V_i$，并对 $\Delta V_i\to 0$ 取极限，来求取体分布电荷的电位能时，此时，电荷元 $\rho(\boldsymbol{r})\Delta V_i\to 0$，因此，除 $\rho(\boldsymbol{r})\Delta V_i$ 外的其他电荷在 $\rho(\boldsymbol{r})\Delta V_i$ 处产生的电位就是整个系统所产生的电位 $\phi(\boldsymbol{r})$，该电荷元在自身所在点 $\boldsymbol{r}$ 处产生的电位趋于零。因此，用式(2-97)计算的电位既包含相互作用能，也包括了电荷源自身的固有能，即分布电荷的电位能是构成分布电荷的全部能量，常称之为静电能。分布电荷的静电能恒为正。

3. 带电导体系统的静电能

设有 N 个带电导体，第 i 个导体的表面为 S_i，电位为 ϕ_i，电荷量为 $q_i(i=1, 2, \cdots, N)$，应用式(2-97)，此系统的静电能为

$$W_e = \frac{1}{2}\sum_{i=1}^{N}\iint_S \sigma_i\phi_i \, dS_i = \frac{1}{2}\sum_{i=1}^{N}\phi_i\iint_{S_i}\sigma_i \, dS_i = \frac{1}{2}\sum_{i=1}^{N}q_i\phi_i \tag{2-99}$$

虽然此式与点电荷系统计算相互作用能的表达式(2-95)形式相同，但在式(2-99)中，ϕ_i 是所有电荷在第 i 个导体上产生的电位，包括第 i 个导体自身电荷 q_i 的贡献，故式(2-99)是带电导体系统的总静电能。

对于双导体电容器，有

$$W_e = \frac{1}{2}(q\phi_1 - q\phi_2) = \frac{1}{2}qU = \frac{1}{2}CU^2 = \frac{q^2}{2C} \tag{2-100}$$

因此，也可以利用静电能表示电容，即

$$C = \frac{2W_e}{U^2} = \frac{q^2}{2W_e} \tag{2-101}$$

有时用此式计算电容较为方便。

4. 静电系统能量的场量表示

由高斯定理$\nabla \cdot \boldsymbol{D}=\rho$，式(2-91)可以表示为

$$W_e = \frac{1}{2}\iiint_V \phi(\nabla \cdot \boldsymbol{D}) \, dV \tag{2-102}$$

利用矢量恒等式 $\phi(\nabla \cdot \boldsymbol{D}) = \nabla \cdot (\phi\boldsymbol{D}) - \boldsymbol{D} \cdot \nabla\phi$，得到能量表达式为

$$W_e = \frac{1}{2}\iiint_V \nabla \cdot (\phi\boldsymbol{D}) \, dV - \frac{1}{2}\iiint_V \boldsymbol{D} \cdot (\nabla\phi) \, dV \tag{2-103}$$

利用散度定理将第一项体积分变为面积分，有

$$\iiint_V \nabla \cdot (\phi\boldsymbol{D}) \, dV = \oiint_S (\phi\boldsymbol{D}) \cdot d\boldsymbol{S} \tag{2-104}$$

式(2-104)中，体积 V 的选择是任意的，面积 S 包围体积 V。故可将此项体积分扩展到整个空间，即 S 为无限远处，它可视为 $r\to\infty$的球面。在球面 $\phi\propto\frac{1}{r}$，$D\propto\frac{1}{r^2}$，$dS\propto r^2$，因而，式(2-104)右端，即

$$\iint_S (\phi\boldsymbol{D}) \cdot d\boldsymbol{S} \propto \frac{1}{r} \cdot \frac{1}{r^2} \cdot r^2 \propto \frac{1}{r}\bigg|_{r\to\infty} \to 0$$

将上式代入式(2-103)，因此静电系统的储能为

$$W_e = \frac{1}{2}\iiint_V \boldsymbol{D} \cdot \boldsymbol{E} \, dV \tag{2-105}$$

式(2-105)即为静电场能量的场量表达式。

2.11.2 电场能量密度

单位体积的电场能量为能量密度，其单位为焦/米^3(J/m^3)。电场能量密度可表示为

$$w_e = \frac{dW_e}{dV} = \frac{1}{2}\boldsymbol{D} \cdot \boldsymbol{E} \tag{2-106}$$

静电场的能量是以体密度 w_e 储存于整个电场中的，而且 w_e 恒为正。

静电场的储能用能量密度可表示为

$$W_e = \iiint_V w_e \mathrm{d}V \tag{2-107}$$

在线性各向同性介质中，静电场的能量密度为

$$w_e = \frac{1}{2}\varepsilon E^2 = \frac{D^2}{2\varepsilon} \tag{2-108}$$

式中，$E=|\boldsymbol{E}|$，$D=|\boldsymbol{D}|$。

【例 2-12】 真空中一半径为 a 的球体内，均匀分布有体密度为 ρ 的电荷，求静电能。

解 由高斯定理可得，均匀分布有体密度为 ρ、半径为 a 的球体产生的电场强度为

$$\boldsymbol{E}_1 = \boldsymbol{e}_r \frac{\rho r}{3\varepsilon_0} \qquad (r<a)$$

$$\boldsymbol{E}_2 = \boldsymbol{e}_r \frac{a^3\rho}{3\varepsilon_0 r^2} \qquad (r>a)$$

方法一：应用式(2-95)计算 W_e。

先求球内任一点处的电位为

$$\phi = \int_r^\infty E\,\mathrm{d}r = \int_r^a \frac{\rho r}{3\varepsilon_0}\mathrm{d}r + \int_a^\infty \frac{a^3\rho}{3\varepsilon_0 r^2}\mathrm{d}r = \frac{\rho}{2\varepsilon_0}\left(a^2 - \frac{r^2}{3}\right)$$

代入式(2-95)得

$$W_e = \frac{1}{2}\iiint_V \phi\rho\,\mathrm{d}V = \frac{1}{2}\cdot\frac{\rho^2}{2\varepsilon_0}\int_0^a\left(a^2-\frac{r^2}{3}\right)4\pi r^2\,\mathrm{d}r = \frac{4\pi\rho^2a^5}{15\varepsilon_0}$$

方法二：应用式(2-105)计算 W_e。

$$W_e = \frac{1}{2}\iiint_V \boldsymbol{D}\cdot\boldsymbol{E}\,\mathrm{d}V = \frac{1}{2}\varepsilon_0\iiint_V \boldsymbol{E}^2\,\mathrm{d}V = \frac{\varepsilon_0}{2}\int_0^a\left(\frac{\rho r}{3\varepsilon_0}\right)^2 4\pi r^2\,\mathrm{d}r$$

$$+\frac{\varepsilon_0}{2}\int_a^\infty\left(\frac{a^3\rho}{3\varepsilon_0 r^2}\right)^2 4\pi r^2\,\mathrm{d}r = \frac{4\pi\rho^2a^5}{15\varepsilon_0}$$

【例 2-13】 试计算半径为 a、带电量为 q 的孤立导体球所具有的电场能量。

解 采用如下三种方法进行计算。

(1) 孤立导体球的电位为

$$\phi = \frac{q}{4\pi\varepsilon a}$$

于是得

$$W_e = \frac{1}{2}\cdot\frac{q^2}{4\pi\varepsilon a} = \frac{q^2}{8\pi\varepsilon a}$$

(2) 应用电场能量密度公式，积分得

$$W_e = \iiint_V \frac{1}{2}\boldsymbol{D}\cdot\boldsymbol{E}\,\mathrm{d}V = \frac{1}{2\varepsilon}\iiint_V D^2\,\mathrm{d}V = \frac{1}{2\varepsilon}\int_a^\infty\left(\frac{q}{4\pi r^2}\right)^2 4\pi r^2\,\mathrm{d}r = \frac{q^2}{8\pi\varepsilon}\int_a^\infty\frac{\mathrm{d}r}{r^2} = \frac{q^2}{8\pi\varepsilon a}$$

(3) 由电容计算公式，电场能量为

$$W_e = \frac{1}{2}\sum_{k=1}^{2}\phi_k q_k = \frac{1}{2}q(\phi_1-\phi_2) = \frac{1}{2}qU = \frac{1}{2}CU^2 = \frac{q^2}{2C}$$

而该系统电容为 $C=4\pi\varepsilon a$，代入上式得

$$W_e = \frac{q^2}{2C} = \frac{q^2}{8\pi\varepsilon a}$$

可见上述三种方法所得结果相同。

本章小结

1. 本章是利用库仑定律给出的单位正电荷所受的作用力——电场强度，即 $\boldsymbol{E}=\frac{q}{4\pi\varepsilon_0 R^2}\boldsymbol{e}_R$ 作为出发点，对静电场发散性及无旋性两个基本性质分别导出静电场微分形式及积分形式的两个基本方程，从而得到拉普拉斯方程及静电场边界条件。它们之间存在着紧密的内在联系，包含着明确的物理意义。

2. 静电场的电偶极子、介质极化以及导体系统的电容也是本章的重要内容。

＊**知识结构图**

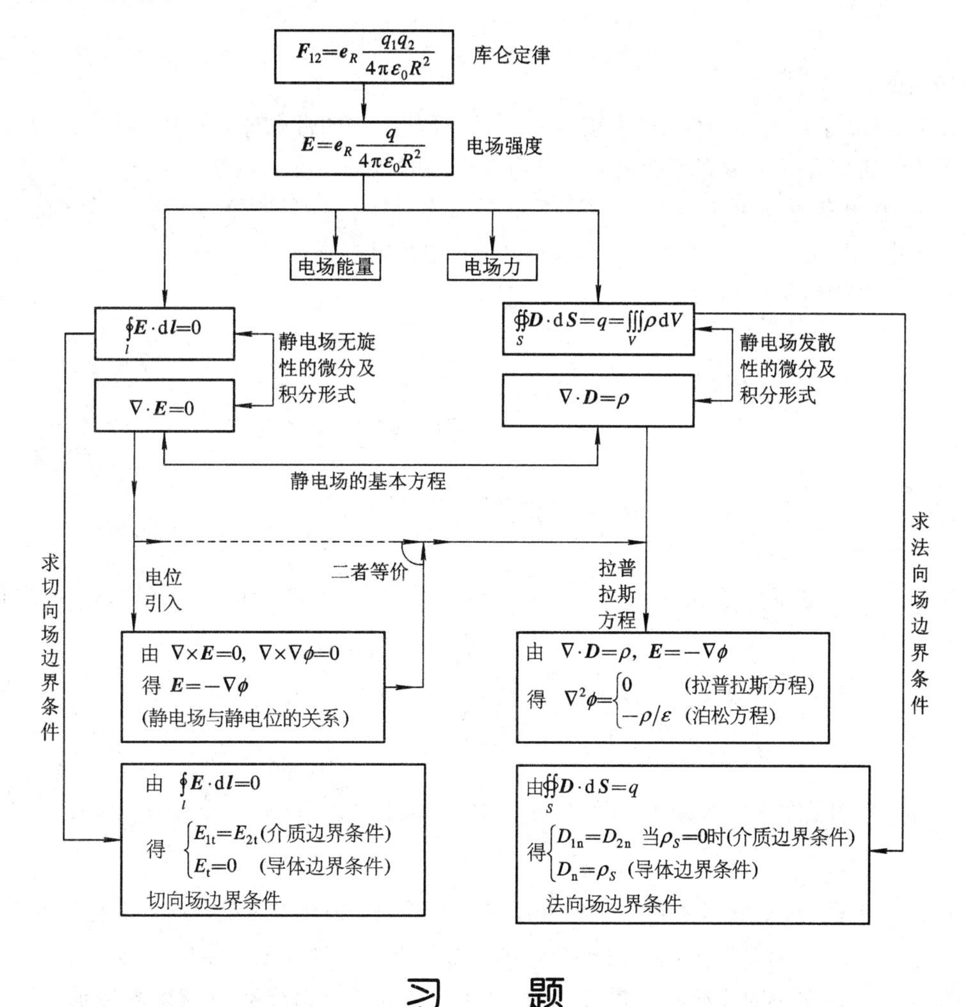

习　题

2.1　已知真空中有 4 个点电荷 $q_1=1\ \text{C}$，$q_2=2\ \text{C}$，$q_3=4\ \text{C}$，$q_4=8\ \text{C}$，分别位于 $(1, 0, 0)$，$(0, 1, 0)$，$(-1, 0, 0)$，$(0, -1, 0)$ 点，求 $(0, 0, 1)$ 点的电场强度。

2.2　有两根长度为 l 且相互平行的均匀带电直线，分别带有等量异号的电荷 $\pm q$，它们相隔距离为 d，试求此带电系统中心处的电场强度。

2.3　半径为 a 的圆面上均匀带电，电荷面密度为 σ，试求：

(1) 轴上离圆心为 z 处的场强。

(2) 在保持 σ 不变的情形下，当 $a \to 0$ 和 $a \to \infty$ 时结果如何？

(3) 在保持总电量 $q = \pi a^2 \sigma$ 不变的情形下，当 $a \to 0$ 和 $a \to \infty$ 时结果又如何？

2.4　真空中无限长的半径为 a 的半边圆筒上电荷密度为 ρ_S，求轴线上的电场强度。

2.5　真空中无限长的宽度为 a 的平板上电荷密度为 ρ_S，求空间任一点上的电场强度。

2.6　已知半径为 a 的均匀带电球体带有总电量为 Q，试求该球内某点处电场强度 $\boldsymbol{E}$ 的散度和旋度。

2.7　在直角坐标系中电荷分布为

$$\rho(x, y, z) = \begin{cases} \rho_0, & |x| \leqslant a \\ 0, & |x| > a \end{cases}$$

求电场强度。

2.8　已知半径为 a、体电荷密度 $\rho = \rho_0 [1 - (R^2/a^2)]$ 的带电体被一内半径为 $b(b > a)$、外半径为 c 的同心导体球壳所包围，求空间各点处的电场强度和电位。

2.9　在电荷密度为 ρ(常数)、半径为 a 的带电球中挖一个半径为 b 的球形空腔，空腔中心到带电球中心的距离为 $c(b + c < a)$，求空腔中的电场强度。

2.10　已知电场分布为

$$\boldsymbol{E} = \begin{cases} \dfrac{2x}{b}\boldsymbol{e}_x, & -\dfrac{b}{2} < x < \dfrac{b}{2} \\ \boldsymbol{e}_x, & x > \dfrac{b}{2} \\ -\boldsymbol{e}_x, & x < -\dfrac{b}{2} \end{cases}$$

求电荷分布。

2.11　已知电场强度为 $\boldsymbol{E} = 3\boldsymbol{e}_x - 3\boldsymbol{e}_y - 5\boldsymbol{e}_z$，试求点(0, 0, 0)与点(1, 2, 1)之间的电压。

2.12　已知在球坐标系中电场强度为 $\boldsymbol{E} = \dfrac{3}{r^2}\boldsymbol{e}_r$，试求点$(a, \theta_1, \varphi_1)$与点$(b, \theta_2, \varphi_2)$之间的电压。

2.13　已知在圆柱坐标系中电场强度为 $\boldsymbol{E} = \dfrac{2}{r}\boldsymbol{e}_r$，试求点$(a, \varphi_1, 0)$与点$(b, \varphi_2, 0)$之间的电压。

2.14　半径为 a、长度为 L 的圆柱介质棒均匀极化，极化方向为轴向，极化强度为 $\boldsymbol{P} = P_0 \boldsymbol{e}_z$($P_0$ 为常数)，求介质中的束缚电荷，并求束缚电荷在轴线上产生的电场。

2.15　半径为 a 的介质均匀极化，$\boldsymbol{P} = P_0 \boldsymbol{e}_z$，求束缚电荷分布以及束缚电荷在球中心产生的电场。

2.16　无限长的线电荷位于介电常数为 ε 的均匀介质中，线电荷密度 ρ_l 为常数，求介质中的电场强度。

2.17 半径为 a 的均匀带电球壳，电荷面密度 ρ_S 为常数，外包一层厚度为 d、介电常数为 ε 的介质，求介质内、外的电场强度。

2.18 两同心导体球壳半径分别为 a、b，两导体之间介质的介电常数为 ε，内、外导体球壳电位分别为 U、0，求导体球壳之间的电场和球壳面上的电荷面密度。

2.19 两同心导体球壳半径分别为 a、b，两导体之间有两层介质，介质常数为 ε_1、ε_2 介质界面半径为 c，内、外导体球壳电位分别为 U、0，求两导体球壳之间的电场和球壳面上的电荷面密度，以及介质分界面上的束缚电荷面密度。

2.20 已知真空中一内、外半径分别为 a、b 的介质球壳，介电常数为 ε，在球心处放一电量为 q 的点电荷：

(1) 用介质中的高斯定理求电场强度。

(2) 求介质中的极化强度和束缚电荷。

2.21 有3层均匀介质，介电常数分别为 ε_1、ε_2、ε_3，取坐标系使分界面均平行于 xy 面。已知3层介质中均为匀强场，且 $\boldsymbol{E}_1=3\boldsymbol{e}_x+2\boldsymbol{e}_z$，求 $\boldsymbol{E}_2$、$\boldsymbol{E}_3$。

2.22 $z>0$ 的半空间填充介电常数为 ε_1 的介质，$z<0$ 的半空间填充介电常数为 ε_2 的介质，当：

(1) 电量为 q 的点电荷放在介质分界面上时，求电场强度。

(2) 电荷线密度为 ρ_l 的均匀线电荷放在介质分界面上时，求电场强度。

2.23 两同心导体球壳半径分别为 a、b，两导体之间介质的介电常数为 ε，求两导体球壳之间的电容。

2.24 两同心导体球壳半径分别为 a、b，两导体之间有两层介质，介电常数为 ε_1、ε_2，介质界面半径为 c，求两导体球壳之间的电容。

2.25 真空中半径为 a 的导体球电位为 U，求电场能量。

2.26 圆球形电容器内导体的外半径为 a，外导体的内半径为 b，内、外导体之间填充两层介电常数分别为 ε_1、ε_2 的介质，界面半径为 c，电压为 U，求电容器中的电场能量。

2.27 长度为 d 的圆柱形电容器内导体的外半径为 a，外导体的内半径为 b，内、外导体之间填充两层介电常数分别为 ε_1、ε_2 的介质，界面半径为 c，电压为 U，求电容器中的电场能量。

第3章 恒定电流的电场

本章提要

- 产生恒定电场的条件，欧姆定律与焦尔定律的微分形式
- 导电媒质中恒定电场的基本方程、拉普拉斯方程及电流密度的物理意义
- 分界面上的边界条件，恒定电场与静电场的类比

电荷在电场作用下的宏观定向运动形成电流。不随时间变化的电流称为恒定电流(直流)，随时间变化的电流称为时变电流(交流)。如果在一个导体回路中有恒定电流，回路中必然有一个推动电荷定向运动的恒定电场，这是静电场以外的又一种不随时间变化的电场。这个恒定电场是由电源产生的。当导体内存在恒定电场时，导体表面上会有恒定电荷分布，因而在导体周围的介质中产生一个恒定的电场，介质中的恒定电场与静电场在本质上是相同的。

在静电场中，导体内部的电场强度等于零，但通有恒定电流的导体，其内部的电场强度却不等于零。因此，有关导体在静电场中的一些结论，例如电力线必须与导体表面垂直，导体表面是一个等位面等概念，在恒定电流的电场中是否仍然成立，就需要重新研究。本章主要研究的导体中恒定电场的基本性质，并推导直流电流的基本定律。

当导体中通有恒定电流时，导体内外还存在磁场，这将在第4章中讨论。

3.1 电流和电流密度

3.1.1 电流

通常所说的电流是指电荷的宏观定向运动，即大量电荷的定向运动形成电流。在金属导体中，运动的是带负电的自由电子，其运动的方向与电场强度方向相反。但习惯上总是把电流看成是正电荷的运动，并且规定正电荷运动的方向为电流的方向。也就是说，电流的方向总是沿着电场强度的方向，从高电位流向低电位。在导电溶液中，正、负离子各自向相反的方向运动。固态或液态导体(或统称为导电媒质)中的电流都称为传导电流。在真空或气体中，大量电荷在电场作用下的定向运动形成的电流，称为运流电流，如电真空器件中的电流就属于这一类。本章主要讨论的是传导电流。

电流的大小用电流强度来描述。电流强度的定义是：单位时间内通过导体任一横截面的电荷量。如果在时间 Δt 内流过导体任一横截面的电量是 Δq，则时变电流强度的定义是

$$i = \lim_{\Delta t \to 0} \frac{\Delta q}{\Delta t} = \frac{\mathrm{d}q}{\mathrm{d}t} \tag{3-1}$$

而恒定电流的电流强度的定义是

$$I = \frac{q}{t} \tag{3-2}$$

式中的 q 是在时间 t 内流过导体任一横截面的电荷。I 是个常量。电流强度一般简称为电流。电流强度是一个标量，它是 MKSA 单位制中的四个基本量之一，它的单位是安培(A)。

3.1.2　电流密度

在通常的直流电路中，一般只考虑某一导线中的总电流。但在某些情况下，在导体内部各点，单位时间内流过单位截面的电荷可能不同，流动的方向也各有差别，即电流的分布是不相同的。为了表示导体横截面上电流分布的情况，引入另一个物理量——电流密度 $\boldsymbol{J}$。

电流密度 $\boldsymbol{J}$ 是一个矢量，其方向是在导体中某点上正电荷运动的方向(即电流方向)，它的数值等于通过该点单位垂直面积上的电流强度。如图 3－1 所示，设在导体中某点取一个与电流方向垂直的面积元 ΔS，通过该面积元的电流是 ΔI，则该点电流密度的数值是

$$\boldsymbol{J} = \lim_{\Delta S \to 0} \frac{\Delta I}{\Delta S}\boldsymbol{e}_{\mathrm{n}} = \frac{\mathrm{d}I}{\mathrm{d}S}\boldsymbol{e}_{\mathrm{n}} \tag{3-3}$$

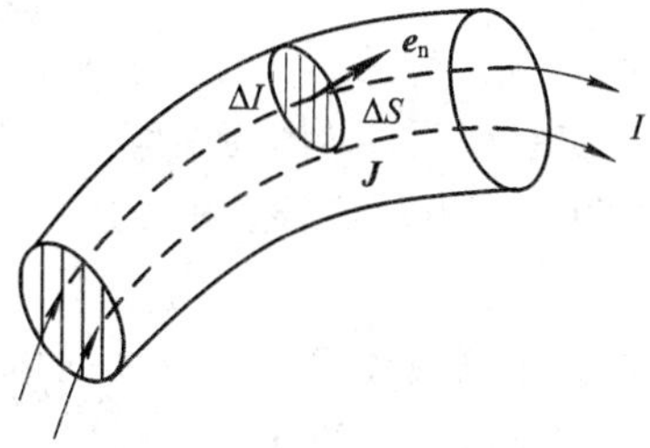

图 3－1　电流密度 $\boldsymbol{J}$

式中 $\boldsymbol{J}$ 表示传导电流密度，其单位是安培/米^2(A/m^2)。因为电流是在一定体积中流动的，所以 $\boldsymbol{J}$ 也称为体电流的面密度或体电流密度，简称电流密度。如果所取面积元的法线方向 $\boldsymbol{e}_{\mathrm{n}}$ 与电流方向不垂直而成任意角度 θ，则通过该面积元的电流是

$$\mathrm{d}I = J\,\mathrm{d}S\cos\theta = \boldsymbol{J} \cdot \mathrm{d}\boldsymbol{S}$$

通过导体中任意截面 S 的电流强度 I 与电流密度矢量 $\boldsymbol{J}$ 的关系是

$$I = \iint_S \boldsymbol{J} \cdot \mathrm{d}\boldsymbol{S} = \iint_S \boldsymbol{J} \cdot \boldsymbol{e}_{\mathrm{n}}\mathrm{d}S \tag{3-4}$$

电流密度矢量 $\boldsymbol{J}$ 在导体中各点处有不同的方向和数值，从而构成一个矢量场，称为电流场。这种场的矢量线称为电流线。电流线上每点的切线方向就是该点的电流密度矢量 $\boldsymbol{J}$ 的方向。从式(3－4)可以看出，穿过任意截面 S 的电流等于电流密度矢量 $\boldsymbol{J}$ 穿过该截面的通量，如图 3－2 所示。

有时电流分布在导体表面一个很薄的区域内，称这种电流为面电流，如图 3－3 所示。

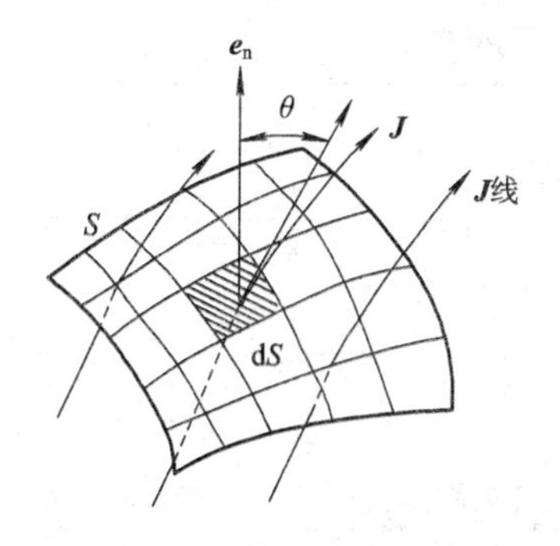

图 3－2　电流密度通量

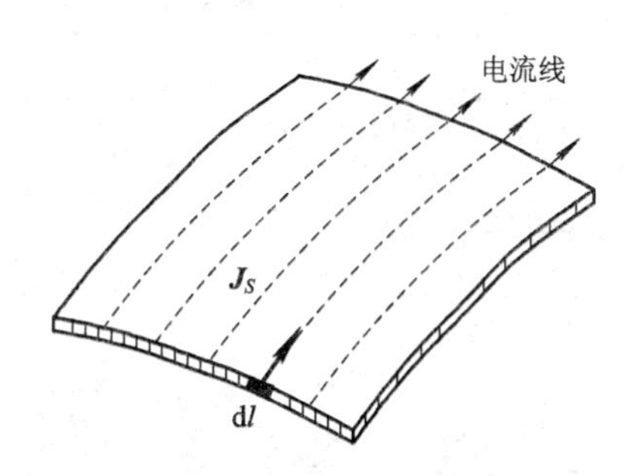

图 3－3　面电流密度 $\boldsymbol{J}_S$

这时，与电流方向垂直的横截面积 S 近似为零，面积元 ΔS 变为线元 Δl。为了描述面

电流在横截面上的分布，取面电流密度 $\boldsymbol{J}_S$ 的定义为

$$\boldsymbol{J}_S = \lim_{\Delta l \to 0} \frac{\Delta I}{\Delta l}\boldsymbol{e}_{\mathrm{n}} = \frac{\mathrm{d}I}{\mathrm{d}l}\boldsymbol{e}_{\mathrm{n}} \tag{3-5}$$

面电流密度 $\boldsymbol{J}_S$ 的方向仍然是正电荷运动的方向，也就是该点的电流方向。$\boldsymbol{J}_S$ 的单位是安培/米(A/m)。

对于电流在细导线中流动的情况，当不需要计算细线中的场时，就可将电流看成是线分布。线电流密度 $\boldsymbol{J}_l$ 就是电流强度 I，方向为电流的方向 $\boldsymbol{e}_l$，即

$$\boldsymbol{J}_l = I\boldsymbol{e}_l \tag{3-6}$$

3.2 欧姆定律

实验证明，导体的温度不变时，通过一段导体的电流强度 I 和导体两端的电压 U 成正比，这就是欧姆定律。其表达式为

$$U = IR \tag{3-7}$$

式中的比例系数 R 称为导体的电阻，单位是欧姆(Ω)。R 只与导体的材料及几何尺寸有关。由一定材料制成的横截面均匀的线状导体的电阻 R 与导体长度 l 成正比，与横截面积成反比，即

$$R = \frac{l}{\sigma S} \tag{3-8}$$

如果导体的横截面不均匀，式(3-8)应写成积分式为

$$R = \int_l \frac{\mathrm{d}l}{\sigma S} \tag{3-9}$$

这两个式中的比例系数 σ 称为电导率，单位为 S/m(西门子/米$=\frac{1}{\text{欧姆·米}}$)，其值由导体的材料决定。如果导体中 σ 不随位置而变，则称为均匀导体；否则，称为非均匀导体。通常 σ 随温度而变。表 3-1 列出了一些常用金属的电导率。电导率的倒数称为电阻率，单位是欧姆·米(Ω·m)。电阻的倒数称为电导，用 G 表示：

$$G = \frac{1}{R}$$

电导 G 的单位是 1/欧姆＝西门子(1/Ω＝S)。

表 3-1　几种金属在常温下的电导率

材料(温度＝20℃)	电导率 σ/(S/m)
铁(99.98%)	10^7
黄铜	1.46×10^7
铝	3.54×10^7
金	4.10×10^7
铅	4.55×10^7
铜	5.80×10^7
银	6.20×10^7

【例 3-1】 如图 3-4 所示，同心导体球间充满一种电导率为 σ 的均匀导电媒质，σ 远小于导体球的电导率，计算内球表面与外球壳内表面之间的电阻 R。

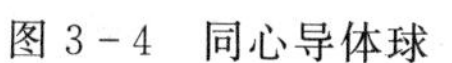

图 3-4　同心导体球

解　在内、外导体球之间取一半径为 r、厚度为 $\mathrm{d}r$ 并与导体球同心的球壳，它的电阻是

$$\mathrm{d}R = \frac{\mathrm{d}r}{\sigma 4\pi r^2}$$

总电阻为

$$R = \int \mathrm{d}R = \int_a^b \frac{\mathrm{d}r}{\sigma 4\pi r^2} = \frac{1}{4\pi\sigma}\left(\frac{1}{a} - \frac{1}{b}\right)$$

从欧姆定律公式(3-7)可导出载流导体内任一点上电流密度与电场强度的关系。如图 3-5 所示，在电导率为 σ 的导体内沿电流线取一极微小的直圆柱体，它的长度是 Δl，截面积是 ΔS，则圆柱体两端面之间的电阻 $R=\dfrac{\Delta l}{\sigma\Delta S}$，通过截面 ΔS 的电流 $\Delta I = J\Delta S$，圆柱体两端面之间的电压是

$$\Delta U = E\Delta l$$

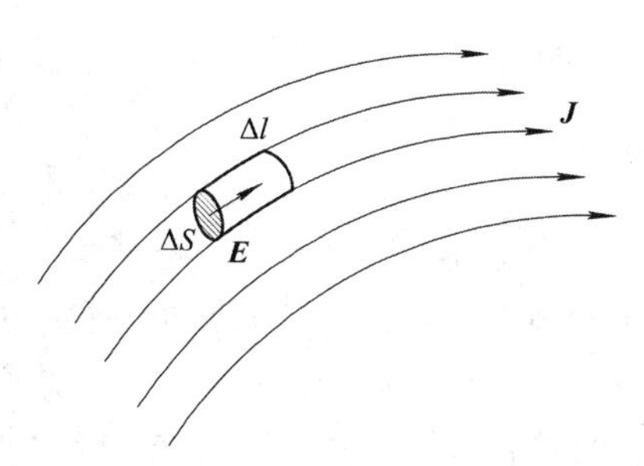

图 3-5　推导欧姆定律的微分形式

根据式(3-7)有

$$\Delta I = \frac{\Delta U}{R} = \frac{E\Delta l}{\dfrac{\Delta l}{\sigma\Delta S}} = \sigma \mathrm{E}\Delta S = J\Delta S$$

可得

$$J = \sigma E$$

在各向同性的导电媒质中，电流密度 $\boldsymbol{J}$ 和电场强度 $\boldsymbol{E}$ 的方向相同，都是正电荷运动的方向，$J=\sigma E$ 可写成矢量形式，即

$$\boldsymbol{J} = \sigma\boldsymbol{E} \tag{3-10}$$

这就是欧姆定律的微分形式。式(3-7)是欧姆定律的积分形式，它描述的是一段有限长和有限截面导体的导电规律；而式(3-10)则是描述导体中每一点上的导电规律。

必须指出：① 对于面电流密度而言，$\boldsymbol{J}_S \neq \sigma\boldsymbol{E}$，这是因为提出面电流的概念虽然在处理一些具体问题时简单有效，但它毕竟是一种极端理想化的模型，是将一个很薄的但不等于零的横截面理想化为厚度为零的几何线，而这样极端理想化的模型在实际问题中并不存在；② 与传导电流相对应的是运流电流，它是在气体中形成的电流。运流电流不服从欧姆定律。设在空间一点，电荷的运动速度是 v，该点的电荷密度是 ρ，过该点取一垂直于电荷运动方向的面积元 $\mathrm{d}S$，并沿电荷运动的方向取长度元 $\mathrm{d}l$，则体积元 $\mathrm{d}V=\mathrm{d}S\,\mathrm{d}l$ 内的电量 $\mathrm{d}q=\rho\,\mathrm{d}S\,\mathrm{d}l$，这些电荷在 $\mathrm{d}t=\mathrm{d}l/v$ 的时间内全部流过 $\mathrm{d}S$，由电流强度的定义，得

$$\mathrm{d}I = \frac{\mathrm{d}q}{\mathrm{d}t} = \frac{\rho\,\mathrm{d}S\,\mathrm{d}l}{\dfrac{\mathrm{d}l}{v}} = \rho v\,\mathrm{d}S$$

则电流密度为

$$\boldsymbol{J} = \frac{\mathrm{d}I}{\mathrm{d}S} = \rho\boldsymbol{v}$$

运流电流是电荷运动形成的，电流密度 $\boldsymbol{J}$ 就应与运动电荷的密度 ρ 以及电荷运动的速度 $\boldsymbol{v}$ 有关，即

体电流密度

$$\boldsymbol{J}=\rho\boldsymbol{v} \quad (\mathrm{A/m^2})$$

面电流密度

$$\boldsymbol{J}_S=\rho_S\boldsymbol{v} \quad (\mathrm{A/m})$$

线电流密度

$$\boldsymbol{J}_l=\rho_l\boldsymbol{v} \quad (\mathrm{A})$$

运流电流密度的方向就是电荷运动的方向。

3.3 焦耳定律

在金属导体中，电流是自由电子在电场力作用下的定向运动。为推动电荷定向运动，电场力必须不断地对自由电子作功，使自由电子获得动能。而自由电子在运动过程中，又不断地和晶体点阵上的原子碰撞，把获得的能量传递给原子，使晶体点阵的热运动加剧，导体的温度升高，这就是电流的热效应。由电能转换而来的热能称为焦耳热。因为这种能量转换消耗了电能，所以这类导电媒质又称为有耗媒质。

如果一段导体两端的电压是 U，当电荷 q 通过这段导体时，电场力所作的功是

$$W=qU$$

有恒定电流 I 时，在时间 t 内流过的电量由式(3-2)决定，即 $q=It$。因此有

$$W=UIt=I^2Rt \tag{3-11}$$

即自由电子在运动过程中，与晶体点阵上的原子碰撞阻碍了电子的定向运动，电阻 R 就代表了这种阻碍作用。电场力在单位时间内所作的功叫做电功率(简称功率)，用 P 表示，即

$$P=\frac{W}{t}=UI=I^2R \tag{3-12}$$

这便是电路中常见的焦耳定律，即焦耳定律的积分形式，功率 P 的单位是瓦(W)。

下面进一步推导焦耳定律的微分形式。如图3-5所示，在导体中沿电流方向取一长度是 Δl、截面积是 ΔS 的体积元 $\Delta V=\Delta l\Delta S$，因电流是恒定的，故热损耗功率是

$$\Delta P=\Delta U\Delta I=E\Delta lJ\,\Delta S=EJ\,\Delta V$$

当 $\Delta V\to 0$ 时，取 $\Delta P/\Delta V$ 的极限便是在电流场(或恒定电场)中任一点处单位体积中的热功率，或者说是在单位时间内电流在导体的单位体积中所产生的热量，用 p 表示，即

$$p=\lim_{\Delta V\to 0}\frac{\Delta P}{\Delta V}=EJ=\sigma E^2 \tag{3-13}$$

其中 p 是一个标量，称为热功率密度，单位是[$\mathrm{W/m^3}$]。因为在各向同性的导体中，$\boldsymbol{J}$ 与 $\boldsymbol{E}$ 的方向一致，所以式(3-13)可以表示为

$$p=\boldsymbol{E}\cdot\boldsymbol{J} \tag{3-14}$$

式(3-13)或式(3-14)就是焦耳定律的微分形式，它在恒定电流和时变电流的情况下都是成立的。对于体积为 V 的有耗媒质，其损耗功率为

$$P=\iiint_V\boldsymbol{J}\cdot\boldsymbol{E}\,\mathrm{d}V \tag{3-15}$$

对于长度为 l、截面积为 S 的一段导线，式(3-15)可写为

$$P=\iiint_V \boldsymbol{J}\cdot\boldsymbol{E}\,\mathrm{d}V=\int_l E\,\mathrm{d}l\iint_S J\,\mathrm{d}S=UI=I^2R$$

对于运流电流，电场力对电荷所作的功转变为电荷的动能，而不是转变为电荷与晶体碰撞的热量。因此，焦耳定律对于运流电流不成立。

3.4　恒定电流的基本方程

3.4.1　电流连续性方程

在电流密度为 $\boldsymbol{J}$ 的空间里，任取一封闭曲面 S，如图 3-6 所示，根据电荷守恒定律，单位时间内由 S 面流出的电荷应等于单位时间内 S 面内电荷的减少量。设 S 面上的法线方向都由里向外，由电流密度 $\boldsymbol{J}$ 的定义，单位时间内由 S 面流出的电荷是 $\oint_S \boldsymbol{J}\cdot\mathrm{d}\boldsymbol{S}$，单位时间内 S 面内电荷减少量是 $-\frac{\mathrm{d}q}{\mathrm{d}t}$。因此，可得到

$$\oint_S \boldsymbol{J}\cdot\mathrm{d}\boldsymbol{S}=-\frac{\mathrm{d}q}{\mathrm{d}t}=-\frac{\mathrm{d}}{\mathrm{d}t}\iiint_V \rho\,\mathrm{d}V \tag{3-16}$$

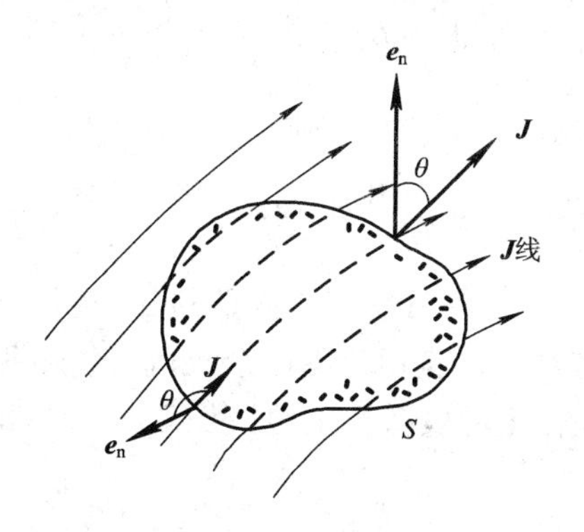

图 3-6　电流的连续性

式中，V 是 S 限定的体积，ρ 是自由体电荷密度。式(3-16)就是电流连续性方程的积分形式。由高斯散度定理，式(3-16)中的面积分可化为体积分 $\iiint_V \nabla\cdot\boldsymbol{J}\,\mathrm{d}V$；$V$ 内的电荷 $q=\iiint_V \rho\,\mathrm{d}V$，积分是在固定体积 V 中进行的而与时间无关。故式(3-16)中的微分号可移入积分号内，即

$$\iiint_V \nabla\cdot\boldsymbol{J}\,\mathrm{d}V=\iiint_V\left(-\frac{\partial\rho}{\partial t}\right)\mathrm{d}V$$

或

$$\iiint_V\left[\nabla\cdot\boldsymbol{J}+\frac{\partial\rho}{\partial t}\right]\mathrm{d}V=0$$

由于闭合曲面 S 是任意选的，因此，它所限定的体积 V 也是任意的。要在任意体积 V 里，

使上述的体积分等于零，被积函数就必须等于零，即

$$\nabla \cdot \boldsymbol{J} + \frac{\partial \rho}{\partial t} = 0$$

或

$$\nabla \cdot \boldsymbol{J} = -\frac{\partial \rho}{\partial t} \tag{3-17}$$

这是电流连续性方程的微分形式。

恒定电流的电流强度是恒定的，电荷的分布也是恒定的。因而，恒定电场中的任一闭合面 S 内都不能有电荷的增减，即 $\frac{\partial \rho}{\partial t}=0$。因此，式(3-16)变为

$$\oint_S \boldsymbol{J} \cdot \mathrm{d}\boldsymbol{S} = 0 \tag{3-18}$$

这就是恒定电流的连续性方程的积分形式。它的物理意义是，单位时间内流入任一闭合面的电荷等于流出该面的电荷，因而恒定电流的电流线是连续的闭合曲线。由式(3-18)应用高斯散度定理可得到恒定电流的连续性方程的微分形式：

$$\nabla \cdot \boldsymbol{J} = 0 \tag{3-19}$$

这说明恒定的电流场是一个无源场(或称管形场)。

将欧姆定律的微分形式 $\boldsymbol{J}=\sigma\boldsymbol{E}$ 代入式(3-18)可得

$$\oint_S \boldsymbol{J} \cdot \mathrm{d}\boldsymbol{S} = \oint_S \sigma\boldsymbol{E} \cdot \mathrm{d}\boldsymbol{S} = 0$$

如果导体的导电性能是均匀的，σ 是常数，则

$$\oint_S \boldsymbol{E} \cdot \mathrm{d}\boldsymbol{S} = 0 \tag{3-20}$$

由高斯定理可知，式(3-20)表明在导体内部的任一闭合面 S 内包含的净电荷 $q=0$，因而在均匀导体内部虽然有恒定电流但没有净余电荷，电荷只能分布在导体的表面上。导体内部的恒定电场正是由表面上的电荷产生的。由式(3-19)和式(3-20)都可得到

$$\nabla \cdot \boldsymbol{E} = 0 \tag{3-21}$$

由式(3-18)可以推导出直流电路中的基尔霍夫电流定律。图 3-7 中有三个分支电路的交点为 M(节点)，作一任意闭合面 S 包围该点，根据式(3-18)有

$$\oint_S \boldsymbol{J} \cdot \mathrm{d}\boldsymbol{S} = \iint_{S_1} \boldsymbol{J}_1 \cdot \mathrm{d}\boldsymbol{S}_1 + \iint_{S_2} \boldsymbol{J}_2 \cdot \mathrm{d}\boldsymbol{S}_2 + \iint_{S_3} \boldsymbol{J}_3 \cdot \mathrm{d}\boldsymbol{S}_3 = 0$$

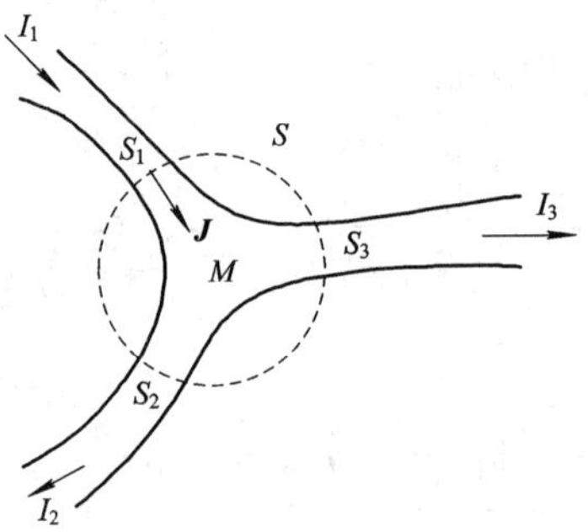

图 3-7 推导基尔霍夫电流定律

因为 S 面上各处的法线方向向外，而导线中电流密度与电流方向一致，所以上式中右边第一项的积分值为负，第二、三项的积分值为正。因此上式的积分结果是

$$-I_1 + I_2 + I_3 = 0$$

推广到 n 个支路汇集的节点上，有

$$\sum_{k=1}^{n} I_k = 0 \tag{3-22}$$

这就是基尔霍夫电流定律。它表示汇集于任意节点的各支路电流强度的代数和等于零，流向节点的电流取负号，从节点流出的电流取正号。

式(3-16)和式(3-17)是一般情况下的电流连续性方程，它也适用于时变电流，恒定电流只是时变电流的特殊情况。

3.4.2　电动势

由欧姆定律式(3-10)可知，导体中的电流依靠导体中的电场来维持，如果电流不随时间变化，则称为恒定电流，相应的电场称为恒定电场。由于导体中的静电场为零，因而不可能依靠静电场来维持导体中的电流。要维持导体中的电流，必须依靠一种两端有电荷堆集的装置，使之在与它连接的导体上产生一定的电荷分布，从而在导体内产生推动电荷定向运动的电场。如图3-8(a)所示，导线的两端 A、B 分别连接到一个已经充了电的平行板电容器的两个极板上。A 板上的正电荷吸引金属导线中的自由电子，B 板上的负电荷沿着导线连续地进行补充，于是导线中出现了电流。随着时间的增长，电容器两极板上的电荷逐渐减少到零，电流最后也等于零。实验证明，充电的电容器虽能贮存一定的电能，但只靠静电能是不能维持恒定电流的。要在导线中维持恒定电流，必须有另一种非静电力不断地向 A、B 两个极板补充正、负电荷。具有这种补充能力的装置叫做电源，如图3-8(b)所示。由化学反应产生电能的是化学电源，如常用的干电池；由机械驱动通过电磁感应而产生电能的电源则是发电机。

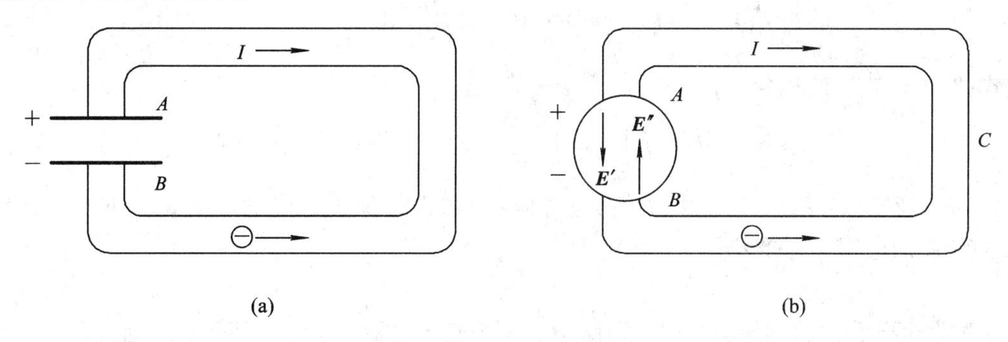

图3-8　恒定电流的形成

在电源之外的导体中，只存在由电荷所产生的电场，称为库仑电场，用 $\boldsymbol{E}'$ 表示，方向从正电荷指向负电荷，它与静止电荷产生的静电场性质相同；在电源内，除了有电荷产生的库仑电场外，还存在非库仑电场，称为局外电场。电源内非静电力与它搬运的电荷量比值定义为局外电场强度，以 $\boldsymbol{E}''$ 表示，方向是由电源负极指向正极，即在电源内正电荷运动的方向与电源内库仑电场的方向相反。因为在电源外部的导体中，只有库仑电场，所以欧姆定律的微分形式是

$$\boldsymbol{J} = \sigma \boldsymbol{E}' \tag{3-23}$$

在电源内部既有库仑电场，又有局外电场，则

$$\boldsymbol{J} = \sigma(\boldsymbol{E}' + \boldsymbol{E}'') = \sigma \boldsymbol{E} \tag{3-24}$$

式中 $\boldsymbol{E}=\boldsymbol{E}'+\boldsymbol{E}''$ 是合成电场强度。

单位正电荷从负极板通过电源内部移到正极板时，非静电力所作的功称为电源的电动势，用 $\mathscr{E}$ 表示，即

$$\mathscr{E} = \int_B^A \boldsymbol{E}'' \cdot \mathrm{d}l \tag{3-25}$$

电源的电动势与有无外电路无关，它是表示电源本身的特征量。电动势的单位同电位一样，也是伏特。

既然恒定电荷产生的是库仑电场，它具有与静电场相同的性质，所以

$$\oint_l \boldsymbol{E}' \cdot \mathrm{d}\boldsymbol{l} = 0 \tag{3-26}$$

或

$$\nabla \times \boldsymbol{E}' = 0 \tag{3-27}$$

式(3-26)中的积分路径 l 是通过电源内部和外部导线的闭合曲线。同时又因为，除了在电源内部以外，在积分路径的其他部分，$\boldsymbol{E}''=0$，所以

$$\oint_l \boldsymbol{E}'' \cdot \mathrm{d}\boldsymbol{l} = \int_B^A \boldsymbol{E}'' \cdot \mathrm{d}\boldsymbol{l} = \mathscr{E}$$

取电场强度 $\boldsymbol{E}=\boldsymbol{E}'+\boldsymbol{E}''$ 沿图 3-8(b)中的闭合电路路径 $ACBA$ 的线积分，有

$$\oint_l \boldsymbol{E} \cdot \mathrm{d}\boldsymbol{l} = \oint_l \frac{\boldsymbol{J}}{\sigma} \cdot \mathrm{d}\boldsymbol{l} \tag{3-28}$$

因为

$$\oint_l \boldsymbol{E} \cdot \mathrm{d}\boldsymbol{l} = \oint_l (\boldsymbol{E}' + \boldsymbol{E}'') \cdot \mathrm{d}l = \oint_l \boldsymbol{E}' \cdot \mathrm{d}\boldsymbol{l} + \oint_l \boldsymbol{E}'' \cdot \mathrm{d}\boldsymbol{l} = \mathscr{E}$$

而式(3-28)右边的积分

$$\oint_l \frac{\boldsymbol{J}}{\sigma} \cdot \mathrm{d}l = I \int_{ACB} \frac{\mathrm{d}l}{\sigma S} + I \int_B^A \frac{\mathrm{d}l}{\sigma S} = I(R_1 + R_2) = IR$$

式中，R_1 是外部导线的总电阻，R_2 是电源内部的电阻，简称为内阻，$R=R_1+R_2$ 是整个回路 $ACBA$ 的电阻。这样，式(3-28)变为

$$\mathscr{E} = IR \tag{3-29}$$

此式称为全电路的欧姆定律。如果回路中有 n 个直流电源和 k 个电阻元件，则式(3-29)可推广为

$$\sum_{i=1}^{n} \mathscr{E}_i = \sum_{i=1}^{n} I_i R_i \tag{3-30}$$

这就是基尔霍夫电压定律。

3.4.3　导体内(电源外)恒定电场的基本方程

综上所述，式(3-18)、式(3-19)、式(3-26)和式(3-27)是电源外的导体中恒定电场

的基本方程。为了清楚起见，归纳如下：

积分形式

$$\oint_S \boldsymbol{J} \cdot \mathrm{d}\boldsymbol{S} = 0, \quad \oint_l \boldsymbol{E} \cdot \mathrm{d}\boldsymbol{l} = 0$$

微分形式

$$\nabla \cdot \boldsymbol{J} = 0, \quad \nabla \times \boldsymbol{E} = 0$$

$\boldsymbol{J}$ 和 $\boldsymbol{E}$ 的关系即欧姆定律的微分形式

$$\boldsymbol{J} = \sigma \boldsymbol{E}$$

需说明的是，上面这些公式是将式(3-27)和式(3-28)中的库仑电场 $\boldsymbol{E}'$ 改写为总电场 $\boldsymbol{E}$ 的结果，因为在电源之外的导体中，局外电场 $\boldsymbol{E}''=0$，所以 $\boldsymbol{E}=\boldsymbol{E}'$；而积分路线 l 指的是在电源之外的导体中任取的闭合回路，不再包括电源内部和外部导体那样的闭合回路。

由于 $\nabla \times \boldsymbol{E}=0$，因此在恒定电场中也可以引进标量电位函数 ϕ。因为电场强度与电位的关系仍然是 $\boldsymbol{E}=-\nabla\phi$，把它代人式(3-21)，得

$$\nabla \cdot \boldsymbol{E} = \nabla \cdot (-\nabla \phi) = -\nabla^2 \phi = 0 \tag{3-31}$$

所以，在 σ 等于常数的载有恒定电流的导体内(电源外)，电位函数 ϕ 满足拉普拉斯方程。

3.5 恒定电场的边界条件

当恒定电流通过具有不同电导率 σ_1 和 σ_2 的两种导电媒质的分界面时，在分界面上，$\boldsymbol{J}$ 和 $\boldsymbol{E}$ 各自满足的关系称为恒定电场的边界条件。边界条件可由恒定电场基本方程的积分形式 $\oint_S \boldsymbol{J} \cdot \mathrm{d}\boldsymbol{S} = 0$ 和 $\oint_l \boldsymbol{E} \cdot \mathrm{d}\boldsymbol{l} = 0$ 导出，所用方法与静电场的边界条件相仿，归纳如下：

$$\begin{cases} \boldsymbol{e}_n \cdot (\boldsymbol{J}_1 - \boldsymbol{J}_2) = 0 \\ \boldsymbol{e}_n \times (\boldsymbol{E}_1 - \boldsymbol{E}_2) = 0 \end{cases} \tag{3-32}$$

或

$$\begin{cases} J_{1n} = J_{2n} \\ E_{1t} = E_{2t} \end{cases} \tag{3-33}$$

式(3-32)和式(3-33)表明，电流密度 $\boldsymbol{J}$ 在通过界面后，它的法向分量 J_n 是连续的；电场 $\boldsymbol{E}$ 在通过界面后，它的切向分量 E_t 是连续的。反之，由 $E_n=\dfrac{J_n}{\sigma}$ 和 $J_t=\sigma E_t$ 可知，在通过界面后，电场强度的法线方向和电流密度的切向分量是不连续的，即 $J_{1t}\neq J_{2t}$，$E_{1n}\neq E_{2n}$。

在恒定电场中引入电位函数 ϕ，用 ϕ 表示的边界条件为

$$\begin{cases} \phi_1 = \phi_2 \\ \sigma_1 \dfrac{\partial \phi_1}{\partial n} = \sigma_2 \dfrac{\partial \phi_2}{\partial n} \end{cases} \tag{3-34}$$

3.6 恒定电场与静电场的比较

通过前面几节的讨论，可发现导电媒质中的恒定电场(电源外)与电介质中的静电场(体电荷密度 $\rho=0$ 的区域)在许多方面有相似之处。为了清楚起见，列表 3-2 进行比较。

表 3-2　恒定电场与静电场的比较

比较内容＼两种场	导电媒质中的恒定电场（电源外）	电介质中的静电场（$\rho=0$）
基本方程	$\nabla\times\boldsymbol{E}=0$ $\nabla\cdot\boldsymbol{J}=0$ $\boldsymbol{J}=\sigma\boldsymbol{E}$	$\nabla\times\boldsymbol{E}=0$ $\nabla\cdot\boldsymbol{D}=0$ $\boldsymbol{D}=\varepsilon\boldsymbol{E}$
导出方程	$\boldsymbol{E}=-\nabla\phi$ $\nabla^2\phi=0$ $\phi=\int_l\boldsymbol{E}\cdot d\boldsymbol{l}$ $I=\int_S\boldsymbol{J}\cdot d\boldsymbol{S}$	$\boldsymbol{E}=-\nabla\phi$ $\nabla^2\phi=0$ $\phi=\int_l\boldsymbol{E}\cdot d\boldsymbol{l}$ $q=\int_V\rho\, dV=\int_S\boldsymbol{D}\cdot d\boldsymbol{S}$
边界条件	$E_{1t}=E_{2t}$ $\phi_1=\phi_2$ $J_{1n}=J_{2n}$ $\sigma_1\dfrac{\partial\phi_1}{\partial n}=\sigma_2\dfrac{\partial\phi_2}{\partial n}$	$E_{1t}=E_{2t}$ $\phi_1=\phi_2$ $D_{1n}=D_{2n}$ $\varepsilon_1\dfrac{\partial\phi_1}{\partial n}=\varepsilon_2\dfrac{\partial\phi_2}{\partial n}$
物理量的对应关系	电场强度矢量 $\boldsymbol{E}$ 电流密度矢量 $\boldsymbol{J}$ 电位 ϕ 电流强度 I 电导率 σ	电场强度矢量 $\boldsymbol{E}$ 电位移矢量 $\boldsymbol{D}$ 电位 ϕ 电量 q 介电常数 ε

由表 3-2 可以看出，两种场的基本方程是相似的，只要把 $\boldsymbol{J}$ 与 $\boldsymbol{D}$、σ 与 ε 相互置换，一个场的基本方程就变为另一个场的基本方程了。特别是两种场的电位函数有相同的定义，而且都满足拉普拉斯方程。如果矢量 $\boldsymbol{J}$ 和 $\boldsymbol{D}$ 分别在导电媒质和电介质中满足相同的边界条件，那么这两种场的电位函数一定相同。也就是说，两种场的等位面分布相同，恒定电场的电流线与静电场的电位移线分布相同，这两个场的电位函数必有相同的解。通过这样的对比和分析可知，在相同的边界条件下，如果已经得到了一种场的解，只要按表 3-2 将对应的物理量置换一下，就能得到另一种场的解。

【例 3-2】　图 3-9 所示的两组同心的金属导体球，尺寸相同，而且都在内外球间加上相同的直流电压 U_0。图 3-9(a)中的内外球之间均匀地充满一种电导率为 σ 的导电媒质，但 σ 远小于金属球的电导率，图 3-9(b)中的内外球之间均匀地充满一种介电常数为 ε 的电介质。试求上述两种情况下的场分布。

解　如图 3-9(a)所示，因为内外金属球间充满导电媒质，在直流电压 U_0 的作用下，将有恒定电流从内球通过导电媒质流向外球，所以这是一个恒定电场问题。同时，由于金属球的电导率远大于内外球间的导电媒质的电导率 σ，因此导电媒质中的电流线（$\boldsymbol{J}$ 线）垂直于金属球。图 3-9(b)是简单的静电场问题，电介质中的电位移线也垂直于金属球。上述两个场的边界条件相同，而只需求出其中任何一个场的解，另一个场的解也就可以得到。

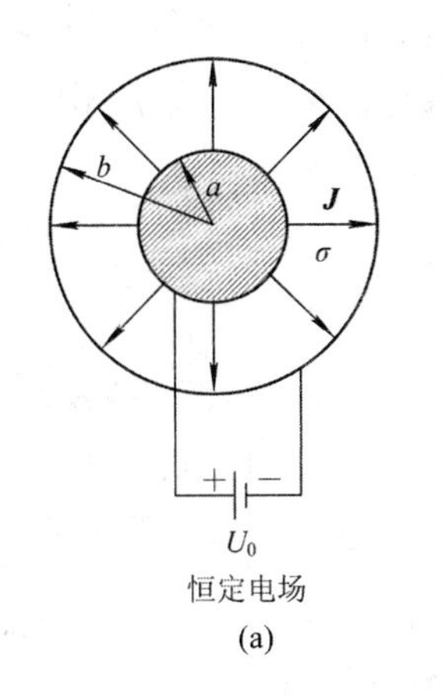

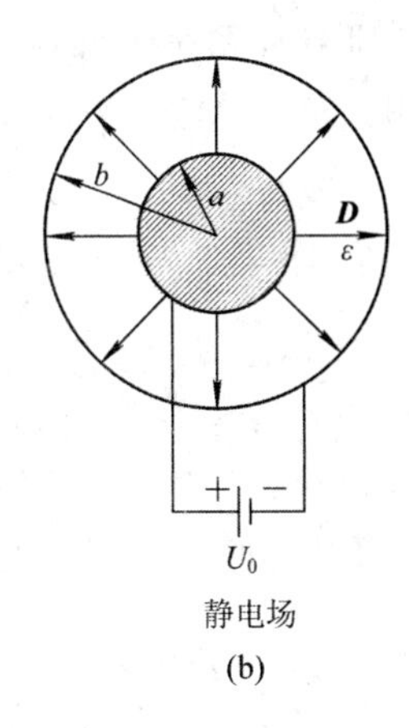

图 3－9　两组同心的金属导体球

图 3－9(b)所示的静电场可以用高斯定理求解。设内金属球带电量$+q$，外金属球壳内表面带电量$-q$，在电介质中作一个与金属球同心、半径为r的高斯球面，则可求得电位移矢量和电场强度为

$$\boldsymbol{D}=\frac{q}{4\pi r^2}\boldsymbol{e}_r,\ \boldsymbol{E}=\frac{\boldsymbol{D}}{\varepsilon}=\frac{q}{4\pi\varepsilon r^2}\boldsymbol{e}_r$$

因为内外金属球之间的电压U_0可表示为

$$U_0=\int_a^b\boldsymbol{E}\cdot\mathrm{d}\boldsymbol{l}=\int_a^b\frac{q}{4\pi\varepsilon r^2}\,\mathrm{d}r=\frac{q}{4\pi\varepsilon}\left(\frac{1}{a}-\frac{1}{b}\right)$$

所以

$$q=\frac{4\pi\varepsilon U_0}{\left(\frac{1}{a}-\frac{1}{b}\right)},\quad \boldsymbol{D}=\frac{\varepsilon U_0}{\left(\frac{1}{a}-\frac{1}{b}\right)r^2}\boldsymbol{e}_r,\quad \boldsymbol{E}=\frac{U_0}{\left(\frac{1}{a}-\frac{1}{b}\right)r^2}\boldsymbol{e}_r$$

如果取外金属球壳为电位参考点，则内外球间电介质中任一点的电位是

$$\phi=\int_r^b E\,\mathrm{d}r=\int_r^b\frac{U_0}{\left(\frac{1}{a}-\frac{1}{b}\right)r^2}\,\mathrm{d}r=\frac{U_0}{\left(\frac{1}{a}-\frac{1}{b}\right)}\left(\frac{1}{r}-\frac{1}{b}\right)$$

根据表 3－2 中各物理量的对应关系，将上述各式进行置换便得到图 3－9(a)所示的恒定电场的解，即

$$\boldsymbol{J}=\frac{I}{4\pi r^2}\boldsymbol{e}_r,\quad \boldsymbol{E}=\frac{\boldsymbol{J}}{\sigma}=\frac{I}{4\pi\sigma r^2}\boldsymbol{e}_r,\quad I=\frac{4\pi\sigma U_0}{\left(\frac{1}{a}-\frac{1}{b}\right)}$$

$$\boldsymbol{J}=\frac{\sigma U_0}{\left(\frac{1}{a}-\frac{1}{b}\right)r^2}\boldsymbol{e}_r,\quad \boldsymbol{E}=\frac{U_0}{\left(\frac{1}{a}-\frac{1}{b}\right)r^2}\boldsymbol{e}_r,\quad \phi=\frac{U_0}{\left(\frac{1}{a}-\frac{1}{b}\right)}\left(\frac{1}{r}-\frac{1}{b}\right)$$

当然，也可以先解恒定电场问题。根据电流连续性原理，即通过内外金属球间的任一同心球面的电流I相同；又由于球对称性，即同一同心球面上的电流密度$\boldsymbol{J}$也相同，方向是径向$\boldsymbol{e}_r$。因此，内外金属球间导电媒质中任一点的电流密度$\boldsymbol{J}=\frac{I}{4\pi r^2}\boldsymbol{e}_r$，由$\boldsymbol{E}=\frac{\boldsymbol{J}}{\sigma}$求得$\boldsymbol{E}$，然后求得$I$、$\phi$等。

另外，在静电场中已分析了表征导体系统特性的参量，即导体系统的电容。同样，在恒定电场中也有表征导体系统中漏电介质的参量，即漏电导。漏电导的倒数称为漏电阻，简称为电导及电阻。如在导体电极间加电压为 U，导体间的电流为 I，则电导为

$$G = \frac{I}{U} \tag{3-35}$$

或电阻为

$$R = \frac{U}{I} \tag{3-36}$$

设有两个完全相同的、由两个导体构成的导体系统，它们分别置于介电常数为 ε 和导电率为 σ 的均匀媒质中，两导体间的电压均为 U。在前者的介质中存在静电场，两导体间的电容为

$$C = \frac{q}{U} = \frac{\iint_S \boldsymbol{D} \cdot \mathrm{d}\boldsymbol{S}}{\int_l \boldsymbol{E} \cdot \mathrm{d}\boldsymbol{l}} = \frac{\varepsilon \iint_S \boldsymbol{E} \cdot \mathrm{d}\boldsymbol{S}}{\int_l \boldsymbol{E} \cdot \mathrm{d}\boldsymbol{l}}$$

而后者在两导体电极间存在恒定电场，两导体间的电导为

$$G = \frac{I}{U} = \frac{\iint_S \boldsymbol{J} \cdot \mathrm{d}\boldsymbol{S}}{\int_l \boldsymbol{E} \cdot \mathrm{d}\boldsymbol{l}} = \frac{\sigma \iint_S \boldsymbol{E} \cdot \mathrm{d}\boldsymbol{S}}{\int_l \boldsymbol{E} \cdot \mathrm{d}\boldsymbol{l}}$$

由以上两式可得

$$\frac{C}{G} = \frac{\varepsilon}{\sigma} \tag{3-37}$$

即电容 C 与电导 G 之间也存在对偶关系。它们的对偶关系正是来自于 $\boldsymbol{E}$ 与 $\boldsymbol{E}$、$\boldsymbol{J}$ 与 $\boldsymbol{D}$ 及 σ 与 ε 间的对偶关系。

以上讨论的是两个导体电极间的电导，对于均匀漏电媒质中由三个或三个以上的导体电极组成的多电极系统，对应于静电场均匀介质中的多导体系统的部分电容，则有部分电导的概念。

电导(或电阻)一般有下列三种计算方法：

(1) 设两电极间的电压为 U，求电流 I；或设两电极间的电流为 I，求电压 U，按式(3-35)或式(3-36)得到 G 或 R。

(2) 应用静电比拟法，由相应的静电场导体系统的电容 C，求得对应的恒定电场导体系统的电导，即由式(3-37)求得 $G=C\dfrac{\sigma}{\varepsilon}$。

(3) 若将媒质分成许多沿电流线方向的细管，管的横截面为 $\mathrm{d}S$，长度等于两电极间的电流线长 l。若一个管的电导为 $\mathrm{d}G=\dfrac{\sigma\,\mathrm{d}S}{l}$，则两电极之间的总电导为

$$G = \int \mathrm{d}G = \int \frac{\sigma\,\mathrm{d}S}{l} \tag{3-38}$$

又若将媒质分成许多与电流线垂直的薄片，薄片的厚度为 $\mathrm{d}l$，与电流线垂直的面积为 S，因一个薄片的电阻为 $\mathrm{d}R=\dfrac{\mathrm{d}l}{\sigma S}$，故两电极之间的总电阻为

$$R=\int \mathrm{d}R=\int \frac{\mathrm{d}l}{\sigma S} \tag{3-39}$$

这种积分方法不可用于电导率 σ 不是常数的情况。

本 章 小 结

1. 恒定电场与静电场相似的原因在于恒定电场中电荷的运动并不影响电荷的分布，而不变的电荷分布产生的电场也具有静电场的性质。

2. 恒定电场中导体(电导率为有限值)的电位分布与静电场中不同，恒定电场中导体内电场的源从根本上说来自于外电源，而由此产生的这个恒定的电场引起恒定的电流，恒定的电流不改变电荷的分布，从而不影响电场的静态特性。

3. 恒定电场与静电场边界条件的异同，包括场量和介质的不同特点，需正确运用。

*** 知识结构图**

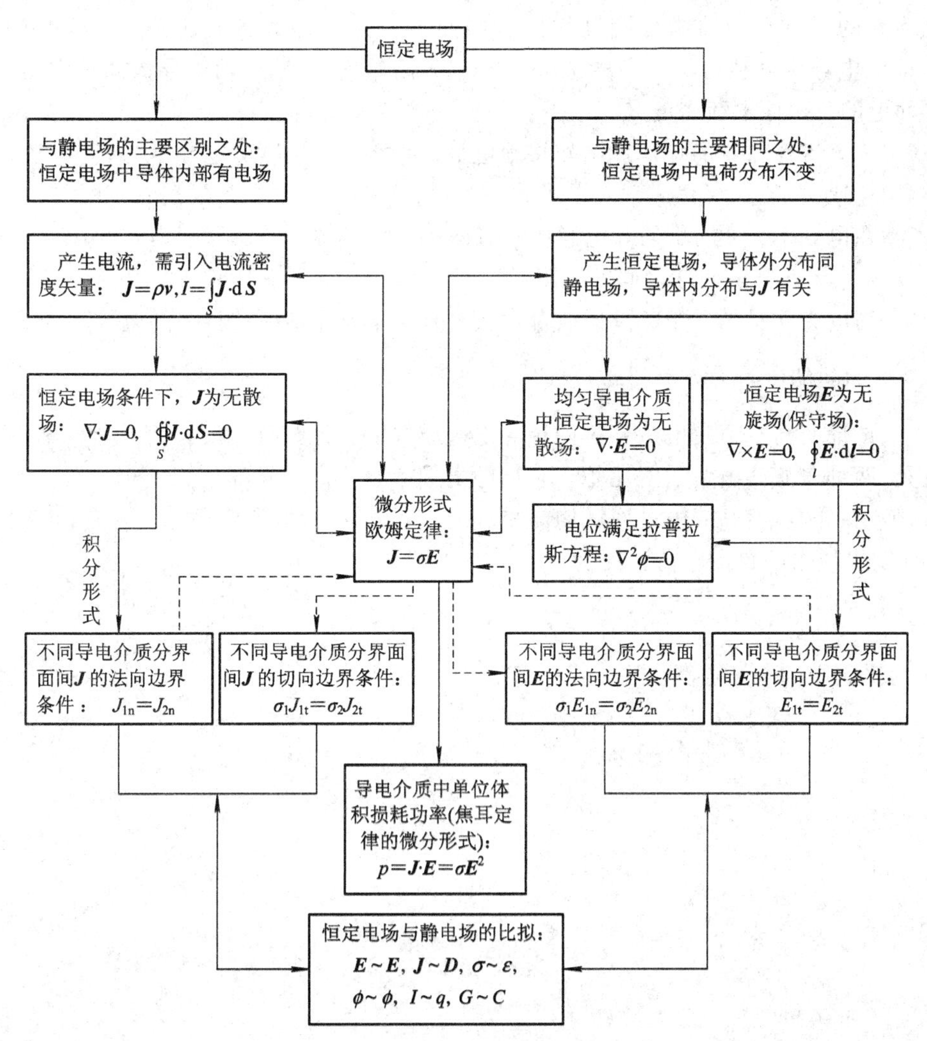

习　题

3.1　一半径为 a 的球内均匀分布有总电量为 q 的电荷，若球以角速度 ω 绕一直径匀速旋转，求球内的电流密度。

3.2　球形电容器内、外极板的半径分别为 a 和 b，两极间媒质的电导率为 σ，当外加电压为 U_0 时，计算功率损耗并求电阻。

3.3　线性各向同性的非均匀媒质的介电常数和电导率分别为 ε 和 σ，若其中有电流密度为 $\boldsymbol{J}$ 的恒定电流，试证明媒质中将有密度 $\rho=\boldsymbol{J}\cdot\nabla\left(\frac{\varepsilon}{\sigma}\right)$ 的电荷存在。

3.4　平行板电容器两极板间由两种媒质完全填充，介电常数和电导率分别为 ε_1、ε_2 和 σ_1、σ_2，两种媒质的平面界面到两极板的距离分别为 d_1 和 d_2，两极板间的电压为 U，求两媒质中的电场强度 $\boldsymbol{E}$、电位移矢量 $\boldsymbol{D}$、电流密度 $\boldsymbol{J}$ 和媒质分界面上的自由电荷密度 ρ_S。

3.5　内、外导体半径分别为 a、c 的同轴线，其间由两层导电媒质完全填充，媒质界面是半径为 b 的圆柱面，轴线与同轴线的轴线重合，介电常数分别为 ε_1 $(a<r<b)$ 和 ε_2 $(b<r<c)$，电导率分别为 σ_1 $(a<r<b)$ 和 σ_2 $(b<r<c)$，若同轴线内外导体间加电压 U，求媒质界面上的自由面电荷密度 ρ_S。

3.6　一个半径为 a 的导体球当作接地电极深埋地下，土壤的电导率为 σ，若略去地面的影响，求接地电阻。

3.7　在电导率为 σ 的均匀导电媒质中有两个导体小球，半径分别为 a 和 b，两小球球心距为 $d(d\gg a+b)$，求两球之间的电阻。

3.8　高度为 h 且内、外半径分别为 a 和 b 的导体圆环（空心圆柱）的电导率为 σ，试证明内、外柱面间的电阻为 $R=(2\pi\sigma h)\ln\frac{b}{a}$。

3.9　试证明当有恒定电流穿过两种导电媒质界面，而界面上没有面电荷堆集($\rho_S=0$)的条件是:两种媒质介电常数之比等于它们的电导率之比。

3.10　在介电常数 ε、电导率 σ 均与坐标有关的无界非均匀媒质中，若有恒定电流存在，试证明媒质中的自由电荷密度为

$$\rho=\boldsymbol{E}\cdot\left(\nabla\varepsilon-\frac{\varepsilon}{\sigma}\nabla\sigma\right)$$

式中 $\boldsymbol{E}$ 为媒质中的电场强度。

第4章　恒定磁场

本章提要

- 恒定磁场的基本性质，毕奥—萨伐尔定律，安培环路定律
- 标量磁位 ϕ_m、矢量磁位 $\boldsymbol{A}$ 的定义，用 ϕ_m 及 $\boldsymbol{A}$ 来计算一些二维磁场
- 计算电感的方法、步骤以及计算磁场对载流导体的作用力的几种方法
- 恒定磁场的边界条件，恒定磁场与静电场的类比

导体中有恒定电流通过时，在导体内部和它的周围媒质中，不仅产生恒定电场，同时还产生不随时间变化的磁场。由恒定电流(电流分布不随时间变化)或永久磁铁所产生的磁场称为恒定磁场，也称为静磁场。恒定磁场和静电场是性质完全不同的场，但在分析方法上却有许多共同之处。

4.1　恒定磁场的实验定律和磁感应强度

4.1.1　安培定律

安培定律是根据实验结果总结出的描述电流回路之间相互作用力的规律——两个通有恒定电流的回路之间有相互作用力。

在真空中有两个通有恒定电流 I_1 和 I_2 的细导线回路，它们的长度分别是 l_1 和 l_2，如图 4-1 所示，点(x_2, y_2, z_2)是受力点，称为观察点。载流 I_1 的回路 l_1 上任一线元 $\mathrm{d}\boldsymbol{l}_1$ 对另一载流 I_2 的回路 l_2 上任一线元 $\mathrm{d}\boldsymbol{l}_2$ 的作用力为

$$\mathrm{d}\boldsymbol{F}_{12} = \frac{\mu_0}{4\pi}\frac{I_2\,\mathrm{d}\boldsymbol{l}_2 \times (I_1\,\mathrm{d}\boldsymbol{l}_1 \times \boldsymbol{R})}{R^3} \tag{4-1}$$

式中，μ_0 称为真空(或自由空间)的磁导率，$\mu_0 = 4\pi\times 10^{-7}$(H/m)，$I_1\,\mathrm{d}\boldsymbol{l}_1$ 和 $I_2\,\mathrm{d}\boldsymbol{l}_2$ 称为电流元矢量，$\boldsymbol{R}$ 是 $\mathrm{d}l_1$ 到 $\mathrm{d}l_2$ 的距离矢量，$\boldsymbol{R}_0$ 是 $\boldsymbol{R}$ 方向的单位矢量。

因为

$$\boldsymbol{R} = \boldsymbol{r}_2 - \boldsymbol{r}_1 = |\boldsymbol{r}_2 - \boldsymbol{r}_1|\boldsymbol{R}_0$$

所以

$$R = |\boldsymbol{r}_2 - \boldsymbol{r}_1|$$

$$\boldsymbol{R}_0 = \frac{\boldsymbol{r}_2 - \boldsymbol{r}_1}{|\boldsymbol{r}_2 - \boldsymbol{r}_1|}$$

通有电流 I_1 的回路对通有电流 I_2 的回路的作用力 $\boldsymbol{F}_{12}$ 是

$$\boldsymbol{F}_{12} = \frac{\mu_0}{4\pi}\oint_{l_2}\oint_{l_1}\frac{I_2\,\mathrm{d}\boldsymbol{l}_2 \times (I_1\,\mathrm{d}\boldsymbol{l}_1 \times \boldsymbol{R})}{R^3} \tag{4-2}$$

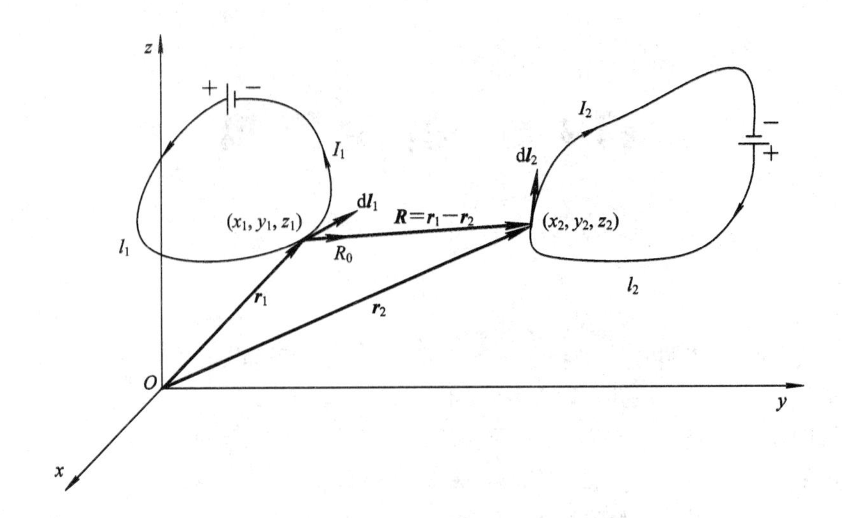

图 4-1　两个电流回路之间的相互作用力

式(4-1)和式(4-2)称为安培定律。在 MKSA 单位制中，力的单位是牛顿，电流的单位是安培，长度的单位是米。

安培定律说明，两电流元之间相互作用力的大小与两电流 I_1 和 I_2 的乘积成正比，与它们之间的距离 R 的平方成反比，这些特点与库仑定律相似。但是，$\mathrm{d}\boldsymbol{F}_{12}$ 的方向与 $\mathrm{d}\boldsymbol{l}_2\times(\mathrm{d}\boldsymbol{l}_1\times\boldsymbol{R})$ 的方向相同，这点和库仑定律是不一样的。

4.1.2　毕奥—萨伐尔定律

根据场的观点，可以认为图 4-1 中的电流 I_1 在它的周围空间产生了磁场，这个磁场对电流 I_2 产生作用力，即 $\boldsymbol{F}_{12}$。同理，$\boldsymbol{F}_{21}$ 是电流 I_2 产生的磁场对电流 I_1 的作用力。电流之间的相互作用力是通过磁场传递的。根据上述场的观点，我们把安培定律式(4-2)写成

$$\boldsymbol{F}_{12}=\oint_{l_2} I_2\,\mathrm{d}\boldsymbol{l}_2\times\frac{\mu_0}{4\pi}\oint_{l_1}\frac{I_1\,\mathrm{d}\boldsymbol{l}_1\times\boldsymbol{R}}{R^3} \tag{4-3}$$

而把式(4-3)中积分号 $\oint_{l_2}$ 内被积函数的 $\frac{\mu_0}{4\pi}\oint_{l_1}\frac{I_1\,\mathrm{d}\boldsymbol{l}_1\times\boldsymbol{R}}{R^3}$ 当作电流 I_1 在 $I_2\,\mathrm{d}\boldsymbol{l}_2$ 所在点产生的磁场，这是一个矢量函数，称为磁感应强度，以符号 $\boldsymbol{B}$ 表示，即

$$\boldsymbol{B}=\frac{\mu_0}{4\pi}\oint_{l_1}\frac{I_1\,\mathrm{d}\boldsymbol{l}_1\times\boldsymbol{R}}{R^3} \tag{4-4}$$

式(4-4)表示回路 l_1 在 $\boldsymbol{r}_2$ 点产生的磁感应强度(也称磁通密度)，在国际单位制中，它的单位是 T(特斯拉，简称特)，也用 $\mathrm{Wb/m^2}$(韦伯/米^2)，这个公式也叫毕奥—萨伐尔定律，它是一个实验定律，定量地描述了电流和它产生的磁感应强度之间的关系，用它作为基础工具，可计算由任何已知电流分布所建立的磁场。磁感应强度 $\boldsymbol{B}$ 是一个矢量函数，它是描述磁场的基本物理量。

于是式(4-3)可以写为

$$\boldsymbol{F}_{12}=\oint_{l_2} I_2\,\mathrm{d}\boldsymbol{l}_2\times\boldsymbol{B} \tag{4-5}$$

电流产生磁场并不依赖于周围空间有没有其他的电流，因此，式(4-4)可以写成一般表示式，即

$$\boldsymbol{B}(\boldsymbol{r}) = \frac{\mu_0}{4\pi}\oint_l \frac{I\,\mathrm{d}\boldsymbol{l}\times\boldsymbol{R}}{R^3} \tag{4-6}$$

其中 $I\,\mathrm{d}\boldsymbol{l}$ 是产生磁感应强度的电流回路 l 上的电流元。$I\,\mathrm{d}\boldsymbol{l}$ 所在点称为源点，需要计算 $\boldsymbol{B}$ 的点称为场点，R 是源点到场点的距离。如图 4-2 所示，设源点和场点的坐标分别是 (x', y', z') 和 (x, y, z)，并用 $\boldsymbol{r}'$ 和 $\boldsymbol{r}$ 分别表示源点和场点的矢径，则源点到场点的距离矢量 $\boldsymbol{R}$ 为

$$\boldsymbol{R} = \boldsymbol{r} - \boldsymbol{r}' \tag{4-7}$$

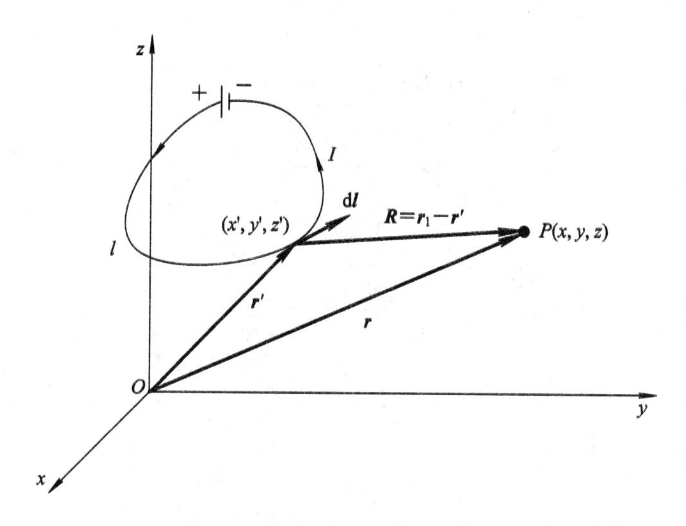

图 4-2 计算细导线电流回路在空间任一点的磁感应强度

式(4-6)只适用于计算细导线电流回路所产生的磁感应强度 $\boldsymbol{B}$，对于回路上的一个电流元 $I\,\mathrm{d}\boldsymbol{l}$ 所产生的磁感应强度，按式(4-6)可以写为

$$\mathrm{d}\boldsymbol{B}(\boldsymbol{r}) = \frac{\mu_0}{4\pi}\cdot\frac{I\,\mathrm{d}\boldsymbol{l}\times\boldsymbol{R}}{R^3} \tag{4-8}$$

如果电流 I 是分布在一个体积为 V' 的导体内，且体电流密度为 $\boldsymbol{J}_V(\boldsymbol{r}')$，则电流元表示为

$$I\,\mathrm{d}\boldsymbol{l} = \boldsymbol{J}_V(\boldsymbol{r}')\,\mathrm{d}V'$$

可得出以 $\boldsymbol{J}_V$ 表示 $\boldsymbol{B}$ 的表达式，即

$$\boldsymbol{B}(\boldsymbol{r}) = \frac{\mu_0}{4\pi}\iiint_{V'} \frac{\boldsymbol{J}_V(\boldsymbol{r}')\times\boldsymbol{R}}{R^3}\,\mathrm{d}V' \tag{4-9}$$

如果电流 I 分布在一个面积为 S' 的表面上，且面电流密度为 $\boldsymbol{J}_S$，则电流元表示为

$$I\,\mathrm{d}\boldsymbol{l} = \boldsymbol{J}_S(\boldsymbol{r}')\,\mathrm{d}S'$$

也可用 $\boldsymbol{J}_S$ 表示 $\boldsymbol{B}$ 的表达式，即

$$\boldsymbol{B}(\boldsymbol{r}) = \frac{\mu_0}{4\pi}\iint_{S'} \frac{\boldsymbol{J}_S(\boldsymbol{r}')\times\boldsymbol{R}}{R^3}\,\mathrm{d}S' \tag{4-10}$$

【例 4-1】 求真空中长为 L、电流为 I 的载流直导线的磁场。

解 取坐标系，使电流沿 Z 轴，坐标原点在导线中点，如图 4-3 所示。由于电流分布

关于 z 轴旋转对称，因此磁场与圆柱坐标 φ 无关。取场点为 (r, z)，在导线上源点为 $(0, z')$ 处取电流元 $I\,dz'$，场点处的磁感应强度为

$$\boldsymbol{B} = \frac{\mu_0}{4\pi}\int_{-L/2}^{L/2} \frac{I\,d\boldsymbol{z}' \times \boldsymbol{R}}{R^3}$$

式中 $\boldsymbol{R} = r\boldsymbol{e}_r + (z - z')\boldsymbol{e}_z$，$R^2 = r^2 + (z - z')^2$。

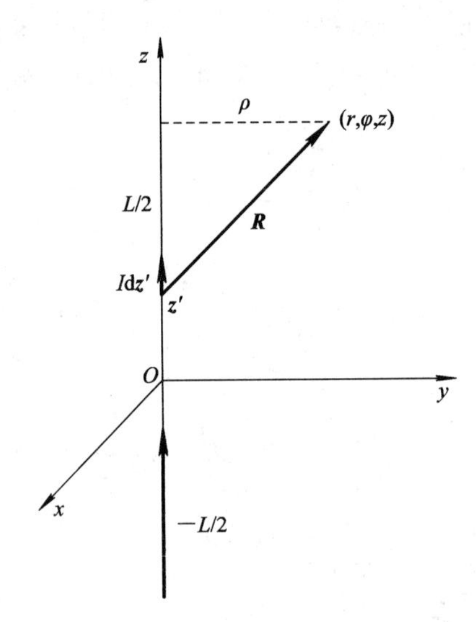

图 4－3　载流直导线的磁场

将上式代入积分中进行运算，得

$$\begin{aligned}\boldsymbol{B}(r, z) &= \frac{\mu_0}{4\pi}\int_{-L/2}^{L/2} \frac{Ir\,dz'\boldsymbol{e}_\varphi}{[r^2 + (z - z')^2]^{3/2}} \\ &= \boldsymbol{e}_\varphi \frac{\mu_0 Ir}{4\pi}\int_{-L/2}^{L/2} \frac{dz'}{[r^2 + (z - z')^2]^{3/2}} \\ &= \boldsymbol{e}_\varphi \frac{\mu_0 Ir}{4\pi}\left(\frac{z + L/2}{\sqrt{r^2 + (z + L/2)^2}} - \frac{z - L/2}{\sqrt{r^2 + (z - L/2)^2}}\right)\end{aligned}$$

当导线长度为无限长时，$L \to \infty$，对上式取极限得

$$\boldsymbol{B}(r, z) = \boldsymbol{e}_\varphi \frac{\mu_0 I}{2\pi r}$$

【例 4－2】　求半径为 a、电流为 I 的电流圆环在轴线上产生的磁感应强度。

解　按题意，取坐标使电流环在 xOy 平面，其轴线为 z 轴，如图 4－4 所示。在轴线处的磁感应强度为

$$\boldsymbol{B} = \frac{\mu_0}{4\pi}\oint_l \frac{I\,d\boldsymbol{l}' \times \boldsymbol{R}}{R^3}$$

其中

$$\boldsymbol{R} = z\boldsymbol{e}_z - a\boldsymbol{e}_r,\ R^2 = a^2 + z^2,\ I\,d\boldsymbol{l}' = Ia\,d\phi\boldsymbol{e}_\varphi,\ I\,d\boldsymbol{l}' \times \boldsymbol{R} = Ia(z\boldsymbol{e}_r + a\boldsymbol{e}_z)\,d\phi$$

将以上各式代入积分式中，并考虑到电流分布的对称性，在 z 轴上磁场为 z 方向，积分得

$$\boldsymbol{B}(z) = \frac{\mu_0 Ia^2}{2(a^2 + z^2)^{3/2}}\boldsymbol{e}_z$$

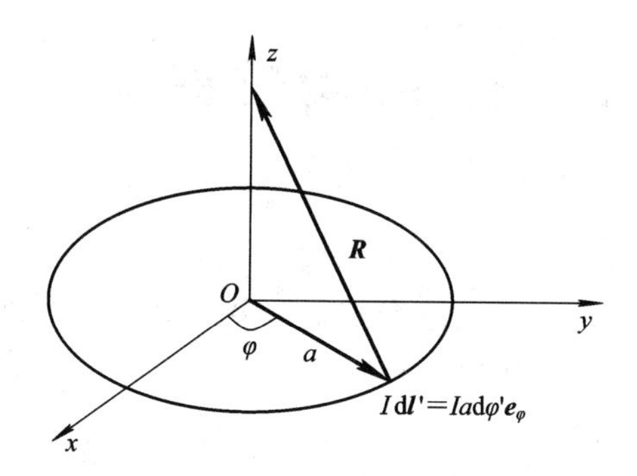

图 4-4　电流圆环的磁场

磁感应强度 $\boldsymbol{B}$ 穿过任一曲面 S 的通量为

$$\Phi = \iint_S \boldsymbol{B}\cdot \mathrm{d}\boldsymbol{S} \tag{4-11}$$

式(4-11)称为穿过该曲面的磁通量。磁通量的单位为 Wb(韦伯)。从式(4-11)可以看出，磁感应强度也是垂直穿过单位面积的磁通量，因此磁感应强度 $\boldsymbol{B}$ 也称为磁通密度，其单位为 $\mathrm{Wb/m^2}$。像电场的分布可用电力线来描述一样，磁场在空间的分布也可以用磁力线形象地表示。磁力线是一族有向的曲线，在磁场强的地方稠密，在磁场弱的地方稀疏，在磁力线上任一点的切线方向就是该点磁场的方向。穿过一曲面的磁力线条数，正比于该曲面的磁通量。

式(4-5)写成一般表示式，即

$$\boldsymbol{F} = \oint_l I\,\mathrm{d}\boldsymbol{l}\times\boldsymbol{B} \tag{4-12}$$

式(4-12)给出了在磁感应强度为 $\boldsymbol{B}$ 的区域内，通有恒定电流 I 的细导线回路所受到的作用力。$\boldsymbol{B}$ 作用在通有电流 I 的导线长度元 $\mathrm{d}\boldsymbol{l}$ 上的力是

$$\mathrm{d}\boldsymbol{F} = I\,\mathrm{d}\boldsymbol{l}\times\boldsymbol{B} \tag{4-13}$$

因为电流是电荷以某一速度 $\boldsymbol{v}$ 运动形成的，所以磁场对电流的作用力可以看做是对运动电荷的作用力。设 $\mathrm{d}t$ 时间内电荷走过的距离是 $\mathrm{d}\boldsymbol{l}$，则 $\mathrm{d}\boldsymbol{l}=\boldsymbol{v}\,\mathrm{d}t$，又设截面积为 $\mathrm{d}S$、长为 $\mathrm{d}\boldsymbol{l}$ 的体积元内的电量是 $\mathrm{d}q$，由式(4-13)有

$$\mathrm{d}\boldsymbol{F} = I\,\mathrm{d}\boldsymbol{l}\times\boldsymbol{B} = \frac{\mathrm{d}q}{\mathrm{d}t}\boldsymbol{v}\,\mathrm{d}t\times\boldsymbol{B} = \mathrm{d}q\boldsymbol{v}\times\boldsymbol{B}$$

或

$$\boldsymbol{F} = q\boldsymbol{v}\times\boldsymbol{B} \tag{4-14}$$

式(4-14)虽然是从导体中的运动电荷推导出来的，但它具有普遍的意义。$\boldsymbol{F}$ 表示电荷 q 以速度 $\boldsymbol{v}$ 在磁场 $\boldsymbol{B}$ 中运动时所受的力，叫做洛仑兹力。如果空间还存在外电场 $\boldsymbol{E}$，则电荷 q 受到的力还要加上电场，这样就得到了带电 q、以速度 $\boldsymbol{v}$ 运动的点电荷，在外电磁场 $(\boldsymbol{E},\boldsymbol{B})$ 中所受的力为

$$\boldsymbol{F} = q(\boldsymbol{E}+\boldsymbol{v}\times\boldsymbol{B}) \tag{4-15}$$

4.2 恒定磁场的基本方程

4.2.1 磁通连续性原理

毕奥—萨伐尔定律是恒定磁场的一个基本实验定律，由它可以导出恒定磁场的其他重要性质。重写毕奥—萨伐尔定律式(4-9)为

$$\boldsymbol{B}(\boldsymbol{r}) = \frac{\mu_0}{4\pi}\iiint_{V'}\frac{\boldsymbol{J}(\boldsymbol{r}')\times\boldsymbol{R}}{R^3}\,\mathrm{d}V'$$

将$\nabla\left(\frac{1}{R}\right)=-\frac{\boldsymbol{R}}{R^3}$代入上式得

$$\boldsymbol{B}(\boldsymbol{r}) = -\frac{\mu_0}{4\pi}\iiint_{V'}\boldsymbol{J}(\boldsymbol{r}')\times\nabla\left(\frac{1}{R}\right)\mathrm{d}V' \tag{4-16}$$

利用旋度运算规则得

$$\nabla\times\frac{\boldsymbol{J}(\boldsymbol{r}')}{R} = \frac{1}{R}\nabla\times\boldsymbol{J}(\boldsymbol{r}') - \boldsymbol{J}(\boldsymbol{r}')\times\nabla\left(\frac{1}{R}\right) \tag{4-17}$$

因为$\boldsymbol{J}(\boldsymbol{r}')$是源点坐标变量的函数，而旋度运算是对场点坐标进行的，所以$\nabla\times\boldsymbol{J}(\boldsymbol{r}')=0$，式(4-16)变为

$$\boldsymbol{B}(\boldsymbol{r}) = \frac{\mu_0}{4\pi}\iiint_{V'}\nabla\times\frac{\boldsymbol{J}(\boldsymbol{r}')}{R}\,\mathrm{d}V' \tag{4-18}$$

由于体积分是对源点坐标进行的，因此旋度运算符号可提到积分号以外，则

$$\boldsymbol{B}(\boldsymbol{r}) = \nabla\times\left[\frac{\mu_0}{4\pi}\iiint_{V'}\frac{\boldsymbol{J}(\boldsymbol{r}')}{R}\,\mathrm{d}V'\right]$$

即

$$\boldsymbol{B}(\boldsymbol{r}) = \nabla\times\boldsymbol{A}(\boldsymbol{r}) \tag{4-19}$$

式中

$$\boldsymbol{A}(\boldsymbol{r}) = \frac{\mu_0}{4\pi}\iiint_{V'}\frac{\boldsymbol{J}(\boldsymbol{r}')}{R}\,\mathrm{d}V' \tag{4-20}$$

式(4-20)称为矢量磁位(简称磁矢位)，单位为 Wb/m 或 T·m。引进矢量磁位 $\boldsymbol{A}$ 后，给计算磁感应强度 $\boldsymbol{B}$ 和磁通量 Φ 带来了方便。已知电流分布时，可先计算 $\boldsymbol{A}$，然后由 $\boldsymbol{B}=\nabla\times\boldsymbol{A}$ 算出 $\boldsymbol{B}$。

式(4-19)表明，磁感应强度 $\boldsymbol{B}$ 可以表示为另一矢量场——矢量磁位的旋度。由于任何矢量场的旋度的散度恒为零，即

$$\nabla\cdot\nabla\times\boldsymbol{A} = 0$$

因此可得

$$\nabla\cdot\boldsymbol{B} = 0 \tag{4-21}$$

磁场是无散度场。$\boldsymbol{B}$ 的散度处处等于零，说明磁场中没有通量源。通常称磁场是一个无源场，严格地说磁场是一个无通量源的场。磁场的这个性质与静电场根本不同，应用高斯散度定理，可得到式(4-21)的积分形式，即

$$\iiint_V \nabla \cdot \boldsymbol{B}\,\mathrm{d}V = \oiint_S \boldsymbol{B} \cdot \mathrm{d}\boldsymbol{S} = 0 \tag{4-22}$$

这说明在磁场中通过任意闭合面的磁通量恒等于零，或者说穿进闭合面的磁力线数目等于穿出闭合面的磁力线数目，这一性质称为磁通连续性原理，又称为磁场中的高斯定律。

4.2.2　矢量磁位的微分方程

矢量磁位 $\boldsymbol{A}(\boldsymbol{r})$ 隐含着一个重要性质，就是恒定电流分布在有限空间的条件下，$\boldsymbol{A}$ 的散度为零。由式(4-20)的两端对场点坐标取散度，因为右端的体积分是对源点坐标进行的，所以散度运算符号可移入到积分号内，即

$$\nabla \cdot \boldsymbol{A}(\boldsymbol{r}) = \frac{\mu_0}{4\pi}\iiint_{V'} \nabla \cdot \left[\frac{\boldsymbol{J}(\boldsymbol{r}')}{R}\right]\mathrm{d}V' \tag{4-23}$$

应用矢量恒等式 $\nabla \cdot (f\boldsymbol{A}) = f\,\nabla \cdot \boldsymbol{A} + \boldsymbol{A} \cdot \nabla f$ 及恒定电流的连续性方程 $\nabla \cdot \boldsymbol{J}(\boldsymbol{r}') = 0$，并考虑到 $\nabla \frac{1}{R} = -\nabla' \frac{1}{R}$，可以证明

$$\nabla \cdot \left[\frac{\boldsymbol{J}(\boldsymbol{r}')}{R}\right] = -\nabla' \cdot \left[\frac{\boldsymbol{J}(\boldsymbol{r}')}{R}\right] \tag{4-24}$$

将式(4-24)代入式(4-23)，可得

$$\nabla \cdot \boldsymbol{A}(\boldsymbol{r}) = -\frac{\mu_0}{4\pi}\iiint_{V'} \nabla' \cdot \left[\frac{\boldsymbol{J}(\boldsymbol{r}')}{R}\right]\mathrm{d}V' \tag{4-25}$$

式(4-25)右端的微分和积分都是对源点坐标进行的，这时可以应用高斯散度定理，将体积分变为面积分，即

$$\nabla \cdot \boldsymbol{A}(\boldsymbol{r}) = -\frac{\mu_0}{4\pi}\oiint_{S'} \frac{\boldsymbol{J}(\boldsymbol{r}')}{R} \cdot \mathrm{d}\boldsymbol{S}' \tag{4-26}$$

其中 S' 是限定电流分布的区域 V' 的闭合面。可以将体积任意扩大，而不会影响体积分的数值，因为除了原来的 $\boldsymbol{J}(\boldsymbol{r}') \neq 0$ 的体积外，在其余的空间没有电流，体积分是零。既然扩大积分区域不会影响积分的数值，就可以把积分区域扩大到无限远。恒定电流是分布在有限区域内的，在无限远的闭合面上 $\boldsymbol{J}(\boldsymbol{r}') = 0$，因此得到

$$\nabla \cdot \boldsymbol{A}(\boldsymbol{r}) = 0 \tag{4-27}$$

由式(4-20)得

$$\nabla^2 \boldsymbol{A}(\boldsymbol{r}) = \nabla^2 \left[\frac{\mu_0}{4\pi}\iiint_{V'} \frac{\boldsymbol{J}(\boldsymbol{r}')}{R}\,\mathrm{d}V'\right] \tag{4-28}$$

其中 ∇^2 是对场点坐标 (x, y, z) 的微分，而积分是对源点坐标进行的，因此可将算符 ∇^2 移入到积分号以内，即

$$\nabla^2 \boldsymbol{A}(\boldsymbol{r}) = \frac{\mu_0}{4\pi}\iiint_{V'} \nabla^2 \left[\frac{\boldsymbol{J}(\boldsymbol{r}')}{R}\right]\mathrm{d}V' \tag{4-29}$$

由于 $\boldsymbol{J}(\boldsymbol{r}')$ 与场点坐标变量无关，因此式(4-29)可改写为

$$\nabla^2 \boldsymbol{A}(\boldsymbol{r}) = \frac{\mu_0}{4\pi}\iiint_{V'} \boldsymbol{J}(\boldsymbol{r}')\,\nabla^2 \left(\frac{1}{R}\right)\mathrm{d}V' \tag{4-30}$$

式中 $\boldsymbol{r}$ 和 $\boldsymbol{r}'$ 分别是场点和源点的位置矢量，有以下两种可能的情况：

第一种情况是，场点 $P(x, y, z)$在电流分布区域 V'之外，即在 P 点，$\boldsymbol{J}=0$，这时 R 不可能是零。容易证明，$R\neq 0$ 时，$\nabla^2\left(\frac{1}{R}\right)=0$，式(4-30)变为

$$\nabla^2\boldsymbol{A}(\boldsymbol{r}) = 0 \tag{4-31}$$

第二种情况是，场点 $P(x, y, z)$在电流分布区域以内，在式(4-30)的积分过程中，总会有源点与场点重合的可能，即 $R=|\boldsymbol{r}-\boldsymbol{r}'|$要趋近于零，则式(4-30)的被积函数趋于无穷，使积分得不到确定的数值。这时可利用 δ 函数来计算积分的数值。将 $\nabla^2\frac{1}{R}=-4\pi\delta(\boldsymbol{r}-\boldsymbol{r}')$代入式(4-30)，便有

$$\nabla^2\boldsymbol{A}(\boldsymbol{r}) = -\mu_0\iiint_{V'}\boldsymbol{J}(\boldsymbol{r}')\delta(\boldsymbol{r}-\boldsymbol{r}')\,\mathrm{d}V'$$

根据 δ 函数的性质，得

$$\nabla^2\boldsymbol{A}(\boldsymbol{r}) = -\mu_0\boldsymbol{J}(\boldsymbol{r}) \tag{4-32}$$

式(4-32)称为矢量磁位的泊松方程。在电流密度 $\boldsymbol{J}=0$ 处(无源区)，矢量磁位满足拉普拉斯方程，即 $\nabla^2\boldsymbol{A}(\boldsymbol{r})=0$。$\nabla^2$ 是矢量拉普拉斯算符，在任一坐标系中，其展开较复杂，但在直角坐标系中，其可写成对各个分量的运算，即

$$\nabla^2\boldsymbol{A} = \boldsymbol{e}_x\nabla^2 A_x + \boldsymbol{e}_y\nabla^2 A_y + \boldsymbol{e}_z\nabla^2 A_z$$

从而可得到式(4-32)的分量形式：

$$\begin{cases}\nabla^2 A_x = -\mu_0 J_x \\ \nabla^2 A_y = -\mu_0 J_y \\ \nabla^2 A_z = -\mu_0 J_z\end{cases} \tag{4-33}$$

由上述推导过程可以看出，方程(4-32)的解就是式(4-20)，$\boldsymbol{A}$ 的各个分量分别是式(4-33)中各个标量泊松方程的解，即

$$\begin{cases}A_x = \dfrac{\mu_0}{4\pi}\displaystyle\iiint_{V'}\frac{J_x}{R}\,\mathrm{d}V' \\ A_y = \dfrac{\mu_0}{4\pi}\displaystyle\iiint_{V'}\frac{J_y}{R}\,\mathrm{d}V' \\ A_z = \dfrac{\mu_0}{4\pi}\displaystyle\iiint_{V'}\frac{J_z}{R}\,\mathrm{d}V'\end{cases} \tag{4-34}$$

4.2.3　安培环路定律

对式(4-19)两端取旋度，得

$$\nabla\times\boldsymbol{B} = \nabla\times\nabla\times\boldsymbol{A}$$

由矢量恒等式可得

$$\nabla\times\nabla\times\boldsymbol{A} = \nabla(\nabla\cdot\boldsymbol{A}) - \nabla^2\boldsymbol{A}$$

由式(4-27)、式(4-32)，可得到

$$\nabla\times\boldsymbol{B} = \mu_0\boldsymbol{J} \tag{4-35}$$

式(4-35)就是真空中安培环路定律的微分形式。它说明在真空中任一点磁感应强度 $\boldsymbol{B}$ 的旋度等于该点的体电流密度与真空磁导率的乘积；在体电流密度等于零的点上，$\boldsymbol{B}$ 的

旋度等于零。因为 $\boldsymbol{B}$ 的旋度不恒为零，所以，恒定磁场是一个具有涡旋源的场，其涡旋源是电流。磁场的这个性质与静电场是根本不同的。把式(4-35)两端在任意面积上作面积分，则有

$$\iint_S \nabla\times\boldsymbol{B}\cdot d\boldsymbol{S}=\mu_0\iint_S \boldsymbol{J}\cdot d\boldsymbol{S}$$

应用斯托克斯定理，可变为

$$\oint_l \boldsymbol{B}\cdot d\boldsymbol{l}=\mu_0 I \tag{4-36}$$

式(4-36)就是真空中安培环路定律的积分形式。它的意义是：磁感应强度 $\boldsymbol{B}$ 沿任一闭合路径的线积分(环量)等于这个闭合路径所交链的总电流的 μ_0 倍。总电流 I 等于闭合路径 l 所交链的各个电流的代数和，与 l 的环绕方向成右手螺旋关系的电流取正值，反之取负值。可以将式(4-36)写成一般形式，即

$$\oint_l \boldsymbol{B}\cdot d\boldsymbol{l}=\mu_0\sum I \tag{4-37}$$

可用安培环路微分形式，从磁场求电流分布；对于对称分布的电流，可利用安培环路积分形式，从电流求出磁感应强度。

以上从毕奥—萨伐尔定律出发，得到了真空中恒定磁场的源和场所满足的方程，将这些方程集中重写如下：

$$\oint_l \boldsymbol{B}\cdot d\boldsymbol{l}=\mu_0 I,\quad \nabla\times\boldsymbol{B}=\mu_0\boldsymbol{J}$$

$$\oint_S \boldsymbol{B}\cdot d\boldsymbol{S}=0,\quad \nabla\cdot\boldsymbol{B}=0$$

这组方程决定了磁场的无散有旋性质。恒定磁场方程的积分形式表示任一空间区域中的磁场和电流的关系，而微分形式表示在空间任一点上磁场的变化与该点电流密度的关系。这一关系说明：恒定磁场在空间只可能有涡旋状的变化，没有发散状的变化；引起磁场在空间涡旋状变化的原因是电流，如果电流的分布确知的话，可以由这些关系得到磁场的分布，反之亦然。

【例4-3】 真空中有一半径为 a 的无限长圆柱形导线，导线中的电流密度为 J_0，方向沿导线轴线方向，求导线内、外的磁场。

解 由于电流分布具有对称性，且为无限长，如果取圆柱导线轴线为圆柱坐标系的 z 轴，电流沿 z 轴方向流动，磁场就仅与 r 有关，且为 $\boldsymbol{e}_\varphi$ 方向。作 z 轴为轴线、半径为 r 的圆环，如图4-5(a)所示。在轴圆环上，磁感应强度大小相等，方向沿圆环方向。磁感应强度对此圆环的线积分为

$$\oint_l \boldsymbol{B}\cdot d\boldsymbol{l}=B_\varphi 2\pi r$$

流过以此圆环为界的圆形截面的电流 I 与圆环半径有关，对 $r<a$，电流为

$$I=\iint_S \boldsymbol{J}\cdot d\boldsymbol{S}=J_0\pi r^2$$

对 $r\geqslant a$，电流为

$$I = J_0 \pi a^2$$

将以上结果代入安培环路定律，磁感应强度为

$$\boldsymbol{B} = \begin{cases} \boldsymbol{e}_\varphi \dfrac{\mu_0 J_0 r}{2} & (r < a) \\ \boldsymbol{e}_\varphi \dfrac{\mu_0 J_0 a^2}{2r} & (r \geqslant a) \end{cases}$$

图 4-5(b)给出了载流圆柱导线的磁场随半径的变化曲线。

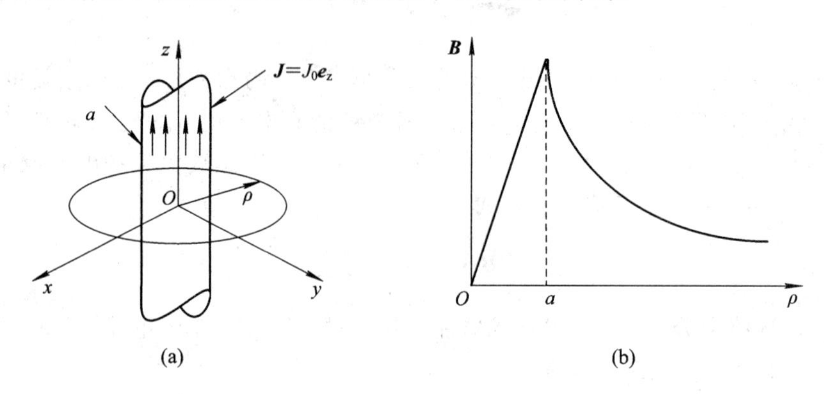

图 4-5　载流圆柱导线的磁场

(a) 圆环上的磁场；(b) 磁场与半径的关系

【例 4-4】 利用安培环路定律计算电流面密度为 $\boldsymbol{J}_S = J_{S0}\boldsymbol{e}_\varphi$ 的无限长螺线管中的磁场。

解　由于螺线管无限长，因此在螺线管中的磁场是均匀的，且方向沿轴向，在螺线管外的磁场为 0。如图 4-6 所示，取长为 L、宽为 H 的矩形闭合路径，利用安培环路定律有

$$\oint_l \boldsymbol{B} \cdot \mathrm{d}\boldsymbol{l} = \mu_0 I$$

上式左端的闭合积分路径分为 4 段，只有在螺线管内的一段线积分不为 0；上式右端为穿过闭合回路的电流，大小为 LJ_{S0}，因此 $B_z L = \mu_0 L J_{S0}$。

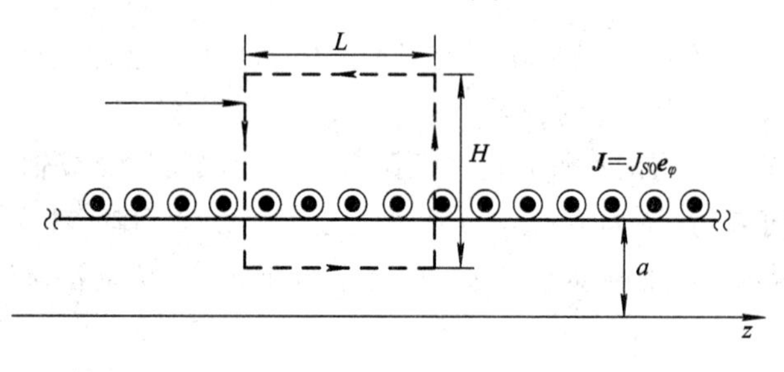

图 4-6　无限长螺线管的磁场

由此得无限长螺线管中的磁场为

$$\boldsymbol{B} = \mu_0 J_{S0} \boldsymbol{e}_z$$

4.3 磁偶极子

考虑半径为 a、通有电流 I 的圆形小线圈在远处所产生的磁感应强度。如图 4-7 所示，设圆形电流线圈位于 xOy 平面上，它的中心与坐标系原点重合。采用球坐标系计算远离线圈任一点 $P(r, \theta, \varphi)$的矢量磁位 **A**，然后由 $\boldsymbol{B}=\nabla\times\boldsymbol{A}$ 算出 $\boldsymbol{B}$。由于电流分布的轴对称性，因此矢量磁位 **A** 只有 A_φ 分量，A_φ 是 r 和 θ 的函数，与坐标 φ 无关。根据这一性质，可以将场点选取在 xOz 平面里，A_φ 与直角坐标的 A_y 分量一致，它是电流元 $I\,\mathrm{d}\boldsymbol{l}'$的量$a\,\mathrm{d}\varphi\cos\varphi$ 所产生的矢量磁位。在电流环上取源点，源点坐标为$(a, \pi/2, \varphi')$。根据式(4-20)有

$$A_\varphi=\frac{\mu_0}{4\pi}\int_0^{2\pi}\frac{Ia\ \cos\varphi}{R}\,\mathrm{d}\varphi \tag{4-38}$$

由于

$$\boldsymbol{r}=r\boldsymbol{e}_r=x\boldsymbol{e}_x+y\boldsymbol{e}_y+z\boldsymbol{e}_z$$

$$\boldsymbol{r}'=a\boldsymbol{e}_r=a(\cos\varphi\,\boldsymbol{e}_x+\sin\varphi\,\boldsymbol{e}_y)$$

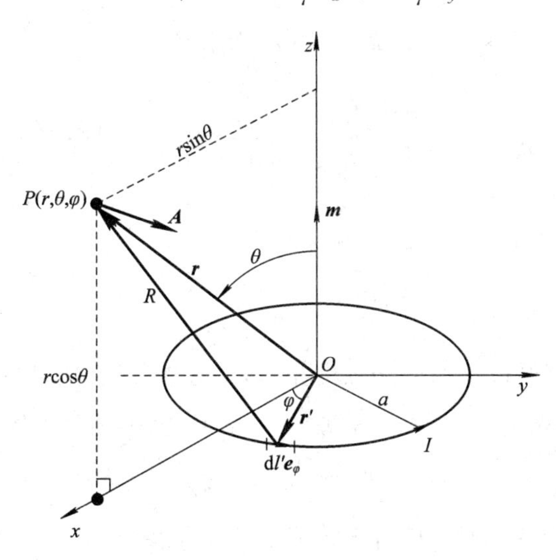

图 4-7 计算磁偶极子的场

场点到源点的距离 R 满足以下关系：

$$\boldsymbol{R}=\boldsymbol{r}-\boldsymbol{r}'=(x-a\ \cos\varphi)\boldsymbol{e}_x+(y-a\ \sin\varphi)\boldsymbol{e}_y+z\boldsymbol{e}_z$$

$$\begin{aligned}R^2&=(x-a\ \cos\varphi)^2+(y-a\ \sin\varphi)^2+z^2\\&=(r\ \cos\theta)^2+(a\ \sin\varphi)^2+(r\ \sin\theta-a\ \cos\varphi)^2\\&=r^2\left[1+\left(\frac{a}{r}\right)^2-2\,\frac{a}{r}\ \sin\theta\ \cos\varphi\right]\end{aligned}$$

$$\frac{1}{R}=\frac{1}{r}\left[1+\left(\frac{a}{r}\right)^2-2\,\frac{a}{r}\ \sin\theta\ \cos\varphi\right]^{-1/2}$$

因为 $r\gg a$，$\left(\frac{a}{r}\right)^2$ 可以略去，所以有

$$\frac{1}{R}\approx\frac{1}{r}\left(1-2\,\frac{a}{r}\ \sin\theta\ \cos\varphi\right)^{-1/2}$$

再用二项式定理把上式右端展开并略去高阶小量，得

$$\frac{1}{R} \approx \frac{1}{r}\left(1+\frac{a}{r}\sin\theta\cos\varphi\right) \tag{4-39}$$

将式(4－39)代入式(4－38)，即得

$$\begin{aligned} A_\varphi &= \frac{\mu_0}{4\pi}\int_0^{2\pi}\frac{Ia\cos\varphi}{R}\,d\varphi \\ &= \frac{\mu_0}{4\pi}\int_0^{2\pi} I\left[\frac{1}{r}\left(1+\frac{a}{r}\sin\theta\cos\varphi\right)\right]a\cos\varphi\,d\varphi \\ &= \frac{\mu_0 I\pi a^2}{4\pi r^2}\sin\theta \\ &= \frac{\mu_0 IS}{4\pi r^2}\sin\theta \qquad (r \gg a) \end{aligned}$$

即

$$\boldsymbol{A} = \boldsymbol{e}_\varphi \frac{\mu_0 IS}{4\pi r^2}\sin\theta \tag{4-40}$$

式中 $S=\pi a^2$ 是圆线圈的面积。应用 $\boldsymbol{B}=\nabla\times\boldsymbol{A}$ 可算出

$$\begin{aligned} \boldsymbol{B} = \nabla\times\boldsymbol{A} &= \frac{1}{r^2\sin\theta}\begin{vmatrix} \boldsymbol{e}_r & r\boldsymbol{e}_\theta & r\sin\theta\boldsymbol{e}_\varphi \\ \dfrac{\partial}{\partial r} & \dfrac{\partial}{\partial\theta} & \dfrac{\partial}{\partial\varphi} \\ A_r & rA_\theta & r\sin\theta A_\varphi \end{vmatrix} \\ &= \boldsymbol{e}_r\frac{\mu_0 IS\cos\theta}{2\pi r^3} + \boldsymbol{e}_\theta\frac{\mu_0 IS\sin\theta}{4\pi r^3} \end{aligned} \tag{4-41}$$

因为这一磁场与电偶极子的电场强度相似，所以将载有电流的小圆形环称为磁偶极子。比较式(4－41)中电流环在远处产生的磁感应强度和电偶极子在远处产生的电场，即

$$\boldsymbol{E} = \boldsymbol{e}_r\frac{ql\cos\theta}{2\pi\varepsilon_0 r^3} + \boldsymbol{e}_\theta\frac{ql\sin\theta}{4\pi\varepsilon_0 r^3}$$

可以看到，在 $r \gg a$ 的远距离处，它们的形式是相同的。绘出 **E** 线和 **B** 线，如图 4－8 所示，在远离电偶极子和磁偶极子的地方，**E** 线和 **B** 线的分布是相似的，只有在源附近，它们是有区别的，即磁力线通过电流环，而电力线终止于电荷。

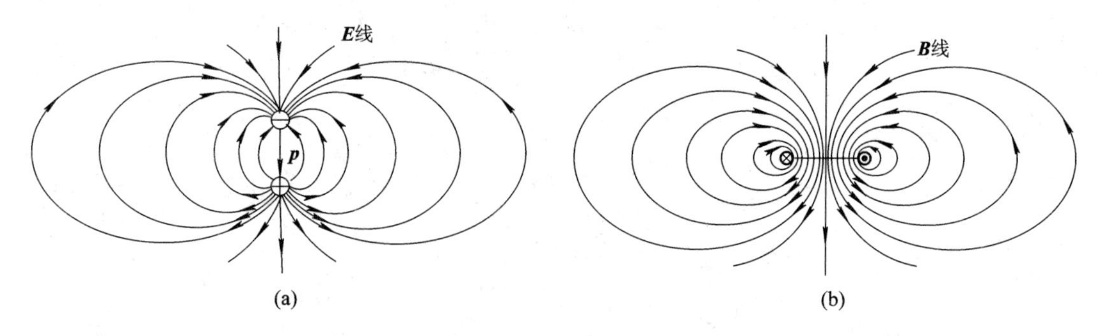

图 4－8　电偶极子和磁偶极子的远区场分布

(a) 电偶极子；(b)磁偶极子

仿照静电场中电偶极子的形式，也可取一个矢量

$$\boldsymbol{m} = I\boldsymbol{S} \tag{4-42}$$

$\boldsymbol{S}$ 的方向与电流方向成右手螺旋法则，与环路的法线方向一致，如图 4-9 所示。$\boldsymbol{m}$ 称为磁偶极子的磁矩，简称磁偶极矩。引入 $\boldsymbol{m}$ 后，式(4-40)可表示为

$$\boldsymbol{A} = \boldsymbol{e}_\varphi \frac{\mu_0 m \sin\theta}{4\pi r^2} \tag{4-43}$$

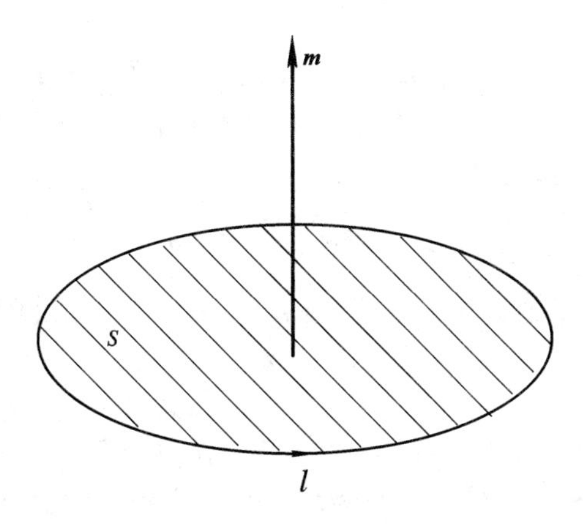

图 4-9　磁偶极矩

由图 4-9 可以看出，$\boldsymbol{m}=\boldsymbol{e}_z m$，由于

$$\boldsymbol{m}\times\boldsymbol{r} = \boldsymbol{e}_\varphi mr\sin\theta$$

因此

$$\boldsymbol{A} = \frac{\mu_0}{4\pi}\frac{\boldsymbol{m}\times\boldsymbol{r}}{r^3} \tag{4-44}$$

式(4-41)可表示为

$$\boldsymbol{B} = \boldsymbol{e}_r \frac{\mu_0 m \cos\theta}{2\pi r^3} + \boldsymbol{e}_\theta \frac{\mu_0 m \sin\theta}{4\pi r^3} \tag{4-45}$$

4.4　磁介质中的场方程

前几节讨论了真空中恒定磁场的基本规律。当空间存在磁介质时，磁介质在磁场的作用下要产生磁化，正如极化的电介质要产生电场，磁化的磁介质也产生磁场，它产生的磁场叠加在原来的磁场上，引起磁场的改变。现在讨论磁介质内部恒定磁场的基本规律。

4.4.1　磁化强度

由普通物理学可知，任何物质原子内部的电子总是绕原子核沿轨道作公转运动，同时还作自旋运动。电子运动时所产生的效应与回路电流所产生的效应相同。物质分子内所有电子对外部所产生的磁效应总和可用一个等效回路电流表示。这个等效回路电流称为分子电流，分子电流的磁矩叫做分子磁矩。

在外磁场的作用下，电子的运动状态要产生变化，这种现象称为物质的磁化，能引起磁化的物质叫磁介质。磁介质分为三类：抗磁性磁介质（如金、银、铜、石墨、锗、氯化钠

等)；顺磁性磁介质(如氮气、硫酸亚铁等)；铁磁性磁介质(如铁、镍、钴等)。这三类磁介质在外磁场的作用下，都要产生感应磁矩，且物质内部的固有磁矩沿外磁场方向取向。磁化介质可以看做是真空中沿一定方向排列的磁偶极子的集合。为了定量描述介质磁化程度的强弱，引入一宏观物理量——磁化强度，其定义为介质内单位体积内的分子磁矩，即

$$\boldsymbol{M}=\lim_{\Delta V\to 0}\frac{\sum_{k=0}^{N}\boldsymbol{m}_k}{\Delta V} \tag{4-46}$$

式中 $\boldsymbol{m}$ 是分子磁矩，求和是对体积元 ΔV 内的所有分子进行的。磁化强度 $\boldsymbol{M}$ 的单位是 A/m(安/米)。如果在磁化介质中体积元 ΔV 内，每一个分子磁矩的大小和方向全相同(都为 $\boldsymbol{m}$)，单位体积内的分子数是 N，则磁化强度为

$$\boldsymbol{M}=\frac{N\Delta V\boldsymbol{m}}{\Delta V}=N\boldsymbol{m} \tag{4-47}$$

物质磁化后，每个分子电流相当于一个磁偶极子，它在远处产生的矢量磁位为

$$\boldsymbol{A}=\frac{\mu_0}{4\pi}\frac{\boldsymbol{m}\times\boldsymbol{r}}{r^3}=\frac{\mu_0}{4\pi}\boldsymbol{m}\times\nabla\left(\frac{1}{r}\right) \tag{4-48}$$

在一般情况下，磁偶极子的中心不在原点而在点(x'，y'，z')，上式中的 r 应换成 $R=|\boldsymbol{r}-\boldsymbol{r}'|$。用 $\boldsymbol{A}_{1\mathrm{m}}$ 表示一个磁偶极子的矢量磁位，则式(4-48)可写为

$$\boldsymbol{A}_{1\mathrm{m}}=\frac{\mu_0}{4\pi}\boldsymbol{m}\times\nabla'\left(\frac{1}{R}\right) \tag{4-49}$$

下面计算一个体积为 V' 的被磁化了的磁介质在场点 $P(x, y, z)$ 所产生的矢量磁位。如图 4-10 所示，在体积 V' 内取体积元 $\mathrm{d}V'$，根据磁化强度的定义，$\mathrm{d}V'$ 内的磁矩是 $\boldsymbol{M}\,\mathrm{d}V'$，它在 P 点产生的矢量磁位是

$$\mathrm{d}\boldsymbol{A}_{\mathrm{m}}=\frac{\mu_0}{4\pi}\boldsymbol{M}\times\nabla'\left(\frac{1}{R}\right)\mathrm{d}V' \tag{4-50}$$

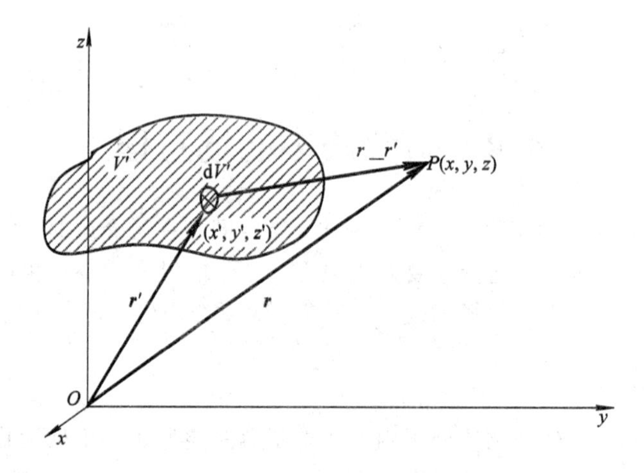

图 4-10 计算磁化物质产生的磁场

体积 V' 内所有的磁偶极子在点 P 处产生的矢位是

$$\boldsymbol{A}_{\mathrm{m}}=\frac{\mu_0}{4\pi}\iiint_{V'}\boldsymbol{M}\times\nabla'\left(\frac{1}{R}\right)\mathrm{d}V' \tag{4-51}$$

式(4-51)的微分和积分都是对源点坐标进行的，应用矢量恒等式

$$\nabla \times (g\boldsymbol{F}) = -\boldsymbol{F} \times \nabla g + g \nabla \times (\boldsymbol{F})$$

式(4-51)中的被积函数可写为

$$\boldsymbol{M} \times \nabla '\left(\frac{1}{R}\right) = \frac{1}{R} \nabla ' \times \boldsymbol{M} - \nabla ' \times \left(\frac{\boldsymbol{M}}{R}\right) \tag{4-52}$$

式(4-51)可变为

$$\boldsymbol{A}_{\mathrm{m}} = \frac{\mu_0}{4\pi} \iiint_{V'} \frac{\nabla ' \times \boldsymbol{M}}{R} \mathrm{d}V' - \frac{\mu_0}{4\pi} \iiint_{V'} \nabla ' \times \left(\frac{\boldsymbol{M}}{R}\right) \mathrm{d}V' \tag{4-53}$$

再利用矢量恒等式 $\oint\!\!\!\oint_S \boldsymbol{e}_{\mathrm{n}} \times \boldsymbol{A}\, \mathrm{d}S = \iiint_V \nabla \times \boldsymbol{A}\, \mathrm{d}V$，把式(4-53)中的第二项体积分变换成在限定体积 V' 的闭合面 S' 上的面积分，即

$$-\iiint_V \nabla ' \times \left(\frac{\boldsymbol{M}}{R}\right) \mathrm{d}V' = \oint\!\!\!\oint_{S'} \left(\frac{\boldsymbol{M}}{R}\right) \times \boldsymbol{e}_{\mathrm{n}} \mathrm{d}S'$$

式中 $\boldsymbol{e}_{\mathrm{n}}$ 是面积元的单位外法线方向矢量。于是，式(4-53)变为

$$\boldsymbol{A}_{\mathrm{m}} = \frac{\mu_0}{4\pi} \iiint_{V'} \frac{\nabla ' \times \boldsymbol{M}}{R} \mathrm{d}V' + \frac{\mu_0}{4\pi} \oint\!\!\!\oint_{S'} \frac{\boldsymbol{M} \times \boldsymbol{e}_{\mathrm{n}}}{R} \mathrm{d}S' \tag{4-54}$$

这是在磁介质外部一点 $P(x, y, z)$ 的矢量磁位。在磁化介质中和磁化介质表面分别定义磁化电流(体)密度 $\boldsymbol{J}_{\mathrm{m}}$ 和磁化电流面密度 $\boldsymbol{J}_{\mathrm{Sm}}$ 为

$$\boldsymbol{J}_{\mathrm{m}} = \nabla \times \boldsymbol{M} \tag{4-55}$$

$$\boldsymbol{J}_{\mathrm{Sm}} = \boldsymbol{M} \times \boldsymbol{e}_{\mathrm{n}} \tag{4-56}$$

式(4-55)略去了∇上的一撇，因为求旋度正是对磁化电流(体)密度 $\boldsymbol{J}_{\mathrm{m}}$ 的点进行的。将式(4-55)和式(4-56)代入式(4-54)可得

$$\boldsymbol{A}_{\mathrm{m}} = \frac{\mu_0}{4\pi} \iiint_{V'} \frac{\boldsymbol{J}_{\mathrm{m}}}{R} \mathrm{d}V' + \frac{\mu_0}{4\pi} \oint\!\!\!\oint_{S'} \frac{\boldsymbol{J}_{\mathrm{Sm}}}{R} \mathrm{d}S' \tag{4-57}$$

此式说明，磁介质产生的磁场就是磁化电流产生的磁场。也就是说，磁介质在磁场中发生磁化后，在介质中感应出了磁化体电流；在介质表面上感应出了磁化面电流。

4.4.2　磁化电流

磁介质被外磁场磁化以后，就可以看做是真空中的一系列磁偶极子。磁化介质产生的附加磁场实际上就是这些磁偶极子在真空中产生的磁场。磁化介质中由于分子磁矩的有序排列，在介质内部要产生某一个方向的净电流，在介质的表面也要产生宏观面电流。下面分析通过曲面 S 的磁化电流强度。设 S 为磁化介质内部的一个曲面，通过 S 面的电流强度就是单位时间内通过该面的电荷量，因而，在曲面 S 周围的分子电流有三种情况，如图 4-11(a)所示。第一种为分子的电子运动不穿过曲面 S，即分子环形电流不与曲面 S 相交，这种分子电流对流过曲面 S 的电流无贡献；第二种为分子环形电流正、反两次穿过曲面 S，互相抵消，这种分子电流对流过曲面 S 的电流也无贡献；第三种为分子环形电流只穿过曲面 S 一次，这种分子电流对流过曲面 S 的电流有贡献。显然，由于第三种分子环形电流只穿过曲面 S 一次，曲面的边缘线 l 一定穿过第三种分子电流环。也就是说，穿过曲面 S 的电流就是与该曲面的边缘线 l 相交的分子电流。

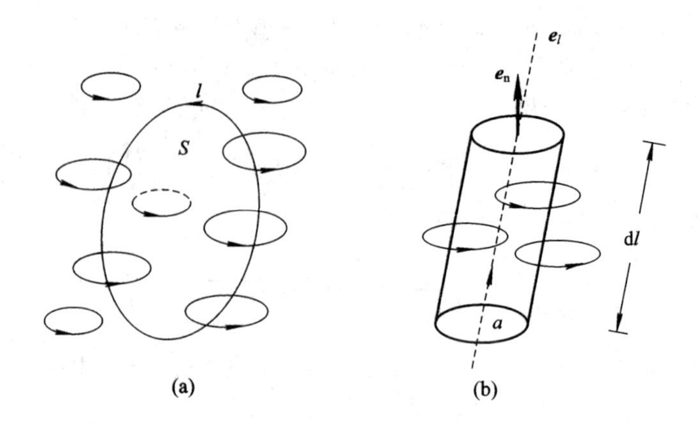

图 4-11 磁化电流示意图

为计算与曲面 S 的边缘线 l 相交的总分子电流，沿曲面 S 的边缘线 l 上取一个线元 $d\boldsymbol{l}$，以 a 表示分子电流环的面积，方向为 $\boldsymbol{e}_n$，以 $d\boldsymbol{l}$ 为中心取体积 $\Delta V=\boldsymbol{a}\cdot d\boldsymbol{l}$，如图 4-11(b)所示，那么中心在该体积 ΔV 中的分子电流环与微分线元 $d\boldsymbol{l}$ 相交，对曲面 S 上的电流有贡献。设 ΔV 体积内有 N 个分子电流环与微分线元 $d\boldsymbol{l}$ 相交，每个分子电流的大小是 i，对应的电流为

$$dI_m = Ni\Delta V = Ni\boldsymbol{a}\cdot d\boldsymbol{l} = N\boldsymbol{m}\cdot d\boldsymbol{l} = \boldsymbol{M}\cdot d\boldsymbol{l} \tag{4-58}$$

式中 $\boldsymbol{m}$ 是分子磁矩。从式(4-58)可知，当 $\boldsymbol{a}$ 与 $d\boldsymbol{l}$ 的夹角为锐角时，电流沿 S 面的法线方向流出；当其夹角为钝角时，电流逆着法向流进。因而，被 S 面的整个边界 l 穿过的分子电流环对 S 面贡献的总磁化电流，即穿过 S 面的总磁化电流为

$$I_m = \oint_l \boldsymbol{M}\cdot d\boldsymbol{l} \tag{4-59}$$

将磁化电流 I_m 用磁化电流密度 $\boldsymbol{J}_m$ 在曲面 S 上的积分表示，即

$$I_m = \iint_S \boldsymbol{J}_m\cdot d\boldsymbol{S} \tag{4-60}$$

使用斯托克斯定理，有

$$\iint_S \boldsymbol{J}_m\cdot d\boldsymbol{S} = \iint_S \nabla\times\boldsymbol{M}\cdot d\boldsymbol{S} \tag{4-61}$$

由于式(4-61)中，积分曲面 S 是任意的，因而有

$$\boldsymbol{J}_m = \nabla\times\boldsymbol{M}$$

这与式(4-55)相一致。

当然在磁介质的表面还存在磁化面电流 $\boldsymbol{J}_{Sm}$，其大小可由式(4-56)确定。

4.4.3 磁场强度

在外磁场的作用下，磁介质内部有磁化电流 $\boldsymbol{J}_m$ 和外加的电流 $\boldsymbol{J}$，它们都产生磁场，这时应将真空中的安培环路定律修正为下面的形式：

$$\nabla\times\boldsymbol{B} = \mu_0(\boldsymbol{J}+\boldsymbol{J}_m) \tag{4-62}$$

式中的 $\boldsymbol{B}$ 是磁介质内的合成磁场。将式(4-55)代入式(4-62)可得

$$\nabla\times\boldsymbol{B} = \mu_0(\boldsymbol{J}+\nabla\times\boldsymbol{M}) \tag{4-63}$$

或

$$\nabla \times \left(\frac{\boldsymbol{B}}{\mu_0} - \boldsymbol{M}\right) = \boldsymbol{J} \tag{4-64}$$

式中矢量 $\boldsymbol{B}/\mu_0 - \boldsymbol{M}$ 的旋度只与传导电流有关。取

$$\boldsymbol{H} = \frac{\boldsymbol{B}}{\mu_0} - \boldsymbol{M} \tag{4-65}$$

称为磁场强度，则

$$\boldsymbol{B} = \mu_0(\boldsymbol{H} + \boldsymbol{M}) \tag{4-66}$$

将式(4－66)代入式(4－64)得

$$\nabla \times \boldsymbol{H} = \boldsymbol{J} \tag{4-67}$$

这就是磁介质中安培环路定律的微分形式。它说明在磁介质中任一点上，磁场强度 $\boldsymbol{H}$ 的旋度等于该点的传导体电流密度。而且，该点上的 $\boldsymbol{H}$ 与 $\boldsymbol{J}$ 是正交的。根据旋度的概念和式(4－62)，磁感应强度 $\boldsymbol{B}$ 的涡旋源是磁化电流密度 $\boldsymbol{J}_m$ 和外加的传导电流密度 $\boldsymbol{J}$，而从式(4－67)可看出，磁场强度 $\boldsymbol{H}$ 的涡旋源只是传导体电流密度 $\boldsymbol{J}$。物质的磁性是从分子电流的观点来讨论的，磁感应强度 $\boldsymbol{B}$ 是基本物理量，而磁场强度 $\boldsymbol{H}$ 是辅助矢量。引进 $\boldsymbol{H}$ 后，给计算磁场带来了很大的方便，因为磁场强度 $\boldsymbol{H}$ 的旋度与磁化电流密度 $\boldsymbol{J}_m$ 无关，这就避免了考虑分子电流所引起的困难。

将式(4－67)两端在一个面积 S 上积分，得

$$\iint_S (\nabla \times \boldsymbol{H}) \cdot \mathrm{d}\boldsymbol{S} = \iint_S \boldsymbol{J} \cdot \mathrm{d}\boldsymbol{S} = I$$

再由斯托克斯定理，得

$$\oint_l \boldsymbol{H} \cdot \mathrm{d}\boldsymbol{l} = \iint_S \boldsymbol{J} \cdot \mathrm{d}\boldsymbol{S} = I \tag{4-68}$$

这就是磁介质中安培环路定律的积分形式。它说明磁场强度 $\boldsymbol{H}$ 沿任意闭合路径的线积分等于该闭合路径所包围的传导电流的代数和，与 l 的环绕方向成右手螺旋关系的电流取正值，反之取负值。由式(4－68)明显看出，$\boldsymbol{H}$ 的单位是安/米(A/m)。

4.4.4 磁导率

由于在磁介质中引入了辅助量磁场强度 $\boldsymbol{H}$，因此必须知道磁感应强度 $\boldsymbol{B}$ 与 $\boldsymbol{H}$ 之间的关系，才能最后解出磁感应强度 $\boldsymbol{B}$。$\boldsymbol{B}$ 和 $\boldsymbol{H}$ 的关系表示磁介质的磁化特性，由式(4－66)得

$$\boldsymbol{B} = \mu_0(\boldsymbol{H} + \boldsymbol{M})$$

为了便于测量等原因，常常使用磁化强度 $\boldsymbol{M}$ 与磁场强度 $\boldsymbol{H}$ 之间的关系来表征磁介质的特性。并按照 $\boldsymbol{M}$ 与 $\boldsymbol{H}$ 之间的不同关系，将磁介质分为各向同性与各向异性、线性与非线性、均匀与非均匀等类别。对于线性各向同性的均匀磁介质，$\boldsymbol{M}$ 与 $\boldsymbol{H}$ 之间的关系为

$$\boldsymbol{M} = \chi_m \boldsymbol{H} \tag{4-69}$$

式中 χ_m 是一个无量纲常数，称为磁化率。非线性磁介质的磁化率与磁场强度有关，非均匀介质的磁化率是空间位置的函数，各向异性介质的 $\boldsymbol{M}$ 与 $\boldsymbol{H}$ 的方向不在同一指向上。对于顺磁介质，$\chi_m > 0$；对于抗磁介质，$\chi_m < 0$；在真空中，$\chi_m = 0$。顺磁介质和抗磁介质这两类介质的 χ_m 约为 10^{-5} 量级。将式(4－69)代入式(4－66)得

$$\boldsymbol{B}=\mu_0(\boldsymbol{H}+\boldsymbol{M})=\mu_0(1+\chi_m)\boldsymbol{H}=\mu_0\mu_r\boldsymbol{H}=\mu\boldsymbol{H} \tag{4-70}$$

其中 $\mu_r=1+\chi_m$，是介质的相对磁导率，是一个无量纲数；$\mu=\mu_0\mu_r$ 是介质的磁导率，单位和真空磁导率 μ_0 相同，为亨/米(H/m)。

铁磁材料的 $\boldsymbol{B}$ 和 $\boldsymbol{H}$ 关系是非线性的，并且 $\boldsymbol{B}$ 不是 $\boldsymbol{H}$ 的单值函数，其磁化率 χ_m 的变化范围很大，可以达到 10^6 量级。

4.4.5 磁介质中恒定磁场基本方程

综上所述，磁介质中描述磁场的基本方程为

$$\begin{cases}\nabla\times\boldsymbol{H}=\boldsymbol{J}\\ \nabla\cdot\boldsymbol{B}=0\\ \boldsymbol{B}=\mu\boldsymbol{H}\end{cases} \tag{4-71}$$

式(4-71)是介质中恒定磁场方程的微分形式，其相应的积分形式为

$$\begin{cases}\displaystyle\oint_S\boldsymbol{B}\cdot\mathrm{d}\boldsymbol{S}=0\\ \displaystyle\oint_l\boldsymbol{H}\cdot\mathrm{d}\boldsymbol{l}=I\end{cases} \tag{4-72}$$

将式(4-70)代入式(4-67)，可得

$$\nabla\times\frac{\boldsymbol{B}}{\mu}=\frac{1}{\mu}\nabla\times\boldsymbol{B}-\boldsymbol{B}\times\nabla\frac{1}{\mu}=\boldsymbol{J}$$

即

$$\nabla\times\boldsymbol{B}=\mu\boldsymbol{J}+\mu\boldsymbol{B}\times\nabla\frac{1}{\mu} \tag{4-73}$$

式(4-73)中右边的第一项与自由电流密度成正比，而第二项与介质不均匀处的磁化电流密度成正比。对于均匀介质，第二项为0，磁感应强度的旋度为

$$\nabla\times\boldsymbol{B}=\mu\boldsymbol{J} \tag{4-74}$$

式(4-74)与真空中的对应方程形式一样，差别仅为介质参数不同。由于在介质中 $\nabla\cdot\boldsymbol{B}=0$，因此在介质中同样可以定义矢量磁位 $\boldsymbol{A}$，使 $\boldsymbol{B}=\nabla\times\boldsymbol{A}$。在线性均匀各向同性介质中，矢量磁位的微分方程是

$$\nabla^2\boldsymbol{A}=-\mu\boldsymbol{J} \tag{4-75}$$

【例 4-5】 设无限长同轴线的内导体半径为 a，外导体的内半径为 b，外导体的厚度忽略不计。两导体间充满磁导率为 μ 的均匀磁介质，如图 4-12 所示。若内、外导体分别通以大小都等于 I 但方向相反的电流，求各处的 $\boldsymbol{B}$ 和 $\boldsymbol{H}$。

解 因为同轴线是无限长，磁场的分布沿它的长度方向没有变化。所以，这是一个平行平面场，只需研究任一个横截面上的磁场。采用圆柱坐标系，设轴线与 z 轴重合，内导体中的电流 I 从纸面垂直流出，与 z 轴的正方向一致，外导体中的电流 I 沿 $-z$ 方向。由于导体截面是圆

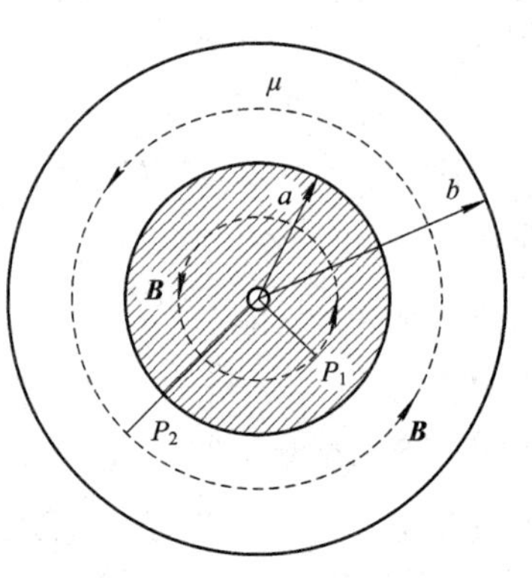

图 4-12　同轴线的磁场

的，因此电流产生的磁场为轴对称场，即 $\boldsymbol{B}$ 线和 $\boldsymbol{H}$ 线是中心位于导体轴线上的同心圆。根据上述所设的电流方向，同轴线内各点 $\boldsymbol{B}$ 和 $\boldsymbol{H}$ 的方向是 $\boldsymbol{e}_\varphi$ 方向。内导体中的磁场强度为

$$\oint_l \boldsymbol{H} \cdot \mathrm{d}\boldsymbol{l} = \iint_S \boldsymbol{J} \cdot \mathrm{d}\boldsymbol{S}$$

在内导体中取一半径为 r 的圆形回路，它必与 $\boldsymbol{H}$ 某一条线相重合，并使积分路径沿着 $\boldsymbol{H}$ 线的方向。同时由于对称性，路径上的 $\boldsymbol{H}$ 是常量。另外，在恒定电流的情况下，导体截面上的 $\boldsymbol{J}$ 是常量。因此上式变为

$$H \cdot 2\pi r = \frac{I}{\pi a^2} \cdot \pi r^2$$

即得到

$$\boldsymbol{H} = \boldsymbol{e}_\varphi \frac{Ir}{2\pi a^2} \qquad (r \leqslant a)$$

考虑导体中的磁导率为 μ_0，可得

$$\boldsymbol{B} = \mu_0 \boldsymbol{H} = \frac{\mu_0 Ir}{2\pi a^2} \qquad (r \leqslant a)$$

$$\boldsymbol{M} = \boldsymbol{0} \qquad (r \leqslant a)$$

采用同样的方法，可求得内外导体之间的磁场为

$$\boldsymbol{H} = \boldsymbol{e}_\varphi \frac{I}{2\pi r} \qquad (a \leqslant r \leqslant b)$$

$$\boldsymbol{B} = \mu \boldsymbol{H} = \boldsymbol{e}_\varphi \frac{\mu I}{2\pi r} \qquad (a \leqslant r \leqslant b)$$

$$\boldsymbol{M} = \boldsymbol{e}_\varphi \frac{\mu - \mu_0}{\mu_0} \frac{I}{2\pi r} \qquad (a \leqslant r \leqslant b)$$

在 $r>b$ 的空间内，因

$$\oint_l \boldsymbol{H} \cdot \mathrm{d}\boldsymbol{l} = I - I = 0$$

故由对称性可得

$$\boldsymbol{H} = \boldsymbol{0},\ \boldsymbol{B} = \boldsymbol{0},\ \boldsymbol{M} = \boldsymbol{0} \qquad (r > b)$$

4.5 恒定磁场的边界条件

在不同介质的分界面上，磁场是不连续的，$\boldsymbol{B}$ 和 $\boldsymbol{H}$ 在经过界面时会发生突变。可以由恒定磁场基本方程的积分形式导出恒定磁场的边界条件。

4.5.1 磁感应强度 B 的边界条件

如图 4-13 所示，在不同磁介质的分界面上作一个很小的柱形闭合面。它的顶面和底面分别在介质 1 和 2 中，且无限地靠近和平行于分界面，即柱面的高度 h 趋于零。假设分界面的法线方向的单位矢量为 $\boldsymbol{e}_\mathrm{n}$，由磁通连续性原理，即式(4-22)用于此闭合面上。因顶面和底面积 ΔS 很小，可以认为 ΔS 上各点的 $\boldsymbol{B}$ 相等，又由于 h 趋于零，则穿过侧面的通量可以忽略不计，因此

$$\oint_S \boldsymbol{B} \cdot \mathrm{d}\boldsymbol{S} = \iint_{\text{顶面}} \boldsymbol{B}_1 \cdot \mathrm{d}\boldsymbol{S} + \iint_{\text{底面}} \boldsymbol{B}_2 \cdot \mathrm{d}\boldsymbol{S}$$
$$= B_1 \cos\theta \Delta S - B_2 \cos\theta_2 \Delta S$$
$$= B_{1n} \Delta S - B_{2n} \Delta S$$
$$= 0$$

由此得

$$B_{1n} = B_{2n} \tag{4-76}$$

再写成矢量形式为

$$\boldsymbol{e}_n \cdot (\boldsymbol{B}_1 - \boldsymbol{B}_2) = 0 \tag{4-77}$$

式(4-77)说明在分界面上磁感应强度 $\boldsymbol{B}$ 的法向分量总是连续的。由于 $\boldsymbol{B}=\mu\boldsymbol{H}$，当 $\mu_1 \neq \mu_2$ 时，则 $H_{1n} \neq H_{2n}$，即磁场强度 $\boldsymbol{H}$ 的法向分量是不连续的。

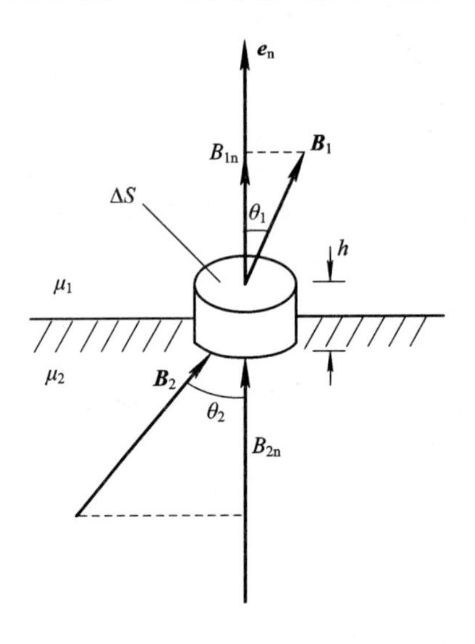

图 4-13 **B** 的边界条件

4.5.2 磁场强度 H 的边界条件

利用安培环路定律的积分形式

$$\oint_l \boldsymbol{H} \cdot \mathrm{d}\boldsymbol{l} = \iint_S \boldsymbol{J} \cdot \mathrm{d}\boldsymbol{S} = I$$

来分析磁场强度 $\boldsymbol{H}$ 的切线方向分量的边界条件。如图 4-14 所示，紧贴分界面两侧作一个很小的矩形闭合回路，回路的两边分别位于分界面的两侧，并设它所围的面积 S 与穿过它的传导电流方向垂直。由于 $\boldsymbol{H}$ 与 $\boldsymbol{J}$ 的正交性，分界面两侧的 $\boldsymbol{H}_1$ 和 $\boldsymbol{H}_2$ 也在 S 面上。矩形闭合路径的长度 Δl 很小，可以认为它上面的 $\boldsymbol{H}$ 是常量。宽度 h 趋于零，$\boldsymbol{H}$ 在它上面的积分值可以忽略不计。$S=h \cdot \Delta l$，它上面的传导电流密度也可以视为常量。令 $\boldsymbol{e}_n$ 为分界面上 Δl 中点处的法向单位矢量，因此，$\boldsymbol{H}$ 沿这个矩形闭合路径积分可得

$$H_1 \sin\theta_1 \Delta l - H_2 \sin\theta_2 \Delta l = Jh \cdot \Delta l$$

或者

$$H_{1t} - H_{2t} = J_S \tag{4-78}$$

即

$$\boldsymbol{e}_n \times (\boldsymbol{H}_1 - \boldsymbol{H}_2) = \boldsymbol{J}_S \tag{4-79}$$

式(4-78)说明当分界面上有传导面电流时，$\boldsymbol{H}$ 的切向分量是不连续的。显然，在这种情况下，$\boldsymbol{B}$ 的切向分量也不连续。在推导式(4-78)时，假设传导面电流 $\boldsymbol{J}_S$ 的方向与积分环绕方向成右手螺旋关系，即 $\boldsymbol{J}_S$ 的方向与积分路径所围面积 S 的法线方向一致。

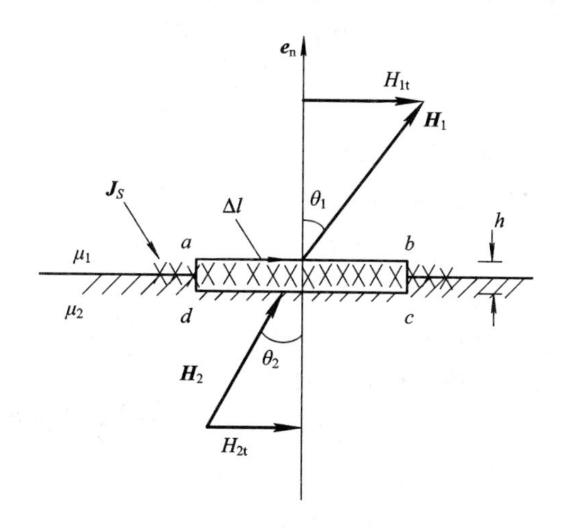

图 4-14　$\boldsymbol{H}$ 的边界条件

如果分界面没有传导电流，即 $\boldsymbol{J}_S=\mathbf{0}$，则

$$H_{1t}=H_{2t} \tag{4-80}$$

即

$$\boldsymbol{e}_n\times(\boldsymbol{H}_1-\boldsymbol{H}_2)=\mathbf{0} \tag{4-81}$$

值得指出的是，即使分界面上没有传导面电流，即满足 $H_{1t}=H_{2t}$时，$\boldsymbol{H}$ 的切向分量是连续的，但 $\boldsymbol{B}$ 的切向分量仍然不连续，即 $B_{1t}\neq B_{2t}$。

假如磁场 $\boldsymbol{B}_1$ 与法向 $\boldsymbol{e}_n$ 的夹角为 θ_1，$\boldsymbol{B}_2$ 与法向 $\boldsymbol{e}_n$ 的夹角为 θ_2，如图 4-14 所示，则式(4-80)和式(4-76)可写成

$$H_1\sin\theta_1=H_2\sin\theta_2 \tag{4-82}$$

$$B_1\cos\theta_1=B_2\cos\theta_2 \tag{4-83}$$

上述两式相除，并注意 $\boldsymbol{B}_1=\mu_1\boldsymbol{H}_1$，$\boldsymbol{B}_2=\mu_2\boldsymbol{H}_2$，得

$$\frac{\tan\theta_1}{\tan\theta_2}=\frac{\mu_1}{\mu_2} \tag{4-84}$$

这表明，磁力线在分界面上通常要改变方向。若介质 1 为铁磁材料，介质 2 为空气，此时，$\mu_1\gg\mu_2$，$\theta_1\gg\theta_2$，由式(4-76)得 $B_1\gg B_2$。

假如 $\mu_1=1000\,\mu_0$，$\mu_2=\mu_0$，在这种情形下，当 $\theta_1=87°$时，$\theta_2=1.09°$，$B_2/B_1=0.052$。由此可见，铁磁材料内部的磁感应强度远大于外部的磁感应强度。同时外部的磁力线几乎与铁磁材料表面垂直。

4.5.3　标量磁位及其边界条件

由方程 $\nabla\times\boldsymbol{H}=\boldsymbol{J}$ 可以看出，磁场不是无旋场。因此，一般说来，不能同静电场一样用一个标量位函数来表示磁场的特性。但是，因为在没有传导电流($\boldsymbol{J}=0$)的区域内，$\nabla\times\boldsymbol{H}=0$，所以在 $\boldsymbol{J}=0$ 的区域中，也可以假设

$$\boldsymbol{H}=-\nabla\phi_m \tag{4-85}$$

式中 ϕ_m 是一个标量位函数，称为标量磁位(简称磁标位)。磁标位的定义与静电场的电位定义 $\boldsymbol{E}=-\nabla\phi$ 相似，因而 ϕ_m 与 ϕ 有许多类似之处。例如，可以用等值面(称为等磁位面)形象地描述磁场；由梯度的概念，$\boldsymbol{H}$ 线应与等磁位面垂直。式(4-85)是表示 $\boldsymbol{H}$ 与 ϕ_m 之间的微分关系，它们之间的积分关系可仿照电位写出，即任一点 A 的磁标位是

$$\phi_m(A)=\int_A^{p_0}\boldsymbol{H}\cdot \mathrm{d}\boldsymbol{l}$$

式中 p_0 是磁标位的参考点。由此式可看出，ϕ_m 的单位是安培。

在均匀磁介质中，由 $\nabla\cdot\boldsymbol{B}=0$，$\boldsymbol{B}=\mu\boldsymbol{H}$ 及 $\boldsymbol{H}=-\nabla\phi_m$ 可以得出

$$\nabla\cdot\boldsymbol{B}=\nabla\cdot(\mu\boldsymbol{H})=-\mu\nabla\cdot(\nabla\phi_m)=0$$

即

$$\nabla^2\phi_m=0 \tag{4-86}$$

这是磁标位所满足的拉普拉斯方程。因此，在无电流区域中求解磁场问题时，可以用静电场中解拉普拉斯方程的方法计算 $\boldsymbol{B}$ 和 $\boldsymbol{H}$。

在没有传导电流的分界面上，$H_{1t}=H_{2t}$ 和 $B_{1n}=B_{2n}$ 可用标量磁位表示，分析方法同静电场电位的边界条件一样，可得到

$$\begin{cases}\phi_{m1}=\phi_{m2}\\ \mu_1\dfrac{\partial\phi_{m1}}{\partial n}=\mu_2\dfrac{\partial\phi_{m2}}{\partial n}\end{cases} \tag{4-87}$$

4.6 自感和互感

4.6.1 自感

若任一个单匝线圈回路 $\boldsymbol{l}$ 中的总传导电流为 I，其在空间产生的磁场与线圈中的电流成正比，则穿过该线圈所围面积的磁通量 Φ 也与电流成正比。如果把导线绕成 N 匝线圈，则总磁通量是各匝的磁通量之和，总磁通称为磁链，用 Ψ 表示。对于密绕线圈，可以近似认为各匝的磁通相等，则 $\Psi=N\Phi$。

在各向同性的线性磁介质中，如果磁场是由某一导线回路中的电流 I 产生的，则有下列各式：

$$\boldsymbol{B}=\frac{\mu_0 I}{4\pi}\oint_l\frac{\mathrm{d}\boldsymbol{l}\times\boldsymbol{R}}{R^3},\quad \Psi=\iint_S\boldsymbol{B}\cdot \mathrm{d}\boldsymbol{S}$$

$$\boldsymbol{A}=\frac{\mu_0 I}{4\pi}\oint_l\frac{\mathrm{d}\boldsymbol{l}}{R},\quad \Psi=\oint_l\boldsymbol{A}\cdot \mathrm{d}\boldsymbol{l}$$

可见 Ψ 和 I 成正比关系，即

$$\Psi=LI$$

或

$$L=\frac{\Psi}{I} \tag{4-88}$$

式(4-88)中回路的磁链 Ψ 和产生这个磁链的电流 I 的比值称为自感或自感系数 L，其单位是亨利(Henry)。

如果载流导线的截面积无限小，则在紧挨着导线的地方(即当 $R=|\boldsymbol{r}-\boldsymbol{r}'|$ 趋于零处)，

$\boldsymbol{B}$ 和 $\boldsymbol{A}$ 都趋于无穷大，因而穿过回路的磁链 Ψ 和自感 L 也都趋于无穷大，这显然是不符合实际的。因此，在推导自感 L 的公式时，必须注意到这一点，应考虑导线的截面为有限值。同时，还要把自感分为内自感和外自感。穿过导线内部的磁链称为内磁链，用 Ψ_i 表示，由内磁链算出的自感称为内自感 L_i。在计算内磁链时，认为电流均匀地通过横截面(实际情况也是这样)，其中的任一条磁感应线只交链导线中电流 I 的一部分。导线外部的磁链称为外磁链，用 Ψ_o 表示，由它计算的自感称为外自感 L_o。在计算外磁链时，为了避免它变为无穷大，假设电流集中在导线的几何轴线上，如图 4－15 中的 l_0，而把导线的内侧边线 l 看做是回路的边界。这样，外磁链 Ψ_o 就等于 $\boldsymbol{B}$ 在所围面积 S 上的面积分，或者等于 $\boldsymbol{A}$ 沿 l 的闭合线积分。图 4－15 中，l_0 上的电流 I 在 l 上任一点产生的矢量磁位为

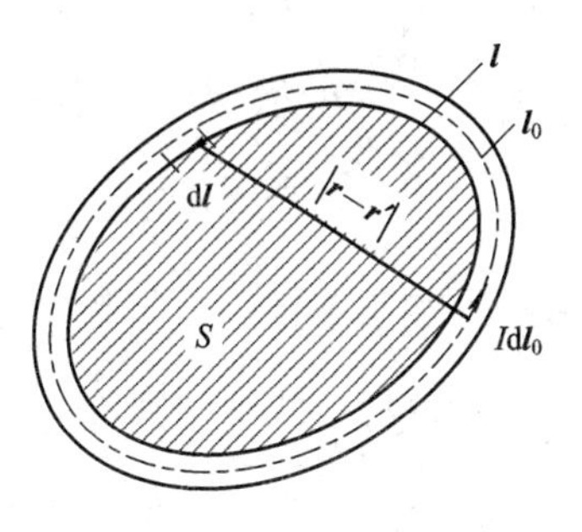

图 4－15 外电感示意图

$$\boldsymbol{A}=\frac{\mu_0 I}{4\pi}\oint_{l_0}\frac{\mathrm{d}\boldsymbol{l}_0}{R}$$

穿过以 l 为边界的面积上的磁链为

$$\Psi_o=\oint_l \boldsymbol{A}\cdot\mathrm{d}\boldsymbol{l}=\frac{\mu_0 I}{4\pi}\oint_l\oint_{l_0}\frac{\mathrm{d}\boldsymbol{l}_0\cdot\mathrm{d}\boldsymbol{l}}{R}$$

由自感的定义式得

$$L_o=\frac{\Psi_0}{I}=\frac{\mu_0}{4\pi}\oint_l\oint_{l_0}\frac{\mathrm{d}\boldsymbol{l}_0\cdot\mathrm{d}\boldsymbol{l}}{R} \tag{4-89}$$

这就是计算单匝线圈外自感的一般公式。如果是 N 匝线圈而且是密绕的，则它的外自感就是式(4－89)的结果乘以匝数 N。式(4－89)称为计算外自感的诺埃曼(Neumann)公式。从此式可以看出，自感仅与线圈的几何形状、尺寸及介质的磁导率有关，而与线圈中的电流无关。

【例 4－6】 设同轴线的内导线半径为 a，外导体的内半径为 b，外导体的厚度忽略不计，它的横截面如图4－16 所示。再设同轴线所用材料的磁导率都等于 μ_0(H/m)。试计算同轴线单位长度的总自感。

解 设内、外导体分别通以大小相等方向相反的电流 I。在例 4－5 中，已用安培环路定律求得了各部分的磁感应强度，即

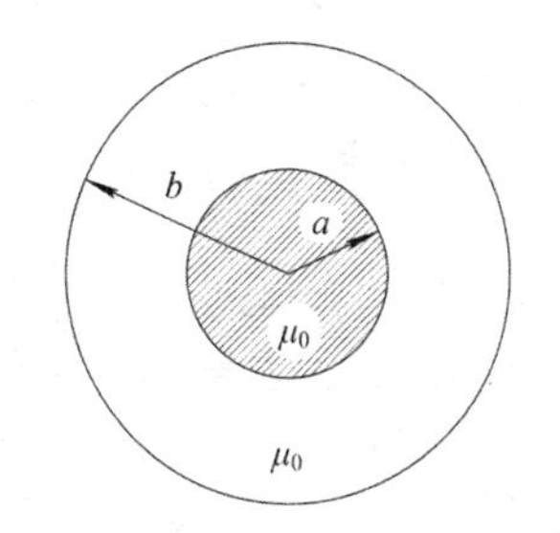

图 4－16 计算同轴线的总自感

$$\boldsymbol{B}=\frac{\mu_0 I}{2\pi a^2}r\boldsymbol{e}_\varphi \qquad (0\leqslant r\leqslant a)$$

和

$$\boldsymbol{B}=\frac{\mu_0 I}{2\pi r}\boldsymbol{e}_\varphi \qquad (a\leqslant r\leqslant b)$$

在外导体中也有磁场，因为假设厚度忽略不计，所以磁通可以认为近似等于零，这部分内自感也就不需要考虑了。另外，在外导体以外的空间没有磁场。

在 $0\leqslant r\leqslant a$ 时，穿过宽度为 $\mathrm{d}r$、沿轴向长度为 1 的矩形面积元的磁通是

$$d\Phi_i = \boldsymbol{B}_i d\boldsymbol{S} = \frac{\mu_0 I'}{2\pi a^2} r\, dr$$

这里要注意的是，与 $d\Phi_i$ 这一部分磁通相交链的电流不是导体中的全部电流 I，而只是它的一部分 I'，I' 与 I 的关系是

$$I' = J\pi r^2 = \frac{I}{\pi a^2}\pi r^2 = \frac{r^2}{a^2} I$$

其中 $\frac{r^2}{a^2}$ 相当于 $d\Phi_i$ 所交链的匝数 N，即 $N=\frac{r^2}{a^2}$。显然在 $r=a$ 处 $N=1$(匝)，因为导体表面附近的磁感应线交链着全部电流 I，所以

$$d\Psi_i = N\, d\Phi_i = \frac{r^2}{a^2} \cdot \frac{\mu_0 I}{2\pi a^2} r\, dr = \frac{\mu_0 I}{2\pi a^4} r^3\, dr$$

导体内单位长度的磁链为

$$\Psi_i = \int d\Psi_i = \frac{\mu_0 I}{2\pi a^4} \int_0^a r^3\, dr = \frac{\mu_0 I}{8\pi}$$

同轴线单位长度内自感为

$$L_i = \frac{\Psi_i}{I} = \frac{\mu_0}{8\pi}$$

L_i 与内导体的半径无关，它适用于所有圆截面直导线。

而在绝缘层中($a \leqslant r \leqslant b$)的磁链，就是外磁链，它的数值是

$$\Psi_o = \int_a^b \frac{\mu_0 I}{2\pi r} \cdot dr = \frac{\mu_0 I}{2\pi} \ln \frac{b}{a}$$

同轴线单位长度外自感为

$$L_o = \frac{\Psi_o}{I} = \frac{\mu_0}{2\pi} \ln \frac{b}{a}$$

同轴线单位长度的总自感等于内、外自感之和，即

$$L = L_i + L_o = \frac{\mu_0}{8\pi} + \frac{\mu_0}{2\pi} \ln \frac{b}{a}$$

4.6.2　互感

图 4-17 中有两个彼此靠近的导线回路。如果第一个回路中有电流 I_1 通过，则这一电流所产生的磁力线，除了要穿过本回路外，还将有一部分与第二个回路相交链。由回路电流 I_1 所产生而和回路 2 相交链的磁链，称为互感磁链，以 Ψ_{12} 表示。显然 Ψ_{12} 与 I_1 成正比，即

$$\Psi_{12} = M_{12} I_1$$

其中

$$M_{12} = \frac{\Psi_{12}}{I_1} \tag{4-90}$$

M_{12} 是比例系数，称为回路 1 对回路 2 的互感(或互感系数)。同理，回路 2 对回路 1 的互感 M_{21} 应为

$$M_{21} = \frac{\Psi_{21}}{I_2} \tag{4-91}$$

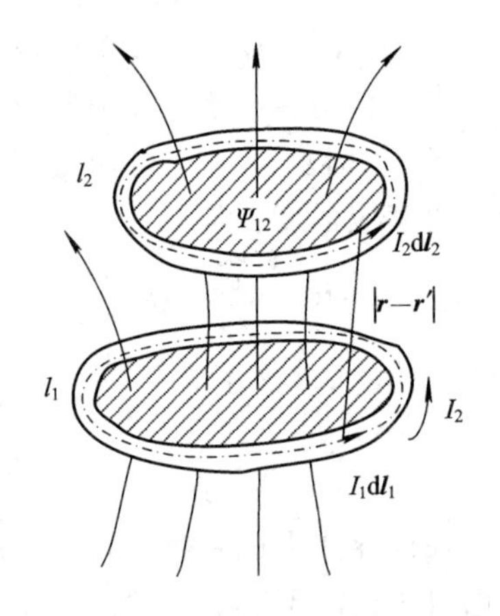

图 4-17　两回路之间的互感

设导线和周围磁介质的磁导率都是 μ_0，第一个回路中的电流 I_1 在第二个回路 l_2 上的矢量磁位为

$$\boldsymbol{A}_{12}=\oint_{l_1}\frac{\mu_0 I_1\,\mathrm{d}\boldsymbol{l}_1}{4\pi R}$$

则穿过第二回路的互感磁链为

$$\begin{aligned}\Psi_{12}&=\oint_{l_2}\boldsymbol{A}_{12}\cdot\mathrm{d}\boldsymbol{l}_2\\&=\frac{\mu_0 I_1}{4\pi}\oint_{l_2}\oint_{l_1}\frac{\mathrm{d}\boldsymbol{l}_1\cdot\mathrm{d}\boldsymbol{l}_2}{R}\end{aligned}$$

所以回路 1 对回路 2 的互感为

$$M_{12}=\frac{\Psi_{12}}{I_1}=\frac{\mu_0}{4\pi}\oint_{l_2}\oint_{l_1}\frac{\mathrm{d}\boldsymbol{l}_1\cdot\mathrm{d}\boldsymbol{l}_2}{R}\tag{4-92}$$

同理，可求得回路 2 对回路 1 的互感，即

$$M_{21}=\frac{\Psi_{21}}{I_2}=\frac{\mu_0}{4\pi}\oint_{l_1}\oint_{l_2}\frac{\mathrm{d}\boldsymbol{l}_2\cdot\mathrm{d}\boldsymbol{l}_1}{R}\tag{4-93}$$

式(4－92)和式(4－93)中的 l_1 和 l_2 分别是回路 1 和 2 的几何轴线，R 是 $\mathrm{d}\boldsymbol{l}_1$ 与 $\mathrm{d}\boldsymbol{l}_2$ 所在点之间的距离，如图 4－17 所示。互感的计算公式 (4－92)和 (4－93)称为计算互感的诺埃曼(Neumann)公式。比较两式可知

$$M_{12}=M_{21}=M\tag{4-94}$$

这说明互感具有互易性，互感的大小只与两导线回路的几何形状、尺寸、相对位置及介质磁导率有关，而与回路中的电流无关。

从理论上讲，诺埃曼(Neumann)公式提供了计算回路自感或互感的一般方法，但在实际计算中常常导致十分复杂的积分。如果由电流分布可比较容易求出磁场，即用安培环路定律求得 $\boldsymbol{B}$，再用公式 $L_0=\dfrac{\Psi_0}{I}=\dfrac{1}{I}\iint_S\boldsymbol{B}\cdot\mathrm{d}\boldsymbol{S}$ 或 $M_{12}=\dfrac{\Psi_{12}}{I_1}=\dfrac{1}{I_1}\iint_S\boldsymbol{B}\cdot\mathrm{d}\boldsymbol{S}$ 进行计算往往要简单些。

4.7 磁场的能量和能量密度

4.7.1 磁场的能量

电流回路在恒定磁场中要受到作用力而产生运动，说明磁场中储存着能量。如果这个磁场是由另外的一个或几个恒定电流回路所产生的，那么磁场的能量就一定是在这些恒定电流的建立过程中，由外电源提供的。为简便起见，先讨论两个电流回路产生的磁场能量。假设在真空中有两个导线回路 l_1 和 l_2，在时间 $t=0$ 时，两回路中的电流 $i_1=i_2=0$，随着时间的增加，外电源作功使 i_1 和 i_2 逐渐增加到最后的恒定值 I_1 和 I_2。同时，空间各点的磁场也由零逐渐增加到最后的恒定值。根据能量守恒定律，各外电源所作功的总和应等于恒定磁场的能量。假设上述过程分两步完成：第一步，维持 i_2 等于零，使 i_1 从零增加到 I_1；

第二步，维持 I_1 不变，再使 i_2 从零增加到 I_2。对于第一步，如图 4-18 所示，当 i_1 在 $\mathrm{d}t$ 时间内有增量 $\mathrm{d}i_1$ 时，周围的磁场也随之增加。于是，在 l_1 中将产生一个自感电动势，即

$$\mathscr{E}_{11}=-\frac{\mathrm{d}\Psi_{11}}{\mathrm{d}t}$$

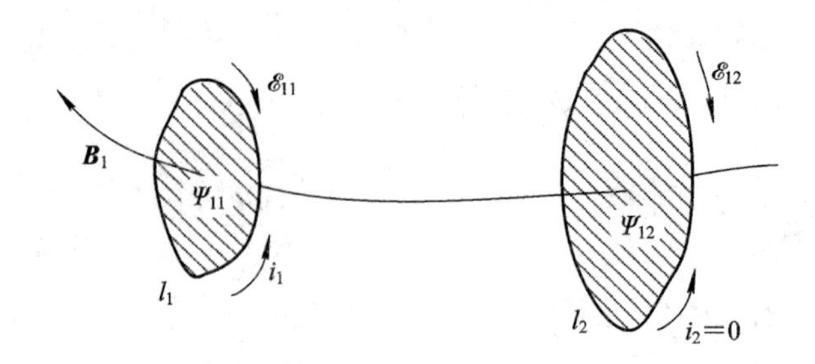

图 4-18 维持 $i_2=0$，使 $i_1\to I_1$ 时外电源所作的功

Ψ_{11}是由 i_1 所产生的又穿过 l_1 回路的磁链，它的变化产生一个与 i_1 方向相反的感应电流以抵抗 i_1 的增加。因此，必须在 l_1 中加一个电压$-\mathscr{E}$，去抵消自感电动势 $\mathscr{E}_{11}$，才能使 l_1 中的电流增加 $\mathrm{d}i_1$。这样，在 $\mathrm{d}t$ 时间内，外电源作功为

$$\mathrm{d}W_1=-\mathscr{E}_{11}i_1\,\mathrm{d}t=\frac{\mathrm{d}\Psi_{11}}{\mathrm{d}t}i_1\,\mathrm{d}t=i_1\Psi_{11}$$

因为 $\Psi_{11}=L_1i_1$，所以 $\mathrm{d}\Psi_{11}=L_1\,\mathrm{d}i_1$（$L_1$ 是回路 l_1 的自感），代入上式即得

$$\mathrm{d}W_1=L_1i_1\,\mathrm{d}i_1$$

在 i_1 从零增加到恒定值 I_1 的过程中，外电源所作的功为

$$W_1=\int_0^{I_1}L_1i_1\,\mathrm{d}i_1=\frac{1}{2}L_1I_1^2 \tag{4-95}$$

由于 i_1 产生的磁场要影响到附近的 l_2 回路，即当 i_1 在时间 $\mathrm{d}t$ 内有增量 $\mathrm{d}i_1$ 时，还要在 l_2 中产生一个互感电动势 $\mathscr{E}_{12}=-\dfrac{\mathrm{d}\Psi_{12}}{\mathrm{d}t}$（$\Psi_{12}$是由 i_1 产生而穿过 l_2 回路的磁链），从而在 l_2 中要产生感应电流。因此，为了维持 $i_2=0$，又必须在 l_2 中加一个电压$-\mathscr{E}_{12}$去抵消互感电动势 $\mathscr{E}_{12}$。但这个外加电压不作功，因为 i_2 始终是零。总之，使 i_1 从零增加到 I_1 时，外电源所作的功就是$\dfrac{1}{2}L_1I_1^2$，这个结果与有无 l_2 回路无关。

再看第二步，如图 4-19 所示，要维持 I_1 不再变化，并使 i_2 从零增加到恒定值 I_2，当 I_2 在 $\mathrm{d}t$ 时间有增量 $\mathrm{d}i_2$ 时，在 l_2 回路中要产生一个自感电动势 $\mathscr{E}_{22}$，而在回路 l_1 中要产生一个互感电动势 $\mathscr{E}_{21}$，它们分别是

$$\mathscr{E}_{22}=-\frac{\mathrm{d}\Psi_{22}}{\mathrm{d}t}=-L_2\frac{\mathrm{d}i_2}{\mathrm{d}t}$$

$$\mathscr{E}_{21}=-\frac{\mathrm{d}\Psi_{21}}{\mathrm{d}t}=-M\frac{\mathrm{d}i_2}{\mathrm{d}t}$$

为了维持 I_1 不变，必须在 l_1 中加一个电压$-\mathscr{E}_{21}$去抵消由于 i_2 变化所产生的互感电动势。

同时，为了使 i_2 能够增加 $\mathrm{d}i_2$，必须在 l_2 中加一个电压$-\mathscr{E}_{22}$去抵消自感电动势。总之，

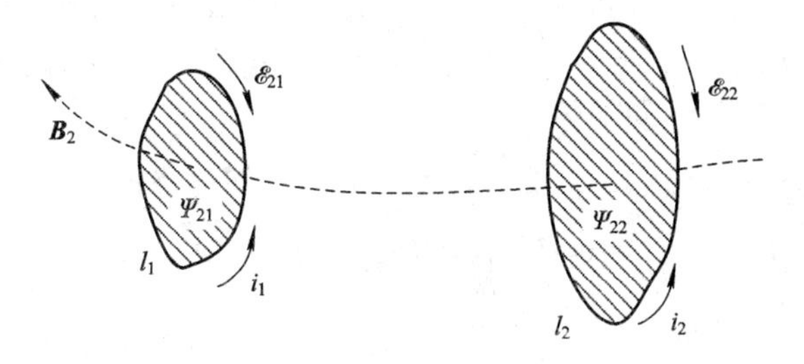

图 4-19 维持 I_1 不变，使 $i_2 \to I_2$ 时外电源所作的功

在 dt 时间内，外电源在两个回路中所作的功分别是

$$dW_{21} = -\mathscr{E}_{21} I_1 \, dt = MI_1 \, di_2$$

$$dW_2 = -\mathscr{E}_{22} i_2 \, dt = L_2 i_2 \, di_2$$

这样，维持 I_1 不变，并使 i_2 从零增加到恒定值 I_2 的过程中，外电源所作的功为

$$\begin{aligned} W_{21} + W_2 &= \int dW_{21} + \int dW_2 \\ &= \int_0^{I_2} MI_1 \, di_2 + \int_0^{I_2} L_2 i_2 \, di_2 \\ &= MI_1 I_2 + \frac{1}{2} L_2 I_2^2 \end{aligned} \tag{4-96}$$

综上所述，在 l_1 和 l_2 两个回路中建立起恒定电流 I_1 和 I_2 的过程中，外电源所作的总功就等于式(4-95)与式(4-96)两者之和。根据能量守恒定律，所作的全部功都转换为两个恒定电流回路系统的磁场中的能量，即

$$W_m = MI_1 I_2 + \frac{1}{2} L_1 I_1^2 + \frac{1}{2} L_2 I_2^2 \tag{4-97}$$

可以把式(4-97)改写成以下形式：

$$\begin{aligned} W_m &= \frac{1}{2} I_1 (MI_2 + L_1 I_1) + \frac{1}{2} I_2 (L_2 I_2 + MI_1) \\ &= \frac{1}{2} I_1 (\Psi_{11} + \Psi_{21}) + \frac{1}{2} I_2 (\Psi_{22} + \Psi_{12}) \\ &= \frac{1}{2} I_1 \Psi_1 + \frac{1}{2} I_2 \Psi_2 \\ &= \frac{1}{2} \sum_{k=1}^{2} I_k \Psi_k \end{aligned} \tag{4-98}$$

式中的 Ψ_1 和 Ψ_2 分别是穿过回路 l_1 和 l_2 的总磁链(自感磁链与互感磁链之代数和)。如果空间有 N 个电流回路，则这个系统的磁场能量由式(4-98)推广得到

$$W_m = \frac{1}{2} \sum_{k=1}^{N} I_k \Psi_k \tag{4-99}$$

若已知各回路的电流和磁链，则由式(4-99)就可以计算出这些电流回路的磁场能量。

4.7.2 磁场能量密度

式(4-99)是计算 N 个电流回路系统总磁能的公式。这个公式容易给人一种印象，似乎磁能是集中在有电流的导体内和回路所包围的面积上。但实验指出，如果在这些回路之外再引入另外一个试探电流回路，它将受到作用力而运动。这说明，磁场能量储存于磁场存在的空间，即在磁场不为零的地方就存在磁能。因此，还必须从式(4－99)出发寻找磁能与磁场 $\boldsymbol{B}$、$\boldsymbol{H}$ 的关系。

在 N 个电流回路的磁场中，穿过第 k 个电流回路的总磁链可表示为

$$\Psi_k = \iint_{S_k} \boldsymbol{B} \cdot \mathrm{d}\boldsymbol{S} = \oint_{l_k} \boldsymbol{A} \cdot \mathrm{d}\boldsymbol{l} \tag{4-100}$$

式中的 l_k 是第 k 个回路的周长，S_k 是 l_k 所围的面积，$\boldsymbol{B}$、$\boldsymbol{A}$ 是所有电流(包括 I_k)所产生的。

将式(4－100)代入式(4－99)中，可得

$$W_{\mathrm{m}} = \frac{1}{2}\sum_{k=1}^{N} I_k \oint_{l_k} \boldsymbol{A} \cdot \mathrm{d}\boldsymbol{l} = \frac{1}{2}\sum_{k=1}^{N} \oint_{l_k} I_k \boldsymbol{A} \cdot \mathrm{d}\boldsymbol{l} \tag{4-101}$$

为了使磁场能量的表示式更有普遍性，设系统的电流分布在一个有限的体积 V' 内，可用 $\boldsymbol{J}\,\mathrm{d}V'$ 来代替 $I_k\,\mathrm{d}\boldsymbol{l}$，用体积分来代替式(4－101)中的线积分求和，则式(4－101)变为

$$W_{\mathrm{m}} = \frac{1}{2}\iiint_{V'} \boldsymbol{A} \cdot \boldsymbol{J}\,\mathrm{d}V' = \frac{1}{2}\iiint_{V'} \boldsymbol{A} \cdot (\nabla \times \boldsymbol{H})\,\mathrm{d}V' \tag{4-102}$$

在式(4－102)中利用了恒定磁场的安培环路定律 $\nabla \times \boldsymbol{H} = \boldsymbol{J}$，体积分区域可以由 V' 扩大到整个空间 V 而不会影响它的数值，因为在 V' 以外的区域里 $\boldsymbol{J}=\boldsymbol{0}$，这部分体积分的数值是零，所以式(4－102)可写成

$$W_{\mathrm{m}} = \frac{1}{2}\iiint_{V} \boldsymbol{A} \cdot (\nabla \times \boldsymbol{H})\,\mathrm{d}V \tag{4-103}$$

应用矢量恒等式 $\nabla \cdot (\boldsymbol{H} \times \boldsymbol{A}) = \boldsymbol{A} \cdot (\nabla \times \boldsymbol{H}) - \boldsymbol{H} \cdot \nabla \times \boldsymbol{A}$，又考虑到在恒定磁场中 $\nabla \times \boldsymbol{A} = \boldsymbol{B}$，代入式(4－103)得

$$W_{\mathrm{m}} = \frac{1}{2}\iiint_{V} \nabla \cdot (\boldsymbol{H} \times \boldsymbol{A})\,\mathrm{d}V + \frac{1}{2}\iiint_{V} \boldsymbol{H} \cdot \boldsymbol{B}\,\mathrm{d}V \tag{4-104}$$

但根据高斯散度定理，有

$$\frac{1}{2}\iiint_{V} \nabla \cdot (\boldsymbol{H} \times \boldsymbol{A})\,\mathrm{d}V = \frac{1}{2}\oint\!\!\!\oint_{S} (\boldsymbol{H} \times \boldsymbol{A}) \cdot \mathrm{d}\boldsymbol{S}$$

其中 S 是包围整个空间 V 的闭合面。由于 $\boldsymbol{H}$ 随 $\frac{1}{R^2}$ 变化，$\boldsymbol{A}$ 随 $\frac{1}{R}$ 变化，面积 S 随 R^2 变化，上述 R 是分布电流的 V' 内任一点到 S 上任一点的距离，因此式(4－104)中的面积分当 R 趋于无穷大时趋于零，式(4－104)变为

$$W_{\mathrm{m}} = \frac{1}{2}\int_{V} \boldsymbol{H} \cdot \boldsymbol{B}\,\mathrm{d}V \tag{4-105}$$

这里的积分范围是全部有磁场的空间。也就是说，凡是磁场不为零的空间都储存着磁场能量。由式(4－105)可得磁场能量体密度 w_{m} 的公式，即

$$w_{\mathrm{m}} = \frac{1}{2}\boldsymbol{H} \cdot \boldsymbol{B} \tag{4-106}$$

在各向同性的线性磁介质中，$\boldsymbol{B} = \mu\boldsymbol{H}$，则磁能密度的公式可写为

$$w_{\mathrm{m}} = \frac{1}{2}\mu H^2 \tag{4-107}$$

式(4－99)和式(4－105)是计算磁场能量的普遍公式。

【例 4－7】 一根长的同轴线，截面尺寸如图 4－20 所示。所有材料的磁导率都等于 μ_0

(H/m)。内、外导体在两端闭合形成回路，并通有恒定电流 I_0，求单位长度储存的磁能并由此求出单位长度的自感。

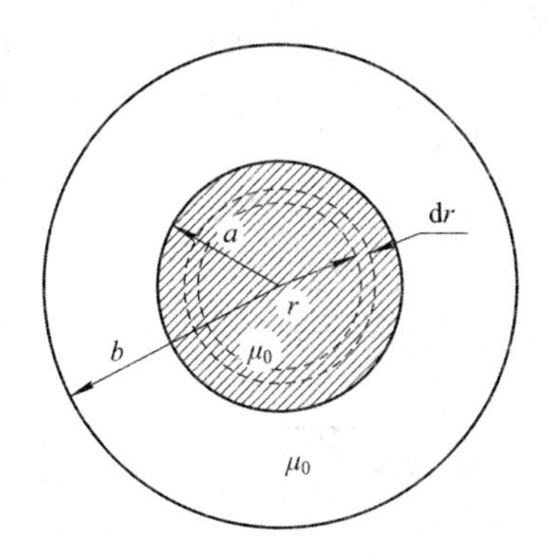

图 4-20　计算同轴线单位长度所储磁能

解　同轴线中磁场强度为

$$H_1 = \frac{I}{2\pi a^2} r \qquad (0 \leqslant r \leqslant a)$$

$$H_2 = \frac{I}{2\pi r} \qquad (a \leqslant r \leqslant b)$$

同轴线单位长度所储磁能为

$$\begin{aligned} W_m &= \frac{1}{2}\int_0^a \mu_0 \left(\frac{Ir}{2\pi a^2}\right)^2 \cdot 2\pi r\,\mathrm{d}r + \frac{1}{2}\int_a^b \mu_0 \left(\frac{I}{2\pi r}\right)^2 \cdot 2\pi r\,\mathrm{d}r \\ &= \frac{\mu_0 I^2}{16\pi} + \frac{\mu_0 I^2}{4\pi} \ln \frac{b}{a} \end{aligned}$$

因为

$$W_m = \frac{1}{2} L I^2 = \frac{1}{2}(L_i + L_o) I^2$$

所以

$$L = \frac{\mu_0}{8\pi} + \frac{\mu_0}{2\pi} \ln \frac{b}{a}$$

这与例 4-6 计算的结果相同。

本章小结

恒定磁场的许多公式在形式上与静电场相似，但在物理概念上又存在本质区别。在学习中，要正确地进行分析比较，将静电场中分析求解问题的方法和所得到的一些结论推广应用到恒定磁场中。这样，既能学好恒定磁场，又能巩固和加深对静电场的理解和掌握。

1. 本章是从基本实验定律——安培定律、毕奥—萨伐尔定律出发，导出恒定磁场微分形式及积分形式的两个基本方程(描述恒定磁场有旋性和无散性的两个基本性质)，其微分形式则是磁场的旋度及散度方程。

2. 由于磁场的无散性，因而引入了矢量磁位 $\mathbf{A}$，且 $\nabla \times \mathbf{A} = \boldsymbol{B}$，并建立了 $\mathbf{A}$ 的微分方程 $\nabla^2 \mathbf{A} = -\mu \boldsymbol{J}$。

3. 由于在没有电流的区域$\nabla\times\boldsymbol{H}=\mathbf{0}$，因而引入了标量磁位$\phi_m$，且$\boldsymbol{H}=-\nabla\phi_m$，并建立了$\phi_m$的拉普拉斯方程$\nabla^2\phi_m=0$。

4. 利用基本方程的积分形式，得到了恒定磁场的边界条件。

5. 磁偶极子、介质磁化以及自电感L、互电感M也是本章的重要内容。

* **知识结构图**

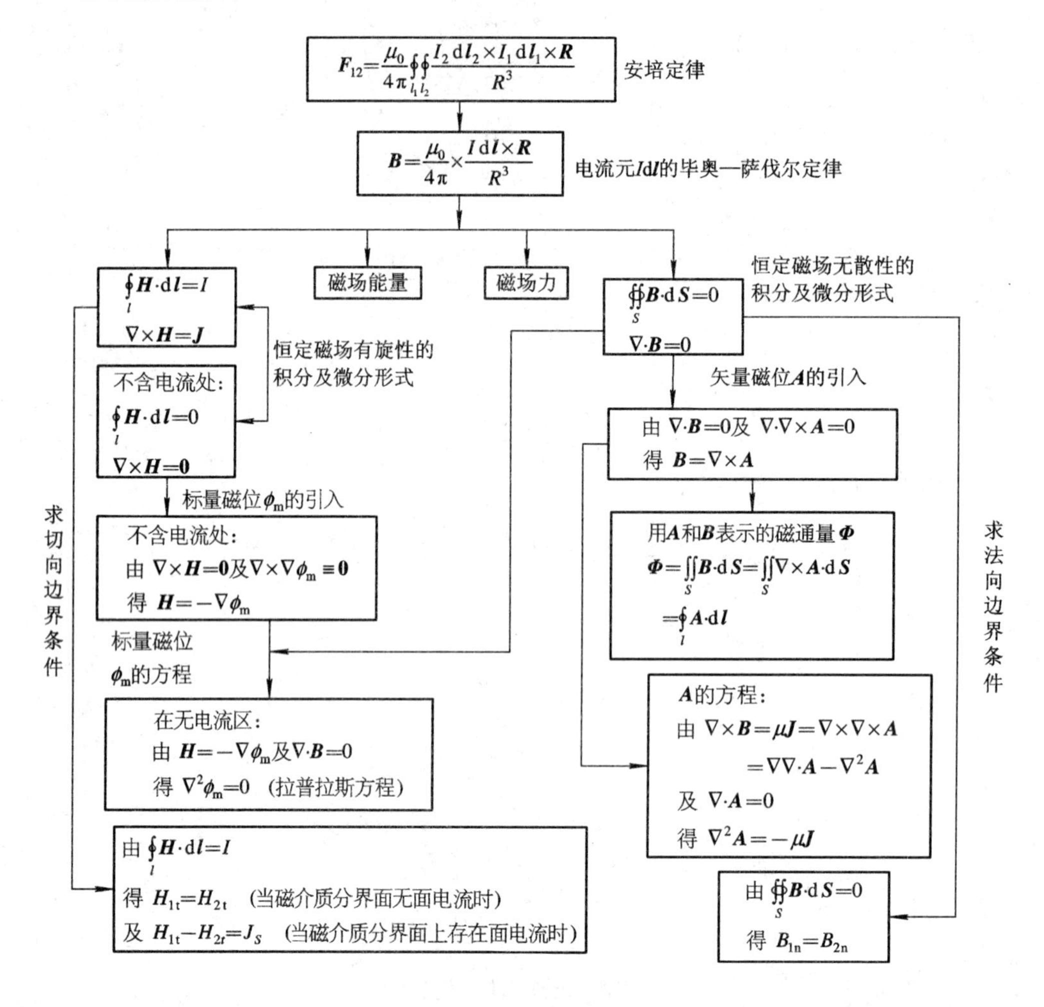

习　题

4.1 一个正n边形(边长为a)线圈中通过的电流为I，试证明此线圈中心的磁感应强度为

$$B=\frac{\mu_0 nI}{2\pi a}\tan\frac{\pi}{n}$$

4.2 求载流为I、半径为a的圆形导线中心的磁感应强度。

4.3 一个载流为 I_1 的长直导线和一个载流为 I_2 的圆环(半径为 a)在同一平面内，圆心与导线的距离是 d。证明两电流之间的相互作用力为 $\mu_0 I_1 I_2\left[\dfrac{d}{\sqrt{d^2-a^2}}-1\right]$。

4.4 内、外半径分别为 a、b 的无限长空心圆柱中均匀分布着轴向电流 I，求柱内、外的磁感应强度。

4.5 在一半径为 b 的无限长导体圆柱内部有一半径为 a 且轴线与圆柱导体轴线平行的无限长空心圆柱，两者轴线相距为 d，如题4.5图所示。设导体圆柱中的电流为 I，且电流密度均匀分布，求其各部分区域中的磁感应强度。

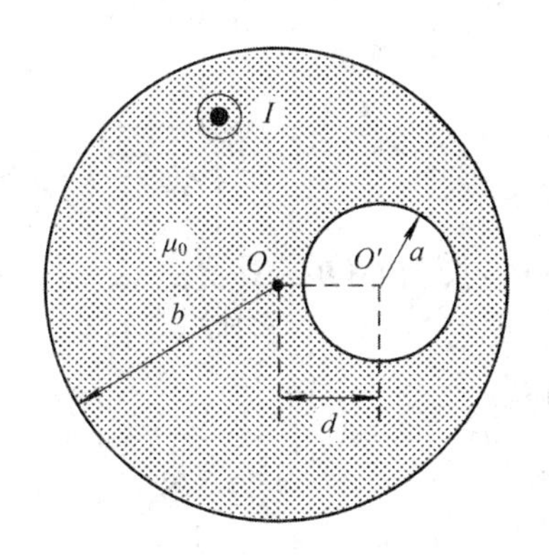

题4.5图

4.6 一内导体半径为 a、外导体半径分别为 b 和 c 的无限长同轴线，其内外导体通以相反方向的电流 I，如题4.6图所示，求同轴线内、外各点处的磁感应强度。

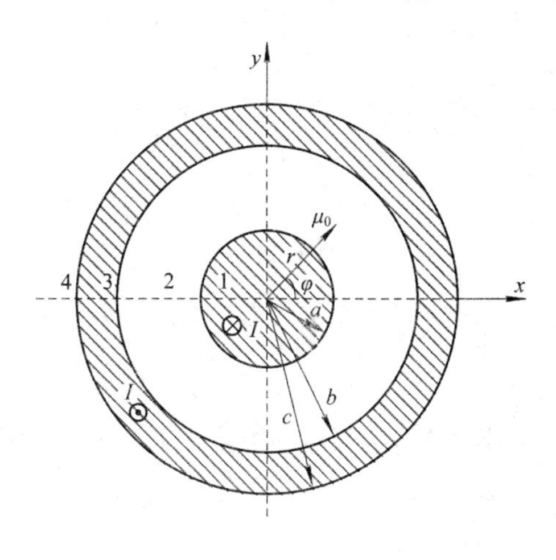

题4.6图

4.7 两个半径都为 a 的圆柱体，轴间距为 d，$d<2a$，如题4.7图所示。除两柱重叠部分 R 外，柱间有大小相等、方向相反的电流，密度为 $\boldsymbol{J}$，求区域 R 的 $\boldsymbol{B}$。

4.8 证明矢量磁位 $\boldsymbol{A}_1=\boldsymbol{e}_x\cos y+\boldsymbol{e}_y\sin x$ 和 $\boldsymbol{A}_2=\boldsymbol{e}_y(\sin x+x\sin y)$ 给出相同的磁场 $\boldsymbol{B}$，并证明它们来自相同的电流分布。它们是否均满足矢量泊松方程？为什么？

4.9 半径为 a 的长圆柱面上有密度为 $\boldsymbol{J}_{S0}$ 的面电流，电流方向分别为沿圆周方向和沿

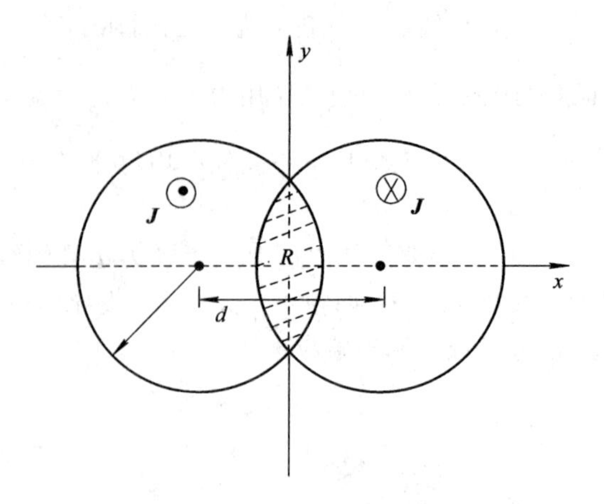

题 4.7 图

轴线方向，分别求两种情形下柱内、外的 $\boldsymbol{B}$。

4.10 一对无限长平行导线，如题 4.10 图所示，相距 $2a$，线上载有大小相等、方向相反的电流 I，求矢量磁位 $\boldsymbol{A}$ 和 $\boldsymbol{B}$。

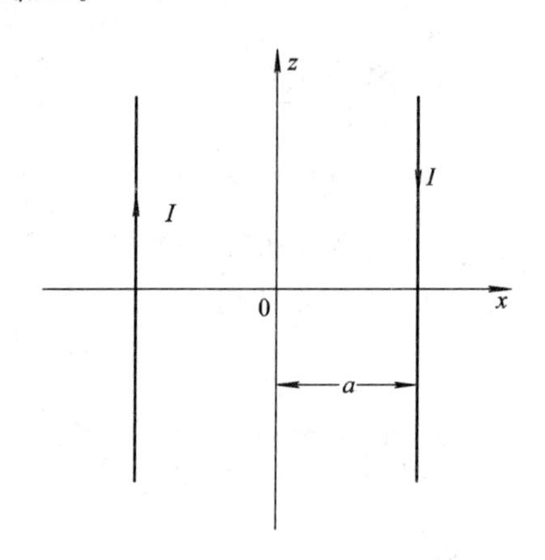

题 4.10 图

4.11 由无限长载流直导线的 $\boldsymbol{B}$ 求矢量磁位 $\boldsymbol{A}$（用 $\iint_S \boldsymbol{B}\cdot \mathrm{d}\boldsymbol{S}=\oint_l \boldsymbol{A}\cdot \mathrm{d}\boldsymbol{l}$，并取 $r=r_0$ 处为矢量磁位的参考零点），并验证 $\nabla\times\boldsymbol{A}=\boldsymbol{B}$。

4.12 证明 xOy 平面上半径为 a、圆心在原点的圆电流环（电流为 I）在 z 轴上的标量磁位为

$$\phi_{\mathrm{m}}=\frac{I}{2}\left[1-\frac{z}{\sqrt{a^2+z^2}}\right]$$

4.13 一个长为 L、半径为 a 的圆柱状磁介质沿轴向方向均匀磁化（磁化强度为 $\boldsymbol{M}_0$），求它的磁矩。若 $L=10$ cm，$a=2$ cm，$M_0=2$ A/m，求出磁矩的值。

4.14 球心在原点、半径为 a 的磁化介质球中，$\boldsymbol{M}=\boldsymbol{e}_z M_0\dfrac{z^2}{a^2}$（$M_0$ 为常数），求磁化电流的体密度和面密度（用球坐标）。

4.15 证明磁介质内部的磁化电流是传导电流的（μ_r-1）倍。

4.16　已知内、外半径分别为 a、b 的无限长铁质圆柱壳(磁导率为 μ)，沿轴向有恒定的传导电流 I，求磁感强度和磁化电流。

4.17　设 $x<0$ 的半空间充满磁导率为 μ 的均匀磁介质，$x>0$ 的空间为真空。线电流 I 沿 z 轴方向，求磁感应强度和磁场强度。

4.18　已知在半径为 a 的无限长圆柱导体内有恒定电流 I 沿轴向方向。设导体的磁导率为 μ_1，其外充满磁导率为 μ_2 的均匀磁介质，求导体内、外的磁场强度、磁感应强度及磁化电流分布。

4.19　一同轴线的内导体半径为 a，外导体内、外半径分别为 b 和 c。已知同轴线所用材料的磁导率均为 μ_0，求该同轴线单位长度的总自感。

4.20　试证长直导线和其共面的正三角形之间的互感为

$$M=\frac{\mu_0}{\pi\sqrt{3}}\left[(a+b)\ln\left(1+\frac{b}{a}\right)-a\right]$$

其中 a 是三角形的高，b 是三角形平行于长直导线的边至直导线的距离(且该边距离直导线最近)。

4.21　无限长的直导线附近有一矩形回路(二者不共面，如题 4.21 图所示)，试证它们之间的互感为

$$M=-\frac{\mu_0 a}{2\pi}\ln\frac{R}{\left[2b\sqrt{R^2-c^2}+R^2+b^2\right]^{1/2}}$$

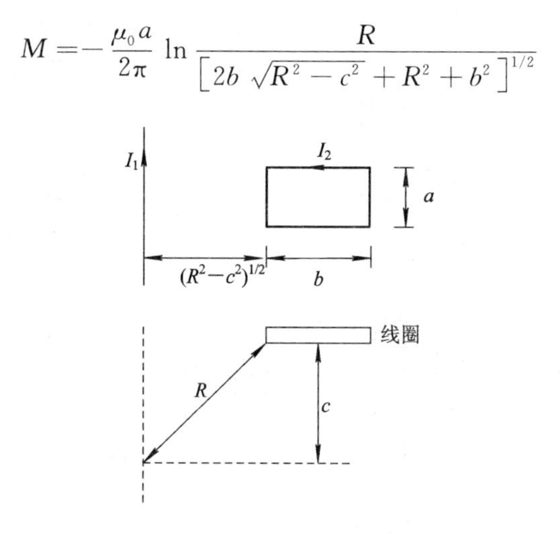

题 4.21 图

4.22　空气绝缘的同轴线，内导体的半径为 a，外导体的内半径为 b，通过的电流为 I。设外导体壳的厚度很薄，因而其储存的能量可以忽略不计。计算同轴线单位长度的储能，并由此求单位长度的自感。

第 5 章 静电场边值问题的解法

本章提要

- 边值问题分类
- 唯一性定理
- 分离变量法
- 镜像法
- 有限差分法

前面我们讨论了基于库仑定律与叠加原理或高斯定理计算电场的方法，这些方法只能适用于已知电荷分布十分简单的问题。实际上在电工中经常遇到的是这样一类问题：给定空间某一区域内的电荷分布(可以是零)，同时给定该区域边界上的电位或电场(即边值，或称边界条件)，在这种条件下求解该区域内的电位函数或电场强度分布。从数学上来讲，这些问题都是在给定的定解条件——边界条件下，求解泊松方程或拉普拉斯方程的定解问题，即边值问题。

静电场边值问题的解法分为解析法和数值法两大类。用解析法得到的场量表达式是准确值，但是它只能解决规则边界的边值问题。本章主要介绍解析法，包括积分法、分离变量法、镜像法。数值解属于近似计算，但对于不规则边界等复杂的静电场问题是非常有用的方法。随着计算机的广泛使用，数值法已成为边值问题求解的主要方法。由于篇幅所限，因而本章只简单介绍数值法中的一种——有限差分法。

5.1 边值问题分类

根据给定求解区域边界条件的不同，边值问题分为以下三类。

第一类边界条件(又称狄利克雷(Dirichlet)条件)：场域边界 S 上的电位分布已知，即

$$\phi(\boldsymbol{r})\big|_S = f_1(\boldsymbol{r}_\mathrm{b}) \tag{5-1}$$

式中 $\boldsymbol{r}_\mathrm{b}$ 为相应边界点的位置矢量。

第二类边界条件(又称纽曼条件)：场域边界 S 上电位的法向导数分布已知，即

$$\left.\frac{\partial\phi(\boldsymbol{r})}{\partial n}\right|_S = f_2(\boldsymbol{r}_\mathrm{b}) \tag{5-2}$$

当 $f_2(\boldsymbol{r}_\mathrm{b})$取零时，称为第二类齐次边界条件。

第三类边界条件(又称混合条件)：场域边界 S 上电位及其法向导数的线性组合已知，即

$$\left[\phi(\boldsymbol{r}) + f_3(\boldsymbol{r})\frac{\partial\phi(\boldsymbol{r})}{\partial n}\right]\Bigg|_S = f_4(\boldsymbol{r}_\mathrm{b}) \tag{5-3}$$

在实际问题中，除了给定边界条件外，有时还需要引入某些补充的物理约束条件，称为自然边界条件。在求解边值问题中，自然边界条件非常重要，但它又不是事先给定的，必须根据问题自行确定，举例如下。

无限远边界条件：对于电荷分布在有限域的无边界电场问题，在无限远处有 $\phi(\boldsymbol{r})|_{r\to\infty}=0$，即电位 ϕ 在无限远处趋于零。

介质分界面条件：当场域中存在多种媒质时，还必须引入不同介质分界面上的边界条件，即用电位表示的边界条件 $\varepsilon_2\dfrac{\partial\phi_2}{\partial n}-\varepsilon_1\dfrac{\partial\phi_1}{\partial n}=\rho_S$ 和 $\phi_1=\phi_2$，此边界条件又称为辅助的边界条件。

5.2 积 分 法

对于一些具有对称结构的静电场问题，电位函数仅是一个坐标变量的函数。静电场边值问题可归结为常微分方程的定解问题，这时可以直接积分求解电位函数。

【例 5-1】 求真空中球状分布电荷所产生的空间电场强度和电位分布，设电荷体密度为

$$\rho=\begin{cases}\dfrac{1}{r} & (0<r\leqslant a)\\ 0 & (r>a)\end{cases}$$

解　设球状电荷分布内、外的电位分别为 ϕ_1 和 ϕ_2。显然，ϕ_1 满足泊松方程，ϕ_2 满足拉普拉斯方程。由于电荷分布的球对称性，选取球坐标系，因而有

$$\nabla^2\phi_1=\frac{1}{r^2}\frac{\mathrm{d}}{\mathrm{d}r}\left(r^2\frac{\mathrm{d}\phi_1}{\mathrm{d}r}\right)=-\frac{\rho}{\varepsilon_0}=-\frac{1}{\varepsilon_0 r}\qquad(0<r\leqslant a)$$

$$\nabla^2\phi_2=\frac{1}{r^2}\frac{\mathrm{d}}{\mathrm{d}r}\left(r^2\frac{\mathrm{d}\phi_2}{\mathrm{d}r}\right)=0\qquad(r>a)$$

边界条件为

$$\left.\frac{\mathrm{d}\phi_1}{\mathrm{d}r}\right|_{r=0}=0,\ \phi_1|_{r=a}=\phi_2|_{r=a}$$

$$\varepsilon_0\left.\frac{\mathrm{d}\phi_1}{\mathrm{d}r}\right|_{r=a}=\varepsilon_0\left.\frac{\mathrm{d}\phi_2}{\mathrm{d}r}\right|_{r=a},\ \phi_2|_{r\to\infty}=0$$

解得 ϕ_1 和 ϕ_2 的通解为

$$\phi_1=-\frac{r}{2\varepsilon_0}-\frac{C_1}{r}+C_2$$

$$\phi_2=-\frac{C_3}{r}+C_4$$

代入边界条件，得

$$C_1=0,\quad C_4=0,\quad C_2=\frac{a}{\varepsilon_0},\quad C_3=-\frac{a^2}{2\varepsilon_0}$$

最终得到电位函数的解为

$$\phi_1=-\frac{r}{2\varepsilon_0}+\frac{a}{\varepsilon_0}\qquad(0<r\leqslant a)$$

$$\phi_2 = \frac{a^2}{2\varepsilon_0 r} \qquad (r > a)$$

利用球坐标系中的梯度表达式，求得

$$\boldsymbol{E}_1 = -\nabla \phi_1 = -\frac{\mathrm{d}\phi_1}{\mathrm{d}r}\boldsymbol{e}_r = \frac{1}{2\varepsilon_0}\boldsymbol{e}_r \qquad (0 < r \leqslant a)$$

$$\boldsymbol{E}_2 = -\nabla \phi_2 = -\frac{\mathrm{d}\phi_2}{\mathrm{d}r}\boldsymbol{e}_r = \frac{a^2}{2\varepsilon_0 r^2}\boldsymbol{e}_r \qquad (r > a)$$

可以证明，以上结果与应用高斯定理求得的结果完全一致。

5.3 唯一性定理

直接积分法只能求解比较简单的问题，在比较复杂的情况下，必须用其他方法求解。在讨论这些方法之前，了解静态场解的唯一性定理非常重要。静态场解的唯一性定理：满足给定边界条件的泊松方程或拉普拉斯方程的解是唯一的。

【例 5-2】 证明：唯一性定理。

证明　图 5-1 所示为充满均匀介质和置有 n 个导体的场域。场域空间 V 的边界为 S_1，S_2，…，S_n 及外边界面 S_0。设 V 中存在两个电位函数 ϕ_1 和 ϕ_2，对于给定第一类或第二类边界条件，均满足泊松方程，即

$$\nabla^2\phi_1 = -\frac{\rho}{\varepsilon},\ \nabla^2\phi_2 = -\frac{\rho}{\varepsilon} \qquad (5-4)$$

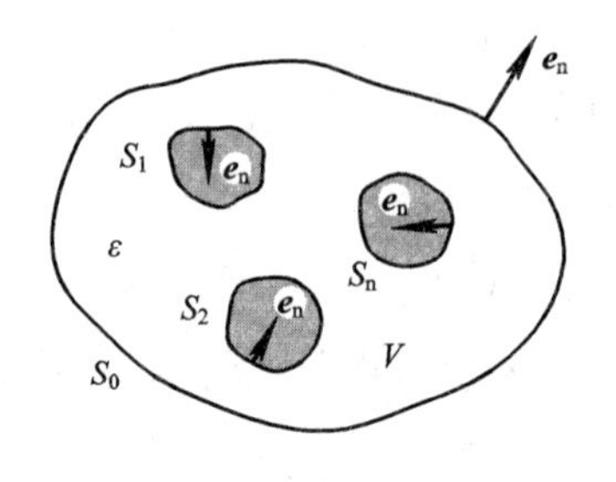

图 5-1　包围含有导体的场域

令 $\phi_d = \phi_1 - \phi_2$，因此有

$$\nabla^2\phi_d = 0 \qquad (5-5)$$

利用格林公式可得

$$\int_V [\phi\nabla^2\Psi + (\nabla\phi \cdot \nabla\Psi)]\mathrm{d}V = \oint_S \phi\frac{\partial\Psi}{\partial n}\mathrm{d}S \qquad (5-6)$$

令 $\phi = \Psi = \phi_d$，代入上式得

$$\int_V (\nabla\phi_d)^2\mathrm{d}V = \oint_S \phi_d\frac{\partial\phi_d}{\partial n}\mathrm{d}S \qquad (5-7)$$

式(5-7)中场域 V 的边界面 $S = S_0 + S_1 + S_2 + \cdots + S_n$。如果所设的这两个不同的电位函数的解 ϕ_1 和 ϕ_2，在全部边界面上都应有相同的第一类边界条件或第二类边界条件，则它们在相应边界面 S_i 上的差值 $\phi_d|_{S_i} = 0$ 或 $\left.\frac{\partial\phi_d}{\partial n}\right|_{S_i} = 0$，将其代入式(5-7)，有

$$\int_V (\nabla\phi_d)^2\mathrm{d}V = 0 \qquad (5-8)$$

这说明，场域 V 内 ϕ_d 的梯度处处为零，即 V 内所有场点上的 ϕ_d 值与其在各导体表面 S_1，S_2，…，S_n 上的值是相同的。对于第一类边值问题，由于在导体表面上已知 $\phi_d = 0$，因此整个场域内必有 $\phi_d = 0$，由此得证 $\phi_1 = \phi_2$，即解是唯一的。对于第二类边值问题而言，即已知各导体表面上的面电荷分布，此时 $\phi_d = C$，即电位 ϕ_1 和 ϕ_2 之间可能相差一个常数，但采用相同的电位参考点将导致 $C = 0$，所以解仍是唯一的。

静电场唯一性定理的重要意义在于，求解静电场问题时，不论采用哪一种解法，只要在场域内满足相同的偏微分方程，在边界上满足相同的给定边界条件，就可确信其解答是正确的。

5.4 分离变量法

当待求电位函数是两个或三个坐标变量的函数时，分离变量法是直接求解偏微分方程定解问题的一种经典方法。对于拉普拉斯方程对应的边值问题，其求解步骤是：① 根据问题中场域边界的几何形状，选用适当的坐标系；② 设待求电位函数由两个或三个各自仅含一个坐标变量的函数乘积组成，并代入拉普拉斯方程，借助于“分离”常数，将拉普拉斯方程转换为两个或三个常微分方程；③ 解这些常微分方程并以给定的定解条件决定其中的待定常数和函数后，即可解得待求的电位函数。

一般而言，当场域边界和某一正交曲线坐标系的坐标面相吻合时，分离变量法往往是一种简便而有效的方法。下面以直角坐标系和圆柱坐标系中的二维场为例说明分离变量法的应用。

5.4.1 直角坐标系中的二维场问题

设电位函数为 $\phi(x, y)$，其满足拉普拉斯方程：

$$\nabla^2\phi(x, y)=\frac{\partial^2\phi}{\partial x^2}+\frac{\partial^2\phi}{\partial y^2}=0 \tag{5-9}$$

设电位函数可写成分离变量形式，即

$$\phi(x, y)=X(x)Y(y) \tag{5-10}$$

代入拉普拉斯方程，整理得

$$\frac{1}{X}\frac{\mathrm{d}^2X}{\mathrm{d}x^2}+\frac{1}{Y}\frac{\mathrm{d}^2Y}{\mathrm{d}y^2}=0 \tag{5-11}$$

令

$$\frac{1}{X}\frac{\mathrm{d}^2X}{\mathrm{d}x^2}=-k_x^2,\quad \frac{1}{Y}\frac{\mathrm{d}^2Y}{\mathrm{d}y^2}=-k_y^2$$

或写成

$$\begin{cases}\dfrac{1}{X}\dfrac{\mathrm{d}^2X}{\mathrm{d}x^2}+k_x^2=0\\[2ex]\dfrac{1}{Y}\dfrac{\mathrm{d}^2Y}{\mathrm{d}y^2}+k_y^2=0\end{cases} \tag{5-12}$$

式中 k_x、k_y 称为分离常数，且满足

$$k_x^2+k_y^2=0 \tag{5-13}$$

由式(5-13)可知，二维拉普拉斯方程在分离变量时只有一个独立的分离常数，即 k_x 或 k_y，而且它们不能同为实数或虚数，但二者可以同为零。现以方程 $\frac{1}{X}\frac{\mathrm{d}^2X}{\mathrm{d}x^2}=-k_x^2$ 为例进行说明。

(1) 若 $k_x^2=0$，解为

$$X(x) = a_0 x + b_0 \tag{5-14a}$$

(2)若 $k_x^2<0$，解为

$$X(x) = a_1 \operatorname{ch}k_x x + b_1 \operatorname{sh}k_x x$$

或

$$X(x) = a_2 e^{-k_x x} + b_2 e^{k_x x} \tag{5-14b}$$

(3)若 $k_x^2>0$，解为

$$X(x) = a_3 \cos k_x x + b_3 \sin k_x x \tag{5-14c}$$

以上各式 a_0、b_0、a_1、b_1、a_2、b_2、a_3、b_3 均为待定常数。

$Y(y)$的解形式与 $X(x)$完全相同，只是分离常数必须满足式(5-13)的要求。

当 k_x、k_y 取不同值时，上述解的线性组合便构成了拉普拉斯方程的通解，即

$$\phi(x, y) = (a_0 x + b_0)(c_0 y + d_0) + \sum_{n=1}^{\infty}\left\{\begin{bmatrix} a_{1n} \operatorname{ch}k_{xn}x + b_{1n} \operatorname{sh}k_{xn}x \\ \underline{a_{2n} e^{-k_{xn}x} + b_{2n} e^{k_{xn}x}} \\ \underline{\underline{a_{3n} \cos k_{xn}x + b_{3n} \sin k_{xn}x}} \end{bmatrix} \cdot \begin{bmatrix} c_{1n} \operatorname{ch}k_{yn}x + d_{1n} \operatorname{sh}k_{yn}x \\ \underline{c_{2n} e^{-k_{yn}x} + d_{2n} e^{k_{yn}x}} \\ \underline{\underline{c_{3n} \cos k_{yn}x + d_{3n} \sin k_{yn}x}} \end{bmatrix}\right\} \tag{5-15}$$

最后，可根据给定的边界条件，通过傅里叶级数展开方法，确定各个待定常数。

【例 5-3】 长直接地金属槽的横截面如图 5-2 所示，其侧壁与底面电位均为零，顶盖电位为 U_0。求槽内电位分布。

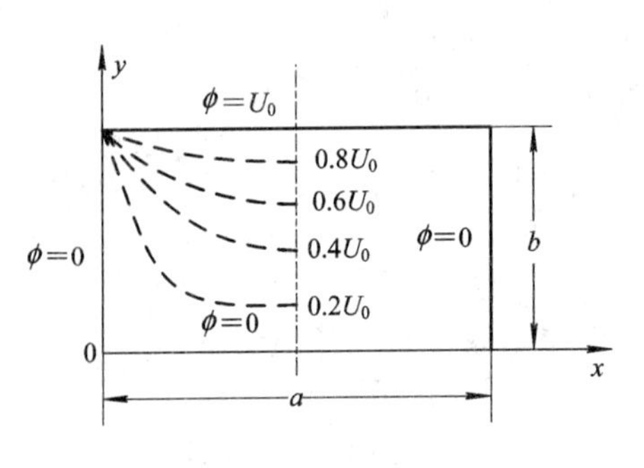

图 5-2　长直接地金属槽的横截面

解　依题意，本问题为第一类边值问题，即在区域 $0<x<a$，$0<y<b$ 满足拉普拉斯方程

$$\nabla^2 \phi(x, y) = \frac{\partial^2 \phi}{\partial x^2} + \frac{\partial^2 \phi}{\partial y^2} = 0 \tag{5-16}$$

边界条件为

(1) $x=0$，$\phi(0, y)=0$

(2) $x=a$，$\phi(a, y)=0$

(3) $y=0$，$\phi(x, 0)=0$

(4) $y=b$，$\phi(x, b)=U_0$

边界条件(1)和(2)要求电位在 $x=0$、$x=a$ 处为零，式(5-14a)和式(5-14c)都不满足边界条件，$X(x)$的解只能是三角函数，即

$$X(x) = a_1 \sin k_x x + b_1 \cos k_x x$$

将边界条件(1)$\phi|_{x=0}=0$ 代入上式，得 $b_1=0$，再将边界条件(2)$\phi|_{x=a}=0$ 代入，有

$$\sin k_x a = 0$$

即 $k_x a=n\pi$ 或 $k_x=n\pi/a(n=1, 2, 3, \cdots)$，这样得到 $X(x)=a_1 \sin(n\pi x/a)$。由于 $k_x^2+k_y^2=0$，$Y(y)$的形式为指数函数或双曲函数，即

$$Y(y) = c_1 \operatorname{sh}k_x y + d_1 \operatorname{ch}k_x y$$

考虑到边界条件(3) $\phi|_{y=0}=0$，有 $d_1=0$，$Y(y)=c_1 \operatorname{sh}(n\pi y/a)$，这样我们就可得到 $X(x)Y(y)$的基本乘积解：

$$\phi_n = X_n(x)Y_n(y) = C_n \sin\left(\frac{n\pi x}{a}\right) \operatorname{sh}\left(\frac{n\pi y}{a}\right) \tag{5-17}$$

上式满足拉普拉斯方程式(5-16)和边界条件(1)、(2)、(3)，C_n 是待定常数($C_n=a_1 c_1$)。

为了满足边界条件(4)，取不同的 n 值对应的 ϕ_n 并叠加，即

$$\phi(x, y) = \sum_{n=1}^{\infty} \phi_n = \sum_{n=1}^{\infty} C_n \sin\left(\frac{n\pi x}{a}\right) \operatorname{sh}\left(\frac{n\pi y}{a}\right) \tag{5-18}$$

由边界条件(4)，有 $\phi|_{y=b}=U_0$，得

$$U_0 = \sum_{n=1}^{\infty} C_n \operatorname{sh}\left(\frac{n\pi b}{a}\right) \sin\left(\frac{n\pi x}{a}\right) = \sum_{n=1}^{\infty} B_n \sin\left(\frac{n\pi x}{a}\right) \tag{5-19}$$

其中：

$$B_n = C_n \operatorname{sh}\left(\frac{n\pi b}{a}\right)$$

要从式(5-19)解出 B_n，需要使用三角函数的正交归一性，即

$$\int_0^a \sin\left(\frac{n\pi x}{a}\right) \sin\left(\frac{m\pi x}{a}\right) \mathrm{d}x = \begin{cases} \dfrac{a}{2} & (n = m) \\ 0 & (n \neq m) \end{cases} \tag{5-20}$$

将式(5-19)左右两边同乘以 $\sin\left(\dfrac{m\pi x}{a}\right)$，并在区间$(0, a)$积分，有

$$\int_0^a U_0 \sin\left(\frac{m\pi x}{a}\right) \mathrm{d}x = \sum_{n=1}^{\infty} \int_0^a B_n \sin\left(\frac{n\pi x}{a}\right) \sin\left(\frac{m\pi x}{a}\right) \mathrm{d}x$$

使用公式(5-20)，有

$$\int_0^a U_0 \sin\left(\frac{n\pi x}{a}\right) \mathrm{d}x = \int_0^a B_n \sin^2\left(\frac{n\pi x}{a}\right) \mathrm{d}x = \frac{B_n a}{2}$$

因而

$$B_n = \frac{2U_0}{a} \int_0^a \sin\left(\frac{n\pi x}{a}\right) \mathrm{d}x = \frac{2U_0}{n\pi}(1 - \cos n\pi)$$

$$B_n = \begin{cases} 0 & (n = 2, 4, 6, \cdots) \\ \dfrac{4U_0}{n\pi} & (n = 1, 3, 5, \cdots) \end{cases} \tag{5-21}$$

所以，当 $n=1, 3, 5, \cdots$时，有

$$C_n = \frac{4U_0}{n\pi \operatorname{sh}\left(\dfrac{n\pi b}{a}\right)}$$

当 $n=2, 4, 6, \cdots$时，有

$$C_n = 0$$

这样得到待求区域的电位为

$$\phi(x, y) = \frac{4U_0}{\pi} \sum_{n=1, 3, \cdots}^{\infty} \frac{1}{n \operatorname{sh}\left(\dfrac{n\pi b}{a}\right)} \operatorname{sh}\left(\frac{n\pi y}{a}\right) \sin\left(\frac{n\pi x}{a}\right) \tag{5-22}$$

本问题的等位线分布如图 5-2 中虚线所示。

5.4.2　圆柱坐标系中的二维场问题

对于具有柱面边界的问题，我们可在柱面坐标系中写出其支配方程。柱面坐标系中，标量电位的拉普拉斯方程为

$$\frac{1}{r}\frac{\partial}{\partial r}\left(r\frac{\partial\phi}{\partial r}\right)+\frac{1}{r^2}\frac{\partial^2\phi}{\partial\varphi^2}+\frac{\partial^2\phi}{\partial z^2}=0 \tag{5-23}$$

式(5-23)对二维场 ϕ 与 z 无关，在此情况下，$\dfrac{\partial^2\phi}{\partial z^2}=0$，这时拉普拉斯方程变成二维方程，即

$$\frac{1}{r}\frac{\partial}{\partial r}\left(r\frac{\partial\phi}{\partial r}\right)+\frac{1}{r^2}\frac{\partial^2\phi}{\partial\varphi^2}=0 \tag{5-24}$$

采用分离变量法，假设

$$\phi(r,\ \varphi)=R(r)\Phi(\varphi) \tag{5-25}$$

其中 $R(r)$ 和 $\Phi(\varphi)$ 分别只是 r 和 φ 的函数，把式(5-25)代入式(5-24)，并除以 $R(r)\Phi(\varphi)$，得

$$\frac{r}{R(r)}\frac{\mathrm{d}}{\mathrm{d}r}\left[r\frac{\mathrm{d}R(r)}{r}\right]+\frac{1}{\Phi(\varphi)}\frac{\mathrm{d}^2\Phi(\varphi)}{\mathrm{d}\varphi^2}=0 \tag{5-26}$$

其中式(5-26)左边第一项只是 r 的函数，而第二项只是 φ 的函数(注意，常导数已代替了偏导数)。若要式(5-26)对所有的 r 和 φ 值都成立，则其中的每一项必须是常数，而且为另一项的负值，即有

$$\frac{r}{R(r)}\frac{\mathrm{d}}{\mathrm{d}r}\left[r\frac{\mathrm{d}R(r)}{r}\right]=k^2 \tag{5-27a}$$

和

$$\frac{1}{\Phi(\varphi)}\frac{\mathrm{d}^2\Phi(\varphi)}{\mathrm{d}\varphi^2}=-k^2 \tag{5-27b}$$

式(5-27b)可以写成

$$\frac{\mathrm{d}^2\Phi(\varphi)}{\mathrm{d}\varphi^2}+k^2\Phi(\varphi)=0 \tag{5-28}$$

式(5-28)的形式与式(5-12)相同，它的解可以是式(5-14)的任何一种。对圆柱形情况，电位函数 $\Phi(\varphi)$ 是 φ 的周期函数，因此不能用双曲函数。实际上因为 $\varphi\in(0,\ 2\pi)$，所以 k 必须是整数。令 k 等于 n，则合适的解是

$$\Phi(\varphi)=a_\varphi\sin n\varphi+b_\varphi\cos n\varphi \tag{5-29}$$

其中 a_φ 和 b_φ 是任意常数。

将 n 代入式(5-27a)，有

$$r^2\frac{\mathrm{d}^2R(r)}{\mathrm{d}r^2}+r\frac{\mathrm{d}R(r)}{\mathrm{d}r}-n^2R(r)=0 \tag{5-30}$$

式(5-30)的解是

$$R(r)=\begin{cases}c_r r^n+d_r r^{-n} & (n\neq 0)\\ c_0+d_0\ln r & (n=0)\end{cases} \tag{5-31}$$

将式(5-29)和式(5-31)的解相乘，得到与 z 无关的拉普拉斯方程式(5-24)的通解，即

$$\phi=\begin{cases}\displaystyle\sum_{n=1}^{\infty}\{r^n[A_n\sin(n\varphi)+B_n\cos(n\varphi)]+r^{-n}[C_n\sin(n\varphi)+D_n\cos(n\varphi)]\} & (n\neq 0)\\ C_0+D_0\ln r & (n=0)\end{cases} \tag{5-32}$$

其中，任意常数 A_n、B_n、C_n、D_n、C_0 和 D_0 由边界条件确定。

【例 5－4】 如图 5－3 所示，假设同轴电缆内导体的半径为 a，电位为 U_0，接地外导体的半径为 b，求二导体之间的空间电位分布。

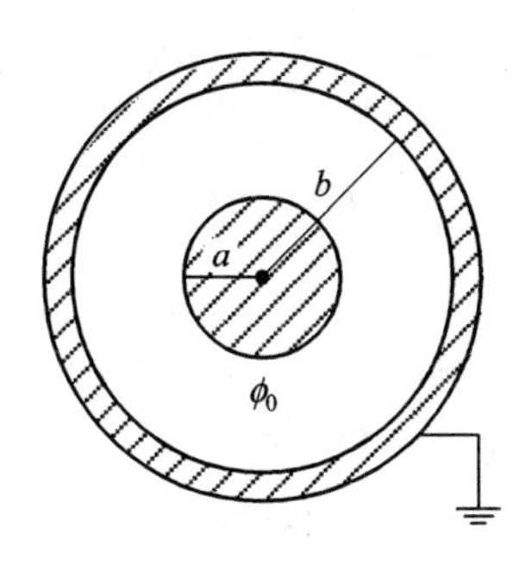

图 5－3　同轴电缆截面图

解　假设解与 z 无关，且根据对称性，也与 φ 无关($n=0$)。因此，电位只是 r 的函数，并由式(5－32)给出。

边界条件是

$$\phi(b) = 0 \tag{5-33a}$$

$$\phi(a) = \phi_0 \tag{5-33b}$$

把式(5－33a)和式(5－33b)代入式(5－32)，得方程组

$$\begin{cases} C_0 \ln b + D_0 = 0 \\ C_0 \ln a + D_0 = \phi_0 \end{cases} \tag{5-34}$$

解方程组得

$$C_1 = -\frac{\phi_0}{\ln(b/a)},\ C_2 = -\frac{\phi_0 \ln b}{\ln(b/a)}$$

两导体之间的电位分布为

$$\phi(r) = \frac{\phi_0}{\ln(b/a)} \ln\left(\frac{b}{r}\right) \tag{5-35}$$

显然，等电位面是一些同轴圆柱面。

5.5　镜　像　法

有一类静电问题，如果直接求解其支配方程——拉普拉斯方程，很难满足边界条件，但是这些问题的边界条件可以用适当的镜像(等效)电荷建立起来，直接求出其电位分布，使计算过程得以简化。根据唯一性定理可知，这些等效电荷的引入必须维持原问题边界条件不变，以保证原场域中的静电场分布不变。通常这些等效电荷位于镜像位置，故称镜像电荷，由此构成的分析方法即称为镜像法。

考察一位于无限大接地导电平面(零电位)上方，距离平面为 d 处的正点电荷 q 的情况，要求出导电平面之上($z>0$)的区域中每一点的电位。通常的求解方法是在直角坐标中解拉普拉斯方程：

$$\nabla^2 \phi = \frac{\partial^2 \phi}{\partial x^2} + \frac{\partial^2 \phi}{\partial y^2} + \frac{\partial^2 \phi}{\partial z^2} = 0 \tag{5-36}$$

此方程适用于除了点电荷以外的整个 $z>0$ 区域。解 $\phi(x, y, z)$ 应满足下列条件：

(1) 在接地平面的所有点上，电位为零，即

$$\phi(x, y, z) = 0$$

(2) 在很靠近 q 的点上，其电位趋近于单个点电荷的电位，即

$$\phi \to \frac{q}{4\pi\varepsilon_0 r}$$

其中 r 是该点与 q 之间的距离。

(3) 在离 q 非常远的点($x\to\pm\infty$，$y\to\pm\infty$ 或 $z\to+\infty$)上，电位趋于零。

(4) 电位函数是 x 和 y 坐标的偶函数，即

$$\phi(x, y, z) = \phi(-x, y, z), \quad \phi(x, y, z) = \phi(x, -y, z)$$

由此看来，构造一个满足所有这些条件的解 ϕ，确实是很困难的。

从另一个观点来看，在 $z=d$ 处存在正电荷 q，它将在导体平面的表面感应出负电荷，产生面电荷密度 ρ_S。因此，导体平面上方各点的电位将是

$$\phi(x, y, z) = \frac{q}{4\pi\varepsilon_0\sqrt{x^2 + y^2 + (z-d)^2}} + \frac{1}{4\pi\varepsilon_0}\int_S \frac{\rho_S}{r}\mathrm{d}S$$

其中 r 为从 $\mathrm{d}S$ 到所考察点的距离，而 S 为整个导体平面的表面。这里的问题在于，必须首先根据边界条件 $\phi(x, y, 0)=0$ 求出 ρ_S。而且，即使求出了导体平面每一点的 ρ_S，计算上式的面积分也是困难的。下面我们通过例题说明使用镜像法如何大大地简化这些问题。

5.5.1 对无限大接地导电平面的镜像

1. 点电荷和导体平面

【例 5-5】 设有一点电荷 q 位于距无限大接地导电平面上方 h 处，其周围介质的介电常数为 ε，如图 5-4 所示。求导体平面上方区域空间点的电位。

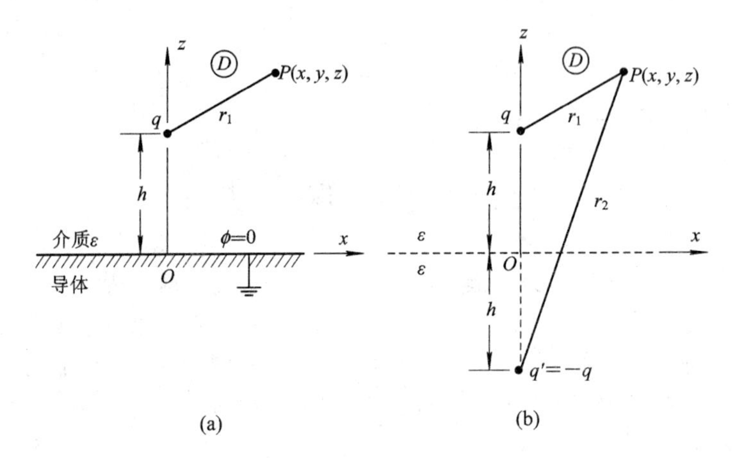

图 5-4 点电荷对无限大接地导电平面的镜像

(a) 无限大接地导电平面上的点电荷；(b) 点电荷的镜像

解 根据题意可知，电位函数在场域内满足如下边值问题：

$$\nabla^2\phi = 0 \qquad (除去点电荷所在点)$$

边界条件为 $\phi\big|_{z=0} = 0$

可以设想，在场域边界外引入一个与点电荷 q 呈镜像对称的点电荷 $q'=-q$，并将原来的导体场域用介电常数为 ε 的介质所替换。这样，原场域边界面($z=0$)上的边界条件 $\phi=0$ 保持不变，而对应的边值问题被简化为同一均匀介质 ε 空间内两个点电荷的电场计算问题。根据唯一性定理可知，其解的有效区域仅限于图 5-4(b)所示上半部分介质场域。应用镜像法，得待求电位为

$$\phi(\rho, z) = \frac{q}{4\pi\varepsilon}\left(\frac{1}{r_1} - \frac{1}{r_2}\right) = \frac{q}{4\pi\varepsilon}\left(\frac{1}{\sqrt{x^2+y^2+(z-h)^2}} - \frac{1}{\sqrt{x^2+y^2+(z+h)^2}}\right) \tag{5-37}$$

用直接代入法，很容易证明式(5-37)的 $\phi(x, y, z)$ 满足式(5-36)的拉普拉斯方程。显然，它也满足列于式(5-36)后面的所有四个条件，因此式(5-37)是原问题的解，而且鉴于唯一性定理，它是唯一的解。

无限大接地导电平面上感应电荷的面密度分布为

$$\rho_S = D_n = \varepsilon E_z = -\varepsilon\frac{\partial\phi}{\partial z}\bigg|_{z=0} = -\frac{qh}{2\pi(x^2+y^2+h^2)} = -\frac{qh}{2\pi(\rho^2+h^2)}$$

式中负号表示感应电荷与点电荷 q 的极性相反。对感应电荷作面积分，得

$$\int_S \rho_S\,\mathrm{d}S = -\frac{qh}{2\pi}\int_0^{\infty}\int_0^{2\pi}\frac{\rho\,\mathrm{d}\varphi\,\mathrm{d}\rho}{(\rho^2+h^2)^{\frac{3}{2}}} = -q = q'$$

上式表明镜像电荷 q' 确实等效于无限大接地导电平面上的全部感应电荷。

【例 5-6】 如图 5-5(a)所示，正点电荷 Q 与两个接地且互相垂直的导体半平面的距离分别为 d_1 和 d_2，求平面上的感应电荷作用在 Q 上的力。

解 采用镜像法求解，镜像电荷有三个，如图 5-5(b)所示。点电荷 Q 所受力为 $\boldsymbol{F}_1$、$\boldsymbol{F}_2$、$\boldsymbol{F}_3$ 矢量之和，见图 5-5(c)，即

$$\boldsymbol{F} = -\frac{Q^2}{4\pi\varepsilon_0(2d_2)^2}\boldsymbol{e}_y - \frac{Q^2}{4\pi\varepsilon_0(2d_1)^2}\boldsymbol{e}_x + \frac{Q^2}{4\pi\varepsilon_0(4d_1^2+4d_2^2)^{3/2}}(d_1\boldsymbol{e}_x + d_2\boldsymbol{e}_y)$$

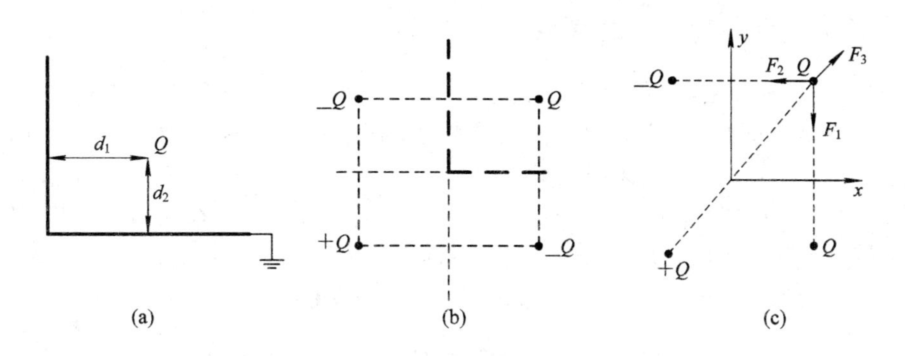

图 5-5 点电荷和互相垂直的导体平面

(a) 实际布置图；(b) 实际镜像电荷布置；(c) 作用在电荷 Q 上的力

2. 线电荷和导体平面

不难看到，位于无穷大导体平面上方的线电荷 τ 的电场，可以根据 τ 和它的镜像 $-\tau$ 求出(导体平面已不存在)。

【例 5-7】 求图 5-6 所示线电荷 ρ_l 及其镜像电荷，求空间电位函数。

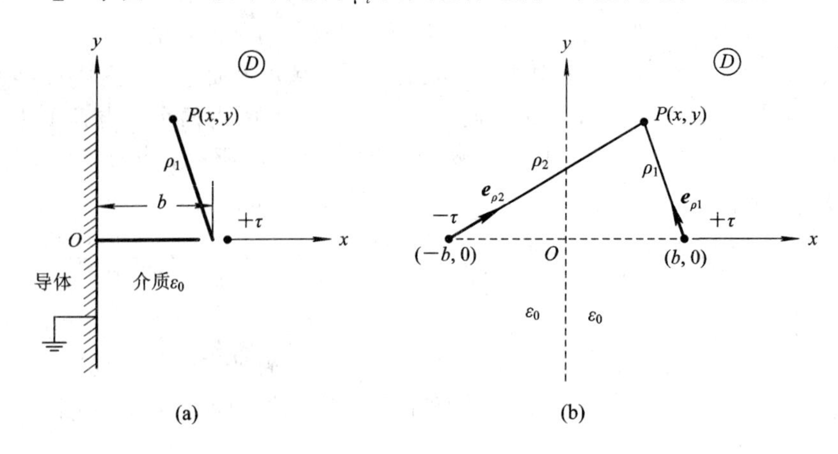

图 5-6 线电荷的镜像

(a) 线电荷对无限大接地平面；(b) 线电荷的镜像

解 由高斯定理得点 P 的电场强度为

$$\boldsymbol{E}_P=\boldsymbol{E}_P'+\boldsymbol{E}_P''=\frac{\tau}{2\pi\varepsilon_0\rho_1}\boldsymbol{e}_{\rho 1}+\frac{-\tau}{2\pi\varepsilon_0\rho_2}\boldsymbol{e}_{\rho 2}$$

现任取点 Q 为电位参考点，则点 P 的电位为

$$\phi_P=\int_{\rho_1}^{\rho_{1Q}}\frac{\tau}{2\pi\varepsilon_0\rho}\,\mathrm{d}\rho-\int_{\rho_2}^{\rho_{2Q}}\frac{\tau}{2\pi\varepsilon_0\rho}\,\mathrm{d}\rho=\frac{\tau}{2\pi\varepsilon_0}(\ln\rho_{1Q}-\ln\rho_1)-\frac{\tau}{2\pi\varepsilon_0}(\ln\rho_{2Q}-\ln\rho_2)$$

$$=C+\frac{\tau}{2\pi\varepsilon_0}\ln\frac{\rho_2}{\rho_1}$$

根据边界条件，在无限大接地导电平面上，即 $\rho_1=\rho_2$ 时，$\phi=0$，代入上式，得 $C=0$。

场中任意点电位为

$$\phi_P=\frac{\tau}{2\pi\varepsilon_0}\ln\frac{\rho_2}{\rho_1}=\frac{\tau}{2\pi\varepsilon_0}\ln\left[\frac{(x+b)^2+y^2}{(x-b)^2+y^2}\right]^{\frac{1}{2}}$$

5.5.2 对无限大介质平面的镜像

对于图 5-7 所示无限大介质平面上的点电荷边值问题也可采用镜像法。上、下半无限空间中的电场是由点电荷 q 及其分界面上的束缚电荷共同产生的。对于介质为 ε_1 的上半空间的电场计算，其分界面上的束缚电荷可归结为在均匀介质 ε_1 中的镜像点电荷 q'；对于介质为 ε_2 的下半空间的电场计算，其分界面上的束缚电荷可归结为在均匀介质 ε_2 中的点电荷 q''。镜像电荷 q' 和 q'' 的量值，可以通过分界面上的边界条件确定如下。

对于分界面上任意点 P，由其上的边界条件 $E_{1t}=E_{2t}$ 和 $D_{1n}=D_{2n}$，得

$$\frac{q}{4\pi\varepsilon_1 r^2}\cos\theta+\frac{q'}{4\pi\varepsilon_1 r^2}\cos\theta=\frac{q''}{4\pi\varepsilon_2 r^2}\cos\theta$$

$$\frac{q}{4\pi r^2}\sin\theta-\frac{q'}{4\pi r^2}\sin\theta=\frac{q''}{4\pi r^2}\sin\theta$$

解得

$$q'=\frac{\varepsilon_1-\varepsilon_2}{\varepsilon_1+\varepsilon_2}q,\ q''=\frac{2\varepsilon_2}{\varepsilon_1+\varepsilon_2}q$$

对于线电荷 τ 与无限大介质平面系统的电场，可类比推得。

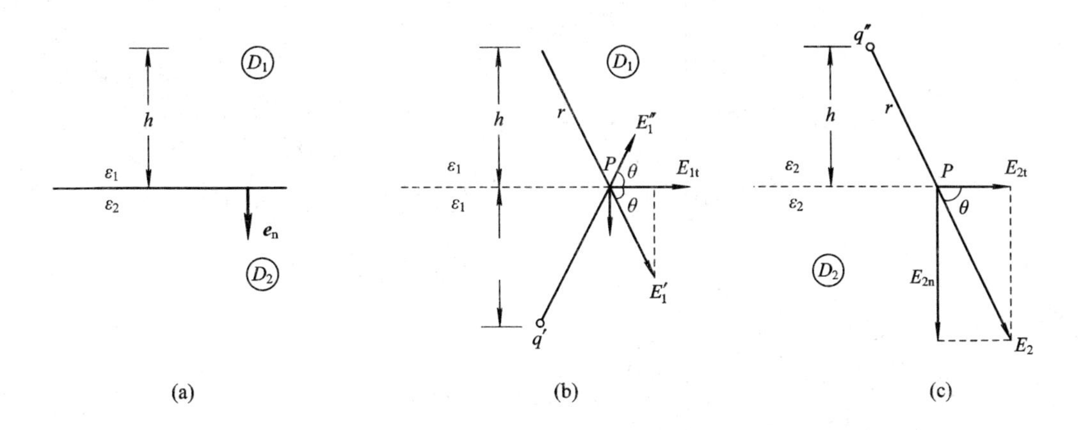

图 5-7　无限大介质平面镜像

(a) 无限大介质平面上的点电荷；(b) 上半空间电场计算的镜像；(c) 下半空间电场计算的镜像

5.6 有限差分法

前几节讨论了求解拉普拉斯方程的解析法，但是对大多数实际问题，往往边界形状复杂，很难用解析法求解，为此需使用数值方法。目前已研究出许多有效的求解边值问题的数值方法，有限差分法是一种较易使用的数值方法。

有限差分法的思想是将场域离散为许多网格，应用差分原理——差分方程代替各个点的偏微分方程，这样得到的任意一个点的差分方程是将该点的电位与其周围几个点相联系的代数方程，对于全部的待求点，就得到一个线性方程组，从而将求解连续函数 ϕ 的微分方程问题转换为求解网格节点上 ϕ 的代数方程组问题。

本节简要说明有限差分法的基本原理，并以二维拉普拉斯方程的第一类边值问题为例，说明有限差分法的求解过程。

5.6.1 差分表示式

在 xOy 平面把所求解区域划分为若干相同的小正方形格子，每个格子的边长都为 h，如图 5-8 所示。假设某顶点 0 上的电位是 ϕ_0，周围四个顶点的电位分别为 ϕ_1、ϕ_2、ϕ_3 和 ϕ_4，将这几个点的电位用泰勒级数展开，就有

$$\phi_1=\phi_0+\left(\frac{\partial\phi}{\partial x}\right)_0 h+\frac{1}{2!}\left(\frac{\partial^2\phi}{\partial x^2}\right)_0 h^2+\frac{1}{3!}\left(\frac{\partial^3\phi}{\partial x^3}\right)_0 h^3+K \tag{5-38}$$

$$\phi_3=\phi_0-\left(\frac{\partial\phi}{\partial x}\right)_0 h+\frac{1}{2!}\left(\frac{\partial^2\phi}{\partial x^2}\right)_0 h^2-\frac{1}{3!}\left(\frac{\partial^3\phi}{\partial x^3}\right)_0 h^3+K \tag{5-39}$$

当 h 很小时，忽略四阶以上的高次项，得

$$\phi_1+\phi_3=2\phi_0+h^2\left(\frac{\partial^2\phi}{\partial x^2}\right)_0 \tag{5-40}$$

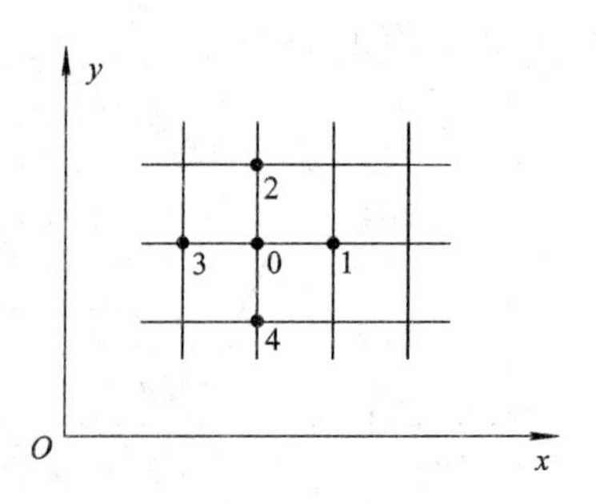

图 5-8　划分求解区域

同理，也可得到

$$\phi_2 + \phi_4 = 2\phi_0 + h^2\left(\frac{\partial^2 \phi}{\partial x^2}\right)_0 \tag{5-41}$$

将式(5-40)与式(5-41)相加，并考虑

$$\frac{\partial^2 \phi}{\partial x^2} + \frac{\partial^2 \phi}{\partial y^2} = 0$$

可得

$$\phi_0 = \frac{1}{4}(\phi_1 + \phi_2 + \phi_3 + \phi_4) \tag{5-42}$$

式(5-42)表明，任一点的电位等于它周围四个点电位的平均值。显然，h 越小，计算越精确。如果待求 N 个点的电位，就需解含有 N 个方程的线性方程组。若点的数目较多，则用迭代法较为方便。

5.6.2　差分方程的数值解法

如前所述，平面区域内有多少个节点，就能得到多少个差分方程。当这些节点数目较大时，使用迭代法求解差分方程组比较方便。

1. 简单迭代法

用迭代法解二维电位分布时，将包含边界在内的节点均以双下标(i, j)表示，i、j 分别表示沿 x、y 方向的标号。次序是 x 方向表示从左到右，y 方向表示从下到上，如图 5-9 所示。我们用上标 n 表示某点电位的第 n 次迭代值，由式(5-42)得出点(i, j)第 $n+1$ 次电位的计算公式为

$$\phi_{i,j}^{n+1} = \frac{1}{4}(\phi_{i+1,j}^{n} + \phi_{i,j+1}^{n} + \phi_{i-1,j}^{n} + \phi_{i,j-1}^{n}) \tag{5-43}$$

式(5-43)也叫简单迭代法，它的收敛速度较慢。

计算时，先任意指定各个节点的电位值作为零级近似(注意电位在某无源区域的极大、极小值总是出现在边界上，理由请读者自行思考)，将零级近似值及其边界上的电位值代入式(5-43)求出一级近似值，再由一级近似值求出二级近似值。依此类推，直到连续两次迭代所得电位的差值在允许范围内时，结束迭代。对于相邻两次迭代解之间的误差，通常有两种取法：一种是取最大绝对误差 $\max\limits_{i,j}|\phi_{i,j}^{k} - \phi_{i,j}^{k-1}|$；另一种是取算术平均误差 $\frac{1}{N}\sum\limits_{i,j}|\phi_{i,j}^{k} - \phi_{i,j}^{k-1}|$，其中 N 是节点总数。

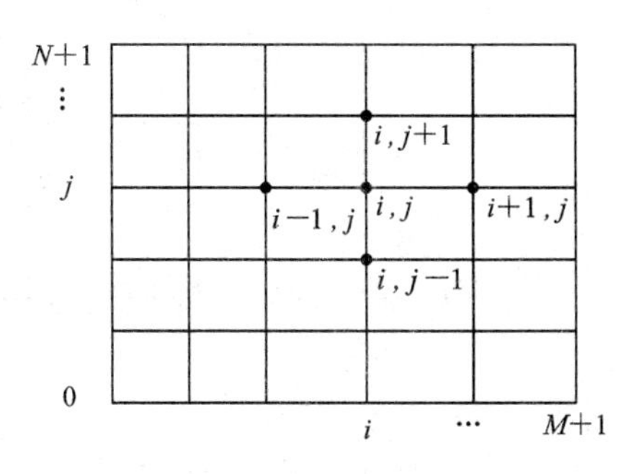

图5-9　节点序号

2. 塞德尔(Seidel)迭代法

通常为节约计算时间，需对简单迭代法进行改进，每当算出一个节点高一次的近似值，就立即用它参与其他节点的差分方程迭代，这种迭代法叫做塞德尔(Seidel)迭代法。塞德尔迭代法的表达式为

$$\phi_{i,j}^{n+1}=\frac{1}{4}(\phi_{i+1,j}^{n}+\phi_{i,j+1}^{n}+\phi_{i-1,j}^{n+1}+\phi_{i,j-1}^{n+1}) \tag{5-44}$$

式(5-44)也称为异步迭代法。由于更新值的提前使用，异步迭代法比简单迭代法收敛速度加快一倍左右，存储量也小。

3. 超松弛迭代法

为了加快收敛速度，常采用超松弛迭代法。计算时，将某点的新老电位值之差乘以一个因子 α 以后，再加到该点的老电位值上，作为这一点的新电位值 $\phi_{i,j}^{n+1}$。超松弛迭代法的表达式为

$$\phi_{i,j}^{n+1}=\phi_{i,j}^{n}+\frac{\alpha}{4}(\phi_{i+1,j}^{n}+\phi_{i,j+1}^{n}+\phi_{i-1,j}^{n}+\phi_{i,j-1}^{n}-4\phi_{i,j}^{n}) \tag{5-45}$$

式中 α 称为松弛因子，其值介于1和2之间。当其值为1时，超松弛迭代法就蜕变为塞德尔(Seidel)迭代法。

因子 α 的选取一般只能依经验进行，但是对矩形区域，当沿 x、y 两个方向的内节点数 M、N 都很大时，可以由如下公式计算最佳收敛因子 α_0：

$$\alpha_0=2-\pi\sqrt{\frac{2}{M^2}+\frac{2}{N^2}} \tag{5-46}$$

对于其他形状的实际区域，最佳收敛因子的表达式很复杂。实际计算中，往往应用其近似值，通常采用以下几种方法处理：一是将区域等效为近似的矩形区域，再依照式(5-46)计算 α_0；二是编制可以自动选择收敛因子的计算程序，在起始迭代时取收敛因子为1.5，然后依迭代过程收敛速度的快慢使计算机按程序自动修正收敛因子；三是起始迭代取收敛因子为1，以后逐渐增大，并注意观察迭代过程的收敛速度，当速度减小时，停止增加收敛因子的值，而在以后的迭代中，用最后一个收敛因子的值作为最佳值。

【例5-8】 设图5-10所示矩形截面的长导体槽，宽为 $4h$，高为 $3h$，顶板与两侧绝缘，顶板的电位为10 V，其余的电位为零，求槽内各点的电位。

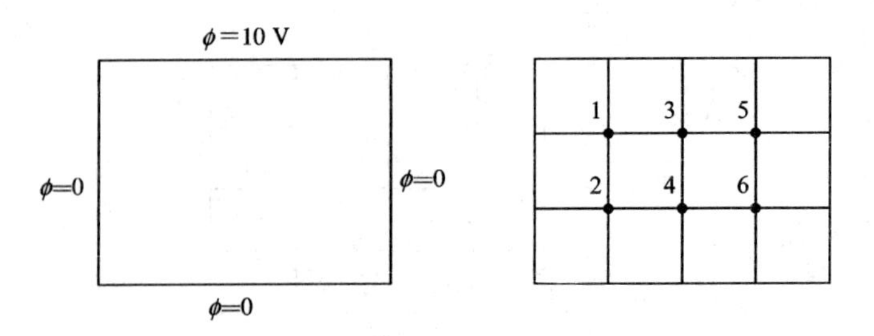

图 5-10　例 5-8 用图

解　将待求的区域分为 12 个边长为 h 的正方形网格，含 6 个内点，得出差分方程组：

$$\begin{cases}\phi_1 = \dfrac{1}{4}(\phi_2 + \phi_3 + 10) \\ \phi_2 = \dfrac{1}{4}(\phi_1 + \phi_4) \\ \phi_3 = \dfrac{1}{4}(\phi_1 + \phi_4 + \phi_5 + 10) \\ \phi_4 = \dfrac{1}{4}(\phi_2 + \phi_3 + \phi_6) \\ \phi_5 = \dfrac{1}{4}(\phi_3 + \phi_6 + 10) \\ \phi_6 = \dfrac{1}{4}(\phi_4 + \phi_5)\end{cases}$$

解以上方程组，得

$$\phi_1 = \frac{670}{161} \approx 4.1615\ \text{V},\quad \phi_2 = \frac{250}{161} \approx 1.5528\ \text{V}$$

$$\phi_3 = \frac{820}{161} \approx 5.0932\ \text{V},\quad \phi_4 = \frac{330}{161} \approx 2.0497\ \text{V}$$

$$\phi_5 = \frac{670}{161} \approx 4.1615\ \text{V},\quad \phi_6 = \frac{250}{161} \approx 1.5528\ \text{V}$$

【注】以上结果是差分方程组的精确解，但并不是待求各点电位的精确值，这是因为差分方程组本身是原微分组的近似。以下用迭代法求解，简单迭代法和超松弛迭代法的结果分别列于表 5-1 和表 5-2，表 5-3 给出了收敛因子的影响。

表 5-1　简 单 迭 代 法

	1	2	3	4	5	6
0	0.0	0.0	0.0	0.0	0.0	0.0
1	2.5	0.0	2.5	0.0	2.5	0.0
2	3.125	0.625	3.75	0.625	3.125	0.625
…	…	…	…	…	…	…
10	4.1435	1.5363	5.0698	2.0242	4.1435	1.5363
11	4.1515	1.5419	5.0778	2.0356	4.1515	1.5419

表 5-2　超松弛迭代法($\alpha=1.2$)

	1	2	3	4	5	6
0	0.0	0.0	0.0	0.0	0.0	0.0
1	3.0	0.9	3.9	1.44	4.17	1.683
2	3.84	1.404	5.505	2.1546	4.1874	1.5660
3	4.1697	1.6165	5.1425	2.0666	4.1751	1.5593
4	4.1938	1.5548	5.1021	2.0516	4.1634	1.5526
5	4.1583	1.5520	5.0916	2.0485	4.1606	1.5522
6	4.1614	1.5526	5.0929	2.0496	4.1614	1.5529
7	4.161 35	1.552 76	5.093 13	2.049 71	4.161 52	1.552 80
精确值	4.161 491	1.552 795	5.093 168	2.049 689	4.161 491	1.552 795

表 5-3　松弛因子的影响

		1	2	3	4	5	6
7	*A*	4.161 35	1.552 73	5.093 08	2.049 65	4.161 46	1.552 78
7	*B*	4.161 35	1.552 76	5.093 13	2.049 71	4.161 51	1.552 80
7	*C*	4.161 64	1.553 08	5.093 78	2.049 68	4.161 59	1.552 38
8	*A*	4.161 46	1.552 78	5.093 15	2.049 68	4.161 49	1.552 79
8	*B*	4.161 50	1.552 81	5.093 19	2.049 70	4.161 49	1.552 80
8	*C*	4.161 74	1.552 79	5.093 10	2.049 53	4.161 30	1.552 81
9	*A*	4.161 49	1.552 79	5.093 17	2.049 69	4.161 49	1.552 80
9	*B*	4.165 00	1.552 80	5.093 17	2.049 69	4.161 49	1.552 80
9	*C*	4.161 39	1.552 71	5.093 05	2.049 67	4.161 51	1.552 79

注：*A*、*B*、*C* 分别取松弛因子 1.1、1.2、1.3。

本 章 小 结

1. 静态场的许多问题可归结为给定边界条件下求解位函数的泊松方程或拉普拉斯方程的问题，也称为边值型问题。满足给定边界条件的泊松方程或拉普拉斯方程的解是唯一的。

2. 镜像法是一种等效方法，它的基础是静电场解的唯一性定理。利用镜像法求解诸如无限大导体(或介质)平面附近的点电荷、线电荷产生的场，位于无限长圆柱导体附近的平行线电荷产生的场，以及位于导体球附近的点电荷产生的场等特定问题非常有效。镜像法的主要步骤是确定镜像电荷的位置和大小。

3. 分离变量法是将一个多元函数表示成几个单变量函数的乘积，从而将偏微分方程分离为几个带分离常数的常微分方程的方法。用分离变量法求解边值型问题，首先要根据边界形状，选择适当的坐标系；然后将偏微分方程在特定的坐标系下分离为几个常微分方程，并得出位函数的通解；最后由边界条件确定通解中的待定常数。

4. 有限差分法应用差分原理将待求场域的空间离散化，把拉普拉斯方程化为各节点上的有限差分方程，并使用迭代法求解差分方程，从而可以求出节点上的位函数值。

5. 由于静电场的解法具有普遍性，因此本章讨论的求解方法不仅适用于静电场，也适用于恒定电场和恒定磁场，在某些情况下，也适用于时变电磁场。

＊知识结构图

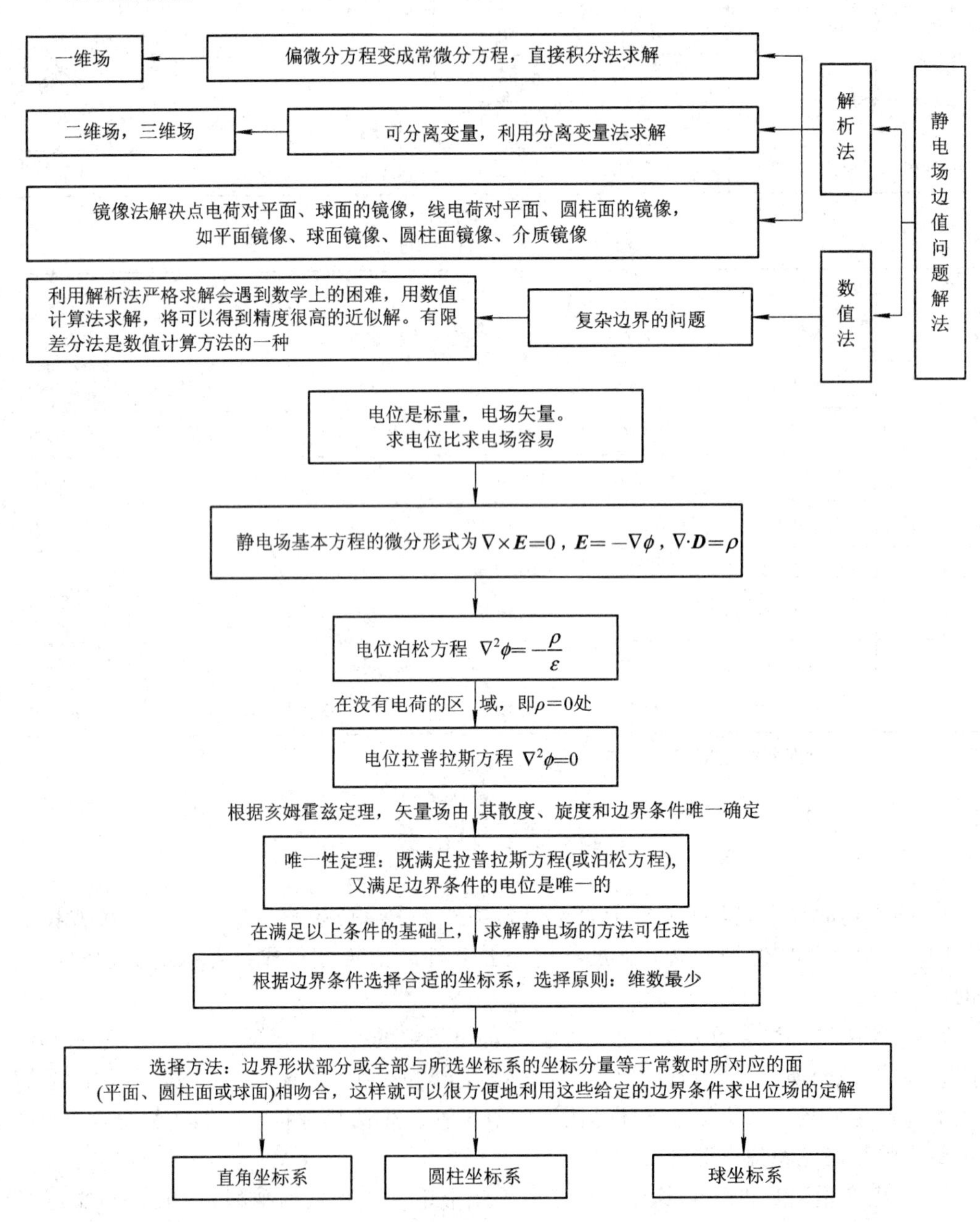

习　　题

5.1　求截面为矩形的无限长区域($0<x<a$, $0<y<b$)的电位，其四壁的电位为

$$\phi(x,\ 0)=\phi(x,\ b)=0$$

$$\phi(0,\ y)=0$$

$$\phi(a,\ y)=\begin{cases}\dfrac{U_0 y}{b} & \left(0<y\leqslant\dfrac{b}{2}\right)\\ U_0\left(1-\dfrac{y}{b}\right) & \left(\dfrac{b}{2}<y<b\right)\end{cases}$$

5.2　一个截面如题 5.2 图所示的长槽，向 y 方向无限延伸，两侧的电位为零，槽内 $y\to\infty$，$\phi\to 0$，底部的电位为

$$\phi(x,\ 0)=U_0$$

求槽内的电位。

5.3　一个矩形导体槽内由两部分构成，如题 5.3 图所示，两个导体板的电位分别是 U_0 和 0，求槽内的电位。

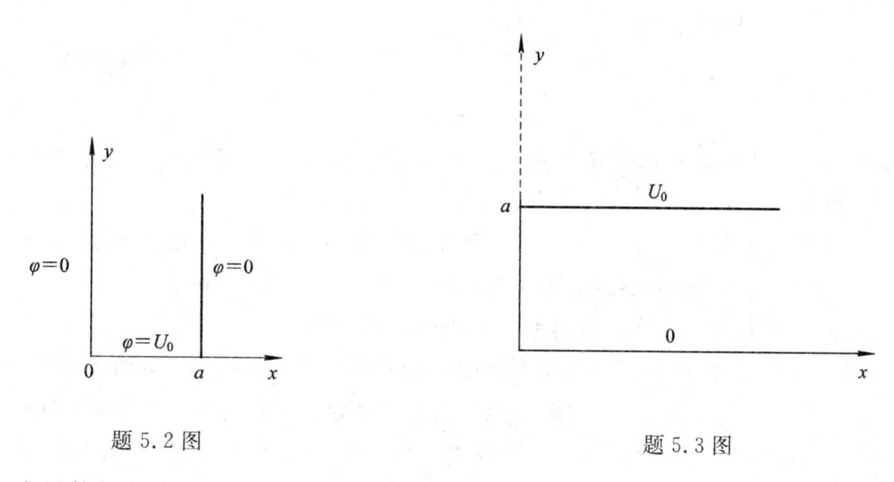

题 5.2 图　　　　题 5.3 图

5.4　由导体板制作的金属盒如题 5.4 图所示，除盒盖的电位为 ϕ 外，其余盒壁电位为 0，求盒内电位分布。

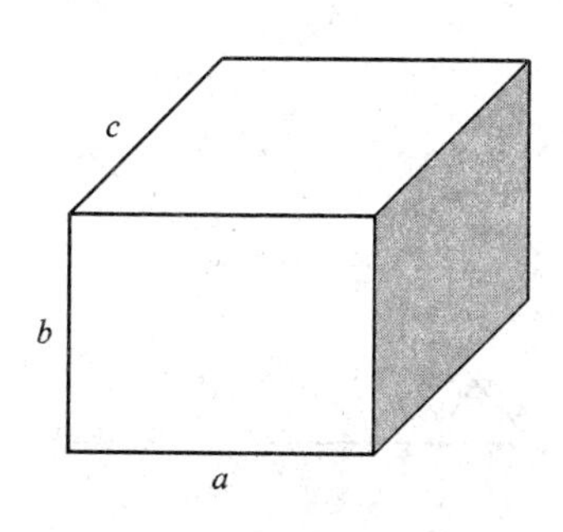

题 5.4 图

5.5 两个点电荷$+Q$和$-Q$位于一个半径为a的接地导体球直径的延长线上，分别距离球心D和$-D$。

(1) 证明：镜像电荷构成一电偶极子，位于球心，偶极矩为$2a^3Q/D^2$。

(2) 令Q和D分别趋于无穷，同时保持Q/D^2不变，计算球外的电场。

5.6 半径为a的无穷大的圆柱面上，有密度为$\rho_S=\rho_{S0}\cos\phi$的面电荷，求柱面内、外的电位。

5.7 同轴圆柱形电容器内、外半径分别为a、b，导体之间一半填充介电常数为ε_1的介质，另一半填充介电常数为ε_2的介质，如题5.7图所示。当电压为U时，求电容器中的电场和电荷分布。

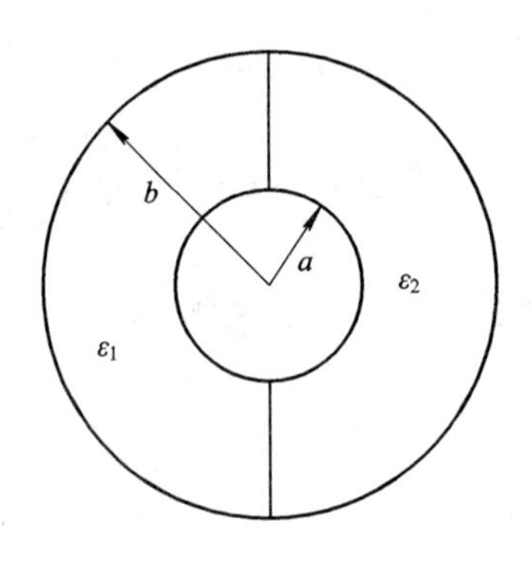

题5.7图

5.8 $z>0$半空间充满介电常数为ε_1的介质，$z<0$半空间充满介电常数为ε_2的介质。

(1) 电量为q的点电荷放在介质分界面上时，求电场强度。

(2) 电荷线密度为ρ_l的均匀线电荷放在介质分界面上时，求电场强度。

5.9 在内、外半径分别为a和b的圆柱形区域内无电荷，在半径分别为a和b的圆柱面上电位分别为U和0，求该圆柱形区域内的电位和电场。

5.10 在半径分别为a和b的两同轴导电圆筒围成的区域内，电荷分布为$\rho=A/r$，A为常数。若介质介电常数为ε，内导体电位为U，外导体电位为0，求两导体间的电位分布。

5.11 电位分别为0和U的半无限大导电平板构成夹角为α的角形区域(见题5.11图)，求该角形区域中的电位分布。

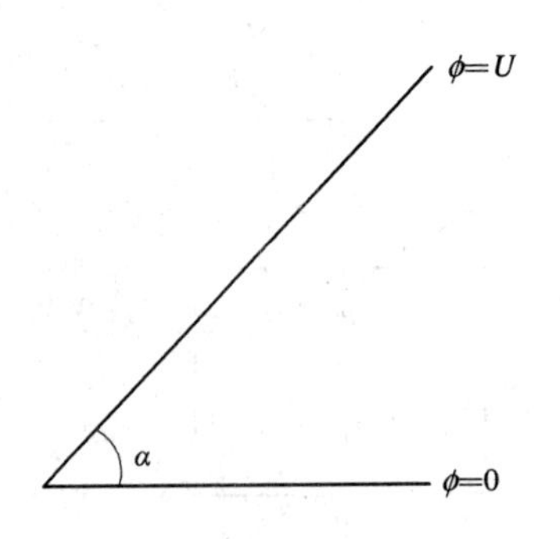

题5.11图

5.12 无限大的导电平板上方距导电平板h处平行放置无限长的线电荷，电荷线密度

为 ρ_1，求导电平板上方的电场。

5.13　由无限大的导电平板折成 45°的角形区，在该角形区中某一点(x_0，y_0，z_0)有一点电荷 q，用镜像法求电位分布。

5.14　半径为 a、带电量为 Q 的导体附近距球心 f 处有一点电荷 q，求点电荷 q 所受的力。

5.15　内、外半径分别为 a、b 的导体球壳内距球心为 $d(d<a)$处有一点电荷 q，当

(1) 导电球壳电位为 0；

(2) 导电球壳电位为 ϕ；

(3) 导电球壳上的总电量为 Q；

时，分别求导电球壳内、外的电位分布。

5.16　无限大导电平面上有一导电半球，半径为 a，在半球体正上方距球心及导电平面 h 处有一点电荷 q(见题 5.16 图)，求该点电荷所受的力。

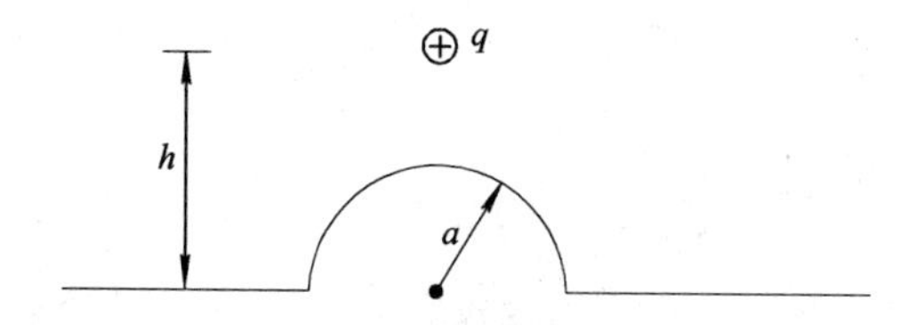

题 5.16 图

5.17　如题 5.17 图所示，无限大导电平面上方平行放置一根半径为 a 的无限长导电圆柱，该导电圆柱轴线与导电平面的距离为 h，求导体圆柱与导电平面之间单位长度的电容。

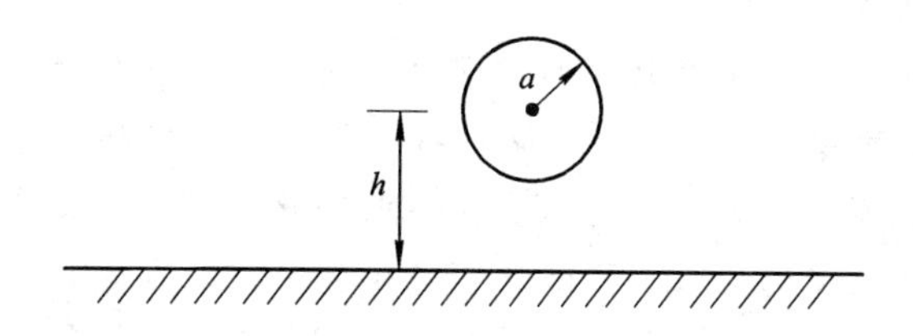

题 5.17 图

5.18　两同心导体球壳半径分别为 a、b，两导体之间有两层介质，介电常数为 ε_1、ε_2，介质界面半径为 c，求两导体球壳之间的电容。

5.19　利用有限差分法求题 5.19 图所示区域中各个节点的电位。

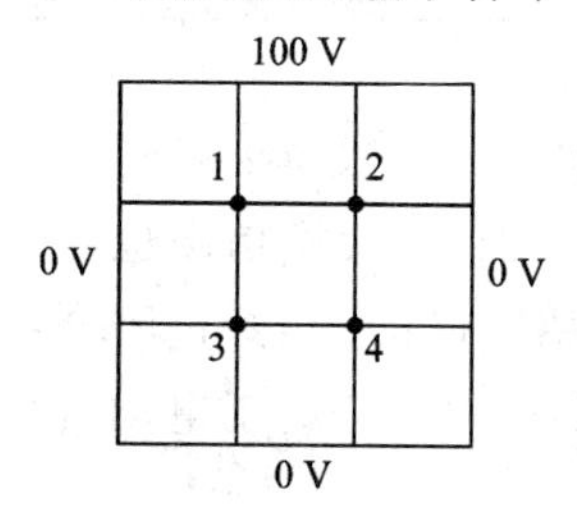

题 5.19 图

第6章　时变电磁场

本章提要

- 法拉第电磁感应定律
- 位移电流及全安培环路定律
- 麦克斯韦方程组
- 电磁场的边界条件
- 电磁能量——坡印廷定理
- 波动方程
- 正弦电磁场

前面三章主要讨论静态场，它们是电磁现象在一定条件下的表现。电场与磁场尽管可以共处于一个空间，却是各自独立，相互无关的，电场和磁场没有互相转换、互为依存的关系，最多也不过是磁通量的变化(包括磁场随时间的变化)在导线回路中产生感应电动势。

本章讨论随时间变化的电磁场，又称时变电磁场。在时变电磁场中，电场和磁场不仅是空间坐标的函数，还是时间的函数。它们不再彼此独立，而是构成统一的电磁场的两个方面：随时间变化的电场产生随空间位置变化的磁场；而随时间变化的磁场产生随空间位置变化的电场，因此电场和磁场随时间和空间变化相互激发和转换，它们两者互为因果关系。麦克斯韦用最简洁的数学公式——麦克斯韦方程组高度概括了电磁场的基本特性，成为研究电磁现象的理论基础。本章首先从法拉第电磁感应定律引出感应电场的概念，然后根据麦克斯韦关于位移电流的假设，引出全安培环路定律，总结麦克斯韦方程组，针对不同媒质，讨论电磁场满足的边界条件；根据能量守恒和转换关系导出功率流密度及坡印廷定理；由麦克斯韦方程导出显示电磁场波动性质的波动方程，最后介绍时谐场以及正弦电磁场的概念。

6.1　法拉第电磁感应定理

在人类对于电磁相互转换的认识上，法拉第起到了关键的作用。奥斯特首先发现电可转换为磁(即线圈可等效为磁铁)，而法拉第坚信磁也可转换为电。经过长时间无数次的实验，1831 年法拉第首次发现电磁感应现象。当穿过闭合导体回路的磁通量 Ψ 发生变化时，回路中就会产生感应电流，这表明回路中感应了电动势，这就是法拉第电磁感应定律，可表示为

$$\mathscr{E}=-\frac{\mathrm{d}\Psi}{\mathrm{d}t} \tag{6-1}$$

式中的负号表示感应电流产生的磁场总是阻碍原磁通 Ψ 的变化。这里规定感应电动势的正方向和磁通正方向之间存在右手螺旋关系，如图 6-1 所示。

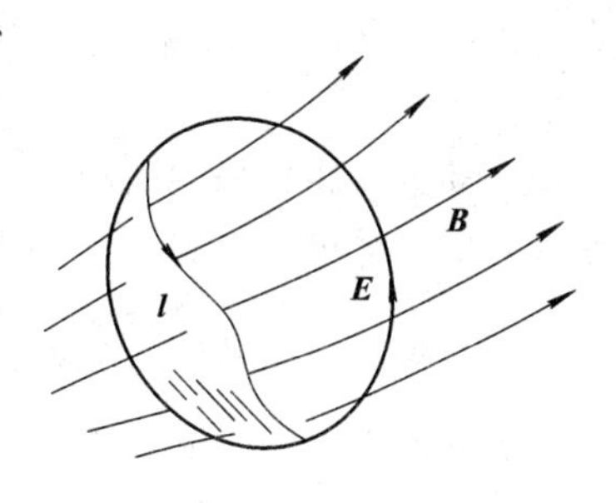

图 6-1　感应电动势的参考方向

式(6-1)表示任何时刻回路中感应电动势的大小和方向。感应电动势的方向也可以表述如下：感应电动势的方向总是企图阻止回路中磁通的变化。当穿过回路的磁通增大时，感应电动势的方向是将以它自己产生的电流引起的磁通来抵消原来的磁通；而当穿过回路的磁通减小时，感应电动势将以它自己产生的电流引起的磁通来补充原来的磁通。

因为导体回路上的电流是电场力推动电荷作定向运动而形成的，所以导体回路上有感应电流就表明空间有电场存在。可见，磁场的变化要在其周围空间激发电场。这种电场不同于静电场，不是由电荷激发的，通常称这种电场为感应电场。因此，闭合回路中的感应电动势又可用感应电场强度 $\boldsymbol{E}$ 沿整个闭合回路的线积分来表示，即

$$\mathscr{E}=\oint_l \boldsymbol{E}\cdot \mathrm{d}\boldsymbol{l} \tag{6-2}$$

式中 $\boldsymbol{E}$ 是回路 l 上线元 $\mathrm{d}\boldsymbol{l}$ 处的电场强度。

穿过回路的磁通量为

$$\Psi=\iint_S \boldsymbol{B}\cdot \mathrm{d}\boldsymbol{S} \tag{6-3}$$

因而法拉第电磁感应定律式(6-1)可以写成

$$\oint_l \boldsymbol{E}\cdot \mathrm{d}\boldsymbol{l}=-\frac{\partial}{\partial t}\iint_S \boldsymbol{B}\cdot \mathrm{d}\boldsymbol{S} \tag{6-4}$$

式(6-4)为法拉第电磁感应定律的积分形式，也称麦克斯韦第二方程的积分形式。

实验发现，感应电动势的大小与 Ψ 随时间的变化率有关，而与引起 Ψ 变化时的物理因素无关。因此，这个定律既适用于导体不动磁场变化的情形，也适用于导体运动而磁场不变的情形。分析引起回路磁通量 Ψ 发生变化的情形不外乎下面三种：

(1) 回路不变，磁场 $\boldsymbol{B}$ 随时间变化。

因为

$$\Psi=\iint_S \boldsymbol{B}\cdot \mathrm{d}\boldsymbol{S}$$

所以

$$\mathscr{E}=-\frac{\mathrm{d}\Psi}{\mathrm{d}t}=-\iint_S \frac{\partial \boldsymbol{B}}{\partial t}\cdot \mathrm{d}\boldsymbol{S}$$

这样产生的感应电动势叫做感生电动势。如图 6-2 所示，变压器正是利用这一原理制成的，因而也称这一感应电动势为变压器电动势。

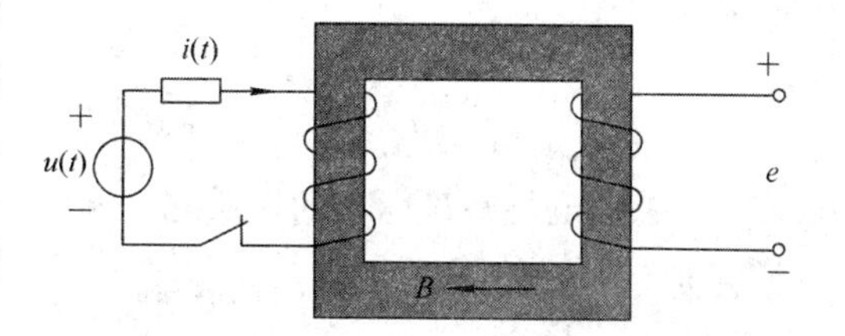

图 6-2　变压器工作原理图

(2) 磁场 $\boldsymbol{B}$ 不随时间变化，而回路切割磁力线运动。

我们知道，当导体以速度 $\boldsymbol{v}$ 在磁场中运

动时，导体中的电荷以速度 $\boldsymbol{v}$ 相对于磁场运动，因而受到一个磁场力(洛仑兹力)，即

$$\boldsymbol{F} = q\boldsymbol{v} \times \boldsymbol{B} \tag{6-5}$$

它与运动方向和磁场方向相垂直。电荷在磁场力作用下对导体发生相对运动，其结果是在导体的一端聚积正电荷，另一端聚积负电荷，说明在导体中出现了感应电场，即

$$\boldsymbol{E} = \frac{\boldsymbol{F}}{q} = \boldsymbol{v} \times \boldsymbol{B} \tag{6-6}$$

感应电场产生的感应电动势为

$$\mathscr{E} = \int_l \boldsymbol{E} \cdot \mathrm{d}\boldsymbol{l} = \int_l \boldsymbol{v} \times \boldsymbol{B} \cdot \mathrm{d}\boldsymbol{l} \tag{6-7}$$

这样产生的感应电动势叫做动生电动势，这正是图 6-3 所示的发电机工作原理。

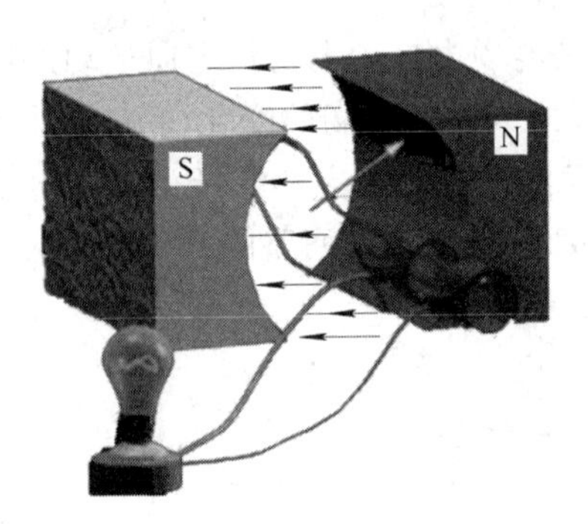

图 6-3　发电机工作原理图

(3) 磁场 $\boldsymbol{B}$ 随时间变化，同时回路切割磁力线运动。这时的感应电动势是感生电动势和动生电动势的叠加，即

$$\mathscr{E} = \int_l \boldsymbol{E} \cdot \mathrm{d}\boldsymbol{l} = \int_l \boldsymbol{v} \times \boldsymbol{B} \cdot \mathrm{d}\boldsymbol{l} - \iint_S \frac{\partial \boldsymbol{B}}{\partial t} \cdot \mathrm{d}\boldsymbol{S} \tag{6-8}$$

在理解电磁感应现象时，感应电动势是比感应电流更为本质的物理量。因此，电磁感应定律可以推广到任意媒质内的假想回路中，电磁波的发现完全证明了这一假设是正确的。

法拉第定律的微分形式可以直接由式(6-4)式导出，即

$$\oint_l \boldsymbol{E} \cdot \mathrm{d}\boldsymbol{l} = \iint_S \nabla \times \boldsymbol{E} \cdot \mathrm{d}\boldsymbol{S} = -\frac{\partial}{\partial t} \iint_S \boldsymbol{B} \cdot \mathrm{d}\boldsymbol{S} \tag{6-9}$$

$$\iint_S \left(\nabla \times \boldsymbol{E} + \frac{\partial \boldsymbol{B}}{\partial t} \right) \cdot \mathrm{d}\boldsymbol{S} = 0 \tag{6-10}$$

因为 S 是任意的表面，所以式(6-10)中的被积函数必须等于零，于是我们得到

$$\nabla \times \boldsymbol{E} = -\frac{\partial \boldsymbol{B}}{\partial t} \tag{6-11}$$

式(6-11)就是法拉第电磁感应定理的微分形式，它是由电磁感应定理推广而来的。这个结果表明：感应电场和静电场的性质完全不同，它是有旋度的场，它的力线是一些无头无尾的闭合曲线，故感应电场又称为涡旋电场。静电场和稳恒电流的场可以看成 $\frac{\partial \boldsymbol{B}}{\partial t} = 0$ 的特例。

6.2　位移电流和麦克斯韦第一方程

感应电场的概念揭开了电场与磁场联系的一个方面——变化的磁场产生电场。在研究从库仑到法拉第等前人成果的基础上，深信电场、磁场有着密切关系且具有对称性的麦克斯韦，通过解决安培环路定律用于时变场时出现的矛盾，提出了位移电流的假说，揭示了电场与磁场联系的另一个方面——变化的电场产生磁场。

已知恒定磁场中的安培环路定律

$$\nabla \times \boldsymbol{H} = \boldsymbol{J} \tag{6-12}$$

是在稳定情况下导出的，其中 $\boldsymbol{J}$ 代表传导电流。对 $\nabla \times \boldsymbol{H} = \boldsymbol{J}$ 两端取散度，有

$$\nabla \cdot (\nabla \times \boldsymbol{H}) = \nabla \cdot \boldsymbol{J}$$

因为 $\nabla \cdot (\nabla \times \boldsymbol{H}) = 0$

所以

$$\nabla \cdot \boldsymbol{J} = 0 \tag{6-13}$$

但是在时变场中，根据电荷守恒定律应有

$$\nabla \cdot \boldsymbol{J} = -\frac{\partial \rho}{\partial t} \tag{6-14}$$

比较式(6-13)式与式(6-14)，可见安培环路定律与电荷守恒定律出现了矛盾。

同时发现式(6-12)无法解释图6-4所示平板电容器充放电的简单过程。

如图6-4所示，作闭合曲线 c 与回路铰链，由式(6-12)安培环路定理，经过 S_1 面时，$\oint_c \boldsymbol{H} \cdot \mathrm{d}\boldsymbol{l} = i_c$。而经过 S_2 面时，由于没有电流流过，则 $\oint_c \boldsymbol{H} \cdot \mathrm{d}\boldsymbol{l} = 0$。显然，结果出现了矛盾。

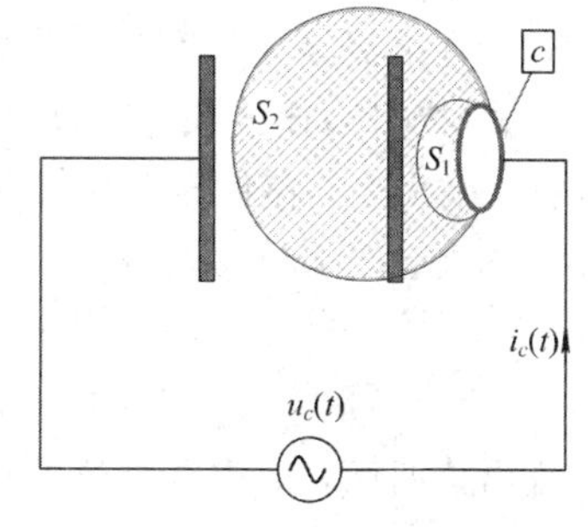

图6-4　平板电容器

上述矛盾导致麦克斯韦断言：电容器中必有电流存在。由于该电流不能由传导产生，因此麦克斯韦称其为“位移电流”。电荷守恒定律是大量实验总结的普遍规律，而安培环路定律则是根据稳恒电流的实验定律导出的特殊规律。为此，麦克斯韦在安培定理中加入一项，以保证它对时变场也是正确的。我们可由高斯定理和电荷守恒定理得出此项。

假设静电场中的高斯定理 $\nabla \cdot \boldsymbol{D} = \rho$ 仍然成立并把它代入电荷守恒定律公式，得

$$\nabla \cdot \boldsymbol{J} = -\frac{\partial}{\partial t} \nabla \cdot \boldsymbol{D} = -\nabla \cdot \frac{\partial \boldsymbol{D}}{\partial t}$$

或

$$\nabla \cdot \left(\boldsymbol{J} + \frac{\partial \boldsymbol{D}}{\partial t}\right) = 0 \tag{6-15}$$

式(6-15)称为全电流连续方程，其中 $\frac{\partial \boldsymbol{D}}{\partial t}$ 是电位移矢量随时间的变化率，它的单位是安培/米^2($\mathrm{A/m^2} = (\mathrm{F/m}) \cdot (\mathrm{V/m}) \cdot (1/\mathrm{s}) = \mathrm{C}/(\mathrm{m^2} \cdot \mathrm{s})$)，与电流密度的单位一致，因此称

为位移电流密度，记为

$$\boldsymbol{J}_{\mathrm{d}}=\frac{\partial \boldsymbol{D}}{\partial t} \tag{6-16}$$

在介质中，由于

$$\boldsymbol{D}=\varepsilon_0\boldsymbol{E}+\boldsymbol{P}$$

因此位移电流密度为

$$\boldsymbol{J}_{\mathrm{d}}=\varepsilon_0\frac{\partial \boldsymbol{E}}{\partial t}+\frac{\partial \boldsymbol{P}}{\partial t} \tag{6-17}$$

式(6-17)说明，在介质中位移电流由两部分构成，一部分是由随时间变化的电场引起的，它在真空中同样存在，它并不代表任何形式的电荷运动，只是在产生磁效应方面和一般意义下的电流等效。另一部分是由于极化强度的变化引起的，称为极化电流，它代表束缚于原子中的电荷运动。

位移电流的引入推广了电流的概念。平常所说的电流是电荷作有规则的运动形成的，在导体中，它就是自由电子定向运动形成的传导电流，设导体的电导率为σ，其传导电流密度$\boldsymbol{J}_{\mathrm{c}}=\sigma\boldsymbol{E}$；在真空或气体中，带电粒子的定向运动也形成电流，称为运流电流，设电荷运动速度为$\boldsymbol{v}$，其运流电流密度$\boldsymbol{J}_{\mathrm{v}}=\rho\boldsymbol{v}$。位移电流并不代表电荷的运动，它与传导电流和运流电流不同。传导电流、运流电流以及位移电流之和称为全电流，即

$$\boldsymbol{J}_{\mathrm{total}}=\boldsymbol{J}_{\mathrm{c}}+\boldsymbol{J}_{\mathrm{v}}+\boldsymbol{J}_{\mathrm{d}} \tag{6-18}$$

式(6-15)中的$\boldsymbol{J}=\boldsymbol{J}_{\mathrm{c}}+\boldsymbol{J}_{\mathrm{v}}$，其中$\boldsymbol{J}_{\mathrm{c}}$和$\boldsymbol{J}_{\mathrm{v}}$分别存于不同媒质中。固体导电媒质$\sigma\neq0$，只有传导电流$\boldsymbol{J}_{\mathrm{c}}$，没有运流电流$\boldsymbol{J}_{\mathrm{v}}=0$。

式(6-15)比式(6-13)增加了一项位移电流密度，从而解除了图6-4中电流不连续的困扰。事实上，在传导电流i_{c}流进曲面S_2的时刻，电容器极板被充电，电介质中的电位移矢量增大，产生位移电流，即

$$i_{\mathrm{d}}=\iint_{S_2}\frac{\partial \boldsymbol{D}}{\partial t}\cdot\mathrm{d}S$$

i_{d}流出该曲面，形成全电流的连续。

于是麦克斯韦把安培环路定律修改为

$$\nabla\times\boldsymbol{H}=\boldsymbol{J}+\frac{\partial \boldsymbol{D}}{\partial t} \tag{6-19}$$

式(6-19)称为全安培环路定理，即麦克斯韦第一方程。位移电流假说是麦克斯韦对电磁理论作出的最杰出的贡献。它揭示了一个新的物理现象：不但运动电荷能够激发磁场，而且随时间变化的电场同样能激发磁场。位移电流的概念反映了随时间变化的电场与电流一样，也能激发磁场这一物理实质。对交变场来讲，加进位移电流这一项有非常重要的意义，如果没有这一项，麦克斯韦就不会预言有电磁波。而实验验证了电磁波的存在之后，所有现代的通信手段，都是基于安培定理的这项修正。

对式(6-19)应用斯托克斯(Stokes)定理，得到全安培环路定理的积分形式：

$$\oint_c\boldsymbol{H}\cdot\mathrm{d}\boldsymbol{l}=\iint_S\left(\boldsymbol{J}+\frac{\partial \boldsymbol{D}}{\partial t}\right)\cdot\mathrm{d}\boldsymbol{S} \tag{6-20}$$

静态场可看成$\frac{\partial \boldsymbol{D}}{\partial t}=0$的特例。此时，式(6-19)退化为$\nabla\times\boldsymbol{H}=\boldsymbol{J}$。这样，全安培环路定理就

具有普遍的意义，而且在时变电磁场中，高斯定律

$$\nabla \cdot \boldsymbol{D} = \rho$$

不必作任何改动，也不会发生新的矛盾。

如果 $\boldsymbol{J}=0$，则式(6-19)简化为

$$\nabla \times \boldsymbol{H} = \frac{\partial \boldsymbol{D}}{\partial t}$$

其形式与法拉第电磁感应定律 $\nabla \times \boldsymbol{E} = -\frac{\partial \boldsymbol{B}}{\partial t}$ 极相似，除了 $\boldsymbol{B}$、$\boldsymbol{E}$ 位置互换之外，二者的右端还相差一负号。这一负号至关重要，没有这个符号的差别，电磁波也就不存在了。

【例 6-1】 如图 6-5 所示，已知平板电容器面积为 A，相距为 d，介电常数为 ε，极板间电压 $u_c = V_0 \sin\omega t$，求：

(1) 位移电流 i_d 和传导电流 i_c。

(2) 求距离导线 r 处的磁场强度。

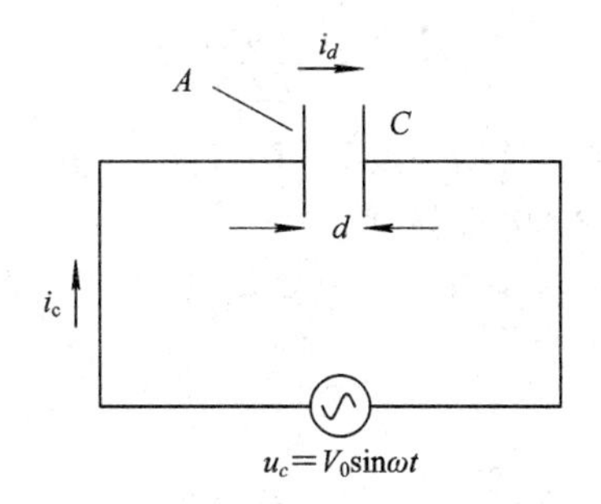

图 6-5　例 6-1 用图

解　(1) 假设电压 u_c 在两极板间的介质中建立的电场强度均匀分布，忽略边缘效应，则有

$$E = \frac{u_c}{d}$$

$$D = \varepsilon E = \varepsilon \frac{V_0}{d} \sin\omega t$$

位移电流为

$$i_d = \int_A \frac{\partial \boldsymbol{D}}{\partial t} \cdot d\boldsymbol{S} = \varepsilon \frac{V_0}{d} \omega \cos\omega t \times A = \frac{\varepsilon A}{d} V_0 \omega \cos\omega t$$

根据已知条件，平板电容器电容为

$$C = \varepsilon \frac{A}{d}$$

导线中的传导电流为

$$i_c = C \frac{du_c}{dt} = C V_0 \omega \cos\omega t = \frac{\varepsilon A}{d} V_0 \omega \cos\omega t$$

比较可知：$i_d = i_c$。

(2) 距离导线 r 处的磁场强度可利用安培环路定理求出。参见图 6-4，做围线 c，但是以 c 为边缘的开曲面有两种，一种是曲面 S_1，另一种是通过电介质区域的曲面 S_2。不论哪一种，都满足

$$\oint_c \boldsymbol{H} \cdot \mathrm{d}\boldsymbol{l} = \iint_S \left(\boldsymbol{J} + \frac{\partial \boldsymbol{D}}{\partial t}\right) \cdot \mathrm{d}\boldsymbol{S} = i_c + i_d$$

由于导线本身的对称性，磁场只有 H_φ 分量，因此方程左边为

$$\oint_c \boldsymbol{H} \cdot \mathrm{d}\boldsymbol{l} = 2\pi r H_\varphi$$

对于面 S_1，方程右边只有第一项不等于零。因为沿导线没有电荷积累，$\boldsymbol{D}=0$，所以第二项等于零，即

$$\iint_S \boldsymbol{J} \cdot \mathrm{d}\boldsymbol{S} = i_c = CV_0\omega\cos\omega t$$

对于曲面 S_2，由于穿过电介质，不可能有传导电流流过，因此 $i_c=0$。如果没有位移电流，则方程右边等于零，出现与前者相矛盾的情形。但是因为麦克斯韦引入位移电流，上述矛盾迎刃而解，正如(1)中已经证明的那样 $i_d=i_c$，所以，无论取 S_1 面还是 S_2 面，结果都是相同的：

$$H_\varphi = \frac{CV_0\omega\cos\omega t}{2\pi r}$$

【例 6-2】 已知自由空间的磁场强度为 $\boldsymbol{H}=H_0\sin\theta\boldsymbol{e}_y$(A/m)，此处 $\theta=\omega t-\beta z$，β 为常数。求：(1) 位移电流密度；(2) 电场强度。

解　自由空间的传导电流密度为零。这样由式(6-19)，位移电流密度等于 $\nabla\times\boldsymbol{H}$，亦即

$$\frac{\partial \boldsymbol{D}}{\partial t} = \begin{vmatrix} \boldsymbol{e}_x & \boldsymbol{e}_y & \boldsymbol{e}_z \\ \dfrac{\partial}{\partial x} & \dfrac{\partial}{\partial y} & \dfrac{\partial}{\partial z} \\ 0 & H_0\sin\theta & 0 \end{vmatrix}$$

$$= -\frac{\partial}{\partial z}[H_0\sin\theta]\boldsymbol{e}_x + \frac{\partial}{\partial x}[H_0\sin\theta]\boldsymbol{e}_z$$

$$= \beta H_0\cos\theta\boldsymbol{e}_x\ (\mathrm{A/m^2})$$

这样，位移电流密度的幅值为 βH_0(A/m²)。将位移电流密度对时间积分，即得电通密度为

$$\boldsymbol{D} = \frac{\beta}{\omega}H_0\sin\theta\boldsymbol{e}_x\ (\mathrm{C/m^2})$$

最后，自由空间的电场强度为

$$\boldsymbol{E} = \frac{\boldsymbol{D}}{\varepsilon_0} = \frac{\beta}{\omega\varepsilon_0}H_0\sin\theta\boldsymbol{e}_x\ (\mathrm{V/m})$$

6.3　麦克斯韦方程组

前面已经得到了麦克斯韦第一、第二方程。再将静态场中的高斯定理以及磁通连续性原理推广应用到时变场中，就得到麦克斯韦方程组的微分形式，即

$$\nabla\times\boldsymbol{H} = \boldsymbol{J} + \frac{\partial \boldsymbol{D}}{\partial t} \tag{6-21a}$$

$$\nabla\times\boldsymbol{E} = -\frac{\partial \boldsymbol{B}}{\partial t} \tag{6-21b}$$

$$\nabla \cdot \boldsymbol{B} = 0 \tag{6-21c}$$

$$\nabla \cdot \boldsymbol{D} = \rho \tag{6-21d}$$

方程组的积分形式为

$$\oint_l \boldsymbol{H} \cdot \mathrm{d}\boldsymbol{l} = \iint_S \left(\boldsymbol{J} + \frac{\partial \boldsymbol{D}}{\partial t}\right) \cdot \mathrm{d}\boldsymbol{S} \tag{6-22a}$$

$$\oint_l \boldsymbol{E} \cdot \mathrm{d}\boldsymbol{l} = -\iint_S \frac{\partial \boldsymbol{B}}{\partial t} \cdot \mathrm{d}\boldsymbol{S} \tag{6-22b}$$

$$\oiint_S \boldsymbol{B} \cdot \mathrm{d}\boldsymbol{S} = 0 \tag{6-22c}$$

$$\oiint_S \boldsymbol{D} \cdot \mathrm{d}\boldsymbol{S} = q \tag{6-22d}$$

这四个方程连同式(6-15)全电流连续方程以及式(6-5)洛仑兹力一起构成电磁理论的基础。利用这些方程便可以解释和预示所有的宏观电磁现象。

积分形式的麦克斯韦方程组反映电磁运动在某一局部区域的平均性质；而微分形式的麦克斯韦方程反映场在空间每一点的性质，它是积分形式的麦克斯韦方程当积分域缩小到一个点时的极限。以后我们对电磁问题的分析一般都从微分形式的麦克斯韦方程出发。

6.3.1　麦克斯韦方程组中的独立方程与非独立方程

麦克斯韦方程组的四个方程并不完全独立，其中两个旋度方程以及电流连续性方程是独立方程，即

$$\nabla \times \boldsymbol{H} = \boldsymbol{J} + \frac{\partial \boldsymbol{D}}{\partial t} \tag{6-23a}$$

$$\nabla \times \boldsymbol{E} = -\frac{\partial \boldsymbol{B}}{\partial t} \tag{6-23b}$$

$$\nabla \cdot \boldsymbol{J} = -\frac{\partial \rho}{\partial t} \tag{6-23c}$$

由这三个独立方程可以导出麦克斯韦方程组中的两个散度方程。对式(6-23a)两边取散度运算：

$$\nabla \cdot (\nabla \times \boldsymbol{H}) = \nabla \cdot \left(\boldsymbol{J} + \frac{\partial \boldsymbol{D}}{\partial t}\right)$$

由于$\nabla \cdot (\nabla \times \boldsymbol{H}) = 0$，考虑到电流连续性方程$\nabla \cdot \boldsymbol{J} = -\frac{\partial \rho}{\partial t}$，可得到

$$-\frac{\partial \rho}{\partial t} + \nabla \cdot \frac{\partial \boldsymbol{D}}{\partial t} = \frac{\partial}{\partial t}(\nabla \cdot \boldsymbol{D} - \rho) = 0$$

因此$\nabla \cdot \boldsymbol{D} = \rho$，即为式(6-21d)

同理，对式(6-23b)取散度即得式(6-21c)。

因此两个旋度方程及电流连续性方程是独立方程，两个散度方程是非独立方程。但是，这两个散度方程并不是多余的。根据亥姆霍兹定理，一个在无穷远处趋于零的矢量场是由它的散度和旋度共同唯一确定的。这里需要说明的是，独立方程与非独立方程的区分不是绝对的，但是麦克斯韦方程组四个方程中只有三个是独立的，可组成七个标量方程。

这七个标量方程中共有五个未知矢量($\boldsymbol{E}$、$\boldsymbol{D}$、$\boldsymbol{B}$、$\boldsymbol{H}$ 和 $\boldsymbol{J}$)和一个未知标量 ρ，共 16 个未知标量。要确定这 16 个未知量还必须补充另外 9 个独立的标量方程。这 9 个独立的方程就是 $\boldsymbol{D}$ 与 $\boldsymbol{E}$，$\boldsymbol{B}$ 和 $\boldsymbol{H}$ 以及 $\boldsymbol{J}$ 与 $\boldsymbol{E}$ 之间的关系式，这些关系式又被称为介质电磁性质的本构关系式或麦克斯韦方程组的辅助方程，它们描述的是媒质的存在对电磁场的影响。

一般而言，表征媒质宏观电磁特性的本构关系为

$$\boldsymbol{D} = \varepsilon_0 \boldsymbol{E} + \boldsymbol{P} \tag{6-24a}$$

$$\boldsymbol{B} = \mu_0 (\boldsymbol{H} + \boldsymbol{M}) \tag{6-24b}$$

$$\boldsymbol{J} = \sigma \boldsymbol{E} \tag{6-24c}$$

对于各向同性的线性媒质，则有

$$\boldsymbol{D} = \varepsilon_0 \varepsilon_r \boldsymbol{E} = \varepsilon \boldsymbol{E} \tag{6-25a}$$

$$\boldsymbol{B} = \mu_0 \mu_r \boldsymbol{H} = \mu \boldsymbol{H} \tag{6-25b}$$

$$\boldsymbol{J} = \sigma \boldsymbol{E} \tag{6-25c}$$

式中 ε、μ、σ 是描述媒质宏观电磁特性的一组参数，分别称为媒质的介电常数、磁导率和电导率。在真空(或空气)中，$\varepsilon=\varepsilon_0$，$\mu=\mu_0$，$\sigma=0$。$\sigma=0$ 的介质称为理想介质，$\sigma=\infty$的介质称为理想导体，σ 介于两者之间的媒质统称为导电媒质。媒质参数与场强大小无关，称为线性媒质；媒质参数与场强方向无关，称为各向同性媒质；媒质参数与位置无关，称为均匀媒质；媒质参数与场强频率无关，称为非色散媒质，否则，称为色散媒质；线性、均匀、各向同性媒质称为简单媒质。

6.3.2 麦克斯韦方程组的限定形式与非限定形式

麦克斯韦方程组适用于任何媒质，不受限制，因此称做麦克斯韦方程组的非限定形式。

利用媒质的本构关系可消去非限定形式中的 $\boldsymbol{D}$、$\boldsymbol{B}$、$\boldsymbol{J}$，此时麦克斯韦方程组可用 $\boldsymbol{E}$、$\boldsymbol{H}$ 两个矢量表示：

$$\nabla \times \boldsymbol{H} = \boldsymbol{J} + \frac{\partial}{\partial t}(\varepsilon \boldsymbol{E}) \tag{6-26a}$$

$$\nabla \times \boldsymbol{E} = -\frac{\partial}{\partial t}(\mu \boldsymbol{H}) \tag{6-26b}$$

$$\nabla \cdot \mu \boldsymbol{H} = 0 \tag{6-26c}$$

$$\nabla \cdot \varepsilon \boldsymbol{E} = \rho \tag{6-26d}$$

式(6-26)与媒质有关，因而称为麦克斯韦方程组的限定形式。

6.3.3 麦克斯韦方程组的物理意义

麦克斯韦方程组是麦克斯韦继承和发展了前人在电磁学方面的实践和理论于 1864 年提出的，麦克斯韦方程组是宏观电磁现象基本规律的高度概括和完整总结，它是分析各种经典问题的出发点。第一方程称为全电流安培环路定律，表明传导电流和时变的电场都能激发磁场，它们是磁场的涡旋源；第二方程称为法拉第电磁感应定律，表明时变的磁场可以激发电场，它是感应电场的涡旋源；第三方程称为磁通连续性原理，表明磁场是无源的，不存在“磁荷”，磁力线总是闭合的；第四方程称为高斯定理，表明电荷是电场的通量源，电荷以发散的形式产生电场(变化的磁场以涡旋的形式产生电场)。仔细观察麦克斯韦方程

组，其蕴含了以下深刻的物理意义：

(1) 第一、第二方程左边的物理量为磁(或电)，而右边的物理量为电(或磁)。这中间的等号深刻揭示了电与磁的相互转化，相互依赖，相互对立，共存于统一的电磁波中，见图6-6。正是由于电不断转换为磁，而磁又不断转化为电，才会发生能量交换和储存。

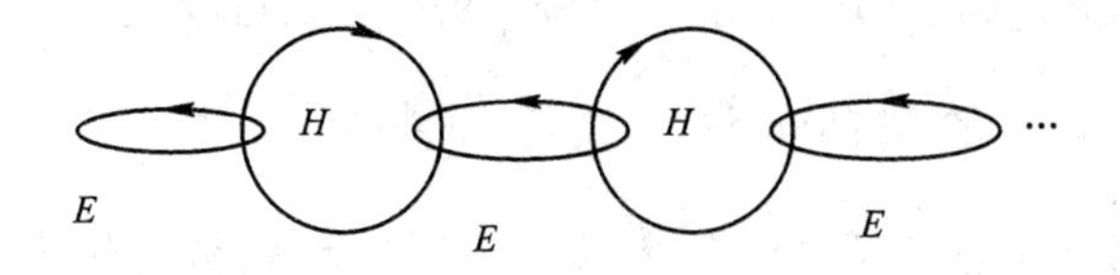

图6-6　电磁转换

人类对于电磁的相互转化在认识上走了很多弯路。奥斯特首先发现电可转化为磁(即线圈等效为磁铁)，而法拉第坚信磁也可以转化为电，但是无数次实验均以失败而告终。在10年后的一次实验中，无意间把磁铁一拔，奇迹出现了，连接线圈的电流计指针出现了晃动。这一实验不仅证实了电磁转换，而且明确了只有动磁才能转换为电。然而电磁转换只是为电磁波的出现提供了必要条件，例如图6-7所示电磁振荡也是典型的电磁转换，但却没有引起波动。

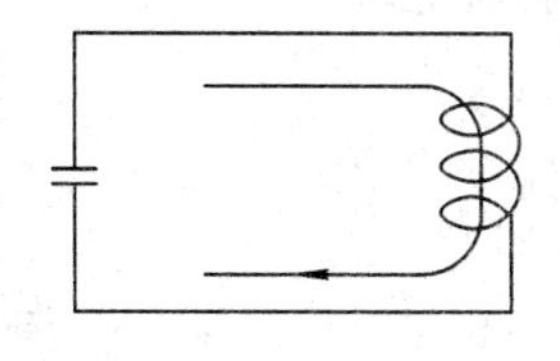

图6-7　电磁振荡

(2) 从物理学角度来讲，运算反映一种作用(Action)。进一步研究麦克斯韦方程两边的运算，方程的左边是空间的运算(旋度)；方程的右边是时间的运算(导数)，中间用等号连接。它深刻揭示了电(或磁)场任一地点的变化会转化成磁(或电)场时间的变化；反过来，场的时间变化也会转化成地点变化，构成时空变换的四维空间。正是这种空间和时间的相互变化构成了波动的外在形式。用通俗的一句话来说，即一个地点出现过的事物，过了一段时间又在另一地点出现了。

(3) 写出麦克斯韦第一、第二方程的时谐表达式

$$\nabla \times \boldsymbol{H} = \boldsymbol{J} + \mathrm{j}\omega \boldsymbol{D}$$

$$\nabla \times \boldsymbol{E} = -\mathrm{j}\omega \boldsymbol{B}$$

表明电磁转化有一个重要条件，即频率 ω。直流情况则没有转换。

(4) 麦克斯韦方程表明：不仅电荷和电流能激发电磁场，而且变化着的电场和磁场可以互相激发。因此，在某处只要发生电磁扰动，由于电磁场互相激发，就会在紧邻的地方激发起电磁场，在这些地方形成新的电磁扰动，新的扰动又在更远一些地方激发起电磁场，如此继续下去，形成电磁波的运动。由此可见，电磁扰动的传播是不依赖于电荷、电流而独立进行的。

6.4　电磁场的边界条件

麦克斯韦方程组适用于任何媒质，实际中常常遇到两种媒质，在两种媒质分界面上一般会出现面电荷或面电流分布，因而使电磁场在这些地方发生突变，并使麦克斯韦方程组的微分形式失去意义。但麦克斯韦方程组的积分形式在这些地方仍然是有效的，因此，我们可以通过麦克斯韦方程组的积分形式来导出电磁场的边值关系或边界条件。电磁场的边界条件实际上就是麦克斯韦方程组在界面处的表达形式。可以说，在有边界的情况下，麦

克斯韦方程组的积分形式仍能独立地描述电磁场，而麦克斯韦方程组的微分形式必须加上边界条件才能完整地描述电磁场。从数学关系来说也是如此，求解积分方程不需边界条件，因边界条件已包含在方程中，而求解微分方程必须要有边界条件，因此电磁场的边界条件在解决有介质界面的实际问题中是十分重要的。界面上的场分量可以分解为垂直于界面的法向分量和平行于界面的切向分量两部分，我们分别讨论这两种分量的边界条件。

6.4.1 场矢量 $\boldsymbol{D}$ 和 $\boldsymbol{B}$ 的法向分量的边界条件

先推导 $\boldsymbol{D}$ 的法向分量的边界条件。为此，在分界面上取一扁平圆柱面高斯盒，如图 6-8 所示。圆柱面的高度为 Δh，上、下底面的面积为 ΔS，且很小，以致可认为每一底面上的场是均匀的。

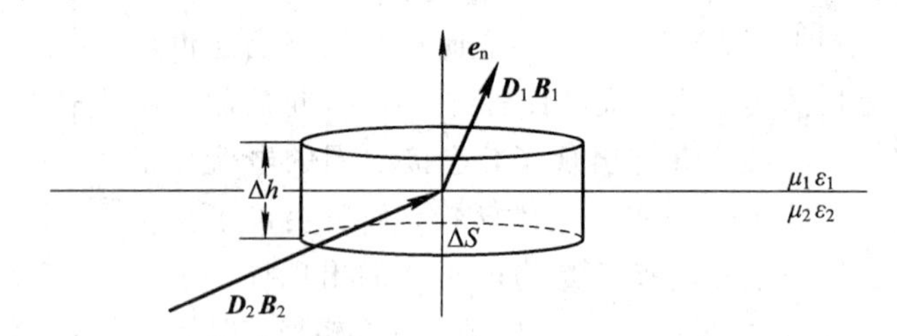

图 6-8 法向边界

将积分形式的麦克斯韦方程，即

$$\oiint_S \boldsymbol{D}\cdot \mathrm{d}\boldsymbol{S} = \iiint_V \rho\ \mathrm{d}V$$

应用到此高斯盒上。在 $\Delta h\to 0$ 的情形下，左端为 $(D_{1n}-D_{2n})\Delta S$；右端为高斯圆柱面内的总自由电荷 $q=\rho\Delta h\Delta S=\rho_S\Delta S$，其中 $\rho_S=\lim\limits_{\Delta h\to 0}\rho\Delta h$ 为界面上的自由电荷密度。故有

$$D_{1n} - D_{2n} = \rho_S$$

或

$$\boldsymbol{e}_n\cdot(\boldsymbol{D}_1-\boldsymbol{D}_2)=\rho_S \tag{6-27}$$

在两种绝缘介质的分界面上不存在自由电荷，即 $\rho_S=0$，这时式(6-27)简化为

$$\boldsymbol{e}_n\cdot(\boldsymbol{D}_1-\boldsymbol{D}_2)=0 \tag{6-28}$$

在理想导体和介质的交界面上，导体内部 $\boldsymbol{D}=0$，导体表面存在自由电荷，式(6-27)成为

$$\boldsymbol{e}_n\cdot\boldsymbol{D}=\rho_S \tag{6-29}$$

同理，对于磁场 $\boldsymbol{B}$ 的法向分量的边界条件，我们将积分形式的麦克斯韦方程，即

$$\oiint_S \boldsymbol{B}\cdot \mathrm{d}\boldsymbol{S} = 0$$

应用到扁平的圆柱面高斯盒上，在 $\Delta h\to 0$ 情况下有

$$\boldsymbol{e}_n\cdot(\boldsymbol{B}_1-\boldsymbol{B}_2)=0 \tag{6-30}$$

在理想导体表面有

$$\boldsymbol{e}_n\cdot\boldsymbol{B}=0 \tag{6-31}$$

注意，上面各式中界面的法向单位矢量 $\boldsymbol{e}_n$ 是从介质 2 指向介质 1 的，理想导体表面的法向是表面的外法线方向。

式(6-28)～式(6-30)表明，在介质与介质的分界面上 $\boldsymbol{D}$ 和 $\boldsymbol{B}$ 的法向分量连续；在导

体与介质的分界面上，它们不连续，$\boldsymbol{D}$ 的法向分量等于导体表面的面电荷密度，$\boldsymbol{B}$ 的法向分量为零。

6.4.2　场矢量 E 和 H 的切向分量的边界条件

先推导 $\boldsymbol{H}$ 的切向分量的边界条件。为此，我们在分界面上取一矩形回路，如图 6－9 所示。回路一长边在介质 1 中，另一长边在介质 2 中，且两长边都平行于界面。设矩形回路的高度为 Δh，两长边的长度都为 Δl，且很小，以致在每一长边上各处的场强均相同。设矩形回路所围面积的法线单位矢量为 $\boldsymbol{e}_{Sn}$，穿过此面积的传导电流密度为 $\boldsymbol{J}$，分界面的法线单位矢量为 $\boldsymbol{e}_n$，界面上沿 Δl 的切线方向单位矢量为 $\boldsymbol{e}_t$。$\boldsymbol{e}_t$、$\boldsymbol{e}_{Sn}$、$\boldsymbol{e}_n$ 三者满足：

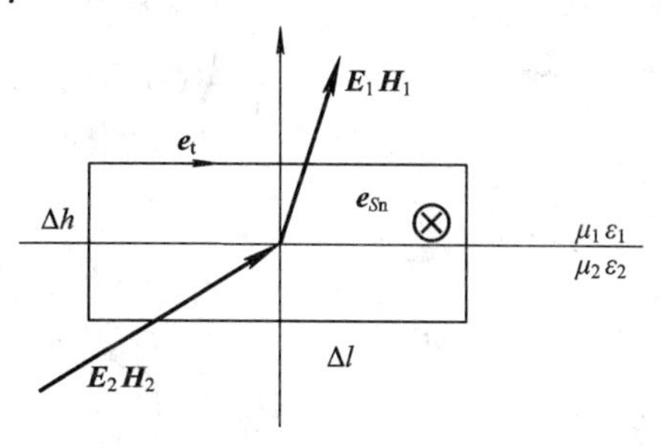

图 6－9　分界面上的矩形回路

$$\boldsymbol{e}_t = \boldsymbol{e}_{Sn} \times \boldsymbol{e}_n$$

将积分形式的麦克斯韦方程，即

$$\oint_L \boldsymbol{H} \cdot \mathrm{d}\boldsymbol{l} = \iint_S \left(\boldsymbol{J} + \frac{\partial \boldsymbol{D}}{\partial t}\right) \cdot \mathrm{d}\boldsymbol{S}$$

应用于此矩形回路。在 $\Delta h \to 0$ 情况下，左端为$(H_{1t} - H_{2t})\Delta l$；右端第一项为回路内的总传导电流 $\boldsymbol{J} \cdot \Delta \boldsymbol{S} = \boldsymbol{J} \cdot \Delta h \Delta l \boldsymbol{e}_{Sn} = \boldsymbol{J}_S \cdot \boldsymbol{e}_{Sn} \Delta l$，其中 $\boldsymbol{J}_S = \lim\limits_{\Delta h \to 0} \boldsymbol{J} \Delta h$ 是界面上的面电流密度，第二项为回路内的总位移电流，由于回路所围的面积趋于零，而$\dfrac{\partial \boldsymbol{D}}{\partial t}$为有限值，故在 $\Delta h \to 0$ 时 $\iint_S \dfrac{\partial \boldsymbol{D}}{\partial t} \cdot \mathrm{d}\boldsymbol{S} \to 0$，于是得到

$$H_{1t} - H_{2t} = \boldsymbol{J}_S \cdot \boldsymbol{e}_{Sn}$$

或

$$\boldsymbol{e}_t \cdot (\boldsymbol{H}_1 - \boldsymbol{H}_2) = \boldsymbol{J}_S \cdot \boldsymbol{e}_{Sn}$$

由于 $\boldsymbol{e}_{Sn} \times \boldsymbol{e}_n = \boldsymbol{e}_t$，并且注意到$(\boldsymbol{e}_{Sn} \times \boldsymbol{e}_n) \cdot \boldsymbol{H} = (\boldsymbol{e}_n \times \boldsymbol{H}) \cdot \boldsymbol{e}_{Sn}$，因此有

$$[\boldsymbol{e}_n \times (\boldsymbol{H}_1 - \boldsymbol{H}_2)] \cdot \boldsymbol{e}_{Sn} = \boldsymbol{J}_S \cdot \boldsymbol{e}_{Sn}$$

因 $\boldsymbol{e}_{Sn}$ 的方向是任意的，故有

$$\boldsymbol{e}_n \times (\boldsymbol{H}_1 - \boldsymbol{H}_2) = \boldsymbol{J}_S \tag{6-32}$$

这就是 $\boldsymbol{H}$ 的切向分量的边界条件。在介质与介质的交界面上传导电流不存在，故有

$$\boldsymbol{e}_n \times (\boldsymbol{H}_1 - \boldsymbol{H}_2) = 0 \tag{6-33}$$

在理想导体表面存在传导电流，但其内部场为零，故有

$$\boldsymbol{e}_n \times \boldsymbol{H} = \boldsymbol{J}_S \tag{6-34}$$

同理，对 $\boldsymbol{E}$ 的切向分量的边界条件，可将积分形式的麦克斯韦方程，即

$$\oint_l \boldsymbol{E} \cdot \mathrm{d}\boldsymbol{l} = -\iint_S \frac{\partial \boldsymbol{B}}{\partial t} \cdot \mathrm{d}\boldsymbol{S}$$

应用到矩形回路上，考虑到$\dfrac{\partial \boldsymbol{B}}{\partial t}$在界面上为有限值，在 $\Delta h \to 0$ 的情况下：

$$E_{1t}-E_{2t}=0 \quad 或 \quad \boldsymbol{e}_n\times(\boldsymbol{E}_1-\boldsymbol{E}_2)=0 \tag{6-35}$$

在理想导体表面有

$$\boldsymbol{e}_n\times\boldsymbol{E}=0 \tag{6-36}$$

综上所述，电磁场边界条件的普遍形式为

$$\boldsymbol{e}_n\cdot(\boldsymbol{D}_1-\boldsymbol{D}_2)=\rho_S \quad 或 \quad D_{1n}-D_{2n}=\rho_S$$

$$\boldsymbol{e}_n\cdot(\boldsymbol{B}_1-\boldsymbol{B}_2)=0 \quad 或 \quad B_{1n}=B_{2n}$$

$$\boldsymbol{e}_n\times(\boldsymbol{H}_1-\boldsymbol{H}_2)=\boldsymbol{J}_S \quad 或 \quad H_{1t}-H_{2t}=J_S$$

$$\boldsymbol{e}_n\times(\boldsymbol{E}_1-\boldsymbol{E}_2)=0 \quad 或 \quad E_{1t}=E_{2t}$$

在介质与介质面上有

$$D_{1n}=D_{2n},\ B_{1n}=B_{2n},\ H_{1t}=H_{2t},\ E_{1t}=E_{2t}$$

在理想导体表面上有

$$D_n=\rho_S,\ B_n=0,\ H_t=J_S,\ E_t=0$$

同时在分界面两侧，自由面电流密度和自由面电荷密度满足电流连续性方程：

$$\nabla_t\cdot\boldsymbol{J}_S=-\frac{\partial\rho_S}{\partial t}$$

【例 6-3】 设 $z=0$ 的平面为空气与理想导体的分界面，在 $z<0$ 一侧为理想导体，分界面处的磁场强度为 $\boldsymbol{H}(x,y,0,t)=\boldsymbol{e}_xH_0\sin ax\cos(\omega t-ay)$。试求理想导体表面上的电流分布、电荷分布以及分界面处的电场强度。

解 根据理想导体分界面上的边界条件，可求得理想导体表面上的电流分布为

$$\boldsymbol{J}_S=n\times\boldsymbol{H}=\boldsymbol{e}_z\times\boldsymbol{e}_xH_0\sin ax\cos(\omega t-ay)$$

$$=\boldsymbol{e}_yH_0\sin ax\cos(\omega t-ay)$$

由分界面上的电流连续性方程 $\nabla_t\cdot\boldsymbol{J}_S=-\frac{\partial\rho_S}{\partial t}$，得

$$-\frac{\partial\rho_S}{\partial t}=\frac{\partial}{\partial y}[H_0\sin ax\cos(\omega t-ay)]$$

$$=aH_0\sin ax\sin(\omega t-ay)$$

$$\rho_S=\frac{aH_0}{\omega}\sin ax\cos(\omega t-ay)+c(x,y)$$

假设 $t=0$ 时，$\rho_S=0$。由边界条件 $\boldsymbol{e}_n\cdot\boldsymbol{D}=\rho_S$ 以及 $\boldsymbol{e}_n$ 的方向可得

$$\boldsymbol{D}(x,y,0,t)=\boldsymbol{e}_z\frac{aH_0}{\omega}\sin ax[\cos(\omega t-ay)-\cos(ay)]$$

$$\boldsymbol{E}(x,y,0,t)=\boldsymbol{e}_z\frac{aH_0}{\omega\varepsilon_0}\sin ax[\cos(\omega t-ay)-\cos(ay)]$$

6.5 电磁能量——坡印廷定理

电磁场是一种物质，它也具有能量。已知静电场的能量体密度为 $w_e=\frac{1}{2}\varepsilon E^2=\frac{1}{2}\boldsymbol{D}\cdot\boldsymbol{E}$，静磁场的能量体密度为 $w_m=\frac{1}{2}\mu H^2=\frac{1}{2}\boldsymbol{B}\cdot\boldsymbol{H}$。而时变电磁场中出现的一个重要现象是能

量的流动，因为电场能量密度随电场强度变化，磁场能量密度随磁场变化，而能量是守恒的，故能量密度的变化必然伴随能量的流动。我们定义单位时间内穿过与能量流动方向垂直的单位表面的能量为能流密度矢量，其方向为该点能量流动方向。

电磁能量和其他能量一样服从能量守恒定理。利用这个原理与场中一个闭合面包围的体积，可导出用场量表示的能量守恒关系，即坡印廷定理和能流密度矢量的表达式。

假设闭合面 S 包围的体积 V 内无外加源，且介质是均匀和各向同性的，利用矢量恒等式及麦克斯韦方程，即

$$\nabla\times\boldsymbol{H}=\frac{\partial\boldsymbol{D}}{\partial t}+\boldsymbol{J}\tag{6-37a}$$

$$\nabla\times\boldsymbol{E}=-\frac{\partial\boldsymbol{B}}{\partial t}\tag{6-37b}$$

用 $\boldsymbol{H}$ 点乘式(6-37b)，$\boldsymbol{E}$ 点乘式(6-37a)，然后将所得的两式相减便得

$$H\cdot(\nabla\times E)-E\cdot(\nabla\times H)=-\boldsymbol{E}\cdot\frac{\partial\boldsymbol{D}}{\partial t}-\boldsymbol{J}\cdot\boldsymbol{E}-\boldsymbol{H}\cdot\frac{\partial\boldsymbol{B}}{\partial t}$$

根据矢量恒等式 $\nabla\cdot(E\times H)=H\cdot(\nabla\times E)-E\cdot(\nabla\times H)$，可得

$$\nabla\cdot(E\times H)=-\boldsymbol{E}\cdot\frac{\partial\boldsymbol{D}}{\partial t}-\boldsymbol{J}\cdot\boldsymbol{E}-\boldsymbol{H}\cdot\frac{\partial\boldsymbol{B}}{\partial t}\tag{6-38}$$

假设媒质是线性、各向同性的，并且介质的参数不随时间和场强改变，于是有

$$\begin{aligned}\boldsymbol{H}\cdot\frac{\partial\boldsymbol{B}}{\partial t}&=\mu\boldsymbol{H}\cdot\frac{\partial\boldsymbol{H}}{\partial t}=\boldsymbol{B}\cdot\frac{\partial\boldsymbol{H}}{\partial t}\\&=\frac{1}{2}\left(\boldsymbol{H}\cdot\frac{\partial\boldsymbol{B}}{\partial t}+\boldsymbol{B}\cdot\frac{\partial\boldsymbol{H}}{\partial t}\right)\\&=\frac{\partial}{\partial t}\left(\frac{1}{2}\boldsymbol{B}\cdot\boldsymbol{H}\right)=\frac{\partial}{\partial t}w_{\mathrm{m}}\end{aligned}\tag{6-39}$$

$$\begin{aligned}\boldsymbol{E}\cdot\frac{\partial\boldsymbol{D}}{\partial t}&=\varepsilon\boldsymbol{E}\cdot\frac{\partial\boldsymbol{E}}{\partial t}=\boldsymbol{D}\cdot\frac{\partial\boldsymbol{E}}{\partial t}\\&=\frac{1}{2}\left(\boldsymbol{E}\cdot\frac{\partial\boldsymbol{D}}{\partial t}+\boldsymbol{D}\frac{\partial\boldsymbol{E}}{\partial t}\right)\\&=\frac{\partial}{\partial t}\left(\frac{1}{2}\boldsymbol{D}\cdot\boldsymbol{E}\right)=\frac{\partial}{\partial t}w_{\mathrm{e}}\end{aligned}\tag{6-40}$$

$$\boldsymbol{J}\cdot\boldsymbol{E}=\sigma\boldsymbol{E}^2=p_{\mathrm{T}}$$

式中 w_{m} 和 w_{e} 分别是磁场能量密度和电场能量密度，p_{T} 是单位体积中变为焦耳热的功率，从而式(6-38)变为

$$\nabla\cdot(\boldsymbol{E}\times\boldsymbol{H})=-\frac{\partial}{\partial t}(w_{\mathrm{m}}+w_{\mathrm{e}})-p_{\mathrm{T}}\tag{6-41}$$

取式(6-41)对体积 V 的积分得

$$\iiint_V\nabla\cdot(\boldsymbol{E}\times\boldsymbol{H})\,\mathrm{d}V=-\iiint_V\frac{\partial}{\partial t}(w_{\mathrm{m}}+w_{\mathrm{e}})\,\mathrm{d}V-\iiint_V p_{\mathrm{T}}\,\mathrm{d}V$$

应用高斯定理将左边的体积分变为面积分，同时改变方程两边的符号得

$$-\oint\!\!\!\oint_S(\boldsymbol{E}\times\boldsymbol{H})\cdot\mathrm{d}\boldsymbol{S}=\frac{\partial}{\partial t}\iiint_V(w_{\mathrm{m}}+w_{\mathrm{e}})\,\mathrm{d}V+\iiint_V p_{\mathrm{T}}\,\mathrm{d}V=\frac{\partial}{\partial t}(W_{\mathrm{m}}+W_{\mathrm{e}})+P_{\mathrm{T}}\tag{6-42}$$

式(6－42)右边第一项是体积 V 内单位时间电场和磁场能量的增加量，第二项是体积 V 内单位时间欧姆损耗功率；左边的面积分应是单位时间经过闭合面 S 进入体积 V 内的功率。式(6－42)称为坡印廷定理，是能量守恒定律在电磁场中的一种表现形式。

式(6－42)左边的面积分去掉负号表示穿出闭合面的功率。被积函数 $\boldsymbol{E}\times\boldsymbol{H}$ 是一个具有单位表面功率量纲的矢量，我们把它定义为能流密度矢量，用 $\boldsymbol{S}$ 表示为

$$\boldsymbol{S}=\boldsymbol{E}\times\boldsymbol{H} \tag{6-43}$$

$\boldsymbol{S}$ 也称坡印廷矢量，单位是 $\mathrm{W/m^2}$（瓦/米^2）。由式(6－43)可以看出，坡印廷矢量的方向就是能量流动的方向，$\boldsymbol{S}$ 总是垂直于 $\boldsymbol{E}$、$\boldsymbol{H}$，且服从 $\boldsymbol{E}$ 到 $\boldsymbol{H}$ 的右手螺旋法则。只要已知空间任一点的电场和磁场，便可知该点电磁功率流密度的大小和方向，因此坡印廷矢量是时变电磁场中一个重要的物理量。

【例 6－4】 设同轴传输电缆的内导体半径为 a，外导体半径为 b，两导体间填充均匀绝缘介质，导体载有电流 I，两导体间外加电压为 U。(1)在导体的电导率 $\sigma=\infty$ 的情形下计算介质中的能流和传输功率；(2) 当导体的电导率为有限值时，计算通过内导体表面进入内导体的能流，并证明它等于导体的损耗功率。

解 (1) 在内外导体间($a<r<b$)取一半径为 r 的圆形路径 L，用安培环路定律可得

$$H_\varphi=\frac{I}{2\pi r}$$

由对称性可判断内外导体仅有径向电场分量 E_r，设内导体单位长度的电荷为 ρ_l，应用高斯定理有

$$E_r=\frac{\rho_l}{2\pi\varepsilon r}$$

两导体间的电压为

$$U=\int_a^b E_r\,\mathrm{d}r=\frac{\rho_l}{2\pi\varepsilon}\ln\frac{b}{a}$$

电场强度又可表示为

$$E_r=\frac{U}{r\ln\dfrac{b}{a}}$$

能流密度为

$$\boldsymbol{S}=\boldsymbol{E}\times\boldsymbol{H}=\frac{UI}{2\pi r^2\ln\dfrac{b}{a}}\boldsymbol{e}_z$$

将 $\boldsymbol{S}$ 对两导体间的圆环状截面积分得到传输功率为

$$P=\int_0^{2\pi}\int_a^b\left[\frac{UI}{2\pi r^2\ln\dfrac{b}{a}}\boldsymbol{e}_z\right]\cdot\boldsymbol{e}_z r\,\mathrm{d}r\,\mathrm{d}\varphi=\frac{UI}{\ln\dfrac{b}{a}}\int_a^b\frac{\mathrm{d}r}{r}=UI$$

可见，沿电缆传输的功率等于电压和电流的乘积，这是大家熟知的结果。有趣的是，这个结果是在不包括导体本身在内的截面上积分得到的。由此可见，由于理想导体内部的电磁场为零，因而理想同轴电缆在传输能量时，功率全部是从内外界间的绝缘介质中通过的，即能量是由场携带的，导体本身并不传输能量。

(2) 当导体的电导率为有限值时，由欧姆定律可得导体内的电场为

$$E = \frac{J}{\sigma} = \frac{I}{\pi a^2 \sigma} e_z$$

由于切向电场在界面上是连续的，在内导体表面附近的介质中，电场除有径向分量 E_r 之外还有切向分量 E_z，即

$$E_z \big|_{r=a} = \frac{I}{\pi a^2 \sigma}$$

因此，能流密度矢量 $\boldsymbol{S}$ 除了沿 z 方向传输的分量 S_z 外，还有一个沿径向进入导体内的分量，即

$$-S_r = E_z \times H_\varphi = \frac{I^2}{2\pi^2 a^3 \sigma}$$

式中 S_r 前的负号表示能流是沿 $-r$ 的方向流进内导体的。流进长度为 L 的一段内导体的功率为

$$P = \int_{\text{柱面}} (-S_r)\,\mathrm{d}s = \int_0^L \frac{I^2}{\pi a^2 \sigma}\,\mathrm{d}z = \frac{I^2}{\pi a^2 \sigma} L = I^2 R$$

式中，$R = \frac{L}{\sigma \pi a^2}$ 为该段导体的电阻。$I^2 R$ 正是这段导体内的损耗功率。

6.6　波动方程

6.6.1　电磁场的波动性

麦克斯韦方程揭示出这样一个事实，在随时间变化的情形下，电磁场具有波动性质。

假设在真空中某一区域内存在一种迅速变化的电荷电流分布，而在这个区域外的空间中，电荷及电流密度处处为零，我们来研究此空间中电磁场的运动变化。

在无源空间，$\rho=0$，电场和磁场互相激发，电磁场的运动规律满足下列无源区的麦克斯韦方程组

$$\nabla \times \boldsymbol{H} = \varepsilon_0 \frac{\partial \boldsymbol{E}}{\partial t} \tag{6-44a}$$

$$\nabla \times \boldsymbol{E} = -\mu_0 \frac{\partial \boldsymbol{H}}{\partial t} \tag{6-44b}$$

$$\nabla \cdot \boldsymbol{H} = 0 \tag{6-44c}$$

$$\nabla \cdot \boldsymbol{E} = 0 \tag{6-44d}$$

现在我们从这组联立的偏微分方程中找出电场 $\boldsymbol{E}$ 和磁场 $\boldsymbol{H}$ 各自满足的方程，然后再看它们的解具有什么样的性质，为此对式(6-44b)取旋度，再将(6-44a)代入得

$$\nabla \times (\nabla \times \boldsymbol{E}) = -\mu_0 \frac{\partial}{\partial t} \nabla \times \boldsymbol{H} = -\mu_0 \varepsilon_0 \frac{\partial^2 \boldsymbol{E}}{\partial t^2}$$

再利用矢量恒等式 $\nabla \times (\nabla \times \boldsymbol{E}) = \nabla(\nabla \cdot \boldsymbol{E}) - \nabla^2 \boldsymbol{E}$ 及式(6-44d)，可得到电场 $\boldsymbol{E}$ 所满足的方程为

$$\nabla^2 \boldsymbol{E} - \frac{1}{v^2} \frac{\partial^2 \boldsymbol{E}}{\partial t^2} = 0 \tag{6-45}$$

式中

$$v=\frac{1}{\sqrt{\mu_0\varepsilon_0}} \tag{6-46}$$

同样，在式(6-44a)两边取旋度，消去 $\boldsymbol{E}$ 可得到磁场 $\boldsymbol{H}$ 所满足的方程为

$$\nabla^2\boldsymbol{H}-\frac{1}{v^2}\frac{\partial^2\boldsymbol{H}}{\partial t^2}=0 \tag{6-47}$$

方程(6-45)和(6-57)是普遍物理学中标准形式的波动方程。它表明，满足这两个方程的一切脱离场源(电荷电流)而单独存在的电磁场，在空间中的运动都是以波的形式进行的。以波动形式运动的电磁场称为电磁波。在真空中传播的一切电磁波(包括各种频率范围的电磁波，如无线电波、光波、X 射线、γ 射线等)，不论它们的频率是多少，它的传播速度都等于 $v=\frac{1}{\sqrt{\mu_0\varepsilon_0}}$。将 $\varepsilon_0=8.85\times10^{-12}$ F/m 和 $\mu_0=4\pi\times10^{-7}$ H/m 代入得 $v=\frac{1}{\sqrt{\mu_0\varepsilon_0}}=3\times10^8$ m/s，此值恰好等于由实验测定的真空中的光速。麦克斯韦认为这两个速度的一致性表明“光是一种按照电磁学定律在场内传播的电磁扰动”，光的电磁理论后来被大量的实验所验证。

6.6.2　电磁场的位

在上一节中我们已经讨论了无源空间场量 $\boldsymbol{E}$、$\boldsymbol{H}$ 满足波动方程，波动方程的求解是很容易的。但在 $\boldsymbol{J}$、ρ 不等于零的情况下，场方程变得十分复杂，很难求解。静态场中我们引入了标量位和矢量位，可使问题简化，这里我们同样引入辅助量——电磁场的矢量位 $\boldsymbol{A}$ 和标量位 ϕ。显然，引入的辅助量必须满足麦克斯韦方程组，即这组辅助量必须从麦克斯韦方程组推出。为此，我们列出有源区的麦克斯韦方程组：

$$\nabla\times\boldsymbol{H}=\boldsymbol{J}+\frac{\partial\boldsymbol{D}}{\partial t} \tag{6-48a}$$

$$\nabla\times\boldsymbol{E}=-\frac{\partial\boldsymbol{B}}{\partial t} \tag{6-48b}$$

$$\nabla\cdot\boldsymbol{B}=0 \tag{6-48c}$$

$$\nabla\cdot\boldsymbol{D}=\rho \tag{6-48d}$$

由方程 $\nabla\cdot\boldsymbol{B}=0$，利用矢量恒等式 $\nabla\cdot(\nabla\times\boldsymbol{A})=0$，定义矢量位函数 $\boldsymbol{A}$，使

$$\boldsymbol{B}=\nabla\times\boldsymbol{A} \tag{6-49}$$

将上面的定义式(6-49)代入式(6-48b)，得

$$\nabla\times\left[\boldsymbol{E}+\frac{\partial\boldsymbol{A}}{\partial t}\right]=0 \tag{6-50}$$

利用矢量恒等式 $\nabla\times(\nabla\phi)=0$，定义标量位函数 ϕ，使

$$\boldsymbol{E}+\frac{\partial\boldsymbol{A}}{\partial t}=-\nabla\phi \tag{6-51}$$

式(6-51)右端的负号是使 $\boldsymbol{A}$ 与时间无关时标量位与静电场的关系仍满足 $\boldsymbol{E}=-\nabla\phi$，即静电场强度 $\boldsymbol{E}$ 等于电位梯度的负值。式(6-51)可改写为

$$\boldsymbol{E}=-\nabla\phi-\frac{\partial\boldsymbol{A}}{\partial t} \tag{6-52}$$

现在我们来导出 $\boldsymbol{A}$、ϕ 所满足的方程。为此把式(6-52)代入式(6-48d)，并利用 $\boldsymbol{D}=\varepsilon\boldsymbol{E}$ 得

$$\nabla^2\phi+\frac{\partial}{\partial t}\nabla\cdot\boldsymbol{A}=-\frac{\rho}{\varepsilon} \tag{6-53}$$

将式(6-49)和式(6-52)代入式(6-48a)，并利用 $\boldsymbol{B}=\mu\boldsymbol{H}$ 得

$$\nabla^2\boldsymbol{A}-\mu\varepsilon\frac{\partial^2\boldsymbol{A}}{\partial t^2}-\nabla\left(\nabla\cdot\boldsymbol{A}+\mu\varepsilon\frac{\partial\phi}{\partial t}\right)=-\mu\boldsymbol{J} \tag{6-54}$$

在式(6-54)中，若令

$$\nabla\cdot\boldsymbol{A}+\mu\varepsilon\frac{\partial\phi}{\partial t}=0 \tag{6-55}$$

式(6-55)中 $\boldsymbol{A}$、ϕ 满足的关系式称为洛仑兹规范。在洛仑兹规范下，式(6-53)和式(6-54)简化为

$$\nabla^2\phi-\mu\varepsilon\frac{\partial^2\phi}{\partial t^2}=-\frac{\rho}{\varepsilon} \tag{6-56a}$$

$$\nabla^2\boldsymbol{A}-\mu\varepsilon\frac{\partial^2\boldsymbol{A}}{\partial t^2}=-\mu\boldsymbol{J} \tag{6-56b}$$

此时，$\boldsymbol{A}$、ϕ 的方程完全分离，并且具有完全相同的形式。式(6-56)是矢量位 $\boldsymbol{A}$、标量位 ϕ 的非奇次波动方程，又称达郎倍尔(D'Alembert)方程。此方程表明矢量位 $\boldsymbol{A}$ 的源是 J，而标量位 ϕ 的源是 ρ，时变场中 J 和 ρ 是相互联系的。由这一组非齐次的波动方程可以求出 $\boldsymbol{A}$、ϕ：

$$\boldsymbol{A}(\boldsymbol{r},t)=\frac{\mu}{4\pi}\int_{V'}\frac{\boldsymbol{J}(\boldsymbol{r}',t-R/v)}{R}\mathrm{d}V' \tag{6-57a}$$

$$\phi(\boldsymbol{r},t)=\frac{1}{4\pi\varepsilon}\int_{V'}\frac{\rho(\boldsymbol{r}',t-R/v)}{R}\mathrm{d}V' \tag{6-57b}$$

式中 $v=\dfrac{1}{\sqrt{\varepsilon\mu}}$，为波速。

式(6-57)表明距离源 R 处 t 时刻的矢量位和标量位是由稍早时间 $t-R/v$ 时的源($\boldsymbol{J}(\boldsymbol{r}',t-R/v)$、$\rho(\boldsymbol{r}',t-R/v)$)决定的。要在距离 R 处感受源的影响，需要 R/v 的时间，表明电磁波的传播需要时间。求出 $\boldsymbol{A}$、ϕ 后代入式(6-49)和式(6-52)即可求出 $\boldsymbol{B}$、$\boldsymbol{E}$。毫无疑问，通过对 $\boldsymbol{A}$、ϕ 的微分导出的电场、磁场也必将是 $t-R/v$ 的函数，因此在时间上也是滞后的，滞后的时间恰好是电磁波传播所需的时间。

6.7　正弦电磁场

在时变电磁场中，场量和场源既是空间坐标的函数，又是时间的函数。如果场源(电荷或电流)以一定的角频率 ω 随时间作正弦变化，则它所激发的电磁场也以相同的角频率随时间作正弦变化。这种以一定频率作正弦变化的场称为正弦电磁场，正弦电磁场又称为时谐电磁场。在一般的情况下，电磁场不是正弦变化的，但可用傅里叶级数化为正弦电磁场来研究。因此正弦电磁场在时变电磁场的研究中具有十分重要的地位。

设场量以一定角频率随时间变化的依赖关系用复数形式 $e^{j\omega t}$ 表示：

$$\begin{aligned}
\boldsymbol{E}(\boldsymbol{r},t)&=\boldsymbol{E}(\boldsymbol{r})\mathrm{e}^{\mathrm{j}\omega t}\\
\boldsymbol{B}(\boldsymbol{r},t)&=\boldsymbol{B}(\boldsymbol{r})\mathrm{e}^{\mathrm{j}\omega t}\\
\boldsymbol{D}(\boldsymbol{r},t)&=\boldsymbol{D}(\boldsymbol{r})\mathrm{e}^{\mathrm{j}\omega t}\\
\boldsymbol{H}(\boldsymbol{r},t)&=\boldsymbol{H}(\boldsymbol{r})\mathrm{e}^{\mathrm{j}\omega t}\\
\boldsymbol{J}(\boldsymbol{r},t)&=\boldsymbol{J}(\boldsymbol{r})\mathrm{e}^{\mathrm{j}\omega t}\\
\rho(\boldsymbol{r},t)&=\rho(\boldsymbol{r})\mathrm{e}^{\mathrm{j}\omega t}
\end{aligned} \tag{6-58}$$

在以上各式中，我们用 $\boldsymbol{E}(\boldsymbol{r})$ 等表示除时间因子 $e^{j\omega t}$ 以外的部分，它们仅是空间位置 $\boldsymbol{r}$ 的函数。式中 $\boldsymbol{E}(\boldsymbol{r}, t)$、$\boldsymbol{E}(\boldsymbol{r})$ 等均为复数，场的实数形式可由 $\boldsymbol{E}(\boldsymbol{r}, t)$ 取实部或由 $\boldsymbol{E}(\boldsymbol{r})$ 乘以 $e^{j\omega t}$ 后取实部得到。

6.7.1 麦克斯韦方程组的复数形式

将微分形式的麦克斯韦方程组中各量均用复数形式表示，注意 $\frac{\partial}{\partial t}=j\omega$。消去方程两边的时间因子 $e^{j\omega t}$ 后可得麦克斯韦方程组的复数形式：

$$\nabla \times \boldsymbol{H} = \boldsymbol{J} + j\omega\boldsymbol{D} \tag{6-59a}$$

$$\nabla \times \boldsymbol{E} = -j\omega\boldsymbol{B} \tag{6-59b}$$

$$\nabla \cdot \boldsymbol{B} = 0 \tag{6-59c}$$

$$\nabla \cdot \boldsymbol{D} = \rho \tag{6-59d}$$

在线性、均匀、各向同性介质中，描述介质电磁性质的本构关系仍有

$$\boldsymbol{D} = \varepsilon\boldsymbol{E},\ \boldsymbol{B} = \mu\boldsymbol{H},\ \boldsymbol{J} = \sigma\boldsymbol{E} \tag{6-60}$$

注意，上列各式中的场量均为复数，描述介质电磁性质的量 ε、μ 和 σ 除与坐标 $\boldsymbol{r}$ 有关外，还与电磁波的角频率 ω 有关，即

$$\varepsilon = \varepsilon(\boldsymbol{r}, \omega),\ \mu = \mu(\boldsymbol{r}, \omega),\ \sigma = \sigma(\boldsymbol{r}, \omega)$$

6.7.2 坡印廷定理的复数形式

在正弦电磁场的情况下，坡印廷定理可以用复数形式表示。用 $\boldsymbol{E}^*$ 和 $\boldsymbol{H}^*$ 表示 $\boldsymbol{E}$ 和 $\boldsymbol{H}$ 的共轭复数。由恒等式

$$\nabla \cdot (\boldsymbol{E} \times \boldsymbol{H}^*) = \boldsymbol{H}^* \cdot (\nabla \times \boldsymbol{E}) - \boldsymbol{E} \cdot (\nabla \times \boldsymbol{H}^*)$$

和麦克斯韦方程组(6－59a)、(6－59b)，即

$$\nabla \times \boldsymbol{H}^* = \boldsymbol{J}^* + j\omega\boldsymbol{D}^*$$

$$\nabla \times \boldsymbol{E} = -j\omega\boldsymbol{B}$$

有

$$-\nabla \cdot (\boldsymbol{E} \times \boldsymbol{H}^*) = j\omega(\boldsymbol{B} \cdot \boldsymbol{H}^* + \boldsymbol{E} \cdot \boldsymbol{D}^*) + \boldsymbol{J}^* \cdot \boldsymbol{E}$$

$$-\nabla \cdot \left(\frac{1}{2}\boldsymbol{E} \times \boldsymbol{H}^*\right) = j2\omega\left(\frac{1}{4}\boldsymbol{B} \cdot \boldsymbol{H}^* + \frac{1}{4}\boldsymbol{E} \cdot \boldsymbol{D}^*\right) + \frac{1}{2}\boldsymbol{J}^* \cdot \boldsymbol{E} \tag{6-61}$$

将式(6－61)在体积 V 内积分并利用散度定理可得到

$$-\oint_S \left(\frac{1}{2}\boldsymbol{E} \times \boldsymbol{H}^*\right) \cdot d\boldsymbol{S} = \int_V \frac{1}{2}\boldsymbol{J}^* \cdot \boldsymbol{E}\, dV + j\omega\int_V \frac{1}{2}\boldsymbol{B} \cdot \boldsymbol{H}^*\, dV + j\omega\int_V \frac{1}{2}\boldsymbol{E} \cdot \boldsymbol{D}^*\, dV \tag{6-62}$$

式(6－62)就是复数形式的坡印廷定理。等式左边的 S 为体积 V 的表面。

右边第一项是导电媒质中的平均损耗功率，有

$$\frac{1}{2}\boldsymbol{J}^* \cdot \boldsymbol{E} = \frac{1}{2}\sigma \mid \boldsymbol{E} \mid^2$$

右边第二项是此区域所储存的磁能。时间平均磁能密度为

$$\langle w_m \rangle = \frac{1}{2}\boldsymbol{B} \cdot \boldsymbol{H}^* = \frac{1}{2}\mu \mid \boldsymbol{H} \mid^2$$

右边第三项是此区域所储存的电能。时间平均电能密度为

$$\langle w_e \rangle = \frac{1}{2}\boldsymbol{E}\cdot\boldsymbol{D}^* = \frac{1}{2}\varepsilon\,|\,\boldsymbol{E}\,|^2$$

左端的面积分是单位时间经过闭合面 S 进入体积 V 内的复功率。能流密度，即复坡印廷矢量为

$$\boldsymbol{S} = \frac{1}{2}\boldsymbol{E}\times\boldsymbol{H}^* \tag{6-63}$$

平均能流密度为

$$\bar{\boldsymbol{S}} = \frac{1}{2}\mathrm{Re}[\boldsymbol{E}\times\boldsymbol{H}^*] \tag{6-64}$$

【例 6-5】 已知无源区域的 $\boldsymbol{E}$ 场为 $\boldsymbol{E}=C\sin\alpha x\cos(\omega t-kz)\boldsymbol{e}_y$(V/m)。求：(1) 磁场强度；(2) 场存在的必要条件；(3) 单位面积的时间平均功率流。

解 (1) 由给定电场表达式，可知

$$E_y = C\sin\alpha x\,\mathrm{e}^{-\mathrm{j}kz}$$

由麦克斯韦方程 $\nabla\times\boldsymbol{E}=-\mathrm{j}\omega\mu\boldsymbol{H}$ 求磁场 $\boldsymbol{H}$。方程左边为

$$\begin{aligned}\nabla\times\boldsymbol{E} &= -\frac{\partial}{\partial z}[E_y]\boldsymbol{e}_x+\frac{\partial}{\partial x}[E_y]\boldsymbol{e}_z\\ &= \mathrm{j}kC\sin\alpha x\,\mathrm{e}^{-\mathrm{j}kz}\boldsymbol{e}_x+\alpha C\cos\alpha x\,\mathrm{e}^{-\mathrm{j}kz}\boldsymbol{e}_z\end{aligned}$$

因此

$$\boldsymbol{H} = -\frac{kC}{\omega\mu}\sin\alpha x\,\mathrm{e}^{-\mathrm{j}kz}\boldsymbol{e}_x+\mathrm{j}\frac{\alpha C}{\omega\mu}\cos\alpha x\,\mathrm{e}^{-\mathrm{j}kz}\boldsymbol{e}_z$$

(2) 在时域内，$\boldsymbol{H}$ 的 x 和 z 分量是

$$H_x(r,t) = -\frac{kC}{\omega\mu}\sin\alpha x\cos(\omega t-kz)$$

$$\begin{aligned}H_z(r,t) &= \frac{\alpha C}{\omega\mu}\cos\alpha x\cos(\omega t-kz+90^\circ)\\ &= -\frac{\alpha C}{\omega\mu}\cos\alpha x\sin(\omega t-kz)\end{aligned}$$

注意，在无源区($\rho_V=0$)，场应满足两个散度方程：$\nabla\cdot\boldsymbol{D}=0$ 和 $\nabla\cdot\boldsymbol{B}=0$。因为在无源区内 $\boldsymbol{J}=0$，所以可得

$$\nabla\times\boldsymbol{H} = \mathrm{j}\omega\varepsilon\boldsymbol{E}$$

将 $\boldsymbol{E}$ 和 $\boldsymbol{H}$ 代入此方程，并进行一些简化即得

$$k^2 = \omega^2\mu\varepsilon-\alpha^2$$

此关系式为场存在的必要条件。

(3) 区域内的复功率密度为

$$\begin{aligned}\boldsymbol{S} &= \frac{1}{2}[\boldsymbol{E}\times\boldsymbol{H}^*]\\ &= \frac{1}{2}[E_yH_z^*\boldsymbol{e}_x-E_yH_x^*\boldsymbol{e}_z]\\ &= -\mathrm{j}\frac{\alpha}{2\omega\mu}C^2\sin\alpha x\cos\alpha x\boldsymbol{e}_x+\frac{k}{2\omega\mu}C^2\sin^2\alpha x\boldsymbol{e}_z\end{aligned}$$

单位面积的时间平均实(有效)功率为

$$\bar{\boldsymbol{S}} = \mathrm{Re}[\boldsymbol{S}] = \frac{k}{2\omega\mu} C^2 \sin^2 \alpha x \boldsymbol{e}_z$$

虽然复功率密度有 x 和 z 方向的分量，但单位面积的时间平均功率流是在 z 方向。为了维持这样的功率流，沿 z 方向的每点就必须有 $\boldsymbol{E}$ 场和 $\boldsymbol{H}$ 场适当的分量，这就清楚地表示场像波一样传播。

6.7.3 亥姆霍兹方程

由于在场量的复数表示法中，对时间的一阶微分可用乘 jω 来代替，二阶微分可用乘 $-\omega^2$ 来代替，于是波动方程(6-45)和(6-47)以及达郎倍尔方程(6-56)的复数形式为

$$\nabla^2 \boldsymbol{E} + k^2 \boldsymbol{E} = 0 \tag{6-65a}$$

$$\nabla^2 \boldsymbol{H} + k^2 \boldsymbol{H} = 0 \tag{6-65b}$$

$$\nabla^2 \boldsymbol{A} + k^2 \boldsymbol{A} = -\mu \boldsymbol{J} \tag{6-66a}$$

$$\nabla^2 \phi + k^2 \phi = -\frac{\rho}{\varepsilon} \tag{6-66b}$$

式中，$k=\omega\sqrt{\varepsilon\mu}$ 称为波数，式(6-65)和式(6-66)分别称为齐次和非齐次的亥姆霍兹方程，或正弦电磁场的波动方程和达郎贝尔方程。

本章小结

1. 法拉第电磁感应定律表现了随时间变化的磁场产生电场的规律。对于电磁场中的任一闭合回路，有

$$\mathscr{E} = -\frac{\mathrm{d}\Psi}{\mathrm{d}t}, \qquad 即 \quad \oint_l \boldsymbol{E} \cdot \mathrm{d}\boldsymbol{l} = -\frac{\partial}{\partial t}\iint_S \boldsymbol{B} \cdot \mathrm{d}\boldsymbol{S}$$

对应的微分形式为

$$\nabla \times \boldsymbol{E} = -\frac{\partial \boldsymbol{B}}{\partial t}$$

对于运动媒质，有

$$\mathscr{E} = \oint_l \boldsymbol{E} \cdot \mathrm{d}\boldsymbol{l} = -\int_S \frac{\partial \boldsymbol{B}}{\partial t} \cdot \mathrm{d}\boldsymbol{S} + \int_l (\boldsymbol{v} \times \boldsymbol{B}) \cdot \mathrm{d}\boldsymbol{l}$$

$$\nabla \times (\boldsymbol{E} - \boldsymbol{v} \times \boldsymbol{B}) = -\frac{\partial \boldsymbol{B}}{\partial t}$$

2. 安培定律中引入位移电流，表现了随时间变化的电场产生磁场，即

$$\oint_c \boldsymbol{H} \cdot \mathrm{d}\boldsymbol{l} = \int_S \left(\boldsymbol{J} + \frac{\partial \boldsymbol{D}}{\partial t}\right) \cdot \mathrm{d}\boldsymbol{S}$$

对应的微分形式为

$$\nabla \times \boldsymbol{H} = \boldsymbol{J} + \frac{\partial \boldsymbol{D}}{\partial t}$$

3. 麦克斯韦方程组、电流连续性原理和洛仑兹力公式共同构成经典电磁理论的基础。

麦克斯韦方程组如下：

微分形式	积分形式
$\nabla \times \boldsymbol{H} = \boldsymbol{J} + \frac{\partial \boldsymbol{D}}{\partial t}$	$\oint_l \boldsymbol{H} \cdot \mathrm{d}\boldsymbol{l} = \int_S \left(\boldsymbol{J} + \frac{\partial \boldsymbol{D}}{\partial t}\right) \cdot \mathrm{d}\boldsymbol{S}$
$\nabla \times \boldsymbol{E} = -\frac{\partial \boldsymbol{B}}{\partial t}$	$\oint_l \boldsymbol{E} \cdot \mathrm{d}\boldsymbol{l} = -\int_S \frac{\partial \boldsymbol{B}}{\partial t} \cdot \mathrm{d}\boldsymbol{S}$
$\nabla \cdot \boldsymbol{B} = 0$	$\oint_S \boldsymbol{B} \cdot \mathrm{d}\boldsymbol{S} = 0$
$\nabla \cdot \boldsymbol{D} = \rho$	$\oint_S \boldsymbol{D} \cdot \mathrm{d}\boldsymbol{S} = q$

电流连续性原理为

$$\nabla \cdot \boldsymbol{J} = -\frac{\partial \rho}{\partial t}$$

洛仑兹力为

$$\boldsymbol{F} = q\boldsymbol{v} \times \boldsymbol{B}$$

在线性、各向同性媒质中，场量的关系由以下三个辅助方程表示，称为本构关系。

$$\boldsymbol{D} = \varepsilon \boldsymbol{E}, \ \boldsymbol{B} = \mu \boldsymbol{H}, \ \boldsymbol{J} = \sigma \boldsymbol{E}$$

4. 在时变场情况下，由于$\frac{\partial \boldsymbol{D}}{\partial t}$、$\frac{\partial \boldsymbol{B}}{\partial t}$有限(近似为零)，因此两种媒质分界面上的电磁场边界条件与静态场相同。

法向分量边界条件：

$$\boldsymbol{e}_n \cdot (\boldsymbol{D}_2 - \boldsymbol{D}_1) = \rho_S, \ \boldsymbol{e}_n \cdot (\boldsymbol{B}_2 - \boldsymbol{B}_1) = 0$$

切向分量边界条件：

$$\boldsymbol{e}_n \times (\boldsymbol{H}_2 - \boldsymbol{H}_1) = \boldsymbol{J}_S, \ \boldsymbol{e}_n \times (\boldsymbol{E}_2 - \boldsymbol{E}_1) = 0$$

在介质与介质面上：

$$D_{2n} = D_{1n}, \ B_{2n} = B_{1n}, \ H_{2t} = H_{1t}, \ E_{2t} = E_{1t}$$

在理想导体表面：

$$D_n = \rho_S, \ B_n = 0, \ H_t = J_S, \ E_t = 0$$

5. 坡印廷定理：单位时间体积 V 中电磁能量的增加量等于从包围体积的闭合面进入体积的功率，即

$$-\oint_S (\boldsymbol{E} \times \boldsymbol{H}) \cdot \mathrm{d}\boldsymbol{S} = \frac{\partial}{\partial t} \iiint_V \left(\frac{1}{2}\boldsymbol{B} \cdot \boldsymbol{H} + \frac{1}{2}\boldsymbol{D} \cdot \boldsymbol{E}\right) \mathrm{d}V + \iiint_V (\boldsymbol{J} \cdot \boldsymbol{E}) \, \mathrm{d}V$$

坡印廷矢量(能流矢量)为

$$\boldsymbol{S} = \boldsymbol{E} \times \boldsymbol{H}$$

它表示沿能流方向穿过垂直于 S 的单位面积的功率矢量，即功率流密度。

6. 波动方程

奇次波动方程为

$$\nabla^2 \boldsymbol{E} - \frac{1}{v^2}\frac{\partial^2 \boldsymbol{E}}{\partial t^2} = 0$$

$$\nabla^2 \boldsymbol{H} - \frac{1}{v^2}\frac{\partial^2 \boldsymbol{H}}{\partial t^2} = 0$$

非奇次波动方程为

$$\nabla^2 \phi - \mu\varepsilon \frac{\partial^2 \phi}{\partial t^2} = -\frac{\rho}{\varepsilon}$$

$$\nabla^2 \boldsymbol{A} - \mu\varepsilon \frac{\partial^2 \boldsymbol{A}}{\partial t^2} = -\mu \boldsymbol{J}$$

矢量位、标量位以及电磁场之间的关系为

$$\boldsymbol{B} = \nabla \times \boldsymbol{A},\ \boldsymbol{E} + \frac{\partial \boldsymbol{A}}{\partial t} = -\nabla \phi,\ \nabla \cdot \boldsymbol{A} + \mu\varepsilon \frac{\partial \phi}{\partial t} = 0 \text{（洛仑兹规范）}$$

7. 正弦电磁场

麦克斯韦方程的复数形式（$\partial/\partial t = \mathrm{j}\omega$）如下：

微分形式为

$$\nabla \times \boldsymbol{H} = \boldsymbol{J} + \mathrm{j}\omega \boldsymbol{D}$$

$$\nabla \times \boldsymbol{E} = -\mathrm{j}\omega \boldsymbol{B}$$

$$\nabla \cdot \boldsymbol{B} = 0$$

$$\nabla \cdot \boldsymbol{D} = \rho$$

积分形式为

$$\oint_l \boldsymbol{H} \cdot \mathrm{d}\boldsymbol{l} = \iint_S (\boldsymbol{J} + \mathrm{j}\omega \boldsymbol{D}) \cdot \mathrm{d}\boldsymbol{S}$$

$$\oint_l \boldsymbol{E} \cdot \mathrm{d}\boldsymbol{l} = -\mathrm{j}\omega \iint_S \boldsymbol{B} \cdot \mathrm{d}\boldsymbol{S}$$

$$\oiint_S \boldsymbol{B} \cdot \mathrm{d}\boldsymbol{S} = 0$$

$$\oiint_S \boldsymbol{D} \cdot \mathrm{d}\boldsymbol{S} = q$$

复坡印廷矢量为

$$\boldsymbol{S} = \frac{1}{2}\boldsymbol{E} \times \boldsymbol{H}^*$$

平均能流密度为

$$\bar{\boldsymbol{S}} = \frac{1}{2}\mathrm{Re}[\boldsymbol{E} \times \boldsymbol{H}^*]$$

亥姆霍兹方程为

$$\nabla^2 \boldsymbol{E} + k^2 \boldsymbol{E} = 0$$

$$\nabla^2 \boldsymbol{H} + k^2 \boldsymbol{H} = 0$$

* **知识结构图**

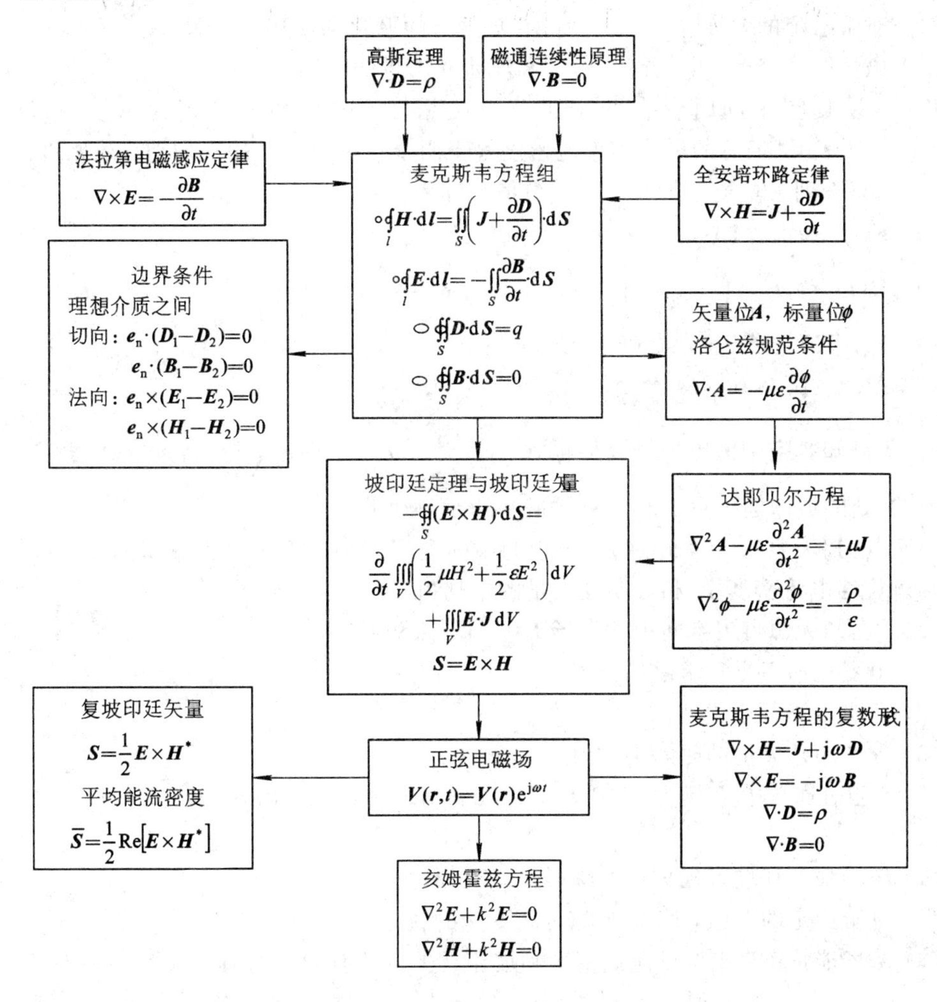

习　题

6.1　已知时变电磁场中矢量位 $\boldsymbol{A}=\boldsymbol{e}_x A_m \sin(\omega t-kz)$，其中 A_m、k 是常数。求电场强度、磁场强度和坡印廷矢量。

6.2　在两导体平板($z=0$ 和 $z=d$)之间的空气中传播的电磁波，其电场强度矢量为

$$\boldsymbol{E}=\boldsymbol{e}_y E_0 \sin\frac{\pi}{d}z\cdot\cos(\omega t-k_x x)$$

其中 k_x 为常数。试求：

(1) 磁场强度矢量 $\boldsymbol{H}$。

(2) 两导体表面上的面电流密度 $\boldsymbol{J}_S$。

6.3　已知电场强度 $\boldsymbol{E}=\boldsymbol{e}_x E_0 \cos k_0(z-ct)+\boldsymbol{e}_y E_0 \sin k_0(z-ct)$，式中 $k_0=2\pi/\lambda=\omega/c$。

试求：

(1) 磁场强度和坡印廷矢量的瞬时值。

(2) 对于给定的 z(例如 $z=0$)，确定 $\boldsymbol{E}$ 随时间变化的轨迹。

(3) 磁场能量密度、电场能量密度和坡印廷矢量的时间平均值。

6.4　设真空中同时存在两个正弦电磁场，其电场强度分别为 $\boldsymbol{E}_1=\boldsymbol{e}_xE_{10}\mathrm{e}^{-\mathrm{j}k_1z}$，$\boldsymbol{E}_2=\boldsymbol{e}_yE_{20}\mathrm{e}^{-\mathrm{j}k_2z}$。试证总的平均功率流密度等于两个正弦电磁场的平均功率流密度之和。

6.5　将下列矢量场的瞬时值与复数值相互表示：

(1) $\boldsymbol{E}(t)=\boldsymbol{e}_yE_{ym}\cos(\omega t-kx+\alpha_0)+\boldsymbol{e}_zE_{zm}\sin(\omega t-kx+\alpha_0)$

(2) $\boldsymbol{H}(t)=\boldsymbol{e}_xH_0k\left(\dfrac{a}{\pi}\right)\sin\left(\dfrac{\pi x}{a}\right)\sin(kz-\omega t)+\boldsymbol{e}_zH_0\cos\left(\dfrac{\pi x}{a}\right)\cos(kz-\omega t)$

(3) $E_{zm}=E_0\sin(k_xx)\sin(k_yy)\mathrm{e}^{-\mathrm{j}k_zz}$

(4) $E_{xm}=2\mathrm{j}E_0\sin\theta\cos(k_x\cos\theta)\mathrm{e}^{-\mathrm{j}kz\sin\theta}$

6.6　已知真空中的电磁场复振幅 $\boldsymbol{E}=\boldsymbol{e}_x\mathrm{j}E_0\sin kz$，$\boldsymbol{H}=\boldsymbol{e}_y\sqrt{\dfrac{\varepsilon_0}{\mu_0}}E_0\cos kz$，试求 $z=0$ 以及 $z=\lambda/8$ 处的坡印廷矢量的时间平均值和瞬时值。

6.7　已知无源($\rho=0$，$\boldsymbol{J}=0$)自由空间中的磁场 $\boldsymbol{H}=\boldsymbol{e}_yH_0\cos(\omega t+kz)$，试由麦克斯韦方程求解位移电流密度 $\boldsymbol{J}_{\mathrm{d}}$ 和坡印廷矢量的平均值。

6.8　已知无源自由空间中的电场 $\boldsymbol{E}=\boldsymbol{e}_yE_{\mathrm{m}}\sin(\omega t-kz)$，

(1) 由麦克斯韦方程求磁场强度。

(2) 证明 ω/k 等于光速。

(3) 求坡印廷矢量的时间平均值。

6.9　已知真空中电场强度 $\boldsymbol{E}=\boldsymbol{e}_xE_0\cos k_0(z-ct)+\boldsymbol{e}_yE_0\sin k_0(z-ct)$，式中 $k_0=2\pi/\lambda_0$。试求：

(1) 磁场强度和坡印廷矢量的瞬时值。

(2) 对于给定的 z 值，确定 $\boldsymbol{E}$ 随时间变化的轨迹。

(3) 磁场能量密度、电场能量密度和坡印廷矢量的时间平均值。

6.10　设真空中同时存在两个正弦电磁场，其电场强度分别为 $\boldsymbol{E}_1=\boldsymbol{e}_xE_{10}\mathrm{e}^{-\mathrm{j}k_1z}$，$\boldsymbol{E}_2=\boldsymbol{e}_yE_{20}\mathrm{e}^{-\mathrm{j}k_2z}$。试求总的平均功率流密度等于两个正弦电磁场的平均功率流密度之和。

6.11　两无限大理想导体平板相距 d，在平板间存在正弦电磁场，其电场强度为

$$\boldsymbol{E}(t)=\boldsymbol{e}_yE_0\sin\frac{\pi x}{d}\cos(\omega t-kz)\qquad(\mathrm{V/m})$$

试求：(1) 磁场强度的瞬时值；(2) 坡印廷矢量的瞬时值和时间平均值；(3) 导体表面的电流分布。

6.12　在横截面为 $a\times b$ 的矩形波导内传输的主模式(TE_{10})的 $\boldsymbol{E}$ 和 $\boldsymbol{H}$ 场为：$\boldsymbol{E}=\boldsymbol{e}_yE_y$ 及 $\boldsymbol{H}=\boldsymbol{e}_xH_x+\boldsymbol{e}_zH_z$，其中

$$E_y=-\mathrm{j}\omega\mu\frac{a}{\pi}H_0\sin\frac{\pi x}{a}$$

$$H_x=\mathrm{j}\beta\frac{a}{\pi}H_0\sin\frac{\pi x}{a}$$

$$H_z=H_0\cos\frac{\pi x}{a}$$

而且，H_0、ω、μ和β是常数。设波导的内壁为理想导体，求波导的四个内壁上的a面电荷密度和b面电流密度。

6.13　已知在空气中

$$E = e_y 0.1\sin(10\pi x)\cos(6\pi 10^9 t - \beta z)\quad (\text{V/m})$$

试求H和β。

6.14　已知在空气中

$$H = e_y 2\cos(15\pi x)\sin(6\pi 10^9 t - \beta z)\quad (\text{A/m})$$

试求E和β。

6.15　已知在自由空间中球面波的电场强度为

$$E = e_\theta \frac{E_0}{R}\sin\theta\cos(\omega t - kR)$$

试求磁场强度H和k的值。

6.16　已知电磁波的电场$E=E_0\cos(\omega\sqrt{\varepsilon_0\mu_0}z-\omega t)e_z$，试求此电磁波的磁场、瞬时值坡印廷矢量及其在一个周期内的平均坡印廷矢量。

6.17　已知半径为a、导电率为σ的无限长直圆柱导线沿轴向通以均匀分布的稳恒电流I，且设导线表面上有均匀分布的面电荷密度σ_f。(1) 求导线表面外侧的能流密度矢量S；(2) 证明在单位时间内由导线表面进入其内部的电磁能量恰好等于导线内的焦耳热损耗。

6.18　半径为a的圆形平板电容器板间距离为d，并填充以导电率为σ的均匀导电介质，两极板间外加直流电压U，忽略边缘效应。(1) 计算两极板间的电场、磁场及能流密度矢量；(2) 求此电容器内储存的能量；(3) 验证其中损耗的功率刚好是电容器外侧进入的功率。

6.19　证明：在$J=0$，$\rho=0$的真空中，电磁场作如下代换后也满足麦克斯韦方程组：

$$E(r,t)\rightarrow cB(r,t)$$

$$B(r,t)\rightarrow -\frac{1}{c}E(r,t)$$

6.20　证明真空中随时间变化的电荷电流ρ和J激发的场满足如下的波动方程：

$$\nabla^2 E - \frac{1}{c^2}\frac{\partial^2 E}{\partial t^2} = -\mu_0\frac{\partial J}{\partial t} + \frac{1}{\varepsilon_0}\nabla\rho$$

$$\nabla^2 B - \frac{1}{c^2}\frac{\partial^2 B}{\partial t^2} = \mu_0\nabla\times J$$

6.21　证明：(1) 在导电媒质中，电磁波的电场E的波动方程为

$$\nabla^2 E - \mu\varepsilon\frac{\partial^2 E}{\partial t^2} - \mu\sigma\frac{\partial E}{\partial t} = 0$$

式中ε、μ和σ分别为媒质的介电常数、磁导率和电导率；(2) 对一定频率的单色波$E(r,t)=E(r,t)e^{j\omega t}$，导电媒质中的亥姆霍兹方程为

$$\nabla^2 E + k^2 E = 0$$

式中

$$k^2 = \omega^2\mu\left(1 - j\frac{\sigma}{\omega}\right)$$

第7章　平面电磁波

本章提要

- 波动方程和均匀平面电磁波
- 均匀平面电磁波的传播特性和电磁波的极化
- 均匀平面电磁波在介质交界面上的反射、折射
- 均匀平面电磁波在导电媒质交界面上的反射、折射

从麦克斯韦方程组可以知道，变化的电场是磁场的涡旋源，变化的磁场是电场的涡旋源，变化的电场和磁场可以相互激励，这预示着电磁波的存在。根据无源区（$\boldsymbol{J}=\boldsymbol{0}$，$\rho=0$）的麦克斯韦方程组，很容易得到电场强度 $\boldsymbol{E}$ 和磁场强度 $\boldsymbol{H}$ 均满足的波动方程，由此可确定电磁波的存在。本章从麦克斯韦方程组出发，重点讨论电磁波的传播规律和特点。

7.1　引　　言

为了简化分析问题，本章讨论的电磁波运动规律，都是基于一种简单媒质中的电磁现象——线性、各向同性和均匀媒质。也就是说，$\boldsymbol{D}=\varepsilon\boldsymbol{E}$，$\boldsymbol{B}=\mu\boldsymbol{H}$，$\boldsymbol{J}=\sigma\boldsymbol{E}$，且 ε、μ、σ 不是位置和时间的函数，此时，麦克斯韦方程组可简化为

$$\begin{cases}\nabla\times\boldsymbol{E}=-\mu\dfrac{\partial\boldsymbol{H}}{\partial t}\\ \nabla\times\boldsymbol{H}=\sigma\boldsymbol{E}+\varepsilon\dfrac{\partial\boldsymbol{E}}{\partial t}\\ \nabla\cdot\boldsymbol{H}=0\\ \nabla\cdot\boldsymbol{E}=\rho/\varepsilon\end{cases}\tag{7-1}$$

对于正弦电磁场，方程组(7－1)可写成复数形式，即

$$\begin{cases}\nabla\times\boldsymbol{E}=-\mathrm{j}\omega\mu\boldsymbol{H}\\ \nabla\times\boldsymbol{H}=\sigma\boldsymbol{E}+\mathrm{j}\omega\varepsilon\boldsymbol{E}\\ \nabla\cdot\boldsymbol{H}=0\\ \nabla\cdot\boldsymbol{E}=\rho/\varepsilon\end{cases}\tag{7-2}$$

这样，在求解麦克斯韦方程时可以进一步简化问题，得到的方程只是关于位置(x，y，z)变量的微分方程。

7.1.1　正弦电磁场在线性、各向同性和均匀媒质中满足的方程

首先，给出无源区电磁场在非导电媒质(理想介质)中满足的方程，即

$$\begin{cases}\nabla\times\boldsymbol{E}=-\mathrm{j}\omega\mu\boldsymbol{H}\\\nabla\times\boldsymbol{H}=\mathrm{j}\omega\varepsilon\boldsymbol{E}\\\nabla\cdot\boldsymbol{H}=0\\\nabla\cdot\boldsymbol{E}=0\end{cases}\tag{7-3}$$

从方程组(7-3)可以得到一个齐次的亥姆霍兹方程组，这一点在第 6 章已经做过推导，即

$$\begin{cases}\nabla^2\boldsymbol{E}+k^2\boldsymbol{E}=0\\\nabla^2\boldsymbol{H}+k^2\boldsymbol{H}=0\\k^2=\omega^2\varepsilon\mu\end{cases}\tag{7-4}$$

这是一个非常简洁的方程组，而且对于上面的方程组只需要求解其中的任意一个方程就可以得到另外一个场量的解，一般通过求解电场方程，并通过麦克斯韦方程组描述的电场与磁场的关系得到磁场的解：

$$\begin{cases}\nabla^2\boldsymbol{E}+k^2\boldsymbol{E}=0\\k^2=\omega^2\varepsilon\mu\end{cases}\Rightarrow\quad\boldsymbol{H}=-\frac{1}{\mathrm{j}\omega\mu}\nabla\times\boldsymbol{E}\tag{7-5}$$

其次，给出导电媒质中电磁场满足的方程。

对于导电媒质，$\rho=0$(见 7.3 节)。由于 $\boldsymbol{J}=\sigma\boldsymbol{E}\neq0$，方程组(7-2)的求解可以通过引进复介电常数 $\dot{\varepsilon}$，一样可以变换为方程组(7-4)形式的齐次亥姆霍兹方程，即

$$\nabla\times\boldsymbol{H}=\sigma\boldsymbol{E}+\mathrm{j}\omega\varepsilon\boldsymbol{E}=\mathrm{j}\omega\left(\varepsilon-\mathrm{j}\frac{\sigma}{\omega}\right)\boldsymbol{E}=\mathrm{j}\omega\dot{\varepsilon}\boldsymbol{E}$$

其中
$$\dot{\varepsilon}=\varepsilon\left(1-\mathrm{j}\frac{\sigma}{\omega\varepsilon}\right)\tag{7-6}$$

由方程组(7-3)的形式可得到一个齐次的亥姆霍兹方程：

$$\begin{cases}\nabla\times\boldsymbol{E}=-\mathrm{j}\omega\mu\boldsymbol{H}\\\nabla\times\boldsymbol{H}=\mathrm{j}\omega\dot{\varepsilon}\boldsymbol{E}\\\nabla\cdot\boldsymbol{H}=0\\\nabla\cdot\boldsymbol{E}=0\end{cases}\Rightarrow\begin{cases}\nabla^2\boldsymbol{E}+\dot{k}^2\boldsymbol{E}=0\\\nabla^2\boldsymbol{H}+\dot{k}^2\boldsymbol{H}=0\\\dot{k}^2=\omega^2\dot{\varepsilon}\mu\end{cases}$$

其中 $\varepsilon\leftrightarrow\dot{\varepsilon}$，$k\leftrightarrow\dot{k}$ 只有实数与复数之别，它们在方程中所起的作用相同，不会影响解的形式。为了简化描述，不去特意强调它们是复数还是实数，在以后的描述中不去刻意打"·"。

通过比较复介电常数 $\dot{\varepsilon}$ 的实部和虚部，可以把传播电磁波的导电媒质分为良导体导电媒质、一般的半导电媒质、非良导体导电媒质(一种近似的理想介质)。

(1) 良导体导电媒质：$\frac{\sigma}{\omega\varepsilon}\gg1$。一般在工程上，$\frac{\sigma}{\omega\varepsilon}>100$ 近似认为是良导体导电媒质(有的时候在 $\frac{\sigma}{\omega\varepsilon}>10$ 时也可以近似认为是良导体，如何近似取决于需要求解问题的精度)。

(2) 非良导体导电媒质：$\frac{\sigma}{\omega\varepsilon}\ll1$。一般在工程上，$\frac{\sigma}{\omega\varepsilon}<0.01$ 近似认为是非良导体导电媒质，求解问题精度要求不高时也可以取 $\frac{\sigma}{\omega\varepsilon}<0.1$，此时方程组(7-2)近似为方程组(7-3)。

(3) 半导电媒质：介于上述两种极端情况之间的导电媒质。一般在工程上，$0.01<\frac{\sigma}{\omega\varepsilon}<100$ 近似认为是半导电媒质。

7.1.2 电磁波的基本类型

对于线性、各向同性和均匀媒质，在无源区麦克斯韦方程可得到一个波动方程(7-5)，这是一个复数形式的波动方程，在实数域这个波动方程可以写成如下形式：

$$\begin{cases}\nabla^2\boldsymbol{E}-\dfrac{1}{v^2}\dfrac{\partial^2\boldsymbol{E}}{\partial t^2}=0\\ v=\dfrac{1}{\sqrt{\varepsilon\mu}}\end{cases}\tag{7-7}$$

在数学物理方程中，上述方程是一个标准的波动方程，它说明电磁场可以以波的形式存在，式中 v 是电磁波传播的速度。

根据电磁波波阵面(等相位面)的形状不同，可以把电磁波分为平面电磁波、柱面电磁波和球面电磁波等几种类型。一般情况下麦克斯韦方程求解出的电磁波的复数解具有以下几种简单的形式，不同的形式主要取决于波源的形状和求解问题时建立的坐标系。

$$\boldsymbol{E}(r,\theta,\varphi)=\boldsymbol{E}_0\mathrm{e}^{\pm \mathrm{j}kr},\ \boldsymbol{E}(\rho,z,\varphi)=\boldsymbol{E}_0\mathrm{e}^{\pm \mathrm{j}k\rho},\ \boldsymbol{E}(x,y,z)=\boldsymbol{E}_0\mathrm{e}^{\pm \mathrm{j}kz}$$

上述形式一般都包括两项，其中 $\boldsymbol{E}_0$ 是振幅项，它主要描述波源向各个方向辐射电磁波的强弱不同；$\mathrm{e}^{\pm \mathrm{j}kr}$、$\mathrm{e}^{\pm \mathrm{j}k\rho}$、$\mathrm{e}^{\pm \mathrm{j}kz}$ 称为相位项，其中 k 是常数。相位等于常数确定的方程就是等相位面方程，显然相位项为 $\mathrm{e}^{\pm \mathrm{j}kr}$ 对应的是球面波，$\mathrm{e}^{\pm \mathrm{j}k\rho}$ 对应的是柱面波，$\mathrm{e}^{\pm \mathrm{j}kz}$ 对应的是平面波。

麦克斯韦方程最简单的解是均匀平面电磁波，一般用直角坐标系描述。均匀平面波解的振幅项 $\boldsymbol{E}_0$ 是常矢量，$\boldsymbol{E}_0$ 不是位置(x, y, z)的函数，在等相位面上，如果电场和磁场的振动方向、振幅和相位都相同，这种电磁波称为均匀平面电磁波。所谓等相位面是指无限大的等相位面，因而严格意义上的均匀平面电磁波是不存在的。但是，一般电磁波的源——天线辐射的电磁波可以看成是球面波，而接收天线距离发射天线很远，一个半径足够大的球面波上一块很小的面积上的电磁波，可以近似看成是均匀平面电磁波。研究均匀平面电磁波的传播特性不仅有助于理解复杂的波动现象，而且许多实际问题还可以用均匀平面电磁波的叠加来处理。

根据电磁波的电场强度和磁场强度是否在传播方向上存在分量，可以把电磁波分为横电磁波(TEM 波)、横电波(TE 波也称为 H 波)和横磁波(TM 波也称为 E 波)。

本章主要介绍均匀平面电磁波的传播特性，以及均匀平面电磁波在媒质交界面上的反射、折射问题。

7.2 电磁波在非导电媒质中的传播

当研究无限大的线性、均匀、各向同性非导电媒质(即 $\sigma=0$，ε、μ 为常数)中的正弦电磁波时，可以从齐次亥姆霍兹方程，即

$$\begin{cases}\nabla^2\boldsymbol{E}+k^2\boldsymbol{E}=0\\ \nabla^2\boldsymbol{H}+k^2\boldsymbol{H}=0\end{cases}\tag{7-8}$$

其中

$$k^2=\omega^2\varepsilon\mu\tag{7-9}$$

出发进行求解。

7.2.1　沿 $\pm z$ 轴传播的均匀平面电磁波

设电磁波沿 z 轴方向传播，在与 z 轴垂直的平面(等相位面)上，其电磁场强度各点具有相同的振幅和振动方向，即 $\boldsymbol{E}$ 和 $\boldsymbol{H}$ 只与 z 有关，而与 x 和 y 无关，这种电磁波就是前面描述的均匀平面电磁波。其波阵面(等相位点组成的面，又称等相位面)为与 z 轴垂直的平面。这种情况下亥姆霍兹方程可简化为一个二阶的常微分方程：

$$\frac{\mathrm{d}^2\boldsymbol{E}(z)}{\mathrm{d}z^2}+k^2\boldsymbol{E}=0 \tag{7-10}$$

其复数形式解为

$$\begin{cases}\boldsymbol{E}(z)=\boldsymbol{E}_0^+\mathrm{e}^{-\mathrm{j}kz}+\boldsymbol{E}_0^-\mathrm{e}^{+\mathrm{j}kz} \\ \boldsymbol{E}(z)=\boldsymbol{E}_0\mathrm{e}^{\pm\mathrm{j}kz} \qquad \text{(简化表示)}\end{cases} \tag{7-11}$$

其瞬时值为

$$\begin{cases}\boldsymbol{E}(z,\ t)=\boldsymbol{E}_0^+\cos(\omega t-kz)+\boldsymbol{E}_0^-\cos(\omega t+kz) \\ \boldsymbol{E}(z,\ t)=\boldsymbol{E}_0\cos(\omega t\pm kz) \qquad \text{(简化表示)}\end{cases} \tag{7-12}$$

1. 振幅项 $\boldsymbol{E}_0$ 和相位项 $\mathrm{e}^{\pm\mathrm{j}kz}$

$\boldsymbol{E}_0$ 是一个常矢量，它是均匀平面电磁波的振幅项；$k=\omega\sqrt{\varepsilon\mu}$，$\pm kz$ 是均匀平面电磁波复数形式的相位。在 $\boldsymbol{E}_0$ 和 k 是常数时，可以证明

$$\nabla\cdot(\boldsymbol{E}_0\mathrm{e}^{\pm\mathrm{j}kz})=\pm\mathrm{j}k\boldsymbol{e}_z\cdot(\boldsymbol{E}_0\mathrm{e}^{\pm\mathrm{j}kz})=\pm\mathrm{j}k\boldsymbol{e}_z\cdot\boldsymbol{E}$$

由方程组(7-3)$\nabla\cdot\boldsymbol{E}=0$ 得 $\boldsymbol{E}_0\perp(\pm\boldsymbol{e}_z)$电磁波的传播方向，即

$$\boldsymbol{E}_0=E_{0x}\boldsymbol{e}_x+E_{0y}\boldsymbol{e}_y$$

说明 $E_z=0$，这种电磁波的电场强度 $\boldsymbol{E}$ 在传播方向上没有纵向($\boldsymbol{e}_z$)分量，同理可以证明在传播方向上没有 H_z 分量。$\boldsymbol{E}$ 和 $\boldsymbol{H}$ 的振动位于垂直于传播方向的平面上，因此，这种电磁波称为横电磁波，也就是 TEM 波(Transverse Electromagnetic Wave)。

2. 电磁波的传播方向 $\pm z$

如图 7-1 所示，沿 $\pm z$ 轴传播的均匀平面电磁波的瞬时值可以表示为如下形式：

$$\boldsymbol{E}(z,\ t)=\boldsymbol{E}_0^+\cos(\omega t-kz)+\boldsymbol{E}_0^-\cos(\omega t+kz)$$

第一项 $\boldsymbol{E}_0^+\cos(\omega t-kz)$：在 $t=0$ 时刻，$z=0$ 处，相位 $\omega t-kz=0$；在 t 时刻，相位 $\omega t-kz=0$ 传到 $z=\omega t/k$。

第二项 $\boldsymbol{E}_0^-\cos(\omega t+kz)$：在 $t=0$ 时刻，$z=0$ 处，相位 $\omega t+kz=0$；在 t 时刻，相位 $\omega t+kz=0$ 传到 $z=-\omega t/k$。

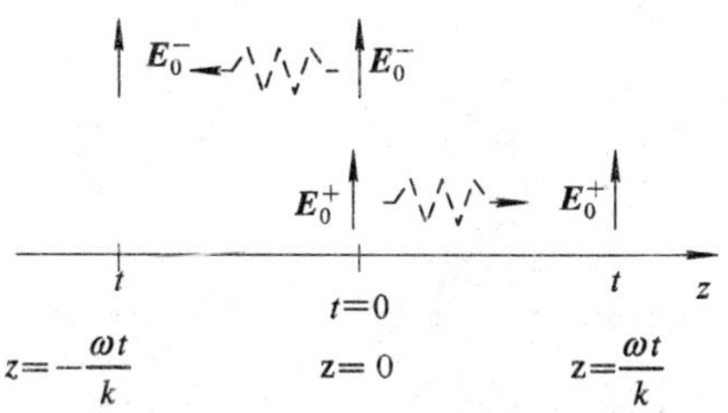

图 7-1　电磁波的传播方向 $\pm z$

3. 均匀平面电磁波的相速度 v_p

相速度 v_p：等相位面移动的速度。由 $\omega t-kz=$ 常数，$\dfrac{d(\omega t-kz)}{dt}=0$，可得

$$v_p=\frac{dz}{dt}=\frac{\omega}{k}=\frac{1}{\sqrt{\varepsilon\mu}} \tag{7-13}$$

如果是真空，$\varepsilon=\varepsilon_0$，$\mu=\mu_0$，则电磁波传播的速度就是真空中的光速，即

$$c=\frac{1}{\sqrt{\varepsilon_0\mu_0}}=3\times10^8\ \text{m/s} \tag{7-14}$$

而在介质中电磁波传播的速度可以写成

$$v_p=\frac{c}{\sqrt{\varepsilon_r\mu_r}}=\frac{c}{n} \tag{7-15}$$

式中，$n=\sqrt{\varepsilon_r\mu_r}=\sqrt{\varepsilon_r}$ 称为介质的折射率(一般媒质 $\mu=\mu_0$)。

4. 波数 k

由于相速、波长和频率的关系为 $v=\lambda f$，由式(7-13)可得

$$k=\frac{\omega}{v}=\frac{2\pi}{\lambda} \tag{7-16}$$

可见，k 表示在 2π 的距离上波长的个数，故称为波数。由式(7-11)可知，$-jkz$ 代表相位角，k 又表示电磁波沿 $+z$ 方向传播单位距离所滞后的相位，故也称为相位常数。

前面讨论了沿 $\pm z$ 方向传播的平面电磁波的解：

$$\begin{cases}\boldsymbol{E}(z)=\boldsymbol{E}_0\,e^{-jkz}\\ \boldsymbol{E}(z,t)=\boldsymbol{E}_0\cos(\omega t-kz)\end{cases}\quad\Rightarrow\quad 沿+z轴传播$$

$$\begin{cases}\boldsymbol{E}(z)=\boldsymbol{E}_0\,e^{+jkz}\\ \boldsymbol{E}(z,t)=\boldsymbol{E}_0\cos(\omega t+kz)\end{cases}\quad\Rightarrow\quad 沿-z轴传播$$

上述结论一样可以应用到沿 $\pm x$ 轴(或 $\pm y$ 轴)传播的均匀平面电磁波的解：

$$\begin{cases}\boldsymbol{E}(x)=\boldsymbol{E}_0\,e^{-jkx}\\ \boldsymbol{E}(x,t)=\boldsymbol{E}_0\cos(\omega t-kx)\end{cases}\quad\Rightarrow\quad 沿+x轴传播$$

$$\begin{cases}\boldsymbol{E}(x)=\boldsymbol{E}_0\,e^{+jkx}\\ \boldsymbol{E}(x,t)=\boldsymbol{E}_0\cos(\omega t+kx)\end{cases}\quad\Rightarrow\quad 沿-x轴传播$$

如果假设电磁波的传播方向为 $\boldsymbol{k}^0$，定义波矢量 $\boldsymbol{k}=k\boldsymbol{k}^0$，波矢量 $\boldsymbol{k}$ 的方向就是电磁波的传播方向。这样就可以把沿 $\pm x$ 轴、$\pm y$ 轴和 $\pm z$ 轴方向传播的均匀平面电磁波写成一种标准形式：

$$\begin{cases}\boldsymbol{E}(\boldsymbol{r})=\boldsymbol{E}_0\,e^{-j\boldsymbol{k}\cdot\boldsymbol{r}}\\ \boldsymbol{E}(\boldsymbol{r},t)=\boldsymbol{E}_0\cos(\omega t-\boldsymbol{k}\cdot\boldsymbol{r})\end{cases}\quad 电磁波的传播方向\ \boldsymbol{k}^0$$

其中，$\boldsymbol{E}_0$ 是均匀平面电磁波的振幅项，它是个常矢量。$e^{-j\boldsymbol{k}\cdot\boldsymbol{r}}$ 是相位项，在相位项中 $\boldsymbol{k}=k\boldsymbol{k}^0=\omega\sqrt{\varepsilon\mu}\boldsymbol{k}^0=\dfrac{2\pi}{\lambda}\boldsymbol{k}^0$ 是波矢量，它的方向是电磁波的传播方向；$\boldsymbol{r}=x\boldsymbol{e}_x+y\boldsymbol{e}_y+z\boldsymbol{e}_z$ 是位置矢量。

7.2.2 沿任意方向传播的均匀平面电磁波

当电磁波沿任意方向传播时，应该直接求解方程组(7-8)，为了简单起见，只讨论 $\boldsymbol{E}$ 的任意一个分量的解，求得分量解后，用矢量求和的方法即可得到矢量解。将 $\boldsymbol{E}$ 的任一坐标分量的大小用 Φ 表示

$$\frac{\partial^2\Phi}{\partial x^2}+\frac{\partial^2\Phi}{\partial y^2}+\frac{\partial^2\Phi}{\partial z^2}+k^2\Phi=0 \tag{7-17}$$

Φ 是位置矢量 $\boldsymbol{r}$ 即(x, y, z)的函数，用分离变量法求解上述方程。令 $\Phi(\boldsymbol{r})=X(x)Y(y)Z(z)$，代入方程(7-17)两边并除以 XYZ 得

$$\frac{1}{X}\frac{\partial^2 X}{\partial x^2}+\frac{1}{Y}\frac{\partial^2 Y}{\partial y^2}+\frac{1}{Z}\frac{\partial^2 Z}{\partial z^2}+k^2=0$$

式中每一项只与一个坐标有关，而每一个坐标都能独立变化，为使上式成立，只有每一项都与 x、y、z 无关，于是可设

$$\frac{1}{X}\frac{\partial^2 X}{\partial x^2}=-k_x^2,\ \frac{1}{Y}\frac{\partial^2 Y}{\partial y^2}=-k_y^2,\ \frac{1}{Z}\frac{\partial^2 Z}{\partial z^2}=-k_z^2$$

即

$$\begin{cases}\dfrac{1}{X}\dfrac{\partial^2 X}{\partial x^2}+k_x^2=0\\ \dfrac{1}{Y}\dfrac{\partial^2 Y}{\partial y^2}+k_y^2=0\\ \dfrac{1}{Z}\dfrac{\partial^2 Z}{\partial z^2}+k_z^2=0\end{cases} \tag{7-18}$$

这样，二阶偏微分方程化为三个常微分方程，式中 k_x、k_y、k_z 称为分离常数，它们必须满足分离方程：

$$k_x^2+k_y^2+k_z^2=k^2 \tag{7-19}$$

式(7-18)的解分别为

$$\begin{cases}X=X_0\,\mathrm{e}^{\pm \mathrm{j}k_x x}\\ Y=Y_0\,\mathrm{e}^{\pm \mathrm{j}k_y y}\end{cases} \tag{7-20}$$

$$Z=Z_0\,\mathrm{e}^{\pm \mathrm{j}k_z z}$$

Φ 最后的解为

$$\Phi=XYZ=\Phi_0\,\mathrm{e}^{\pm \mathrm{j}(k_x x+k_y y+k_z z)} \tag{7-21}$$

若定义

$$\boldsymbol{k}=k_x\boldsymbol{e}_x+k_y\boldsymbol{e}_y+k_z\boldsymbol{e}_z=k\boldsymbol{k}^0$$

其中，$\boldsymbol{k}^0$ 是 $\boldsymbol{k}$ 矢量方向的单位矢量，则式(7-21)可改写成

$$\Phi=\Phi_0\,\mathrm{e}^{\pm \mathrm{j}\boldsymbol{k}\cdot\boldsymbol{r}}$$

方程(7-8)最后的解是

$$\begin{cases}\boldsymbol{E}(\boldsymbol{r})=\boldsymbol{E}_0\,\mathrm{e}^{\pm \mathrm{j}\boldsymbol{k}\cdot\boldsymbol{r}}\\ \boldsymbol{E}(t, \boldsymbol{r})=\boldsymbol{E}_0\cos(\omega t\pm\boldsymbol{k}\cdot\boldsymbol{r})\end{cases} \tag{7-22}$$

同样，可以分析得到相位项取“－”表示沿着 $\boldsymbol{k}^0$ 方向传播的电磁波，相位项取“＋”表示沿着$(-\boldsymbol{k}^0)$方向传播的电磁波，如果把 $\boldsymbol{k}^0$ 的方向始终默认为电磁波的传播方向，则式

(7－22)就能写成均匀平面电磁波的一种标准形式：

$$\begin{cases} \boldsymbol{E}(\boldsymbol{r}) = \boldsymbol{E}_0 \mathrm{e}^{-\mathrm{j}\boldsymbol{k}\cdot\boldsymbol{r}} \\ \boldsymbol{E}(t, \boldsymbol{r}) = \boldsymbol{E}_0 \cos(\omega t - \boldsymbol{k}\cdot\boldsymbol{r}) \end{cases} \tag{7-23}$$

显然，式(7－23)表示沿 $\boldsymbol{k}$ 方向传播的平面电磁波，$\boldsymbol{k}$ 称为波矢量，它的方向表示电磁波的传播方向，大小为平面电磁波的波数 $k=|\boldsymbol{k}|=\omega\sqrt{\varepsilon\mu}=\sqrt{k_x^2+k_y^2+k_z^2}$(因为介质是各向同性的，所以这里所求的波数与前面沿 z 轴方向的波数没有区别)，波矢量的方向为

$$\boldsymbol{k}^0 = \frac{k_x\boldsymbol{e}_x + k_y\boldsymbol{e}_y + k_z\boldsymbol{e}_z}{\sqrt{k_x^2 + k_y^2 + k_z^2}}$$

式(7－23)所表示的 $\boldsymbol{k}$ 方向的平面电磁波见图 7－2。取垂直于波矢量 $\boldsymbol{k}$ 的一个任意平面 S，并设 P 为此平面上的任意一点，位置矢量为 $\boldsymbol{r}$，则 $\boldsymbol{k}\cdot\boldsymbol{r}=k\zeta$，$\zeta$ 是 $\boldsymbol{r}$ 在 $\boldsymbol{k}$ 上的投影。由于在平面 S 上任意一点的投影都等于 ζ，因而整个平面是等相位面。等相位面方程可表示为 $\boldsymbol{k}^0\cdot\boldsymbol{r}=$常数。在无源空间 $\nabla\cdot\boldsymbol{E}=0$，对式(7－23)取散度，即

$$\begin{aligned} \nabla\cdot\boldsymbol{E} &= \nabla\cdot[\boldsymbol{E}_0 \mathrm{e}^{-\mathrm{j}\boldsymbol{k}\cdot\boldsymbol{r}}] \\ &= \boldsymbol{E}_0\cdot(\nabla\,\mathrm{e}^{-\mathrm{j}\boldsymbol{k}\cdot\boldsymbol{r}}) \\ &= -\mathrm{j}\boldsymbol{k}\cdot(\boldsymbol{E}_0 \mathrm{e}^{-\mathrm{j}\boldsymbol{k}\cdot\boldsymbol{r}}) = -\mathrm{j}\boldsymbol{k}\cdot\boldsymbol{E} \end{aligned}$$

可得

$$\boldsymbol{k}\cdot\boldsymbol{E} = 0 \tag{7-24}$$

式(7－24)表明当波在任意方向传播时 $\boldsymbol{E}$ 在传播方向 $\boldsymbol{k}$ 上没有分量，即电场的波动是横波，$\boldsymbol{E}$ 可以在垂直于 $\boldsymbol{k}$ 的任何方向振动。

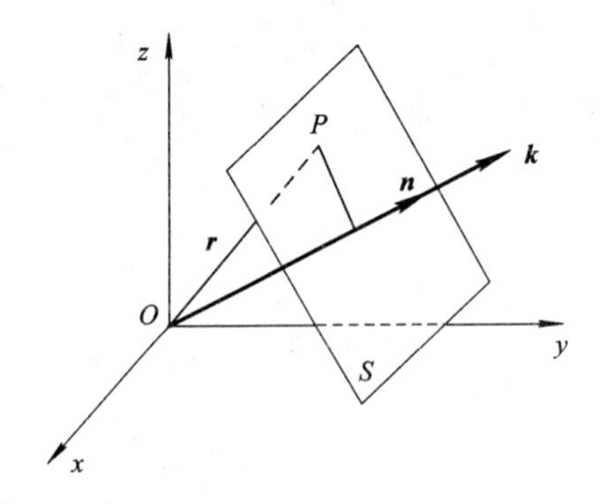

图 7－2　平面电磁波的波阵面及波矢量

平面电磁波的磁场可以由麦克斯韦方程求出，即

$$\nabla\times\boldsymbol{E} = -\mathrm{j}\omega\mu\boldsymbol{H} \Rightarrow \boldsymbol{H} = \frac{1}{-\mathrm{j}\omega\mu}\nabla\times\boldsymbol{E}$$

对于均匀平面电磁波，$\boldsymbol{E}_0$ 和 $\boldsymbol{k}$ 都是常矢量，则

$$\begin{aligned} \nabla\times\boldsymbol{E} &= \nabla\times[\boldsymbol{E}_0\,\mathrm{e}^{-\mathrm{j}\boldsymbol{k}\cdot\boldsymbol{r}}] \\ &= (\nabla\,\mathrm{e}^{-\mathrm{j}\boldsymbol{k}\cdot\boldsymbol{r}})\times\boldsymbol{E}_0 = (-\mathrm{j}\boldsymbol{k})\times\boldsymbol{E} = -\mathrm{j}\omega\sqrt{\varepsilon\mu}\boldsymbol{k}^0\times\boldsymbol{E} \end{aligned}$$

故

$$\boldsymbol{H} = \frac{1}{\omega\mu}\boldsymbol{k}\times\boldsymbol{E} = \sqrt{\frac{\varepsilon}{\mu}}\boldsymbol{k}^0\times\boldsymbol{E} \tag{7-25}$$

式(7－25)对于均匀平面电磁波的复数解和瞬时值都成立。$\boldsymbol{E}$ 和 $\boldsymbol{H}$ 是正交的，用 $\boldsymbol{k}$ 点乘式(7－25)得

$$\boldsymbol{k} \cdot \boldsymbol{H} = 0 \tag{7-26}$$

说明在一般情况下，磁场的波动也是横波，因此上面讨论的均匀平面波是 TEM 波。另外，从式(7-25)和式(7-26)还可看出，$\boldsymbol{E}$、$\boldsymbol{H}$ 和 $\boldsymbol{k}$ 三者相互正交，并构成右手螺旋关系。

$\boldsymbol{E}$ 和 $\boldsymbol{H}$ 的振幅之比为

$$\left|\frac{\boldsymbol{E}}{\boldsymbol{H}}\right| = \sqrt{\frac{\mu}{\varepsilon}} = \eta \tag{7-27}$$

η 称为介质的波阻抗或本征阻抗，它的倒数称为介质的本征导纳。在真空中，$\mu=\mu_0$，$\varepsilon=\varepsilon_0$，$\eta=\eta_0=\sqrt{\mu_0/\varepsilon_0}=120\pi\approx377\ \Omega$，称为真空中的波阻抗。由于理想介质的 ε 和 μ 都是实数，因而 $\boldsymbol{E}$ 和 $\boldsymbol{H}$ 的相位也相同。

由式(7-25)可得

$$\begin{cases} \boldsymbol{H} = \dfrac{1}{\omega\mu}\boldsymbol{k} \times \boldsymbol{E} = \sqrt{\dfrac{\varepsilon}{\mu}}\boldsymbol{k}^0 \times \boldsymbol{E} = \dfrac{1}{\eta}\boldsymbol{k}^0 \times \boldsymbol{E} \\ \boldsymbol{E} = -\dfrac{1}{\omega\varepsilon}\boldsymbol{k} \times \boldsymbol{H} = -\sqrt{\dfrac{\mu}{\varepsilon}}\boldsymbol{k}^0 \times \boldsymbol{H} = \eta\boldsymbol{H} \times \boldsymbol{k}^0 \end{cases} \tag{7-28}$$

综上所述，均匀平面电磁波的性质归纳如下：

(1) 电磁波为横电磁波(TEM)，$\boldsymbol{E}$、$\boldsymbol{H}$ 和 $\boldsymbol{k}$ 三者相互正交，并形成右手螺旋关系。

(2) $\boldsymbol{E}$ 和 $\boldsymbol{H}$ 相位相同，其振幅比 η 为实数，称为介质的波阻抗。

(3) 电磁波无衰减地进行传播。

下面讨论均匀平面电磁波的能量和能流。

电磁场的能量密度为

$$w = \frac{1}{2}\boldsymbol{E} \cdot \boldsymbol{D} + \frac{1}{2}\boldsymbol{H} \cdot \boldsymbol{B} = \frac{1}{2}(\varepsilon E^2 + \mu H^2)$$

对于均匀平面电磁波，由式(7-27)有 $\varepsilon E^2=\mu H^2$，可见平面电磁波的电场能量和磁场能量相等。于是

$$w = \varepsilon E^2 = \mu H^2 \tag{7-29}$$

能流密度矢量(坡印廷矢量)的瞬时值为

$$\boldsymbol{S}(\boldsymbol{r},\ t) = \boldsymbol{E}(\boldsymbol{r},\ t) \times \boldsymbol{H}(\boldsymbol{r},\ t) = \sqrt{\frac{\varepsilon}{\mu}}\boldsymbol{E}(\boldsymbol{r},\ t) \times [\boldsymbol{k}^0 \times \boldsymbol{E}(\boldsymbol{r},\ t)] = \sqrt{\frac{\varepsilon}{\mu}}E^2(\boldsymbol{r},\ t)\boldsymbol{k}^0 \tag{7-30}$$

式中，$\boldsymbol{E}(\boldsymbol{r},\ t)$是电场强度的瞬时值，$\boldsymbol{k}^0$ 是电磁波的传播方向。

考虑到式(7-29)，能流密度 $\boldsymbol{S}$ 可以用能量密度 w 表示为

$$\boldsymbol{S} = \frac{1}{\sqrt{\varepsilon\mu}}w\boldsymbol{k}^0 = vw\boldsymbol{k}^0 \tag{7-31}$$

式中 v 是电磁波在介质中的传播速度。可见，平面电磁波能流速度的大小、方向与电磁波的传播相速度相同。

对于均匀平面电磁波，由于相速度 $v_{\mathrm{p}}=\dfrac{1}{\sqrt{\varepsilon\mu}}$，能流的速度 $v=\dfrac{1}{\sqrt{\varepsilon\mu}}$，因此，均匀平面电磁波的相速度与能流的速度相等。

由式(7-25)和平均能流密度的定义可得

$$\bar{\boldsymbol{S}} = \frac{1}{2}\mathrm{Re}(\boldsymbol{E}\times\boldsymbol{H}^*) = \frac{1}{2\eta}|\boldsymbol{E}|^2 \cdot \boldsymbol{k}^0 \tag{7-32}$$

其中 $\boldsymbol{E}$ 是均匀平面电磁波电场的复数形式，即

$$|\boldsymbol{E}(z)|^2 = \boldsymbol{E}(z)\cdot\boldsymbol{E}(z)^* \tag{7-33}$$

【例 7-1】 在 $\varepsilon_r=4$、$\mu_r=1$、$\sigma=0$ 的非导电媒质中有一均匀平面电磁波，电场为 $\boldsymbol{E}(z, t)=E_m\sin(\omega t-kz+\pi/3)\boldsymbol{e}_x$，若已知频率 $f=150$ MHz，该电磁波的平均坡印廷矢量 $\bar{\boldsymbol{S}}=0.265\boldsymbol{e}_z\ \mu\mathrm{W/m^2}$。求：(1) k，v_p，λ，η；(2) 磁场强度 $\boldsymbol{H}(z, t)$；(3) $t=0$ 及 $z=0$ 处的电场强度 $\boldsymbol{E}(0, 0)$，经过 0.1 ms 之后 $\boldsymbol{E}(0, 0)$传到什么地方？

解 (1) 电磁波传播特性参数如下：

$$k = \omega\sqrt{\varepsilon\mu} = 2\pi\times150\times10^6\times\sqrt{4\varepsilon_0\mu_0} = 2\pi\ \mathrm{rad/m}$$

$$v_p = \frac{\omega}{k} = \frac{2\pi\times150\times10^6}{2\pi} = 1.5\times10^8\ \mathrm{m/s}$$

$$\lambda = \frac{2\pi}{k} = 1\ \mathrm{m}$$

$$\eta = \sqrt{\frac{\mu}{\varepsilon}} = \frac{120\pi}{\sqrt{4}} = 60\pi\ \Omega$$

(2) 磁场强度。

对于均匀平面电磁波，平均坡印廷矢量为

$$\bar{\boldsymbol{S}} = \frac{1}{2}\mathrm{Re}(\boldsymbol{E}(z)\times\boldsymbol{H}^*(z)) = \frac{1}{2\eta}|\boldsymbol{E}(z)|^2\boldsymbol{e}_z = \frac{E_m^2}{2\times60\pi}\boldsymbol{e}_z = 0.265\times10^{-6}\boldsymbol{e}_z$$

解上面方程得 $E_m=10$ mV/m

$$\begin{aligned}\boldsymbol{H} &= \frac{1}{\eta}\boldsymbol{k}^0\times\boldsymbol{E}(z, t) = \frac{1}{60\pi}\boldsymbol{e}_z\times[10\sin(\omega t-kz+\pi/3)\boldsymbol{e}_x]\\ &= \frac{1}{6\pi}\sin(\omega t-kz+\pi/3)\boldsymbol{e}_y\quad \mathrm{mA/m}\end{aligned}$$

(3) $t=0$ 及 $z=0$ 处的电场强度 $\boldsymbol{E}(0, 0)$。

$$E(0, 0) = E_m\sin\left(\frac{\pi}{3}\right) = 8.66\ \mathrm{mV/m}$$

由已知可以得到，电磁波沿$+z$ 轴传播，经过时间 $t=0.1$ ms 后，$\boldsymbol{E}(0, 0)$的电磁波传播到：

$$z = v_p t = 1.5\times10^8\times0.1\times10^{-3} = 15\ \mathrm{m}$$

7.3 均匀平面电磁波在导电媒质中的传播

上一节讨论了非导电媒质中均匀平面电磁波的传播问题，其特点是在非导电媒质中没有能量损耗，均匀平面电磁波无衰减地传播；波阻抗为实数，电场与磁场的相位相同。本节主要讨论在导电媒质中的均匀平面电磁波传播问题。

导电媒质与非导电媒质的区别是，导电媒质中具有自由电子，因而在导电媒质中只要有电场存在就会引起传导电流 $\boldsymbol{J}$。但是还是能推导出在导电媒质中 $\rho=0$，其证明如下：

设在导电媒质的某一个区域存在自由电荷分布，其电荷密度为 $\rho(t, \boldsymbol{r})$。自由电荷激发

的电场在线性、各向同性且均匀的媒质中满足方程：

$$\varepsilon \nabla \cdot \boldsymbol{E} = \rho$$

在电场 $\boldsymbol{E}$ 的作用下，导电媒质中会存在传导电流 $\boldsymbol{J}$，电流密度 $\boldsymbol{J}$ 与外加电场 $\boldsymbol{E}$ 之间满足欧姆定律：

$$\boldsymbol{J} = \sigma \boldsymbol{E}$$

式中，σ 为电导率。将上面两式合并得到

$$\nabla \cdot \boldsymbol{J} = \frac{\sigma}{\varepsilon}\rho$$

上式表明，当导电媒质某处有自由电荷密度 ρ 出现时，就必然有电流从该处向外流出。这是很容易理解的，如果某区域内有电荷堆积，电荷之间相互排斥，必然引起向外发散的电流。由于电荷外流，单位体积内的电荷密度必然减小。于是根据电荷守恒定律有

$$\frac{\partial \rho}{\partial t} = -\nabla \cdot \boldsymbol{J} = -\frac{\sigma}{\varepsilon}\rho$$

此方程的解为

$$\rho(t) = \rho_0 \mathrm{e}^{-\frac{\sigma}{\varepsilon}t}$$

式中，ρ_0 为 $t=0$ 时刻的电荷密度。由上式知道，电荷密度随时间按指数规律衰减，假设

$$\tau = \frac{\varepsilon}{\sigma}$$

τ 为 ρ 值减小到 ρ_0/e 时的时间，因此，只要电磁波的角频率满足 $\omega \ll \tau^{-1} = \sigma/\varepsilon$，或

$$\frac{\sigma}{\omega\varepsilon} \gg 1 \tag{7-34}$$

就可以认为 $\rho(t)=0$。式(7－34)是可以看做良导体的条件。对于一般金属，τ 的数量级为 10^{-17} s。因而只要电磁波的频率远低于 10^8 GHz，一般的金属都可以看做良导体。良导体内部存在传导电流，但是没有净余电荷，净余电荷只能分布在良导体表面上。

线性、各向同性且均匀的导电媒质中，有传导电流 $\boldsymbol{J}=\sigma\boldsymbol{E}$，无自由电荷 $\rho=0$。此时麦克斯韦方程组可以写成

$$\begin{cases} \nabla \times \boldsymbol{E} = -\mathrm{j}\omega\mu\boldsymbol{H} \\ \nabla \times \boldsymbol{H} = \sigma\boldsymbol{E} + \mathrm{j}\omega\varepsilon\boldsymbol{E} \\ \nabla \cdot \boldsymbol{H} = 0 \\ \nabla \cdot \boldsymbol{E} = 0 \end{cases}$$

将上式中的第二个方程改写成

$$\nabla \times \boldsymbol{H} = \mathrm{j}\omega\left(\varepsilon - \mathrm{j}\frac{\sigma}{\omega}\right)\boldsymbol{E} = \mathrm{j}\omega\dot{\varepsilon}\boldsymbol{E}$$

其中 $\dot{\varepsilon} = \left(\varepsilon - \mathrm{j}\dfrac{\sigma}{\omega}\right)$ 是引进的复介电常数。麦克斯韦方程组改写为

$$\begin{cases} \nabla \times \boldsymbol{E} = -\mathrm{j}\omega\mu\boldsymbol{H} \\ \nabla \times \boldsymbol{H} = \mathrm{j}\omega\dot{\varepsilon}\boldsymbol{E} \\ \nabla \cdot \boldsymbol{H} = 0 \\ \nabla \cdot \boldsymbol{E} = 0 \end{cases}$$

这样媒质内的场仍然满足齐次的亥姆霍兹方程，即

$$\begin{cases}\nabla^2 \boldsymbol{E}+\dot{k}^2 \boldsymbol{E}=0 \\ \dot{k}=\omega \sqrt{\dot{\varepsilon}\mu}\end{cases} \tag{7-35}$$

只是方程中的相位常数 $\dot{k}=\omega \sqrt{\dot{\varepsilon}\mu}$ 是个复数。

因为方程(7－35)的解与方程(7－8)解的形式一样，所以没有必要刻意强调 k 是实数还是复数，一般情况不会在 k 上面加“·”，即

$$\boldsymbol{E}(\boldsymbol{r})=\boldsymbol{E}_0 \mathrm{e}^{-\mathrm{j}\boldsymbol{k}\cdot\boldsymbol{r}} \tag{7-36}$$

但是，应该知道对于导电媒质，其中 $\boldsymbol{k}$ 是复矢量 $\dot{\boldsymbol{k}}$，即

$$\boldsymbol{k}=\boldsymbol{\beta}-\mathrm{j}\boldsymbol{\alpha} \tag{7-37}$$

式中的 $\boldsymbol{\beta}$ 和 $\boldsymbol{\alpha}$ 均为实矢量，于是式(7－36)可以写成

$$\boldsymbol{E}=\boldsymbol{E}_0 \mathrm{e}^{-\boldsymbol{\alpha}\cdot\boldsymbol{r}} \mathrm{e}^{-\mathrm{j}\boldsymbol{\beta}\cdot\boldsymbol{r}} \tag{7-38}$$

由式(7－38)可以看出：

(1) 指数因子 $\mathrm{e}^{-\mathrm{j}\boldsymbol{\beta}\cdot\boldsymbol{r}}$ 表示沿 $\boldsymbol{\beta}$ 方向传播的平面电磁波，其等相位面与 $\boldsymbol{\beta}$ 垂直，$\boldsymbol{\beta}$ 的方向就是等相位面的法向，$\boldsymbol{\beta}$ 称为相位传播矢量，β 称为相位因子或相位常数，单位是 rad/m。

(2) 平面波的振幅为 $\boldsymbol{E}_0 \mathrm{e}^{-\boldsymbol{\alpha}\cdot\boldsymbol{r}}$，而 $\mathrm{e}^{-\boldsymbol{\alpha}\cdot\boldsymbol{r}}$ 是衰减因子，表示平面波的振幅沿着 $\boldsymbol{\alpha}$ 方向衰减，$\boldsymbol{\alpha}$ 的方向就是等振幅面的法向，$\boldsymbol{\alpha}$ 称为衰减矢量，单位是 Np/m 或 dB/m。

(3) $\boldsymbol{\alpha}$ 和 $\boldsymbol{\beta}$ 具有不同方向的波是非均匀平面电磁波，$\boldsymbol{\alpha}$ 和 $\boldsymbol{\beta}$ 具有相同方向的波是均匀平面电磁波。

由此可见，电磁波在导电媒质中是一种衰减波，当波的振幅衰减到初值的 1/e 时，电磁波传播的距离称为趋肤深度，记作 δ，即

$$\delta=\frac{1}{\alpha} \tag{7-39}$$

下面求解 $\boldsymbol{\alpha}$ 和 $\boldsymbol{\beta}$ 的值：

$$k^2=\boldsymbol{k}\cdot\boldsymbol{k}=\beta^2-\alpha^2-\mathrm{j}2\boldsymbol{\alpha}\cdot\boldsymbol{\beta}=\omega^2\mu\left(\varepsilon-\mathrm{j}\frac{\sigma}{\omega}\right) \tag{7-40}$$

上述复数方程分解为两个实数方程：

$$\begin{cases}\beta^2-\alpha^2=\omega^2\mu\varepsilon \\ \boldsymbol{\alpha}\cdot\boldsymbol{\beta}=\dfrac{1}{2}\omega\mu\sigma\end{cases} \tag{7-41}$$

在无界均匀媒质中的平面波是均匀平面波，$\boldsymbol{\alpha}$ 和 $\boldsymbol{\beta}$ 方向一致，则有

$$\boldsymbol{k}=\boldsymbol{\beta}-\mathrm{j}\boldsymbol{\alpha}=(\beta-\mathrm{j}\alpha)\boldsymbol{k}^0=k\boldsymbol{k}^0$$

式(7－41)变为

$$\begin{cases}\beta^2-\alpha^2=\omega^2\mu\varepsilon \\ \alpha\beta=\dfrac{1}{2}\omega\mu\sigma\end{cases} \tag{7-42}$$

求解式(7－42)得

$$\begin{cases}\beta=\omega\sqrt{\varepsilon\mu}\left\{\dfrac{1}{2}\left[\sqrt{1+\left(\dfrac{\sigma}{\omega\varepsilon}\right)^2}+1\right]\right\}^{\frac{1}{2}} \\ \alpha=\omega\sqrt{\varepsilon\mu}\left\{\dfrac{1}{2}\left[\sqrt{1+\left(\dfrac{\sigma}{\omega\varepsilon}\right)^2}-1\right]\right\}^{\frac{1}{2}}\end{cases} \tag{7-43}$$

(1) 对于良导体导电媒质$\frac{\sigma}{\omega\varepsilon}\gg 1$，有

$$k^2=\beta^2-\alpha^2-\mathrm{j}2\boldsymbol{\alpha}\cdot\boldsymbol{\beta}=\omega^2\mu\left(\varepsilon-\mathrm{j}\,\frac{\sigma}{\omega}\right)\approx-\mathrm{j}\omega\mu\sigma$$

$$\alpha=\beta=\sqrt{\frac{\omega\mu\sigma}{2}} \tag{7-44}$$

由式(7-44)和式(7-39)可得趋肤深度δ为

$$\delta=\sqrt{\frac{2}{\omega\mu\sigma}} \tag{7-45}$$

对于金属导体铜来说，$\sigma=5.7\times10^7$ S/m。当频率为50 Hz时，$\delta=0.94$ cm；当频率为100 MHz时，$\delta=0.67\times10^{-3}$ cm。

由此可以得出结论：对于高频电磁波，场仅集中在导体表面很薄的一层，相应的高频电流也集中在导体表面很薄的一层内流动，这种现象称为趋肤效应。

(2) 对于非良导体导电媒质$\frac{\sigma}{\omega\varepsilon}\ll 1$，有

$$\begin{cases}\beta\approx\omega\sqrt{\varepsilon\mu}\\ \alpha\approx\dfrac{\sigma}{2}\sqrt{\dfrac{\mu}{\varepsilon}}\end{cases} \tag{7-46}$$

因为$\beta\gg\alpha$，所以衰减很小，且与频率无关。

下面讨论相速度。由等相位面方程$\omega t-\boldsymbol{\beta}\cdot\boldsymbol{r}=$常数，可得

$$v_\mathrm{p}=\frac{\omega}{\beta} \tag{7-47}$$

(1) 对于良导体$v_\mathrm{p}=\sqrt{\frac{2\omega}{\mu\sigma}}$：不同频率的电磁波在良导体中传播的速度不同，这种现象称为色散。

(2) 对于非良导体$v_\mathrm{p}=\frac{1}{\sqrt{\varepsilon\mu}}$：与频率无关，相速度与非导电媒质中的情况近似。

下面讨论有关磁场问题。由式(7-28)可得

$$\boldsymbol{H}=\frac{1}{\omega\mu}\boldsymbol{k}\times\boldsymbol{E}=\frac{k}{\omega\mu}\boldsymbol{k}^0\times\boldsymbol{E} \tag{7-48}$$

根据式(7-43)，式(7-48)中的$k=|\boldsymbol{k}|\mathrm{e}^{-\mathrm{j}\varphi}=\sqrt{\beta^2+\alpha^2}\,\mathrm{e}^{-\mathrm{j}\varphi}=\omega\sqrt{\varepsilon\mu}\left[1+\left(\frac{\sigma}{\omega\varepsilon}\right)^2\right]^{\frac{1}{4}}\mathrm{e}^{-\mathrm{j}\varphi}$

由$k=\beta-\mathrm{j}\alpha$得

$$\varphi=\arctan\frac{\alpha}{\beta}=\frac{1}{2}\arctan\frac{\sigma}{\omega\varepsilon}$$

式(7-48)可以写成

$$\boldsymbol{H}=\frac{1}{\omega\mu}\boldsymbol{k}\times\boldsymbol{E}=\sqrt{\frac{\varepsilon}{\mu}}\left[1+\left(\frac{\sigma}{\omega\varepsilon}\right)^2\right]^{\frac{1}{4}}\mathrm{e}^{-\mathrm{j}\varphi}\boldsymbol{k}^0\times\boldsymbol{E} \tag{7-49}$$

说明在导电媒质中$\boldsymbol{H}$的相位与$\boldsymbol{E}$不同，在时间上$\boldsymbol{H}$的相位比$\boldsymbol{E}$的相位滞后φ。

在良导体中，由式(7-44)得

$$\begin{cases} k = |\boldsymbol{k}| = \sqrt{\beta^2 + \alpha^2} = \sqrt{\omega\mu\sigma} \\ \varphi = \arctan\dfrac{\alpha}{\beta} = 45° \end{cases} \tag{7-50}$$

由式(7-48)可得

$$\boldsymbol{H} = \frac{k}{\omega\mu}\boldsymbol{k}^0 \times \boldsymbol{E} = \sqrt{\frac{\sigma}{\omega\mu}}\mathrm{e}^{-\mathrm{j}\frac{\pi}{4}}\boldsymbol{k}^0 \times \boldsymbol{E} = (1-\mathrm{j})\sqrt{\frac{\sigma}{2\omega\mu}}\boldsymbol{k}^0 \times \boldsymbol{E} \tag{7-51}$$

磁场能量密度和电场能量密度之比为

$$\frac{w_{\mathrm{m}}}{w_{\mathrm{e}}} = \frac{\frac{1}{2}\mu H^2}{\frac{1}{2}\varepsilon E^2} = \frac{\mu}{\varepsilon} \times \frac{\sigma}{\omega\mu} = \frac{\sigma}{\omega\varepsilon} \gg 1 \tag{7-52}$$

可见，在良导体中，均匀平面电磁波磁场的相位比电场的相位落后45°，且磁场能量远大于电场能量。

7.4 电磁波的极化

电磁波的电场矢量 $\boldsymbol{E}$ 的振动保持在某一固定方向或按某一规律旋转的现象称为电磁波的极化，电磁波的极化是通过在固定点观察电磁波的电场矢量端点在一个时间周期里描绘出的轨迹来进行描述的。了解电磁波的极化在实际工程中非常有用，电磁波的极化取决于产生电磁波的源——发射天线，接收天线是拾取空间电磁能的装置，接收天线有效接收电磁波，天线的极化方式最好与电磁波的极化方式极化匹配。

7.4.1 均匀平面电磁波电场矢量端点描绘的轨迹

在空间某一固定点观察，$\boldsymbol{E}$ 的矢量端点在一个时间周期 T 里描绘出的轨迹表示电磁波的极化。

在7.2节中可知均匀平面电磁波是TEM波，它的电场矢量 $\boldsymbol{E}$ 可以在垂直于传播方向(波矢量 $\boldsymbol{k}$ 的方向)的任意方向振动，这样可以选取与 $\boldsymbol{k}$ 垂直的两个正交方向作为电场矢量 $\boldsymbol{E}$ 的两个独立振动方向，并用这两个正交方向描述空间电场 $\boldsymbol{E}$。如果假设电磁波沿 $+z$ 轴传播，选择 $\boldsymbol{e}_x$ 和 $\boldsymbol{e}_y$ 两个正交方向描述 $\boldsymbol{E}$，这样假设对于均匀平面电磁波并不失一般性。

$$\boldsymbol{E}(z, t) = E_1\cos(\omega t - kz)\boldsymbol{e}_x + E_2\cos(\omega t - kz - \theta)\boldsymbol{e}_y \tag{7-53}$$

选择固定点位置 $z=0$，式(7-53)变成

$$\boldsymbol{E}(0, t) = E_1\cos(\omega t)\boldsymbol{e}_x + E_2\cos(\omega t - \theta)\boldsymbol{e}_y \tag{7-54}$$

消去下面方程中的时间因子 t：

$$\begin{cases} E_x = E_1\cos(\omega t) \\ E_y = E_2\cos(\omega t - \theta) = E_2(\cos\omega t\,\cos\theta + \sin\omega t\,\sin\theta) \end{cases} \tag{7-55}$$

整理可得

$$\frac{E_x^2}{E_1^2} + \frac{E_y^2}{E_2^2} - 2\frac{E_xE_y}{E_1E_2}\cos\theta = \sin^2\theta \tag{7-56}$$

这是一个非标准形式的椭圆方程，它表明合成电场矢量的端点在一个椭圆圆周上旋转，如图7-3所示。

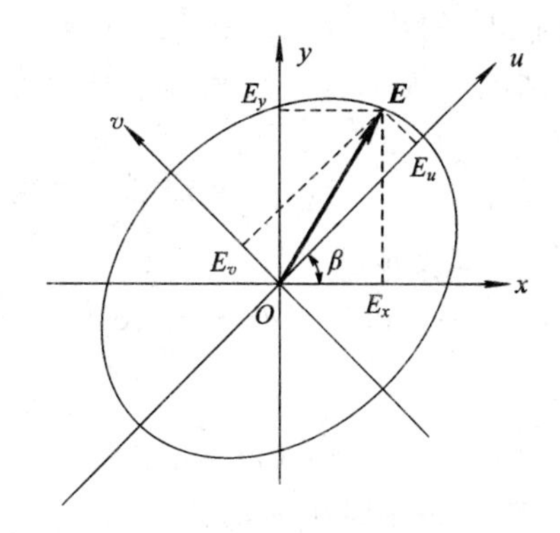

图 7-3 电场矢量端点描绘出的轨迹

为把式(7-56)化为标准形式，令坐标系 xOy 相对于 x 轴逆时针方向旋转一个角度 β，得到一个新坐标系 uOv(图 7-3)，坐标变换关系为

$$E_x = E_u\cos\beta - E_v\sin\beta$$

$$E_y = E_u\sin\beta + E_v\cos\beta$$

代入式(7-56)，坐标旋转角度为

$$\beta = \frac{1}{2}\arctan\left(2E_1E_2\frac{\cos\theta}{E_1^2 - E_2^2}\right) \tag{7-57}$$

在此条件下，式(7-56)简化为

$$\left(\frac{E_u}{A\ \sin\theta}\right)^2 + \left(\frac{E_v}{B\ \sin\theta}\right)^2 = 1 \tag{7-58}$$

式中

$$A = \left(\frac{\cos^2\beta}{E_1^2} + \frac{\sin^2\beta}{E_2^2} - \frac{\sin2\beta\cos\theta}{E_1E_2}\right)^{-\frac{1}{2}}$$

$$B = \left(\frac{\cos^2\beta}{E_2^2} + \frac{\sin^2\beta}{E_1^2} - \frac{\sin2\beta\cos\theta}{E_1E_2}\right)^{-\frac{1}{2}}$$

式(7-58)是一个标准椭圆方程。它说明一个均匀平面波在一般情况下电场矢量的端点描绘出的轨迹是一个椭圆。

椭圆极化波电场矢量 **E** 与 x 轴的夹角为

$$\alpha = \arctan\left[\frac{E_2\cos(\omega t - \theta)}{E_1\cos\omega t}\right]$$

E 矢量的旋转角速度为

$$\frac{d\alpha}{dt} = \frac{E_1E_2\omega\sin\theta}{E_1^2\cos^2\omega t + E_2^2\cos^2(\omega t - \theta)} \tag{7-59}$$

式(7-59)表示 **E** 矢量的旋转角速度是随时间变化的。这个结论说明，在一般情况下，均匀平面电磁波电场矢量的端点描绘出的轨迹是一个椭圆。

7.4.2 电磁波极化的分类

描述电磁波的极化需要观察电场矢量端点在一个时间周期 T 内描绘出的轨迹。了解均匀平面电磁波的极化，需要观察电磁波的时域解——瞬时值。

通过观察电场矢量端点描绘出的轨迹，可以把极化电磁波分为线极化波、圆极化波和椭圆极化波。这并不与上面的结论矛盾，因为线和圆本身就是椭圆的特例。假设电磁波沿 $+z$ 轴传播，则电场的时域表达式为

$$\boldsymbol{E}(z,\ t)=E_1\cos(\omega t-kz)\boldsymbol{e}_x+E_2\cos(\omega t-kz-\theta)\boldsymbol{e}_y$$

在最简单的位置 $z=0$ 处观察，上式变成

$$\boldsymbol{E}(0,\ t)=E_1\cos(\omega t)\boldsymbol{e}_x+E_2\cos(\omega t-\theta)\boldsymbol{e}_y \tag{7-60}$$

1. 线极化波($\theta=0,\ \pm\pi$)

设 $\theta=0$，式(7-60)变成 $\boldsymbol{E}(0,\ t)=E_1\cos(\omega t)\boldsymbol{e}_x+E_2\cos(\omega t)\boldsymbol{e}_y$，在一个时间周期 T 内描绘出的轨迹如图 7-4 所示。

$$t=0\Rightarrow\boldsymbol{E}=E_1\boldsymbol{e}_x+E_2\boldsymbol{e}_y$$

$$t=\frac{T}{4}\Rightarrow\boldsymbol{E}=0$$

$$t=\frac{T}{2}\Rightarrow\boldsymbol{E}=-E_1\boldsymbol{e}_x-E_2\boldsymbol{e}_y$$

$$t=\frac{3T}{4}\Rightarrow\boldsymbol{E}=0$$

$$t=T\Rightarrow\boldsymbol{E}=E_1\boldsymbol{e}_x+E_2\boldsymbol{e}_y$$

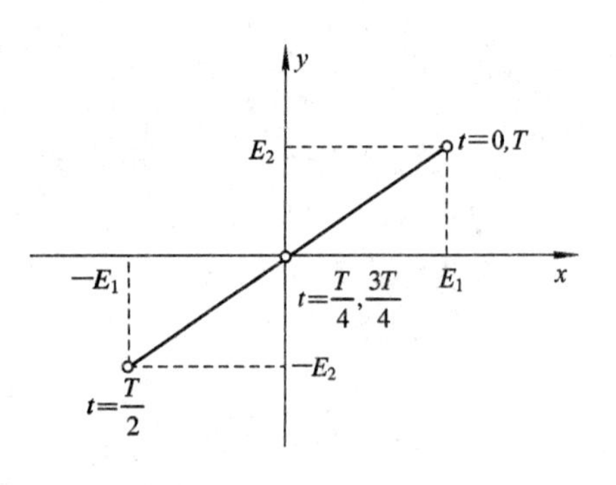

图 7-4　线极化波

$\theta=\pm\pi$ 时的情况与上面相同，在式(7-60)中的两个正交分量也是线极化波，因此，任何一个极化电磁波都可以用两个正交的线极化波合成。在实际工程中，经常选择一个平行于地面的线极化波和一个垂直于地面的线极化波去描述平面电磁波的极化，其中，平行于地面的极化电磁波称为水平极化波，而垂直于地面的极化电磁波称为垂直极化波。

2. 圆极化波($E_1=E_2=E_0$ 且 $\theta=\pm\pi/2$)

在 $E_1=E_2$ 且 $\theta=\pm\pi/2$ 时，式(7-60)变成 $\boldsymbol{E}(0,\ t)=E_0\cos(\omega t)\boldsymbol{e}_x\pm E_0\sin(\omega t)\boldsymbol{e}_y$，其中

$$\begin{cases}E_x=E_0\cos(\omega t)\\E_y=\pm E_0\sin(\omega t)\end{cases}$$

由此可以得到电场矢量端点描绘出的轨迹方程为一个圆方程，即

$$E_x^2+E_y^2=E_0^2 \tag{7-61}$$

式(7-61)还说明圆极化波的振幅就是 E_0。

现在知道在 $E_1=E_2$ 且 $\theta=\pm\pi/2$ 的条件下电场矢量端点描绘出的轨迹是一个圆，而且，由式(7-59)知旋转角速度不随时间变化恒为 ω。但是，在 $\theta=\pm\pi/2$ 时，电场矢量端点的旋转方向是不同的，下面在一个时间周期 T 内观察电场矢量端点描绘出的轨迹。

电场矢量的端点随时间变化的旋转方向和电磁波的传播方向可以用右手描述的电磁波称为右旋圆极化波，如图 7-5 所示。

$$\begin{cases}\theta=\dfrac{\pi}{2}\\E_x=E_0\cos(\omega t)\\E_y=E_0\sin(\omega t)\end{cases}$$

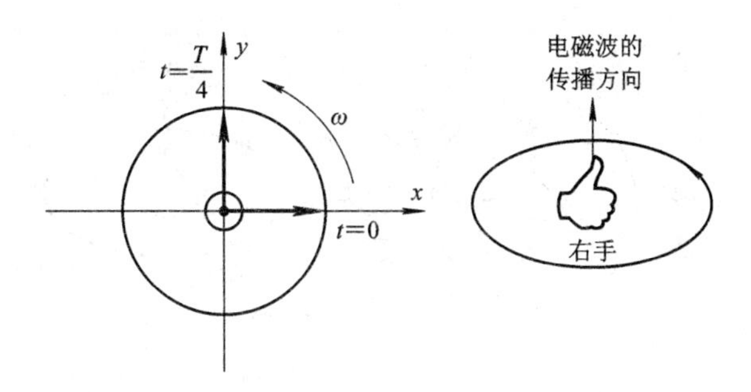

图 7-5 右旋圆极化波

电场矢量的端点随时间变化的旋转方向和电磁波的传播方向可以用左手描述的电磁波称为左旋圆极化波，如图 7-6 所示。

$$\begin{cases}\theta=-\dfrac{\pi}{2}\\ E_x=E_0\cos(\omega t)\\ E_y=-E_0\sin(\omega t)\end{cases}$$

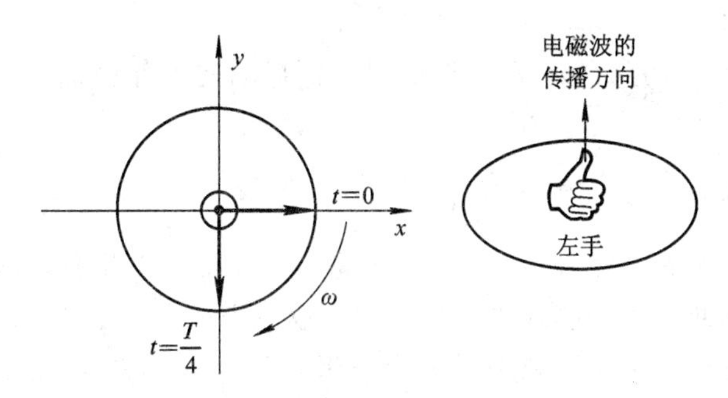

图 7-6 左旋圆极化波

3. 椭圆极化波($\theta\neq0$，$\pm\pi$；不发生 $E_1=E_2=E_0$ 且 $\theta=\pm\pi/2$ 的任意情况)

椭圆极化波也分为左旋椭圆极化波和右旋椭圆极化波。

【例 7-2】 已知自由空间中的电磁波电场 $\boldsymbol{E}=(-\mathrm{j}25\boldsymbol{e}_x+25\boldsymbol{e}_z)\mathrm{e}^{-\mathrm{j}120y}$ mV/m，(1) 判断电磁波的极化方式；(2) 求电磁波的平均能流密度。

解 写出电场瞬时值，由于两个正交分量的幅度相等，因此相位相差 $\pi/2$ 时该电磁波为圆极化波，即

$$\boldsymbol{E}(y,t)=25\cos\left(\omega t-120y-\frac{\pi}{2}\right)\boldsymbol{e}_x+25\cos(\omega t-120y)\boldsymbol{e}_z$$

在 $y=0$ 处观察，$\boldsymbol{E}(0,t)=25\cos\left(\omega t-\dfrac{\pi}{2}\right)\boldsymbol{e}_x+25\cos(\omega t)\boldsymbol{e}_z$，其中

$$\begin{cases}E_x=25\cos\left(\omega t-\dfrac{\pi}{2}\right)\\ E_z=25\cos(\omega t)\end{cases}$$

标出电磁波的传播方向 $+y$ 方向指向里面，见图 7-7。

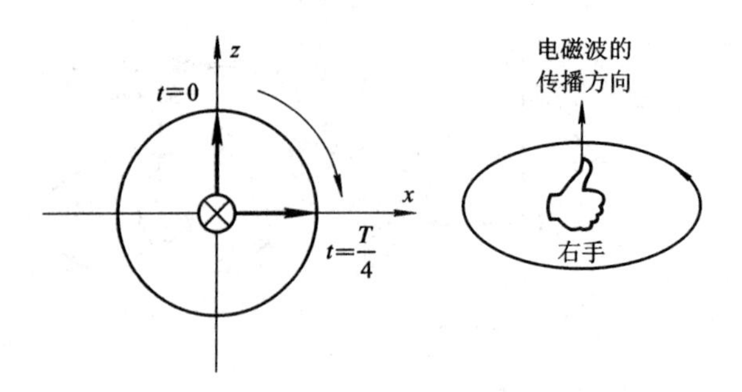

图 7-7　例 7-2 用图

(1) 该电磁波是右旋圆极化电磁波。

(2) $\bar{\boldsymbol{S}}=\dfrac{1}{2}\mathrm{Re}(\boldsymbol{E}\times\boldsymbol{H}^*)=\dfrac{1}{2\eta}|\boldsymbol{E}|^2\boldsymbol{k}^0$

$$|\boldsymbol{E}|=\sqrt{\boldsymbol{E}\cdot\boldsymbol{E}^*}=\sqrt{[(-\mathrm{j}25\boldsymbol{e}_x+25\boldsymbol{e}_z)\mathrm{e}^{-\mathrm{j}120y}]\cdot[(+\mathrm{j}25\boldsymbol{e}_x+25\boldsymbol{e}_z)\mathrm{e}^{+\mathrm{j}120y}]}=25\sqrt{2}\ \mathrm{mV/m}$$

$$\bar{\boldsymbol{S}}=\frac{(25\times10^{-3})^2\times2}{2\times120\pi}\boldsymbol{e}_y=1.66\times10^{-6}\ \mathrm{W/m^2}$$

【例 7-3】 证明一个线极化波可以分解成为两个振幅相等的右旋圆极化波和左旋圆极化波的叠加。

证明　设一个沿 $+z$ 方向传播的线极化波，这样的假设在前面讲过并不失一般性，假设 $\boldsymbol{E}=\boldsymbol{e}_xE_0\mathrm{e}^{-\mathrm{j}kz}$，则

$$\boldsymbol{E}=\boldsymbol{e}_xE_0\mathrm{e}^{-\mathrm{j}kz}=\frac{E_0}{2}(\boldsymbol{e}_x-\mathrm{j}\boldsymbol{e}_y)\mathrm{e}^{-\mathrm{j}kz}+\frac{E_0}{2}(\boldsymbol{e}_x+\mathrm{j}\boldsymbol{e}_y)\mathrm{e}^{-\mathrm{j}kz}$$

可见上式第一项是一个右旋圆极化波，第二项是一个左旋圆极化波，问题得证。

圆极化波可以用两个正交的线极化波叠加而成。其实，左旋圆极化波和右旋圆极化波是两种正交的极化方式，现在又证明了一个线极化波可以用两个正交的圆极化波叠加而成。这说明圆极化波天线可以接收空间线极化波一半的能流密度，同理，线极化天线也可以接收空间圆极化波一半的电磁能流。

7.4.3　电磁波极化在工程中的应用

从本质上讲，电磁波的极化特性是产生波空间各向不同性的根本原因。在工程中天线的极化由其所辐射电磁波电场的极化方向确定，水平极化波必须采用水平极化天线接收，垂直极化波必须采用垂直极化天线接收，左旋极化波必须采用左旋极化天线接收，右旋极化波必须采用右旋极化天线接收，这称为极化匹配。就是说，接收天线的极化方式必须与所接收电磁波的极化方式一致，才能最大接收，否则只能部分接收，甚至接收不到。

1. 极化匹配

接收和发射电磁波的极化形式一致称为极化匹配。如通信电台大多采用垂直极化，发射天线辐射垂直极化波，接收天线也必须是垂直极化天线才能实现最佳接收，如果采用水平极化天线则接收不到该电台的信号。

部分接收如级极化波用圆极化天线接收，只能接收一半的能量。线极化天线的应用很广，但有些场合必须用圆极化，如调幅台发射的电磁波在远区接近垂直于地面的垂直极化波，电视信号则采用水平极化波。为了使波穿过雨层通信，大多采用圆极化波。同样，不论

是遥控火箭还是卫星，只要是运动系统一般均采用圆极化波，因为它可以转换分解成两个线极化波。于是，不论何种线极化，总有一部分分量可以接收。若采用线极化发射信号来遥控火箭，在某些情况下会因收不到地面信号而失控，因此必须采用圆极化发射和接收，在卫星通信以及电子侦察和干扰中也是如此。

2. 极化隔离

用水平极化天线接收垂直极化波，或用左旋圆极化接收右旋圆极化波，则完全接收不到，这称为极化隔离。极化隔离的特性也是非常有用的，现代卫星电视传输中，利用垂直极化与水平极化、左旋圆极化与右旋圆极化相互隔离的特性实现极化复用，以传送不同的电视节目，提高卫星的传输容量。移动通信采用±45°正交极化，利用极化隔离，大大节省了每个小区的天线数量，有效保证了分庥接收的良好效果。

随着电磁与人类各方面的更紧密结合，极化应用会越来越广泛。

7.5 均匀平面电磁波在介质分界面上的反射和折射

无论什么电磁问题都必须满足麦克斯韦方程和边界条件，前面主要研究了平面电磁波在无界均匀媒质中的传播特性，就是说讨论问题的空间是无限大，且充满均匀媒质。实际情况是传播电磁波的媒质往往是不连续的，且占据有限的空间，当电磁波投射到两种媒质的交界面上时，由于不同媒质的本构参数 ε、μ、σ 不同，因此，在两种媒质中传播的平面电磁波的幅度、相速、极化方式等传播特性都会发生变化。同时，由于媒质的突变，还会引起电磁波传播方向的变化，这就是电磁波在媒质交界面上的反射和折射现象。本节从电磁现象的边界条件出发，首先，由边界条件 $E_{1t}=E_{2t}$ 的相位关系，推导出入射波、反射波和折射波三者之间方向的关系，这就是熟悉的反射、折射定律。其次，根据电磁场的边界条件，研究入射波、反射波和透射波振幅之间的关系，由浅入深讨论电磁波垂直投射到媒质交界上入射波、反射波和透射波幅度的关系。最后，给出电磁波斜入射到媒质交界面上入射波、反射波和折射波三者之间的振幅关系。本节的讨论限于均匀平面电磁波投射到无限大平面分界面的情况。

7.5.1 入射波、反射波和折射波方向之间的关系

设 $z=0$ 为两种媒质的交界面，如图 7-8 所示。当一个均匀平面电磁波从介质 1 入射

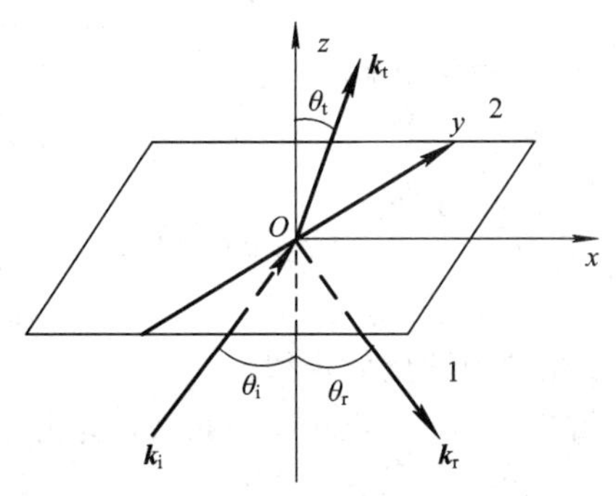

图 7-8 入射波、反射波和折射波三者之间的关系

到分界面上将产生反射波和折射波，由于媒质是线性、均匀且各向同性的媒质，因而反射波和折射波一定是均匀平面电磁波。

对于均匀平面电磁波，电磁场矢量可以表示为

$$\begin{cases} \boldsymbol{E}_\mathrm{i} = \boldsymbol{E}_\mathrm{i0}\,\mathrm{e}^{\mathrm{j}(\omega_\mathrm{i}t-\boldsymbol{k}_\mathrm{i}\cdot\boldsymbol{r})} & \boldsymbol{H}_\mathrm{i} = \dfrac{1}{\omega_\mathrm{i}\mu_1}\boldsymbol{k}_\mathrm{i}\times\boldsymbol{E}_\mathrm{i} \\ \boldsymbol{E}_\mathrm{r} = \boldsymbol{E}_\mathrm{r0}\,\mathrm{e}^{\mathrm{j}(\omega_\mathrm{r}t-\boldsymbol{k}_\mathrm{r}\cdot\boldsymbol{r})} & \boldsymbol{H}_\mathrm{r} = \dfrac{1}{\omega_\mathrm{r}\mu_1}\boldsymbol{k}_\mathrm{r}\times\boldsymbol{E}_\mathrm{r} \\ \boldsymbol{E}_\mathrm{t} = \boldsymbol{E}_\mathrm{t0}\,\mathrm{e}^{\mathrm{j}(\omega_\mathrm{t}t-\boldsymbol{k}_\mathrm{t}\cdot\boldsymbol{r})} & \boldsymbol{H}_\mathrm{t} = \dfrac{1}{\omega_\mathrm{t}\mu_2}\boldsymbol{k}_\mathrm{t}\times\boldsymbol{E}_\mathrm{t} \end{cases} \tag{7-62}$$

式中下标 i 表示入射波，下标 r 表示反射波，下标 t 表示折射波。波矢量的模值分别为

$$\begin{cases} k_\mathrm{i} = \omega_\mathrm{i}\sqrt{\varepsilon_1\mu_1} \\ k_\mathrm{r} = \omega_\mathrm{r}\sqrt{\varepsilon_1\mu_1} \\ k_\mathrm{t} = \omega_\mathrm{t}\sqrt{\varepsilon_2\mu_2} \end{cases} \tag{7-63}$$

式中，$\varepsilon_1\mu_1$ 为介质 1 中的介电常数和磁导率，$\varepsilon_2\mu_2$ 为介质 2 中的介电常数和磁导率。θ_i、θ_r、θ_t 分别是入射角、反射角和折射角，它们指的是入射波、反射波和折射波传播方向与交界面法向的夹角。

根据电磁现象的边界条件，在边界面上应有 $E_{1\mathrm{t}}=E_{2\mathrm{t}}$，设 $\boldsymbol{e}_n$ 为媒质交界面的法向，即

$$[\boldsymbol{e}_\mathrm{n}\times(\boldsymbol{E}_\mathrm{i0}\,\mathrm{e}^{\mathrm{j}(\omega_\mathrm{i}t-\boldsymbol{k}_\mathrm{i}\cdot\boldsymbol{r})}+\boldsymbol{E}_\mathrm{r0}\,\mathrm{e}^{\mathrm{j}(\omega_\mathrm{r}t-\boldsymbol{k}_\mathrm{r}\cdot\boldsymbol{r})})]\big|_{z=0} = [\boldsymbol{e}_\mathrm{n}\times\boldsymbol{E}_\mathrm{t0}\,\mathrm{e}^{\mathrm{j}(\omega_\mathrm{t}t-\boldsymbol{k}_\mathrm{t}\cdot\boldsymbol{r})}]\big|_{z=0} \tag{7-64}$$

此式在任何时间 t 对整个边界面上所有位置(x, y)都成立。在 $z=0$ 平面分界面上，两侧媒质中 $\boldsymbol{E}$ 的切向分量随空间与时间的变化都必须相同。因此所有的相位因子在 $z=0$ 平面上必须相等。

$$(\omega_\mathrm{i}t-\boldsymbol{k}_\mathrm{i}\cdot\boldsymbol{r})\big|_{z=0} = (\omega_\mathrm{r}t-\boldsymbol{k}_\mathrm{r}\cdot\boldsymbol{r})\big|_{z=0} = (\omega_\mathrm{t}t-\boldsymbol{k}_\mathrm{t}\cdot\boldsymbol{r})\big|_{z=0} = 0$$

当 $z=0$ 时，$\boldsymbol{r}=x\boldsymbol{e}_x+y\boldsymbol{e}_y$，$\boldsymbol{k}\cdot\boldsymbol{r}=k_{jx}x+k_{jy}y$，其中 $j=$i，r，t。由于 x、y 和 t 都是独立变量，因此必有

$$\omega_\mathrm{i}=\omega_\mathrm{r}=\omega_\mathrm{t},\ k_{\mathrm{i}x}=k_{\mathrm{r}x}=k_{\mathrm{t}x},\ k_{\mathrm{i}y}=k_{\mathrm{r}y}=k_{\mathrm{t}y} \tag{7-65}$$

由 $\omega_\mathrm{i}=\omega_\mathrm{r}=\omega_\mathrm{t}$ 及式(7－63)可得

$$|\boldsymbol{k}_\mathrm{i}|=|\boldsymbol{k}_\mathrm{r}| \quad \text{或} \quad k_\mathrm{i}=k_\mathrm{r} \tag{7-66}$$

由式(7－65)可得到以下结论：

(1) $\omega_\mathrm{i}=\omega_\mathrm{r}=\omega_\mathrm{t}$ 表示反射波、折射波的角频率与入射波角频率相等，这是线性介质中的必然结果。

(2) 根据 $k_{\mathrm{i}y}=k_{\mathrm{r}y}=k_{\mathrm{t}y}$，若 $k_{\mathrm{i}y}=0$ 则 $k_{\mathrm{r}y}=k_{\mathrm{t}y}=0$，从而 $\boldsymbol{k}_\mathrm{i}=k_{\mathrm{i}x}\boldsymbol{e}_x+k_{\mathrm{i}z}\boldsymbol{e}_z$，$\boldsymbol{k}_\mathrm{r}=k_{\mathrm{r}x}\boldsymbol{e}_x+k_{\mathrm{r}z}\boldsymbol{e}_z$，$\boldsymbol{k}_\mathrm{t}=k_{\mathrm{t}x}\boldsymbol{e}_x+k_{\mathrm{t}z}\boldsymbol{e}_z$，也就是说，入射波矢量、反射波矢量和折射波矢量都在同一平面内，即入射波、反射波和折射波三者共面。

(3) 据 $k_{\mathrm{i}x}=k_{\mathrm{r}x}$，由图 7－8 有 $k_\mathrm{i}\sin\theta_\mathrm{i}=k_\mathrm{r}\sin\theta_\mathrm{r}$，以及式(7－66)中 $k_\mathrm{i}=k_\mathrm{r}$，从而有

$$\theta_\mathrm{i}=\theta_\mathrm{r} \tag{7-67}$$

即反射角等于入射角。这就是光学中的反射定律。

(4) 根据 $k_{\mathrm{i}x}=k_{\mathrm{t}x}$，以及图 7－8 有 $k_\mathrm{i}\sin\theta_\mathrm{i}=k_\mathrm{t}\sin\theta_\mathrm{t}$，由此可得

$$\frac{\sin\theta_\mathrm{i}}{\sin\theta_\mathrm{t}}=\frac{k_\mathrm{t}}{k_\mathrm{i}}=\frac{\sqrt{\varepsilon_2\mu_2}}{\sqrt{\varepsilon_1\mu_1}}=\frac{n_2}{n_1}=n_{21} \tag{7-68}$$

这就是光学中的折射定律，式中 n_{21} 为介质 2 相对于介质 1 的折射率。由于除铁磁物质外，一般介质都有 $\mu\approx\mu_0$，因此可以认为 $\sqrt{\varepsilon_2/\varepsilon_1}$ 就是两种介质的相对折射率。

根据上述四条结论，式(7－62)在 $k_y=0$ 时，各场量的相位因子就可以确定为

$$
\begin{aligned}
\boldsymbol{E}_{\mathrm{i}} &= \boldsymbol{E}_{\mathrm{i0}}\,\mathrm{e}^{\mathrm{j}(\omega t-k_{\mathrm{i}}\sin\theta_{\mathrm{i}}x-k_{\mathrm{i}}\cos\theta_{\mathrm{i}}z)}\\
\boldsymbol{E}_{\mathrm{r}} &= \boldsymbol{E}_{\mathrm{r0}}\,\mathrm{e}^{\mathrm{j}(\omega t-k_{\mathrm{i}}\sin\theta_{\mathrm{i}}x+k_{\mathrm{i}}\cos\theta_{\mathrm{i}}z)}\\
\boldsymbol{E}_{\mathrm{t}} &= \boldsymbol{E}_{\mathrm{t0}}\,\mathrm{e}^{\mathrm{j}(\omega t-k_{\mathrm{t}}\sin\theta_{\mathrm{t}}x-k_{\mathrm{t}}\cos\theta_{\mathrm{t}}z)}
\end{aligned}
\tag{7-69}
$$

考虑到式(7－65)后，在 $z=0$ 平面上的边界条件 $E_{1\mathrm{t}}=E_{2\mathrm{t}}$ 可写成

$$\boldsymbol{e}_{\mathrm{n}}\times(\boldsymbol{E}_{\mathrm{i0}}+\boldsymbol{E}_{\mathrm{r0}})=\boldsymbol{e}_{\mathrm{n}}\times\boldsymbol{E}_{\mathrm{t0}} \tag{7-70}$$

由式(7－25)和边界条件 $H_{1\mathrm{t}}=H_{2\mathrm{t}}$，则

$$\boldsymbol{e}_{\mathrm{n}}\times\sqrt{\frac{\varepsilon_1}{\mu_1}}(\boldsymbol{k}_{\mathrm{i}}^0\times\boldsymbol{E}_{\mathrm{i0}}+\boldsymbol{k}_{\mathrm{r}}^0\times\boldsymbol{E}_{\mathrm{r0}})=\boldsymbol{e}_{\mathrm{n}}\times\left(\sqrt{\frac{\varepsilon_2}{\mu_2}}\boldsymbol{k}_{\mathrm{t}}^0\times\boldsymbol{E}_{\mathrm{t0}}\right) \tag{7-71}$$

7.5.2　均匀平面电磁波在媒质交界面上的垂直投射

假设 $z=0$ 为媒质 1 和媒质 2 的平面交界面，电磁波由媒质 1 沿 $+z$ 轴传播并垂直投射到两种媒质的交界面上，如图 7－9 所示。假设入射波电场沿 x 方向线极化，这样的假设对于沿其他方向的电场和任意极化的电磁波仍不失一般性，因为均匀平面电磁波是 TEM 波，电场方向一定垂直于传播方向，电场的方向总是沿交界面的切向，且任意极化的电磁波都可以用两个正交的线极化波合成。

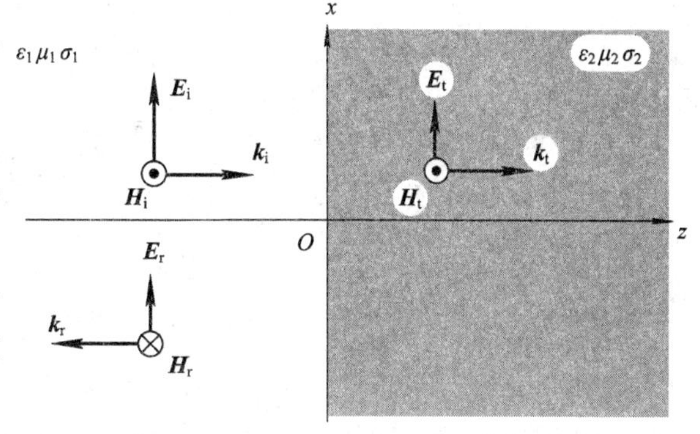

图 7－9　入射波垂直媒质交界面入射

设 $\boldsymbol{k}_{\mathrm{i}}=k_{\mathrm{i}}\boldsymbol{e}_z\,(k_{\mathrm{i}}=k_1)$，且入射波电场为

$$\boldsymbol{E}_{\mathrm{i}}(z)=E_{\mathrm{i0}}\,\mathrm{e}^{-\mathrm{j}k_1z}\boldsymbol{e}_x \tag{7-72}$$

对于均匀平面电磁波，有

$$\boldsymbol{H}_{\mathrm{i}}(z)=\frac{1}{\eta_1}\boldsymbol{k}_{\mathrm{i}}^0\times\boldsymbol{E}_{\mathrm{i}}=\frac{1}{\eta_1}E_{\mathrm{i0}}\,\mathrm{e}^{-\mathrm{j}k_1z}\boldsymbol{e}_y \tag{7-73}$$

这一点也可由电场方向、磁场方向和能流密度方向三者之间的关系得到。

对于反射波，由于 $\theta_{\mathrm{i}}=0$，则 $\theta_{\mathrm{r}}=0$，$\boldsymbol{k}_{\mathrm{r}}=k_{\mathrm{r}}(-\boldsymbol{e}_z)\,(k_{\mathrm{r}}=k_1)$，且传播媒质是线性、各向同性的媒质，因此反射波的极化方式也不会发生变化，仍然沿 x 方向极化，假设它为

$$\boldsymbol{E}_{\mathrm{r}}(z)=E_{\mathrm{r0}}\,\mathrm{e}^{+\mathrm{j}k_1z}\boldsymbol{e}_x \tag{7-74}$$

则

$$\boldsymbol{H}_{\mathrm{r}}(z)=-\frac{1}{\eta_1}E_{\mathrm{r0}}\,\mathrm{e}^{+\mathrm{j}k_1z}\boldsymbol{e}_y \tag{7-75}$$

同理，可以推出透射波(折射波)的电磁场表达式为

$$\boldsymbol{E}_{\mathrm{t}}(z)=E_{\mathrm{t0}}\,\mathrm{e}^{-\mathrm{j}k_2z}\boldsymbol{e}_x \tag{7-76}$$

$$\boldsymbol{H}_{\mathrm{t}}(z)=\frac{1}{\eta_2}E_{\mathrm{t0}}\mathrm{e}^{-\mathrm{j}k_2z}\boldsymbol{e}_y \tag{7-77}$$

电磁场的边界条件为

$$\begin{cases}E_{2\mathrm{t}}-E_{1\mathrm{t}}=0\\ H_{2\mathrm{t}}-H_{1\mathrm{t}}=J_S\end{cases}$$

对于理想介质或有限电导率的导电媒质，交界面上不存在面电流，即 $J_S=0$，则有

$$\begin{cases}E_{1\mathrm{t}}=E_{2\mathrm{t}}\\ H_{1\mathrm{t}}=H_{2\mathrm{t}}\end{cases} \tag{7-78}$$

将媒质中入射波、反射波和透射波电磁场在 $z=0$ 处代入式(7－78)得

$$\begin{cases}E_{\mathrm{i0}}+E_{\mathrm{r0}}=E_{\mathrm{t0}}\\ \dfrac{E_{\mathrm{i0}}}{\eta_1}-\dfrac{E_{\mathrm{r0}}}{\eta_1}=\dfrac{E_{\mathrm{t0}}}{\eta_2}\end{cases} \tag{7-79}$$

求解式(7－79)得

$$r=\frac{E_{\mathrm{r0}}}{E_{\mathrm{i0}}}=\frac{\eta_2-\eta_1}{\eta_2+\eta_1} \tag{7-80}$$

$$t=\frac{E_{\mathrm{t0}}}{E_{\mathrm{i0}}}=\frac{2\eta_2}{\eta_2+\eta_1} \tag{7-81}$$

其中，r 称为电场的反射系数，t 是电场的透射系数(折射系数)。由式(7－79)的第一个方程得到反射系数和透射系数的关系为

$$1+r=t \tag{7-82}$$

结论：

(1) 上述推导中假设电场的方向始终不变，磁场的方向由 $\boldsymbol{S}=\boldsymbol{E}\times\boldsymbol{H}$ 确定。

(2) 上述结论对于非导电媒质和导电媒质界面的反射和透射都成立。对于导电媒质 $\dot{\varepsilon}=\varepsilon(1-\mathrm{j}\sigma/\omega\varepsilon)$，此时，$k$ 用 $\dot{k}$ 替代，η 用 $\dot{\eta}$ 替代。

(3) 在反射面是理想导电媒质($\sigma=\infty$)时，由于理想导电媒质中不存在电磁场，因此当 $t=0$ 时，由式(7－82)得

$$\begin{cases}r=-1\\ t=0\end{cases} \tag{7-83}$$

这一点也可以由边界条件式(7－78)得到。

(4) 两种媒质中的电场强度为

$$\begin{cases}\boldsymbol{E}_1=E_{\mathrm{i0}}\mathrm{e}^{-\mathrm{j}k_1z}\boldsymbol{e}_x+rE_{\mathrm{i0}}\mathrm{e}^{+\mathrm{j}k_1z}\boldsymbol{e}_x\\ \boldsymbol{E}_2=tE_{\mathrm{i0}}\mathrm{e}^{-\mathrm{j}k_2z}\boldsymbol{e}_x\end{cases} \tag{7-84}$$

$$\begin{cases}\boldsymbol{H}_1=\dfrac{1}{\eta_1}(E_{\mathrm{i0}}\mathrm{e}^{-\mathrm{j}k_1z}-rE_{\mathrm{i0}}\mathrm{e}^{+\mathrm{j}k_1z})\boldsymbol{e}_y\\ \boldsymbol{H}_2=\dfrac{1}{\eta_2}tE_{\mathrm{i0}}\mathrm{e}^{-\mathrm{j}k_2z}\boldsymbol{e}_y\end{cases} \tag{7-85}$$

当均匀平面电磁波垂直投射到两种不同媒质的交界面上时，电磁波的传播特性会发生变化，下面通过三个不同的例子来做进一步的说明。

【例 7-4】 电场强度为 $\boldsymbol{E}_i(z)=E_0(\boldsymbol{e}_x+j\boldsymbol{e}_y)e^{-j2\pi z}$，电磁波由自由空间垂直入射到 $\varepsilon_r=4$、$\mu_r=1$ 的介质中，求：(1) 反射波 $\boldsymbol{E}_r$ 和透射波 $\boldsymbol{E}_t$；(2) 判断入射波、反射波和透射波的极化方式；(3) 反射波和透射波的平均能流密度矢量。

解 $\eta_1=\sqrt{\dfrac{\mu_0}{\varepsilon_0}}=120\pi$，$\eta_2=\sqrt{\dfrac{\mu_0}{4\varepsilon_0}}=60\pi$，$k=\omega\sqrt{\varepsilon\mu}$，$k_1=2\pi$，$k_2=4\pi$

$r=\dfrac{\eta_2-\eta_1}{\eta_2+\eta_1}=-\dfrac{1}{3}=\dfrac{1}{3}e^{j\pi}$，$t=1+r=\dfrac{2}{3}$

(1) $\boldsymbol{E}_r(z)=r\boldsymbol{E}_i=-\dfrac{E_0}{3}(\boldsymbol{e}_x+j\boldsymbol{e}_y)e^{+j2\pi z}$；$\boldsymbol{E}_t(z)=t\boldsymbol{E}_i=\dfrac{2E_0}{3}(\boldsymbol{e}_x+j\boldsymbol{e}_y)e^{-j4\pi z}$

(2) 入射波、反射波和透射波的瞬时值为

入射波：$\boldsymbol{E}_i(t,z)=E_0[\cos(\omega t-2\pi z)\boldsymbol{e}_x-\sin(\omega t-2\pi z)\boldsymbol{e}_y]$ 左旋圆极化波

反射波：$\boldsymbol{E}_r(t,z)=-\dfrac{E_0}{3}[\cos(\omega t+2\pi z)\boldsymbol{e}_x-\sin(\omega t+2\pi z)\boldsymbol{e}_y]$ 右旋圆极化波

透射波：$\boldsymbol{E}_t(t,z)=\dfrac{2E_0}{3}[\cos(\omega t-4\pi z)\boldsymbol{e}_x-\sin(\omega t-4\pi z)\boldsymbol{e}_y]$ 左旋圆极化波

(3) 对于均匀平面电磁波，有

$$\bar{\boldsymbol{S}}=\frac{1}{2}\mathrm{Re}[\boldsymbol{E}\times\boldsymbol{H}^*]=\frac{1}{2\eta}|\boldsymbol{E}|^2\boldsymbol{k}^0$$

入射波的能流密度矢量为

$$\begin{aligned}\bar{\boldsymbol{S}}_i&=\frac{1}{2\eta_1}|E_i|^2\boldsymbol{e}_z=\frac{1}{2\times120\pi}[(E_0(\boldsymbol{e}_x+j\boldsymbol{e}_y)e^{-j2\pi z})\cdot(E_0(\boldsymbol{e}_x-j\boldsymbol{e}_y)e^{+j2\pi z})]\boldsymbol{e}_z\\&=\frac{E_0^2}{120\pi}\boldsymbol{e}_z\end{aligned}$$

反射波的能流密度矢量为

$$\begin{aligned}\bar{\boldsymbol{S}}_r&=\frac{1}{2\eta_1}|E_r|^2(-\boldsymbol{e}_z)\\&=\frac{1}{2\times120\pi}\left[\frac{1}{9}\times(E_0(\boldsymbol{e}_x+j\boldsymbol{e}_y)e^{j2\pi z})\cdot(E_0(\boldsymbol{e}_x-j\boldsymbol{e}_y)e^{-j2\pi z})\right](-\boldsymbol{e}_z)\\&=\frac{E_0^2}{1080\pi}(-\boldsymbol{e}_z)\end{aligned}$$

透射波的能流密度矢量为

$$\begin{aligned}\bar{\boldsymbol{S}}_t&=\frac{1}{2\eta_2}|E_t|^2\boldsymbol{e}_z=\frac{1}{2\times60\pi}\left[\frac{4}{9}\times(E_0(\boldsymbol{e}_x+j\boldsymbol{e}_y)e^{-j4\pi z})\cdot(E_0(\boldsymbol{e}_x-j\boldsymbol{e}_y)e^{+j4\pi z})\right]\boldsymbol{e}_z\\&=\frac{E_0^2}{135\pi}\boldsymbol{e}_z\end{aligned}$$

由 $\bar{\boldsymbol{S}}_i+\bar{\boldsymbol{S}}_r=\bar{\boldsymbol{S}}_t$，等式左边是媒质1(自由空间)总的能流密度，右边是媒质2($\varepsilon_r=4$)中的能流密度，$\bar{S}_i\boldsymbol{e}_z-\bar{S}_r\boldsymbol{e}_z=\bar{S}_t\boldsymbol{e}_z\Rightarrow\bar{S}_i=\bar{S}_r+\bar{S}_t$，说明能量守恒。

电磁波垂直投射到两种非导电媒质的交界面上时，入射波和反射波的极化方式虽然不变，但是旋转方向与电磁波的传播方向之间的关系会发生变化。

【例 7-5】 已知入射波电场为 $\boldsymbol{E}_i(z)=E_{i0}e^{-jkz}\boldsymbol{e}_y$，垂直投射到 $z=0$ 的无限大理想导电平面上，求空间的合成电磁场瞬时值和平均能流密度矢量。

解　均匀平面电磁波垂直投射到理想导电平面上，即 $r=-1$。

$$\begin{aligned}\boldsymbol{E}(z) &= \boldsymbol{E}_{\mathrm{i}}(z)+\boldsymbol{E}_{\mathrm{r}}(z) = E_{\mathrm{i0}}\mathrm{e}^{-\mathrm{j}kz}\boldsymbol{e}_y - E_{\mathrm{i0}}\mathrm{e}^{+\mathrm{j}kz}\boldsymbol{e}_y = E_{\mathrm{i0}}(\mathrm{e}^{-\mathrm{j}kz}-\mathrm{e}^{+\mathrm{j}kz})\boldsymbol{e}_y \\ &= -2\mathrm{j}E_{\mathrm{i0}}\sin kz\boldsymbol{e}_y\end{aligned}$$

磁场的振动方向由 $\boldsymbol{S}=\boldsymbol{E}\times\boldsymbol{H}$ 之间的关系确定：

$$\boldsymbol{H}(z) = \frac{-1}{\eta}(E_{\mathrm{i0}}\mathrm{e}^{-\mathrm{j}kz}\boldsymbol{e}_x + E_{\mathrm{i0}}\mathrm{e}^{+\mathrm{j}kz}\boldsymbol{e}_x) = \frac{-E_{\mathrm{i0}}}{\eta}(\mathrm{e}^{-\mathrm{j}kz}+\mathrm{e}^{+\mathrm{j}kz})\boldsymbol{e}_x = \frac{-2}{\eta}E_{\mathrm{i0}}\cos kz\boldsymbol{e}_x$$

$$\begin{cases}\boldsymbol{E}(t,z) = 2E_{\mathrm{i0}}\sin kz\sin\omega t\boldsymbol{e}_y \\ \boldsymbol{H}(t,z) = \dfrac{-2}{\eta}E_{\mathrm{i0}}\cos kz\cos\omega t\boldsymbol{e}_x\end{cases}$$

由此可以看出，电磁场在时间、空间皆相差 $\pi/2$，故

$$\bar{\boldsymbol{S}} = \frac{1}{2}\mathrm{Re}(\boldsymbol{E}(z)\times\boldsymbol{H}^*(z)) = 0$$

这时空间没有电磁能传输，全部的入射波被反射形成反向传播的反射波。

【例 7-6】　设有一块 $z=0$ 和 $z=d$ 为界限的电介质层，其介电常数为 ε_2，它的两边分别为介电常数为 ε_1 和 ε_3 的均匀介质。若一平面波从 $z<0$ 的区域垂直入射到此电介质层上，求介质层厚度为多大时反射最小，并讨论无反射条件。

解　如图 7-10 所示，设入射波电场沿 x 方向极化，则在区域 1 中的合成波电磁场为

$$\boldsymbol{E}_1 = \boldsymbol{e}_x(A\mathrm{e}^{-\mathrm{j}k_1z} - B\mathrm{e}^{\mathrm{j}k_1z})$$

$$\boldsymbol{H}_1 = \boldsymbol{e}_y\frac{k_1}{\omega\mu_0}(A\mathrm{e}^{-\mathrm{j}k_1z} + B\mathrm{e}^{\mathrm{j}k_1z})$$

区域 2 中的电磁场为

$$\boldsymbol{E}_2 = \boldsymbol{e}_x(M\mathrm{e}^{-\mathrm{j}k_2z} - N\mathrm{e}^{\mathrm{j}k_2z})$$

$$\boldsymbol{H}_2 = \boldsymbol{e}_y\frac{k_2}{\omega\mu_0}(M\mathrm{e}^{-\mathrm{j}k_2z} + N\mathrm{e}^{\mathrm{j}k_2z})$$

区域 3 中的电磁场为

$$\boldsymbol{E}_3 = \boldsymbol{e}_xD\mathrm{e}^{-\mathrm{j}k_3z}$$

$$\boldsymbol{H}_3 = \boldsymbol{e}_y\frac{k_3}{\varepsilon\mu_0}\mathrm{e}^{-\mathrm{j}k_3z}$$

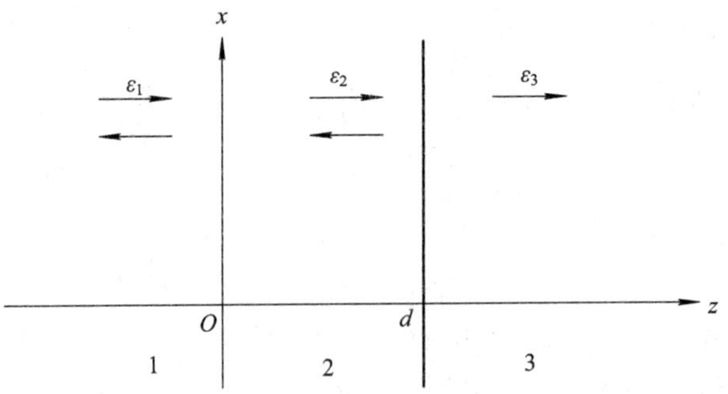

图 7-10　介质板的反射和折射

根据 $z=0$ 和 $z=d$ 界面上电场 $\boldsymbol{E}$ 和磁场 $\boldsymbol{H}$ 切向分量连续的界面条件，可得到下列关系：

$$A-B = M-N$$

$$k_1(A+B) = k_2(M+N)$$

$$Me^{-jk_2 d} - Ne^{jk_2 d} = De^{-jk_3 d}$$

$$k_2(Me^{-jk_2 d} - Ne^{jk_2 d}) = k_3 De^{-jk_3 d}$$

式中 $k_1=\omega\sqrt{\varepsilon_1\mu_0}$，$k_2=\omega\sqrt{\varepsilon_2\mu_0}$，$k_3=\omega\sqrt{\varepsilon_3\mu_0}$。

联解以上方程得到反射波电场的振幅为

$$B = rA$$

$$r = \frac{r_{12} + r_{23}e^{-j2k_2 d}}{1 + r_{21}r_{23}e^{-j2k_2 d}}$$

式中
$$r_{12} = \frac{\eta_1 - \eta_2}{\eta_1 + \eta_2}, \quad r_{23} = \frac{\eta_2 - \eta_3}{\eta_2 + \eta_3}$$

η_1、η_2、η_3 为介质 1、2、3 中的波阻抗。功率反射系数为

$$R = |r|^2 = \left|\frac{r_{12} + r_{23}e^{-j2k_2 d}}{1 + r_{12}r_{23}e^{-j2k_2 d}}\right|^2$$

将上式对 d 求导，并令其等于零，则有

$$\cos 2k_2 d - j\sin 2k_2 d = -\frac{r_{12}}{r_{23}}$$

令上式两端虚部相等，则有 $\sin 2k_2 d=0$，即要求 $2k_2 d=n\pi(n=1, 2, 3, \cdots)$，故

$$d = n\frac{\lambda_2}{4} \qquad (n = 1, 2, 3, \cdots)$$

式中 λ_2 是介质层内的电磁波长，可见，如果介质层的厚度满足上述条件时反射最小。

下面讨论介质层无反射的条件。将与 R 最小值相对应的介质层的厚度 $d=n\frac{\lambda_2}{4}$ 代入 R 的表示式并令 $R=0$，即

$$R = \left|\frac{r_{12} + r_{23}e^{-j2k_2 d}}{1 + r_{12}r_{23}e^{-j2k_2 d}}\right|_{d=n\frac{\lambda_2}{4}} = 0$$

即

$$(\cos 2k_2 d - j\sin 2k_2 d)\big|_{d=n\frac{\lambda_2}{4}} = -\frac{r_{12}}{r_{23}}$$

$$\cos n\pi = -\frac{r_{12}}{r_{23}} = -\frac{(\eta_1 - \eta_2)(\eta_2 + \eta_3)}{(\eta_1 + \eta_2)(\eta_1 - \eta_3)}$$

当 $n=1, 3, 5, \cdots$ 时 $\cos n\pi=-1$，则由上式可得

$$\eta_2 = \sqrt{\eta_1\eta_3} \quad 或 \quad \sqrt{\varepsilon_2} = \sqrt{\varepsilon_1\varepsilon_3}$$

可见，满足上述条件和厚度 $d=n\frac{\lambda_2}{4}(n=1, 3, 5, \cdots)$ 的介质层是无反射的，它相当于传输线理论中的四分之一波长阻抗变换器。

对于多层介质的垂直入射，其分析方法还是利用边界条件，它的分析原理与两层介质的分析原理是一样的，在本例题中尝试了假设磁场方向始终不变，电场方向由 $\boldsymbol{S}=\boldsymbol{E}\times\boldsymbol{H}$ 之间的关系来确定。

7.5.3 均匀平面电磁波对介质的斜入射

现在利用边界条件来求解均匀平面电磁波对交界面斜入射时，反射波振幅、折射波振幅与入射波振幅之间的关系。

入射面是指波矢量 $\boldsymbol{k}$ 与分界面的法线单位矢量 $\boldsymbol{n}$ 构成的平面。

对于斜入射时任意方向的电场 $\boldsymbol{E}$ 总可以分解为两个正交分量的叠加；同时，在7.4节中知道任意的极化电磁波都可以分解为两个正交线极化波的叠加。在此，分别讨论入射波电场垂直于入射面和平行于入射面的情形。

垂直极化：电场矢量垂直于入射面。

平行极化：电场矢量平行于入射面。

需要说明的是，为分析电磁波斜入射时任意方向的电场，定义的垂直极化和平行极化与7.4节中提到的水平极化电磁波和垂直极化电磁波是有所区别的，它们一个是相对于入射面，一个是相对于地面，如果地面是两种媒质的交界面，这里提到的垂直极化恰恰是相对于地面的水平极化。

1. 电场矢量垂直于入射面的情形

设入射波矢量 $\boldsymbol{k}_i$ 位于 xz 平面内，由前面的结论可知，反射波矢量 $\boldsymbol{k}_r$ 和折射波矢量 $\boldsymbol{k}_t$ 都位于 xz 平面($k_{iy}=k_{ry}=k_{ty}$)。设入射波电场矢量 $\boldsymbol{E}_{i0}$ 沿 y 轴正方向，由式(7－70)，反射波电场矢量 $\boldsymbol{E}_{r0}$ 和折射波电场矢量 $\boldsymbol{E}_{t0}$ 也都沿 y 轴正方向，这种情况称为垂直极化波。$\boldsymbol{H}_{i0}$、$\boldsymbol{H}_{r0}$ 和 $\boldsymbol{H}_{t0}$ 的正方向由 $\boldsymbol{E}$、$\boldsymbol{H}$ 和 $\boldsymbol{k}$ 之间的关系确定，如图7－11所示。

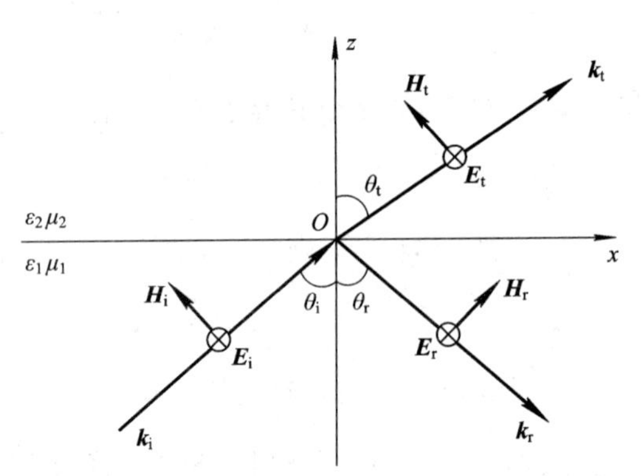

图7－11　垂直极化波的反射和折射

根据边界条件，或直接从图7－11的几何关系可写出

$$E_{i0}+E_{r0}=E_{t0} \tag{7-86}$$

$$\frac{1}{\eta_1}(E_{i0}-E_{r0})\cos\theta_i=\frac{1}{\eta_2}E_{t0}\cos\theta_t \tag{7-87}$$

联解以上两式得

$$\begin{cases} r_\perp=\dfrac{E_{r0}}{E_{i0}}=\dfrac{\eta_2\cos\theta_i-\eta_1\cos\theta_t}{\eta_2\cos\theta_i+\eta_1\cos\theta_t} \\ t_\perp=\dfrac{E_{t0}}{E_{i0}}=\dfrac{2\eta_2\cos\theta_i}{\eta_2\cos\theta_i+\eta_1\cos\theta_t} \end{cases} \tag{7-88}$$

式中 $r_\perp$ 和 $t_\perp$ 分别称为垂直极化时场强的反射系数和透射系数(折射系数)，由式(7－86)，它们之间的关系为

$$t_\perp=1+r_\perp \tag{7-89}$$

图7－12给出 $n_1=1$(真空)及 $n_2=1.8$ 时 $|r_\perp|$ 随 θ_i 变化的曲线。由曲线看出，当 $\theta_i=0$ 即垂直入射时 $|r_\perp|$ 最小，随入射角 θ_i 的增加，$|r_\perp|$ 单调增加，并在 $\theta_i=90°$，即水平入射时 $|r_\perp|$ 达到最大值1，这种情况相当于入射波擦着交界面入射。

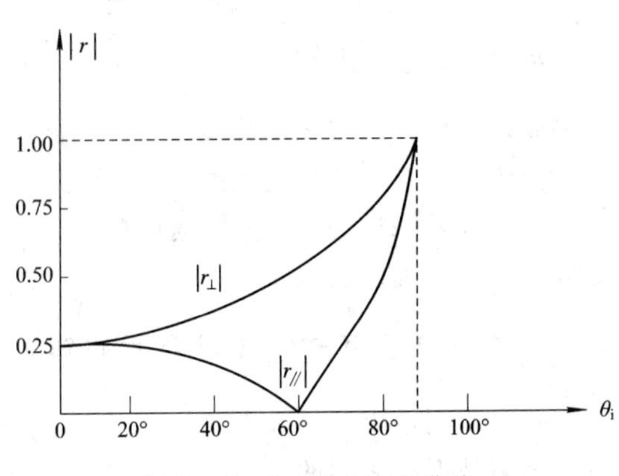

图7－12　$|r|$ 随 θ_i 变化曲线

介质1中合成波的场分量为入射波场分量和反射波场分量的叠加。考虑到以下关系：

$$\theta_i=\theta_r,\ k_{iy}=k_{ry}=0,\ k_i=k_r$$

$$\boldsymbol{k}_i\cdot\boldsymbol{r}=k_{ix}x+k_{iz}z=k_i(x\sin\theta_i+z\cos\theta_i)$$

$$\begin{aligned}\boldsymbol{k}_r\cdot\boldsymbol{r}&=k_{rx}x+k_{rz}z=k_r(x\sin\theta_r-z\cos\theta_r)\\&=k_i(x\sin\theta_i-z\cos\theta_i)\end{aligned}$$

$$E_{r0}=r_\perp E_{i0}$$

介质1中合成波的场分量为

$$\begin{cases}E_y=E_{i0}(\mathrm{e}^{-\mathrm{j}k_{iz}z}+r_\perp\mathrm{e}^{+\mathrm{j}k_{iz}z})\mathrm{e}^{-\mathrm{j}k_{ix}x}\\H_x=-\sqrt{\dfrac{\varepsilon_1}{\mu_0}}E_{i0}\cos\theta_i(\mathrm{e}^{-\mathrm{j}k_{iz}z}-r_\perp\mathrm{e}^{+\mathrm{j}k_{iz}z})\mathrm{e}^{-\mathrm{j}k_{ix}x}\\H_z=\sqrt{\dfrac{\varepsilon_1}{\mu_0}}E_{i0}\sin\theta_i(\mathrm{e}^{-\mathrm{j}k_{iz}z}+r_\perp\mathrm{e}^{+\mathrm{j}k_{iz}z})\mathrm{e}^{-\mathrm{j}k_{ix}x}\end{cases}\tag{7-90}$$

由式(7-90)可以看出，当电磁波入射到导体分界面时：

(1) 场的每一分量都具有行波因子 $\mathrm{e}^{-\mathrm{j}k_{ix}x}$，它表示合成波沿 x 方向传播。

(2) 合成波除了有与传播方向垂直的分量 E_y 和 H_z 外，还有一个与传播方向平行的分量 H_x。因此合成波不再是横电磁波(TEM 波)，而是横电波(TE 波)，或称磁波(H 波)。

(3) 合成波在 z 方向(界面法线方向)的变化由向正 z 方向的行波因子 $\mathrm{e}^{-\mathrm{j}k_{iz}z}$ 和向负 z 方向的行波 $r_\perp\mathrm{e}^{\mathrm{j}k_{iz}z}$ 叠加的结果来决定，向负 z 方向的行波是界面的反射引起的。当 $|r_\perp|=1$ 时沿 z 方向的变化为

$$\mathrm{e}^{-\mathrm{j}k_{iz}z}\pm\mathrm{e}^{+\mathrm{j}k_{iz}z}=\begin{cases}2\cos k_{iz}z\\-\mathrm{j}2\sin k_{iz}z\end{cases}$$

其瞬时值分别为 $2\cos k_{iz}z\cos\omega t$ 和 $-2\sin k_{iz}z\sin\omega t$。波的幅度沿 z 作正弦分布，这个正弦分布场的振幅又随时间以 ω 角频率振动。这种在原地振动而不向前传播的波称为驻波。当 $|r_\perp|<1$ 时合成波在 z 方向既有行波的成分又有驻波的成分，称为行驻波。

2. 电场矢量平行于入射面的情形

入射波矢量 $\boldsymbol{k}_i$ 位于 xz 平面，设入射波磁场矢量沿 y 轴负方向，其余各矢量的方向如图7-13所示，这种情况称为平行极化波。注意：这里假设磁场方向始终不变。

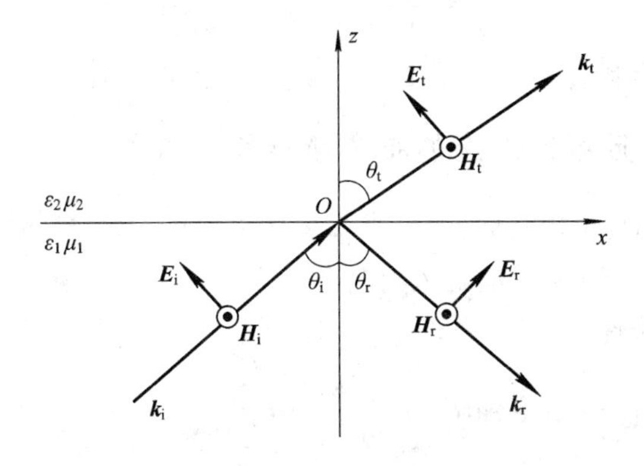

图7-13 平行极化波的反射和折射

边界条件即式(7-70)和式(7-71)在这种情况下变成

$$(E_{i0}-E_{r0})\cos\theta_i = E_{t0}\cos\theta_t \tag{7-91}$$

$$\frac{1}{\eta_1}(E_{i0}+E_{r0}) = \frac{1}{\eta_2}E_{t0} \tag{7-92}$$

联立解得

$$\begin{cases} r_{/\!/} = \dfrac{E_{r0}}{E_{i0}} = \dfrac{\eta_1\cos\theta_i - \eta_2\cos\theta_t}{\eta_1\cos\theta_i + \eta_2\cos\theta_t} \\ t_{/\!/} = \dfrac{E_{t0}}{E_{i0}} = \dfrac{2\eta_2\cos\theta_i}{\eta_1\cos\theta_i + \eta_2\cos\theta_t} \end{cases} \tag{7-93}$$

式中，$r_{/\!/}$ 和 $t_{/\!/}$ 分别称为平行极化时电场强度的反射系数和透射系数，由式(7-91)得到它们之间的关系为

$$t_{/\!/} = \frac{\cos\theta_i}{\cos\theta_t}(1-r_{/\!/}) \tag{7-94}$$

场强的反射系数大小 $|r_{/\!/}|$ 随 θ_i 变化的曲线示于图 7-12。由图可见，当 θ_i 从 0°变化到 60°时，反射系数连续地减小，$\theta_i=60°$左右时 $|r_{/\!/}|=0$(这就是平行极化无反射的布儒斯特角，在后面将对此进行分析)，而在 θ_i 超过 60°后，反射系数迅速增大，并在 90°时达到最大值 1。

介质 1 中合成波场的分量为

$$\begin{cases} H_y = -\sqrt{\dfrac{\varepsilon_1}{\mu_0}}E_{i0}(e^{-jk_z z} + r_{/\!/}\,e^{+jk_z z})e^{-jk_x x} \\ E_x = -E_{i0}\cos\theta_i(e^{-jk_z z} - r_{/\!/}\,e^{+jk_z z})e^{-jk_x x} \\ E_z = E_{i0}\sin\theta_i(e^{-jk_z z} + r_{/\!/}\,e^{+jk_z z})e^{-jk_x x} \end{cases} \tag{7-95}$$

由此可以得到类似于垂直极化情况下的三点结论。唯一的区别是沿 x 方向传播的是横磁波(TM 波)，又称电波(E 波)。

垂直于入射面即 $\theta_i=0$ 时，式(7-88)和式(7-93)简化为

$$\begin{cases} r_{\perp} = \dfrac{\eta_2-\eta_1}{\eta_2+\eta_1},\ t_{\perp} = \dfrac{2\eta_2}{\eta_2+\eta_1} \\ r_{/\!/} = \dfrac{\eta_1-\eta_2}{\eta_1+\eta_2},\ t_{/\!/} = \dfrac{2\eta_2}{\eta_1+\eta_2} \end{cases} \tag{7-96}$$

上述两套公式在假设电场方向始终不变时与式(7-80)和式(7-81)是一致的。

7.5.4 平行极化无反射时对应的布儒斯特角

在平行极化的情况下，由式(7-93)即当 $\eta_1\cos\theta_i-\eta_2\cos\theta_t=0$ 时可得 $r_{/\!/}=0$，在这种情况下反射波不存在。$r_{/\!/}=0$ 所对应的入射角称为布儒斯特角，记为 θ_B。在 $\mu_1=\mu_2=\mu_0$ 时，其大小很容易由上述条件和式(7-68)确定，即

$$\theta_B = \arctan\left(\frac{n_2}{n_1}\right) = \arcsin\sqrt{\frac{\varepsilon_2}{\varepsilon_1+\varepsilon_2}} \tag{7-97}$$

式中，n_1 和 n_2 分别为介质 1 和介质 2 相应于入射光波长的折射率。

对于垂直极化波，在 $\mu_1=\mu_2=\mu_0$ 时，由式(7-88)知，如果 $\eta_2\cos\theta_i-\eta_1\cos\theta_t=0$ 即垂

直极化无反射，由

$$\begin{cases}\dfrac{\sin\theta_i}{\sin\theta_t}=\dfrac{\sqrt{\varepsilon_2}}{\sqrt{\varepsilon_1}} \\ \eta_2\cos\theta_i-\eta_1\cos\theta_t=0\end{cases}\Rightarrow\sin\theta_i\cos\theta_t-\sin\theta_t\cos\theta_i=0\Rightarrow\sin(\theta_i-\theta_t)=0\Rightarrow\theta_i=\theta_t$$

$\theta_t=\theta_i$ 必然有 $\varepsilon_1=\varepsilon_2$ 即不存在介质分界面，也就是说垂直极化波不存在无反射角。

如果一个任意极化的平面波以布儒斯特角入射到介质分界面上，则反射波是垂直极化的线极化波。

【例 7-7】 媒质的相对介电常数为80，当平面电磁波从空气入射到该媒质时，试求：(1) 平行极化波的布儒斯特角 θ_B 及相应的折射角；(2) 垂直极化波的入射角及 $\theta=\theta_B$ 时的反射系数和折射系数。

解　(1) 由题意知，电磁波是由空气入射到水面，空气的相对介电常数近似认为是1，根据水的相对介电常数可以求出布儒斯特角 θ_B，即

$$\theta_B=\arcsin\sqrt{\frac{\varepsilon_2}{\varepsilon_1+\varepsilon_2}}=\arcsin\sqrt{\frac{\varepsilon_r}{(1+\varepsilon_r)}}\approx 81°$$

再由折射定律可以得到在以布儒斯特角入射时的折射角：

$$\frac{\sin\theta_t}{\sin\theta_i}=\frac{\sqrt{\varepsilon_1}}{\sqrt{\varepsilon_2}}\Rightarrow\theta_t=\arcsin\left(\frac{\sin\theta_B}{\sqrt{\varepsilon_{r2}}}\right)=\arcsin\left(\frac{1}{\sqrt{\varepsilon_{r2}+1}}\right)=\arcsin\left(\frac{1}{\sqrt{81}}\right)\approx 6.38°$$

(2) 对于垂直极化，首先算出波阻抗，然后利用式(7-88)计算出反射系数和折射系数，即

$$\eta_1\approx 377\ \Omega,\ \eta_2=\frac{377}{\sqrt{80}}\approx 42.15\ \Omega$$

$$\begin{cases}r_\perp=\dfrac{\eta_2\cos\theta_i-\eta_1\cos\theta_t}{\eta_2\cos\theta_i+\eta_1\cos\theta_t}=\dfrac{42.15\cos81°-377\cos6.38°}{42.15\cos81°+377\cos6.38°}\approx-0.9652 \\ t_\perp=\dfrac{2\eta_2\cos\theta_i}{\eta_2\cos\theta_i+\eta_1\cos\theta_t}=\dfrac{2\times42.15\times\cos81°}{42.15\cos81°+377\cos6.38°}\approx 0.0348\end{cases}$$

在 $\mu_1=\mu_2=\mu_0$ 时由式(7-88)可以推出：

$$\begin{cases}r_\perp=\dfrac{\eta_2\cos\theta_i-\eta_1\cos\theta_t}{\eta_2\cos\theta_i+\eta_1\cos\theta_t}=-\dfrac{\sin(\theta_i-\theta_t)}{\sin(\theta_i+\theta_t)} \\ t_\perp=\dfrac{2\eta_2\cos\theta_i}{\eta_2\cos\theta_i+\eta_1\cos\theta_t}=\dfrac{2\cos\theta_i\sin\theta_t}{\sin(\theta_i+\theta_t)} \\ 1+r_\perp=t_\perp\end{cases}$$

用上面公式计算会相对简单。

7.5.5　全反射

由折射定律即式(7-68)可得

$$\sin\theta_t=\frac{n_1}{n_2}\sin\theta_i=\frac{1}{n_{21}}\sin\theta_i$$

入射角 θ_i 的变化范围是 $0\sim\frac{\pi}{2}$，故 $\sin\theta_i$ 的值是 $0\sim1$，当电磁波由光密媒质射向光疏媒质

(即 $n_1 > n_2$，$n_{21} = \dfrac{n_2}{n_1} < 1$)时，$\sin\theta_t$ 将大于 $\sin\theta_i$，即折射角 θ_t 将大于入射角 θ_i。当入射角为

$$\theta_i = \theta_c = \arcsin\frac{n_2}{n_1} \tag{7-98}$$

当 $\sin\theta_t = 1$，即 $\theta_t = 90°$时，折射波沿界面传播，若入射角再增大，即 $\theta_i > \theta_c$，显然会出现 $\sin\theta_t > 1$ 的情形，这时折射角 θ_t 为虚角。由于 $\sin\theta_t > 1$，因此 $\cos\theta_t = \sqrt{1-\sin^2\theta_t}$ 为虚数。这种情形下 $|r_\perp| = |r_{/\!/}| = 1$，即 $E_{r0} = E_{i0}$。这些结果说明光疏媒质中的折射线将不复存在，电磁波全部反射回光密介质中，这种现象称为全反射。θ_c 就是发生全反射时的临界角。光纤通信用的光导纤维就是光在光纤的内壁上连续不断地全反射，将光从一端传送到另一端从而实现信息传递。

7.5.6　表面波

在全反射时介质 2 中的电磁场并不为零。因为如果介质 2 中的电磁场完全为零，根据边界条件，介质 2 中的场也将为零。下面详细介绍介质 2 中电磁场的情形。

仍设 xy 平面为入射面，在全反射时边界关系仍然成立，即仍有

$$k_{tx} = k_{ix} = k_i \sin\theta_i$$

再由折射定律即

$$k_t = k_i n_{21}$$

$$\cos\theta_t = \pm \mathrm{j}\sqrt{\left(\frac{\sin\theta_i}{n_{21}}\right)^2 - 1}$$

可得

$$k_{tz} = k_t \cos\theta_t = \pm \mathrm{j}k_i \sqrt{\sin^2\theta_i - n_{21}^2} = \pm \mathrm{j}\alpha \tag{7-99}$$

于是折射波电场为

$$\begin{aligned}\boldsymbol{E}_t &= \boldsymbol{E}_{t0}\mathrm{e}^{-\mathrm{j}\boldsymbol{k}_t\cdot\boldsymbol{r}} = \boldsymbol{E}_{t0}\mathrm{e}^{-\mathrm{j}(k_{tx}x + k_{tz}z)} \\ &= \boldsymbol{E}_{t0}\mathrm{e}^{\pm\alpha z}\mathrm{e}^{-\mathrm{j}k_{tx}x}\end{aligned}$$

由物理意义可见，$\cos\theta_t$ 的根号前应取负号，则

$$\boldsymbol{E}_t = \boldsymbol{E}_{t0}\mathrm{e}^{-\alpha z}\mathrm{e}^{-\mathrm{j}k_{tx}x} \tag{7-100}$$

下面讨论这种波的特性。

场在 x 方向的变化由因子 $\mathrm{e}^{-\mathrm{j}k_{tx}x}$ 决定。显然，这表示沿 x 方向传播的电磁波，其波数为 k_{tx}，相速度为 $v_p = \dfrac{\omega}{k_{tx}} = \dfrac{\omega}{k_t \sin\theta_t}$，$\dfrac{\omega}{k_t}$ 为介质 2 在无限大情形下均匀平面波的相速。全反射时 $\sin\theta_t > 1$，由此可知这种沿 x 方向传播的电磁波的相速小于无界介质 2 中的相速，故这种波称为慢波。

场在 z 方向的变化由因子 $\mathrm{e}^{-\alpha z}$ 决定。这是一个衰减因子，因此这种电磁波只存在于界面附近的一薄层内，薄层的厚度定义为 α^{-1}，即

$$\alpha^{-1} = \frac{1}{k_i\sqrt{\sin^2\theta_i - n_{21}^2}} = \frac{\lambda_i}{2\pi\sqrt{\sin^2\theta_i - n_{21}^2}}$$

式中，λ_i 是介质 1 的波长。一般来说，透入介质 2 中的薄层的厚度与波长同数量级，故这种波又称为表面波。

综上所述，介质 2 中的电磁波是沿界面法线方向衰减而沿界面切线方向传播的一种表面波，这种波又称慢波。

为了更深入理解在全反射时介质 2 中场的本质，研究一下介质 2 中的能流密度，即坡印廷矢量。

设折射波电场垂直于入射面，即

$$E_t = E_{ty} = E_{t0}\mathrm{e}^{-\alpha z}\mathrm{e}^{-\mathrm{j}k_{tx}x}$$

折射波的磁场可由下式求出：

$$H_{tx} = \sqrt{\frac{\varepsilon_2}{\mu_2}}\frac{k_{tx}}{k_t}E_{ty} = \sqrt{\frac{\varepsilon_2}{\mu_2}}\frac{\sin\theta_i}{n_{21}}E_t$$

$$H_{tz} = -\sqrt{\frac{\varepsilon_2}{\mu_2}}\frac{k_{tz}}{k_t}E_{ty} = \mathrm{j}\sqrt{\frac{\varepsilon_2}{\mu_2}}\sqrt{\frac{\sin^2\theta_i}{n_{21}^2}-1}\,E_t$$

可见 H_{tx} 与 E_t 同相，但 H_{tz} 与 E_t 有 90°相位差。

由 $\bar{\boldsymbol{S}}=\frac{1}{2}\mathrm{Re}(\boldsymbol{E}\times\boldsymbol{H}^*)$ 可得折射波的平均能流密度为

$$\bar{S}_{tx} = \frac{1}{2}\mathrm{Re}(E_{ty}H_{tz}^*) = \frac{1}{2}\sqrt{\frac{\varepsilon_2}{\mu_2}}\,|E_{t0}|^2\mathrm{e}^{-2\alpha z}\frac{\sin\theta_i}{n_{21}}$$

$$\bar{S}_{tz} = \frac{1}{2}\mathrm{Re}(E_{ty}H_{tx}^*) = 0$$

可见，折射波的平均能流密度只有 x 分量，沿 z 方向透入介质 2 中的平均能流密度为零，即没有平均能流流入介质 2 中。但能流的瞬时值并不为零，在半周期内，电磁能量透入介质 2，在界面附近的薄层内存储起来，在另一半周期内，该能量释放出来变为反射波的能量。

7.6 均匀平面电磁波在导电媒质分界面上的反射和折射

在引入等效复介电常数 $\dot{\varepsilon}=\varepsilon-\mathrm{j}\frac{\sigma}{\omega}$ 之后，导电介质和非导电介质所满足的麦克斯韦方程在形式上完全相同，因此导电介质表面的反射和折射公式的形式也必然完全一样。具体地说，反射定律和折射定律即式(7-67)、(7-68)以及式(7-88)、(7-93)的形式保持不变，只要把其中的 k_t 用 $\omega\sqrt{\dot{\varepsilon}\mu_0}$ 代替，η_2 用 $\sqrt{\mu_0/\dot{\varepsilon}}$ 代替即可。现在就利用这些公式来研究导体面的反射和折射特性。

设电磁波由真空斜入射到导体表面，在界面上产生反射波和透入导体的折射波。一般情况下的导体都可认为是良导体，其等效介电常数为 $\dot{\varepsilon}\approx-\mathrm{j}\frac{\sigma}{\omega}$。根据折射定律有

$$\cos\theta_t = \sqrt{1-\frac{\varepsilon_0}{\dot{\varepsilon}}\sin^2\theta_i} = \sqrt{1-Z_r^2\sin^2\theta_i} \tag{7-101}$$

式中

$$Z_r = \frac{\eta}{\eta_0} = \sqrt{\frac{\varepsilon_0}{\dot{\varepsilon}}} = \sqrt{\mathrm{j}\frac{\omega\varepsilon_0}{2\sigma}} = (1+\mathrm{j})\sqrt{\frac{\omega\varepsilon_0}{2\sigma}} = R_r+\mathrm{j}X_r \tag{7-102}$$

称为金属导体的相对表面阻抗，是个无量纲的量。$\eta_0=\sqrt{\mu_0/\varepsilon_0}$，$\eta=\sqrt{\mu_0/\dot{\varepsilon}}$分别为真空和导体的波阻抗。对于良导体，$\sigma/(\omega\varepsilon_0)\gg 1$，故$|Z_r|\ll 1$，从而

$$\cos\theta_t\approx 1,\ \theta_t\approx 0$$

这说明对于良导体，不论入射波为何方向，折射波都近似垂直于界面。

令 $\eta_1=\eta_0$，$\eta_2=\eta=\eta_0 Z_r$，代入式(7-88)有

$$\begin{cases} r_\perp=\dfrac{\eta\cos\theta_i-\eta_0\cos\theta_t}{\eta\cos\theta_i+\eta_0\cos\theta_t}=\dfrac{Z_r\cos\theta_i-\sqrt{1-Z_r^2\sin^2\theta_i}}{Z_r\cos\theta_i+\sqrt{1+Z_r^2\sin^2\theta_i}}\approx\dfrac{Z_r\cos\theta_i-1}{Z_r\cos\theta_i+1}\approx -1 \\ t_\perp=\dfrac{2\eta\cos\theta_i}{\eta\cos\theta_i+\eta_0\cos\theta_t}=\dfrac{2Z_r\cos\theta_i}{Z_r\cos\theta_i+\sqrt{1-Z_r^2\sin^2\theta_i}}\approx\dfrac{2Z_r\cos\theta_i}{Z_r\cos\theta_i+1}\ll 1 \end{cases} \tag{7-103}$$

同样，根据式(7-93)有

$$\begin{cases} r_{/\!/}\approx\dfrac{\cos\theta_i-Z_r}{\cos\theta_i+Z_r}\approx 1 \\ t_{/\!/}\approx\dfrac{2Z_r\cos\theta_i}{\cos\theta_i+Z_r}\ll 1 \end{cases} \tag{7-104}$$

可见，对于良导体，不论入射波是垂直极化还是水平极化，折射系数都很小；反射系数模值都近似为1，二者仅相差一个负号。

下面分别讨论真空中的合成场和导体中的透射场的特性。

1. 真空中的合成场

为了简单起见，假设导体为理想导体，从而$\sigma=\infty$，$Z_r=0$，$r_{/\!/}=1$，$r_\perp=-1$。以入射波垂直极化的情形为例，由式(7-90)可得

$$\begin{cases} E_y=-2\mathrm{j}E_{i0}\sin k_{iz}z\,\mathrm{e}^{-\mathrm{j}k_{ix}x} \\ H_x=-2\sqrt{\dfrac{\varepsilon_0}{\mu_0}}E_{i0}\cos\theta_i\cos k_{iz}z\,\mathrm{e}^{-\mathrm{j}k_{ix}x} \\ H_z=-2\mathrm{j}E_{i0}\sin\theta_i\sin k_{iz}z\,\mathrm{e}^{-\mathrm{j}k_{ix}x} \end{cases} \tag{7-105}$$

由式(7-105)可以看出：

(1) 合成场在 x 方向的变化为 $\mathrm{e}^{-\mathrm{j}k_{ix}x}$，说明场是沿 x 方向传播的波。其相速度为

$$v_p=\frac{\omega}{k_{ix}}=\frac{\omega}{k_i\sin\theta_i}=\frac{c}{\sin\theta_i} \tag{7-106}$$

式中 c 为真空中的光速。可见 x 的相速度大于真空中的光速。后面将会看到，这与相对论的理论并不矛盾，因为它并不代表实际能量传播的速度。

(2) 合成场在 z 方向的变化为 $\sin k_{iz}z$ 和 $\cos k_{iz}z$。这表示场在 z 方向是纯驻波分布，根据式(7-105)计算 z 方向坡印廷矢量的平均值为零，说明在 z 方向没有能量传播。以 E_y 为例，E_y 正比于 $\sin k_{iz}z$，注意 $k_{iz}=k_i\cos\theta_i$。因此合成波场 E_y 在金属导体反射面和离开反射面相距 $nd(n=0,1,2,\cdots)$的平行平面上都为零，其中 $d=\lambda/(2\cos\theta_i)$。在与导体距离 $\lambda/2$ 奇数倍的平面上，E_y 的振幅为最大值。

2. 导体的透射场

从前面的讨论已经得知，透射入导体的波近似沿界面法线方向，即导体的复波矢量为

$$\boldsymbol{k}_{\mathrm{t}} = \beta_{\mathrm{tz}}\boldsymbol{e}_z - \mathrm{j}\alpha_{\mathrm{tz}}\boldsymbol{e}_z$$

由式(7-40)和式(7-44)，有

$$k_{\mathrm{t}}^2 = \beta_{tz}^2 - \alpha_{tz}^2 - \mathrm{j}2\alpha_{tz}\beta_{tz} = -\mathrm{j}\omega\mu_0\sigma$$

再令实部和虚部相等，可得

$$\beta_{\mathrm{tz}} = \alpha_{\mathrm{tz}} = \sqrt{\frac{\omega\mu_0\sigma}{2}}$$

即

$$\boldsymbol{k}_{\mathrm{t}} = (1-\mathrm{j})\sqrt{\frac{\omega\mu_0\sigma}{2}}\boldsymbol{e}_z \tag{7-107}$$

折射波的场为

$$\begin{cases}\boldsymbol{E}_{\mathrm{t}} = \boldsymbol{E}_{\mathrm{t0}}\mathrm{e}^{-\mathrm{j}\boldsymbol{k}_{\mathrm{t}}\cdot\boldsymbol{r}} = \boldsymbol{E}_{\mathrm{t0}}\mathrm{e}^{-\alpha_{\mathrm{tz}}z}\mathrm{e}^{-\mathrm{j}\beta_{\mathrm{tz}}z} \\ \boldsymbol{H}_{\mathrm{t}} = \dfrac{1}{\omega\mu_0}\boldsymbol{k}_{\mathrm{t}}\times\boldsymbol{E}_{\mathrm{t}} = (1-\mathrm{j})\sqrt{\dfrac{\sigma}{2\omega\mu_0}}\boldsymbol{e}_z\times\boldsymbol{E}_{\mathrm{t}}\end{cases} \tag{7-108}$$

这是一个近似的向 z 方向传播且沿 z 方向衰减的波，衰减常数 $\alpha_{\mathrm{tz}}=\sqrt{\frac{\omega\mu_0\sigma}{2}}$，由式(7-45)可得 $\alpha_{\mathrm{tz}}=1/\delta$，$\delta$ 为导体的趋肤深度，经过趋肤深度后，场衰减为原来的 1/e。

通常把金属导体表面内侧，即 $z=0$ 处的 $|\boldsymbol{E}_{\mathrm{t}}|$ 和 $|\boldsymbol{H}_{\mathrm{t}}|$ 之比定义为金属导体的表面阻抗 Z_{t}，即

$$Z_{\mathrm{t}} = \frac{|\boldsymbol{E}_{\mathrm{t}}|}{|\boldsymbol{H}_{\mathrm{t}}|}\bigg|_{z=0} = (1+\mathrm{j})\sqrt{\frac{\omega\mu_0}{2\sigma}} \tag{7-109}$$

它具有阻抗的量纲，导体表面阻抗与真空的本征阻抗 Z_0 之比，即式(7-102)称为导体的相对表面阻抗。

7.7　相速度和群速度

由式(7-106)可见，当一平面波以 θ_{i} 角斜入射到导体平面时，电磁波沿切向传播的相速度 $v_{\mathrm{p}}=c/\sin\theta_{\mathrm{i}}$，得到相速度大于光速的结论，这一结论和相对论的理论并不矛盾。因为相速度只代表相位变化的速度，并不代表电磁波能量的传播速度。

因为相速度的定义是电磁波中恒定相位点的推进速度，如果用下式表示电场的变化：

$$E = E_{\mathrm{m}}\cos(\omega t - kz)$$

恒定相位点为

$$\omega t - kz = 常数$$

则相速度应为

$$v_{\mathrm{p}} = \frac{\mathrm{d}z}{\mathrm{d}t} = \frac{\omega}{k} \tag{7-110}$$

这里用下标 p 表示相速度，相速度可以与频率有关也可以与频率无关，取决于相位常数 k。在无界自由空间传播的平面波 $k=\omega\sqrt{\varepsilon\mu}$，于是 $v_{\mathrm{p}}=1/\sqrt{\varepsilon\mu}$ 与频率无关。

一个信号总是由许多频率分量组成的，因此要确定一个信号在色散系统中的传播速度就会很困难。为此需要引入“群速度”的概念，它代表信号能量的传播速度，稳态的单频正弦波是不能携带任何信息的，信号之所以能传递，是由于波调制的结果，因此调制波的传播速度才是信号传播的速度。以下举例来说明这个问题。

设有两个振幅为 A_m 的电磁波，它们的频率相差不大，在色散系统中传播的相位常数也相差不大，这两个波可以用下列两式来表示

$$\Psi_1 = A_m e^{j(\omega+\Delta\omega)t} e^{-j(k+\Delta k)z}$$

$$\Psi_2 = A_m e^{j(\omega-\Delta\omega)t} e^{-j(k-\Delta k)z}$$

合成波为

$$\Psi = \Psi_1 + \Psi_2 = 2A_m \cos(\Delta\omega t - \Delta k z) e^{-j(\omega t - kz)}$$

合成波的振幅是受调的，称为包络波。群速的定义是包络波上某一恒定相位点推进的速度。

已知包络波为 $2A_m \cos(\Delta\omega t-\Delta kz)$，它的推进速度为

$$v_g = \frac{dz}{dt} = \frac{\Delta\omega}{\Delta k} \tag{7-111}$$

当 $\Delta\omega \ll \omega$ 时，上式变为

$$v_g = \frac{d\omega}{dk} \tag{7-112}$$

下标 g 表示群速度，利用式(7-110)得

$$v_g = \frac{d\omega}{dk} = \frac{d}{dk}(v_p k) = v_p + k\frac{dv_p}{dk} = v_p + \frac{\omega}{v_p}\frac{dv_p}{d\omega}v_g$$

由此可得

$$v_g = \frac{v_p}{1 - \dfrac{\omega}{v_p}\dfrac{dv_p}{d\omega}} \tag{7-113}$$

当相速不随频率变化时，$\dfrac{dv_p}{d\omega}=0$，$v_g=v_p$，群速度等于相速度。

本章小结

1. 本章通过求解非导电媒质和导电媒质中的波动方程，给出了均匀平面电磁波在线性、各向同性且均匀的无界空间的复数形式解：

$$\begin{cases} \boldsymbol{E}(\boldsymbol{r}) = \boldsymbol{E}_0 e^{-j\boldsymbol{k}\cdot\boldsymbol{r}} \\ \boldsymbol{H}(\boldsymbol{r}) = \dfrac{1}{\eta}\boldsymbol{k}^0 \times \boldsymbol{E}(\boldsymbol{r}) \end{cases}$$

2. 在非导电媒质中引入波矢量 $\boldsymbol{k}=\omega\sqrt{\varepsilon\mu}\boldsymbol{k}^0$、波阻抗 $\eta=\sqrt{\dfrac{\mu}{\varepsilon}}$；在导电媒质中引入衰减常数 α、相位常数 β 和趋肤深度 $\delta=\sqrt{\dfrac{2}{\omega\mu\sigma}}$ 等参数，描述均匀平面电磁波在媒质中的传播特性。

同时给出了均匀平面电磁波极化的定义和极化电磁波的分类，均匀平面电磁波总可以

分解成为两个正交极化电磁波的叠加，根据这两个正交场的幅度和相位的不同，可以把电磁波的极化分为线极化、圆极化和椭圆极化三种不同的情况。然后研究了均匀平面电磁波投射到两种介质交界面上的反射和折射规律、全反射和无反射现象。最后讨论了电磁波在导电媒质交界面上的反射和折射问题。

* **知识结构图**

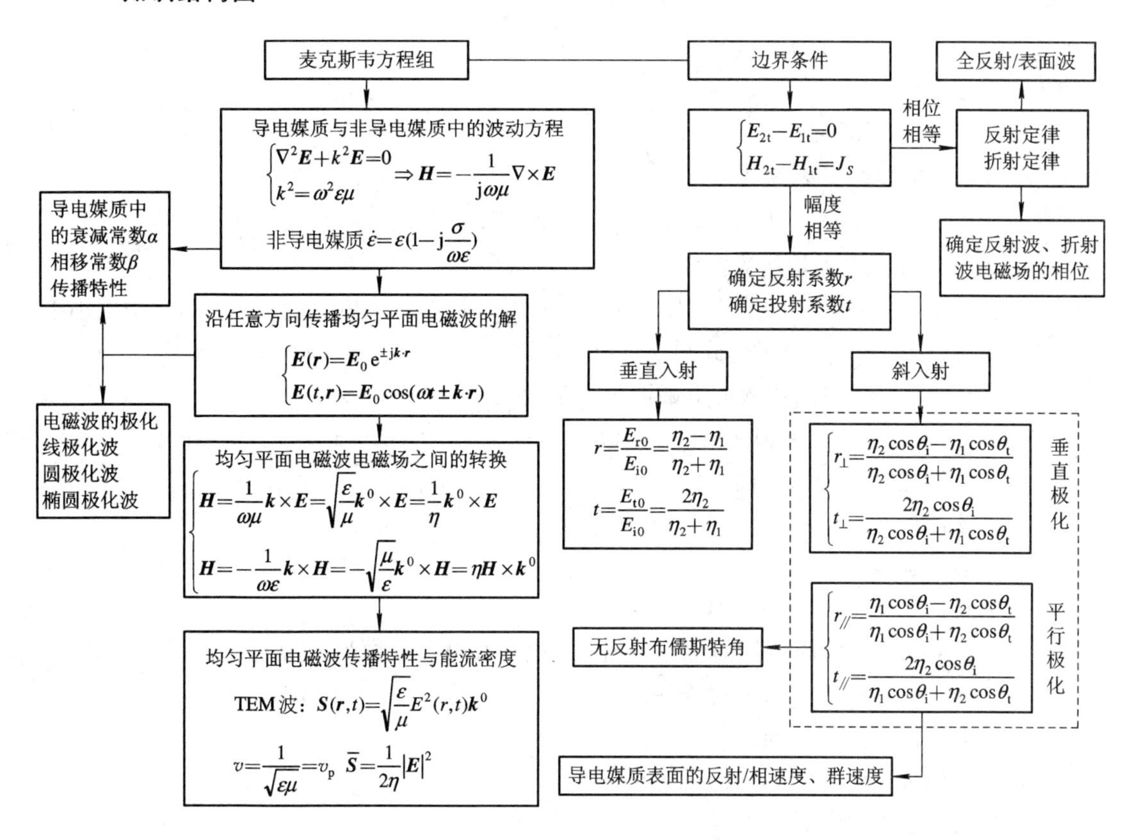

习　题

7.1　在没有电流、电荷分布的空间，平面电磁波的解为 $\boldsymbol{E}=\boldsymbol{E}_0\mathrm{e}^{-\mathrm{j}\boldsymbol{k}\cdot\boldsymbol{r}}$，$\boldsymbol{H}=\boldsymbol{H}_0\mathrm{e}^{-\mathrm{j}\boldsymbol{k}\cdot\boldsymbol{r}}$，其中 $\boldsymbol{E}_0$、$\boldsymbol{H}_0$、$\boldsymbol{k}$ 都是常矢量。

（1）验证 $\boldsymbol{E}$、$\boldsymbol{H}$ 满足波动方程的条件是 $c=\dfrac{w}{k}=\dfrac{1}{\sqrt{\varepsilon\mu}}$。

（2）验证 $\boldsymbol{E}$、$\boldsymbol{H}$ 满足麦克斯韦方程组的散度方程的条件是 $\boldsymbol{k}\cdot\boldsymbol{E}=0$，$\boldsymbol{k}\cdot\boldsymbol{H}=0$。

（3）由麦克斯韦方程组的旋度方程证明，$\boldsymbol{E}$、$\boldsymbol{B}$ 应该满足的条件是 $\boldsymbol{E}\cdot\boldsymbol{H}=0$。

（4）讨论 $\boldsymbol{E}$、$\boldsymbol{H}$、$\boldsymbol{k}$ 之间的关系。

7.2　已知电磁波电场强度为

$$E_x=0.1\cos\left(\omega t-\frac{\omega}{c}z\right)\qquad(\mathrm{mV/m})$$

其中 $\omega=2\pi\times10^6$ rad/s。求任一瞬间(如 $t=0$)$z=\lambda/8$ 处的瞬时能流密度矢量、平均能流密度矢量及能量密度。

7.3　均匀平面电磁波 $\boldsymbol{E}(x,t)=100\sin(10^8t+x/\sqrt{3})\boldsymbol{e}_z$(mV/m)，$\mu_r=1$。试求：(1) 传播介质的相对介电常数 ε_r。

(2) 电磁波的传播速度。

(3) 波阻抗 η。

(4) 磁场强度 $\boldsymbol{H}(x,t)$。

(5) 波长。

(6) 平均能流密度。

7.4　已知电磁波电场强度为

$$\boldsymbol{E}(z,t)=E_0\cos\omega(t-\sqrt{\varepsilon\mu}z)\boldsymbol{e}_x+E_0\sin\omega(t-\sqrt{\varepsilon\mu}z)\boldsymbol{e}_y$$

求磁场强度 $\boldsymbol{H}(z,t)$和平均能流密度。

7.5　按照美国的标准，在微波环境中，判断电磁辐射对人体的危害，当功率密度小于 10 mW/m^2 时对人体是安全的。分别计算以电场强度和磁场强度表示的相应标准。

7.6　已知在自由空间传播的电磁波电场强度为

$$\boldsymbol{E}=10\sin(6\pi\times10^8t+2\pi z)\boldsymbol{e}_y\qquad(\text{mV/m})$$

试问：(1) 该波是不是均匀平面波？

(2) 该波的频率 $f=$？波长 $\lambda=$？相速度 $v_p=$？

(3) 磁场强度 $\boldsymbol{H}=$？

(4) 指出电磁波的传播方向。

7.7　一个在自由空间传播的均匀平面波，电场强度的复数形式为

$$\boldsymbol{E}(z)=10^{-4}\mathrm{e}^{-\mathrm{j}20\pi z}\boldsymbol{e}_x+10^{-4}\mathrm{e}^{-\mathrm{j}(20\pi z-\pi/2)}\boldsymbol{e}_y\qquad(\text{V/m})$$

试求：(1) 电磁波的传播方向。

(2) 电磁波的频率。

(3) 电磁波的极化方式。

(4) 沿传播方向单位面积流过的平均功率。

7.8　设湿土的 $\sigma=0.001$ S/m，$\varepsilon_r=10$，试求频率为 1 MHz 和 10 MHz 的电磁波进入土壤后的传播速度、波长和振幅衰减 10^{-6} 的距离。

7.9　设海水的 $\sigma=4$ S/m，$\varepsilon_r=80$，$\mu_r=1$，现在有一单色平面波在其中沿 z 方向传播，已知此波的磁场强度在 $z=0$ 处为

$$H_y=0.1\sin(10^{10}\pi t-60^\circ)\quad(\text{A/m})$$

试求：(1) 衰减常数、相位常数、波阻抗、波长和趋肤深度。

(2) 求 $\boldsymbol{H}$ 振幅为 0.01 A/m 时的位置。

(3) 写出 $z=0.5$ m 处电场和磁场瞬时值的表达式。

7.10　已知在 100 MHz 时石墨的趋肤深度为 0.16 mm，试求：

(1) 石墨的电导率。

(2) $f=10^9$ Hz 时波在石墨中传播多少距离其振幅衰减了 30 dB。

7.11　判断下列各电磁波表达式中电磁波的传播方向和极化方式：

(1) $\boldsymbol{E}=\mathrm{j}E_1\mathrm{e}^{\mathrm{j}kz}\boldsymbol{e}_x+\mathrm{j}E_1\mathrm{e}^{\mathrm{j}kz}\boldsymbol{e}_y$

(2) $\boldsymbol{H}=H_1\mathrm{e}^{-\mathrm{j}kx}\boldsymbol{e}_y+H_2\mathrm{e}^{-\mathrm{j}kx}\boldsymbol{e}_z(H_1\neq H_2\neq 0)$

(3) $\boldsymbol{E}=(E_0\boldsymbol{e}_x+AE_0\mathrm{e}^{\mathrm{j}\varphi}\boldsymbol{e}_y)\mathrm{e}^{-\mathrm{j}kz}$($A$ 为常数，$\varphi\neq 0$ 且 $\varphi\neq\pm\pi$)

(4) $\boldsymbol{E}=(E_0\boldsymbol{e}_x-\mathrm{j}E_0\boldsymbol{e}_y)\mathrm{e}^{-\mathrm{j}kz}$

(5) $\boldsymbol{H}=\dfrac{E_\mathrm{m}}{\eta}\mathrm{e}^{-\mathrm{j}ky}\boldsymbol{e}_x+\mathrm{j}\dfrac{E_\mathrm{m}}{\eta}\mathrm{e}^{-\mathrm{j}ky}\boldsymbol{e}_z$

7.12 证明圆极化波携带的平均能流密度是等幅线极化波的两倍。

7.13 证明椭圆极化波可以分解为两个旋转方向相反的振幅不相等的圆极化波。

7.14 圆极化的均匀平面电磁波，其电场强度为

$$\boldsymbol{E}=E_0(\boldsymbol{e}_x+\mathrm{j}\boldsymbol{e}_y)\mathrm{e}^{-\mathrm{j}\beta z}$$

垂直入射到 $z=0$ 处的理想导电平面，试求：

(1) 反射波电场表达式。

(2) 合成波电场表达式。

(3) 合成波沿 z 方向传播的平均功率流密度。

7.15 在什么条件下，垂直入射到两种非导电媒质界面上的均匀平面电磁波的反射系数和透射系数大小相等。

7.16 均匀平面电磁波 $f=10^6$ Hz，垂直入射到平静的湖面($\varepsilon_r=80$，$\sigma=4$)上，计算透射功率占入射功率的百分比。

7.17 一右旋圆极化波垂直投射到 $z=0$ 的理想导电板上，其电场可表示为

$$\boldsymbol{E}=E_0(\boldsymbol{e}_x-\mathrm{j}\boldsymbol{e}_y)\mathrm{e}^{-\mathrm{j}kz}$$

(1) 确定反射波的极化方式。

(2) 求板上的感应电流。

7.18 一均匀平面电磁波由空气入射至 $z=0$ 的理想导体平面上，其电场强度表达式为

$$\boldsymbol{E}_\mathrm{i}=10\mathrm{e}^{-\mathrm{j}(6x+8z)}\boldsymbol{e}_y$$

试求：(1) 波的频率和波长。

(2) 写出 $\boldsymbol{E}_\mathrm{i}(x, z, t)$和 $\boldsymbol{H}_\mathrm{i}(x, z, t)$。

(3) 入射角。

(4) 反射波 $\boldsymbol{E}_\mathrm{r}(x, z, t)$和 $\boldsymbol{H}_\mathrm{r}(x, z, t)$。

(5) 总的电场和磁场。

7.19 频率为 50 MHz 的均匀平面电磁波在媒质($\varepsilon_\mathrm{r}=16$，$\mu_\mathrm{r}=1$，$\sigma=0.02$ S/m)中传播，垂直入射到另一媒质($\varepsilon_\mathrm{r}=25$，$\mu_\mathrm{r}=1$，$\sigma=0.2$ S/m)表面，若分界面处入射波电场强度的振幅为 10 V/m，求透射波的平均功率密度。

7.20 在玻璃($\varepsilon_\mathrm{r}=4$，$\mu_\mathrm{r}=1$)上涂一种透明的介质膜以消除红外线($\lambda_0=0.75$ μm)的反射。试求：

(1) 介质膜应有的介电常数和厚度。

(2) 若紫外线 $\lambda=0.42$ μm，垂直照射到涂有介质膜的玻璃上，则反射功率占入射功率的百分比是多少？

7.21 最简单的天线罩是单层介质板，若已知介质板 $\varepsilon_\mathrm{r}=2.8$，试问：

(1) 介质板为多厚时才能使 $f=3$ GHz 的电磁波无反射。

(2) 当频率为 $f=3.1$ GHz 时反射系数的模值为多少?

7.22　自由空间传播的均匀平面电磁波的电场强度为 $\boldsymbol{E}=377\ \mathrm{e}^{-\mathrm{j}(0.866x+0.5y)}\boldsymbol{e}_z$，它以与分界面法向 30°的角度入射到介质($\varepsilon_r=9$)上。试求：

(1) 波的频率。

(2) 两种媒质中的电场和磁场。

(3) 介质中的平均能流密度。

7.23　频率为 $f=0.3$ GHz 的均匀平面电磁波由媒质($\varepsilon_r=4$，$\mu_r=1$)斜入射到与自由空间的交界面时，试求：

(1) 临界角 $\theta_c=$?

(2) 当垂直极化波以 $\theta_i=60°$入射时，在自由空间中的折射波传播方向如何? 相速度 $v_p=$?

(3) 当圆极化波以 $\theta_i=60°$入射时，反射波是什么类型的极化?

7.24　一个线极化平面波由自由空间投射到 $\varepsilon_r=4$ 及 $\mu_r=1$ 的介质分界面，如果入射波的电场与入射面的夹角是 45°，试问：

(1) 当入射角 θ_i 为多少时反射波只有垂直极化波?

(2) 这时反射波的平均功率流是入射波的百分之多少?

7.25　求光线自玻璃($n=1.5$)到空气的临界角和布儒斯特角，并证明在一般情况下临界角总是大于布儒斯特角。

7.26　证明色散媒质中相速度和群速度的关系为

(1) $v_g=v_p+\beta\dfrac{\mathrm{d}v_g}{\mathrm{d}\beta}$

(2) $v_g=v_p-\lambda\dfrac{\mathrm{d}v_g}{\mathrm{d}\lambda}$

第8章　导行电磁波

本章提要

- 规则波导的导波方程及其求解方法
- 导行电磁波的分类及与之对应的导行系统的主要形式
- 规则波导中导行电磁波的传播特性

8.1　引　言

上一章已经讨论了无界、线性、均匀和各向同性介质中齐次亥姆霍兹方程的一组基本解——平面电磁波，以及平面波在两种不同介质分界面上的反射和折射及其传播特性。结果表明，在一定条件下，可以形成沿界面传播的电磁波。广义地讲，凡是能约束或引导电磁波能量定向传输的传输线或装置均可称为导行系统或导波系统(guided system)，简称波导。

波导的主要功能有：① 无辐射损耗地引导电磁波沿其轴向行进，将能量从一处传输至另一处，其称之为馈线；② 设计构成各种微波电路的元件，如滤波器、阻抗变换器、定向耦合器等。

波导包括双导体系统、单导体系统和介质导行系统等，但在习惯上，往往对不同形式的波导赋予一些专有的名称，如图8-1所示。按结构不同把双导体系统分别称为平行双线传输线、同轴线、带状线及微带等；把空心金属管的单导体系统，按其截面形状分别称为矩形波导、圆形波导、脊形波导和椭圆波导等；而把介质导行系统又分别称为介质波导、镜像线和单根表面波传输线等。

本书所讨论的均为规则导波系统(regular guided system)，简称规则波导。规则波导是指无限长笔直导波系统，其截面形状和尺寸、介质分布情况、结构材料及边界条件沿轴向均不变化。

被导行系统引导定向传播的电磁波称为导行波(guided wave)，简称导波。导行波的传输受导体或介质边界条件约束，边界条件和边界形状决定了导行波的电磁场分布规律及传播特性。双导体导行系统将电磁波能量约束或限制在导体之间的空间沿其轴向传播，其导行波为TEM波或准TEM波，故这类双导体导行系统也称做TEM波或准TEM波传输线；空心金属管的单导体系统将电磁波能量完全限制在金属管内沿其轴向传播，其导行波是横电(TE)波和横磁(TM)波，即传输TE或TM色散波，故这类空心金属波导又称做色散波传输线；介质波导上的电磁波能量被约束在波导结构的周围(波导内和波导表面附近)沿轴向传播，其导行波是表面波，故这类介质波导又称做表面波传输线。

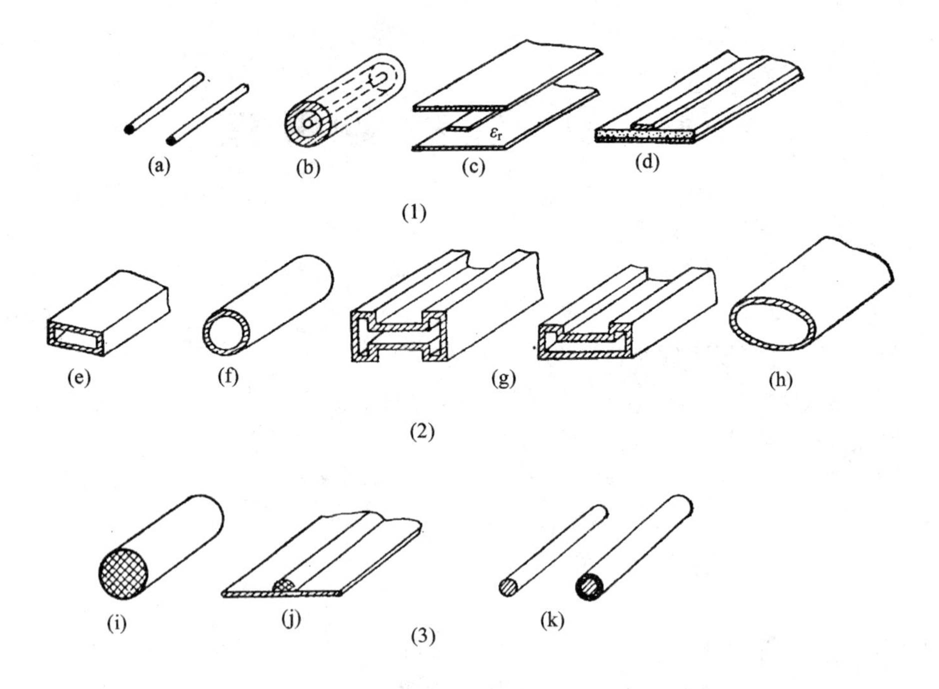

图 8－1　导行系统种类

(1) 双导体系统；(2) 单导体系统；(3) 介质导行系统

(a) 平行双线传输线；(b) 同轴线；(c) 带状线；(d) 微带；(e) 矩形波导；(f) 圆形波导；(g) 脊形波导；(h) 椭圆波导；(i) 介质波导；(j) 镜像线；(k) 单根表面波传输线

本章首先讨论规则波导里传输的导行电磁波所遵循的导波方程及其各自的求解方法，然后给出导行电磁波沿轴向传播的一般特性。

8.2　规则导行系统的导波方程及其求解方法

由导行系统引导的导行电磁波，一方面要满足麦克斯韦方程，另一方面又要满足导体或介质的边界条件。换言之，麦克斯韦方程和边界条件决定了导行电磁波的电磁场分布规律和传播特性。

8.2.1　导波方程

图 8－2 所示的是任意截面形状的规则波导，为了求解简单起见，作如下假设：

(1) 波导内壁的电导率为无限大。

(2) 波导内的介质(μ, ε)是均匀无耗、线性、各向同性的。

(3) 波导内无自由电荷和传导电流，即波导远离波源。

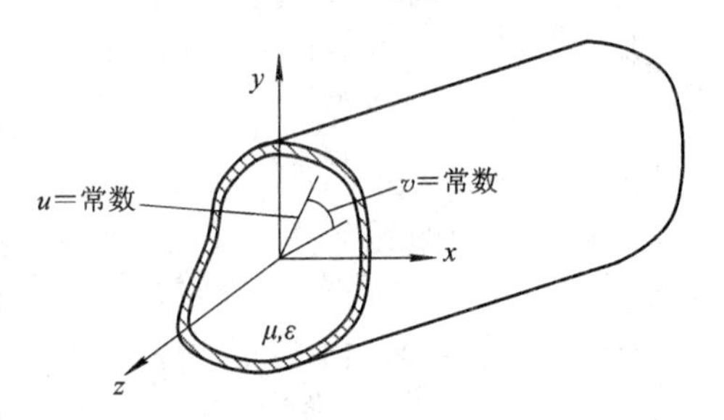

图 8－2　导行波沿规则波导传播

又设导行波的电场和磁场为时谐场，它们满足如下麦克斯韦方程：

$$\nabla \times \boldsymbol{H} = \mathrm{j}\omega\varepsilon\boldsymbol{E} \tag{8-1}$$

$$\nabla \times \boldsymbol{E} = -\mathrm{j}\omega\mu \boldsymbol{H} \tag{8-2}$$

$$\nabla \cdot \boldsymbol{H} = 0 \tag{8-3}$$

$$\nabla \cdot \boldsymbol{E} = 0 \tag{8-4}$$

式中，ε 和 μ 分别为介质的介电常数和磁导率，ω 为角频率。

将式(8-2)两边取旋度，并将式(8-1)代入，得到

$$\nabla \times \nabla \times \boldsymbol{E} = \omega^2 \mu\varepsilon \boldsymbol{E}$$

应用矢量公式

$$\nabla \times \nabla \times \boldsymbol{F} = \nabla \nabla \cdot \boldsymbol{F} - \nabla^2 \boldsymbol{F}$$

及式(8-4)，得到

$$\nabla^2 \boldsymbol{E} + k^2 \boldsymbol{E} = 0 \tag{8-5}$$

同理可得

$$\nabla^2 \boldsymbol{H} + k^2 \boldsymbol{H} = 0 \tag{8-6}$$

式中，$k^2 = \omega^2 \mu\varepsilon$。式(8-5)和式(8-6)分别称为电场 $\boldsymbol{E}$ 和磁场 $\boldsymbol{H}$ 的波动方程，也称为齐次亥姆霍兹方程。

8.2.2 纵向场所满足的导波方程

为求解式(8-5)和式(8-6)，需要将矢量方程化为标量一维常微分方程，然后用分离变量法求解。

对于图 8-2 所示的规则柱形波导，应采用广义柱坐标系(u, v, z)。设导波沿波导轴向($+z$ 方向)传播，波动因子为 $\mathrm{e}^{-\mathrm{j}\beta z}$(若考虑导体和介质损耗，则波动因子为 $\mathrm{e}^{-\gamma z}$，γ 为传播常数，其值为 $\alpha + \mathrm{j}\beta$)，β 为相位因数。

根据假设，规则波导是无限长直波导，其截面形状与 z 无关，因此，横向坐标度量系数 h_1 和 h_2 与 z 无关，其坐标度量系数满足如下条件：

$$\begin{cases} h_3 = 1 \\ \dfrac{\partial}{\partial z}\left(\dfrac{h_1}{h_2}\right) = 0 \\ \dfrac{\partial}{\partial z}(h_1 h_2) = 0 \end{cases} \quad 或 \quad \begin{cases} h_3 = 1 \\ \dfrac{\partial}{\partial z}(h_1) = 0 \\ \dfrac{\partial}{\partial z}(h_2) = 0 \end{cases}$$

哈密顿算子∇、拉普拉斯算子∇^2 和电场 $\boldsymbol{E}$、磁场 $\boldsymbol{H}$ 可以表示成

$$\nabla \equiv \nabla_T + \boldsymbol{e}_z \frac{\partial}{\partial z} \equiv \nabla_T - \boldsymbol{e}_z \gamma \equiv \nabla_T - \boldsymbol{e}_z \mathrm{j}\beta \tag{8-7}$$

$$\nabla^2 \equiv \nabla_T^2 + \frac{\partial^2}{\partial z^2} \equiv \nabla_T^2 + \gamma^2 \equiv \nabla_T^2 - \beta^2 \tag{8-8}$$

$$\begin{aligned} \boldsymbol{E} &= \boldsymbol{e}_u E_u(u, v, z) + \boldsymbol{e}_v E_v(u, v, z) + \boldsymbol{e}_z E_z(u, v, z) \\ &= \boldsymbol{E}_T(u, v, z) + \boldsymbol{e}_z E_z(u, v, z) \\ &= \boldsymbol{E}_T(u, v)\mathrm{e}^{-\mathrm{j}\beta z} + \boldsymbol{e}_z E_z(u, v)\mathrm{e}^{-\mathrm{j}\beta z} \end{aligned} \tag{8-9}$$

$$\begin{aligned} \boldsymbol{H} &= \boldsymbol{e}_u H_u(u, v, z) + \boldsymbol{e}_v H_v(u, v, z) + \boldsymbol{e}_z H_z(u, v, z) \\ &= \boldsymbol{H}_T(u, v, z) + \boldsymbol{e}_z H_z(u, v, z) \\ &= \boldsymbol{H}_T(u, v)\mathrm{e}^{-\mathrm{j}\beta z} + \boldsymbol{e}_z H_z(u, v)\mathrm{e}^{-\mathrm{j}\beta z} \end{aligned} \tag{8-10}$$

角标 T 表示横向分量。将式(8-7)、式(8-9)和式(8-10)代入式(8-1)和式(8-2)，展开后令方程两边的横向分量和纵向分量分别相等，得到

$$\nabla_T\times \boldsymbol{H}_T = \mathrm{j}\omega\varepsilon \boldsymbol{e}_z E_z \tag{8-11a}$$

$$\nabla_T\times \boldsymbol{e}_z H_z - \mathrm{j}\beta \boldsymbol{e}_z\times \boldsymbol{H}_T = \mathrm{j}\omega\varepsilon \boldsymbol{E}_T \tag{8-11b}$$

$$\nabla_T\times \boldsymbol{E}_T = -\mathrm{j}\omega\mu \boldsymbol{e}_z H_z \tag{8-12a}$$

$$\nabla_T\times \boldsymbol{e}_z E_z - \mathrm{j}\beta \boldsymbol{e}_z\times \boldsymbol{E}_T = -\mathrm{j}\omega\mu \boldsymbol{H}_T \tag{8-12b}$$

对式(8-12a)进行$\nabla_T\times$运算，得到

$$\nabla_T\times(\nabla_T\times \boldsymbol{E}_T) = -\mathrm{j}\omega\mu\ \nabla_T\times \boldsymbol{e}_z H_z \tag{8-13}$$

应用矢量公式

$$\boldsymbol{A}\times(\boldsymbol{B}\times\boldsymbol{C}) = \boldsymbol{B}(\boldsymbol{A}\cdot\boldsymbol{C}) - (\boldsymbol{A}\cdot\boldsymbol{B})\boldsymbol{C} \tag{8-14}$$

及方程(8-4)，式(8-13)的左边得到

$$\begin{aligned}\nabla_T\times(\nabla_T\times \boldsymbol{E}_T) &= \nabla_T(\nabla_T\cdot \boldsymbol{E}_T) - \nabla_T^2\cdot \boldsymbol{E}_T\\ &= \mathrm{j}\beta\ \nabla_T E_z - \nabla_T^2\cdot \boldsymbol{E}_T\end{aligned}$$

再次应用矢量公式(8-14)及式(8-11b)和式(8-12b)，式(8-13)的右边得到

$$\begin{aligned}-\mathrm{j}\omega\mu\ \nabla_T\times \boldsymbol{e}_z H_z &= -\mathrm{j}\omega\mu(\mathrm{j}\omega\varepsilon \boldsymbol{E}_T + \mathrm{j}\beta \boldsymbol{e}_z\times \boldsymbol{H}_T) = k^2\boldsymbol{E}_T + \beta\omega\mu \boldsymbol{e}_z\times \boldsymbol{H}_T\\ &= k^2\boldsymbol{E}_T - \beta^2\boldsymbol{E}_T + \mathrm{j}\beta\ \nabla_T E_z\end{aligned}$$

则式(8-13)现在变成

$$(\nabla_T^2 - \beta^2)\boldsymbol{E}_T + k^2\boldsymbol{E}_T = 0 \tag{8-15}$$

即得到导波的横向电场所满足的波动方程：

$$\nabla^2\boldsymbol{E}_T + k^2\boldsymbol{E}_T = 0 \tag{8-16}$$

同理，可得到导波的横向磁场所满足的波动方程：

$$\nabla^2\boldsymbol{H}_T + k^2\boldsymbol{H}_T = 0 \tag{8-17}$$

式(8-16)和式(8-17)为矢量亥姆霍兹方程。

将方程(8-5)的左边展开，并应用式(8-16)，得到

$$\begin{aligned}\nabla^2\boldsymbol{E} + k^2\boldsymbol{E} &= \nabla^2(\boldsymbol{E}_T + \boldsymbol{e}_z E_z) + k^2(\boldsymbol{E}_T + \boldsymbol{e}_z E_z)\\ &= (\nabla^2\boldsymbol{E}_T + k^2\boldsymbol{E}_T) + \boldsymbol{e}_z(\nabla^2 E_z + k^2 E_z)\\ &= \boldsymbol{e}_z(\nabla^2 E_z + k^2 E_z)\end{aligned}$$

即得到导波的纵向电场所满足的波动方程：

$$\nabla^2 E_z + k^2 E_z = 0 \tag{8-18}$$

同理，可得到导波的纵向磁场所满足的波动方程：

$$\nabla^2 H_z + k^2 H_z = 0 \tag{8-19}$$

式(8-18)和式(8-19)是标量亥姆霍兹方程。

将式(8-8)代入式(8-18)和式(8-19)，得到

$$\nabla_T^2\begin{Bmatrix}E_z\\H_z\end{Bmatrix} - \beta^2\begin{Bmatrix}E_z\\H_z\end{Bmatrix} + k^2\begin{Bmatrix}E_z\\H_z\end{Bmatrix} = 0$$

即

$$\nabla_T^2\begin{Bmatrix}E_z\\H_z\end{Bmatrix} + k_c^2\begin{Bmatrix}E_z\\H_z\end{Bmatrix} = 0 \tag{8-20}$$

式中

$$k_c^2 = k^2 - \beta^2 \tag{8-21}$$

k_c 称为导波的截止波数(cut-off wave number)，它与导行系统的截面形状、尺寸及模式有关。式(8－20)即为规则波导中纵向场分量 E_z 和 H_z 所满足的导波方程。由此方程并结合具体波导的边界条件便可求得 E_z 或/和 H_z，然后利用横向场分量与纵向场分量之间的关系式，求出横向场分量，则波导中的 $\boldsymbol{E}$ 和 $\boldsymbol{H}$ 就可以完全确定。

8.2.3　边界条件

规则波导中的导波场应该满足理想导体边界条件，即要求在理想导体表面上电场的切向分量和磁场的法向分量应等于零。在具体求解时，根据导波的模式只需使用其中一个条件就够了，即要求

$$\boldsymbol{e}_n \times \boldsymbol{E} = \boldsymbol{0} \tag{8-22}$$

或者

$$\boldsymbol{e}_n \cdot \boldsymbol{H} = 0 \tag{8-23}$$

式中 $\boldsymbol{e}_n$ 为波导壁内法向单位矢量。

8.2.4　横向场与纵向场之间的关系

将式(8－1)和式(8－2)在广义柱坐标系展开后分别得到

$$\begin{cases} \dfrac{\partial H_z}{\partial v} - \dfrac{\partial (h_2 H_v)}{\partial z} = \mathrm{j}\omega\varepsilon h_2 E_u \\ \dfrac{\partial (h_1 H_u)}{\partial z} - \dfrac{\partial H_z}{\partial u} = \mathrm{j}\omega\varepsilon h_1 E_v \\ \dfrac{\partial (h_2 H_v)}{\partial u} - \dfrac{\partial (h_1 H_u)}{\partial v} = \mathrm{j}\omega\varepsilon h_1 h_2 E_z \end{cases}$$

和

$$\begin{cases} \dfrac{\partial E_z}{\partial v} - \dfrac{\partial (h_2 E_v)}{\partial z} = -\mathrm{j}\omega\mu h_2 H_u \\ \dfrac{\partial (h_1 E_u)}{\partial z} - \dfrac{\partial E_z}{\partial u} = -\mathrm{j}\omega\mu h_1 H_v \\ \dfrac{\partial (h_2 E_v)}{\partial u} - \dfrac{\partial (h_1 E_u)}{\partial v} = -\mathrm{j}\omega\mu h_1 h_2 H_z \end{cases}$$

经替换整理，并将 $\dfrac{\partial}{\partial z} = -\mathrm{j}\beta$ 代入得到

$$\begin{cases} E_u = -\dfrac{\mathrm{j}}{k_c^2}\left[\dfrac{\beta}{h_1}\dfrac{\partial E_z}{\partial u} + \dfrac{\omega\mu}{h_2}\dfrac{\partial H_z}{\partial v}\right] \\ E_v = -\dfrac{\mathrm{j}}{k_c^2}\left[\dfrac{\beta}{h_2}\dfrac{\partial E_z}{\partial v} - \dfrac{\omega\mu}{h_1}\dfrac{\partial H_z}{\partial u}\right] \\ H_u = -\dfrac{\mathrm{j}}{k_c^2}\left[\dfrac{\beta}{h_1}\dfrac{\partial H_z}{\partial u} - \dfrac{\omega\varepsilon}{h_2}\dfrac{\partial E_z}{\partial v}\right] \\ H_v = -\dfrac{\mathrm{j}}{k_c^2}\left[\dfrac{\beta}{h_2}\dfrac{\partial H_z}{\partial v} + \dfrac{\omega\varepsilon}{h_1}\dfrac{\partial E_z}{\partial u}\right] \end{cases} \tag{8-24a}$$

写成矩阵形式为

$$\begin{bmatrix} E_u \\ H_v \\ H_u \\ E_v \end{bmatrix} = \frac{-\mathrm{j}}{k_c^2} \begin{bmatrix} \frac{\omega\mu}{h_2} & \frac{\beta}{h_1} & 0 & 0 \\ \frac{\beta}{h_2} & \frac{\omega\varepsilon}{h_1} & 0 & 0 \\ 0 & 0 & \frac{\beta}{h_1} & \frac{-\omega\varepsilon}{h_2} \\ 0 & 0 & \frac{-\omega\mu}{h_1} & \frac{\beta}{h_2} \end{bmatrix} \begin{bmatrix} \frac{\partial H_z}{\partial v} \\ \frac{\partial E_z}{\partial u} \\ \frac{\partial H_z}{\partial u} \\ \frac{\partial E_z}{\partial v} \end{bmatrix} \tag{8-24b}$$

式(8-24)即为用纵向场 E_z 和 H_z 表示横向场分量的表达式，只要知道了 E_z 或/和 H_z，就可由此式求出导波的横向场分量。

8.2.5 规则波导中导波的种类

导波是在规则波导中传输的电磁波，它具有不同的模式，称为导模(guided mode)，又称为传输模、正规模，是能够沿导行系统独立存在的场型，其特点是：① 在导行系统横截面上的电磁场呈驻波分布，且是完全确定的，这一分布与频率无关，并与横截面在导行系统上的位置无关；② 导模是离散的，具有离散谱，当工作频率一定时，每个导模具有唯一的传播常数；③ 导模之间相互正交，彼此独立，互不耦合；④ 具有截止特性，截止条件和截止波长因导行系统和模式而异。

满足式(8-21)的传输模，按其有无纵向场分量 E_z 和 H_z 分为以下三类：

(1) $E_z=0$ 和 $H_z=0$ 的导模称为横电磁模，记为 TEM 模。

这种模只能存在于双导体或多导体导行系统中。由式(8-24)可知，此时 $k_c^2=0$，即 $\beta^2=k^2$，则

$$v_p=\frac{\omega}{\beta}=\frac{\omega}{k}=\frac{1}{\sqrt{\mu\varepsilon}}=v \tag{8-25}$$

表明 TEM 模沿轴向传播的相速度 v_p 与同一介质中平面波的速度 v 相等。

(2) $E_z=0$ 而 $H_z\neq0$ 的导模称为横电模或磁模，记为 TE 模或 H 模；$H_z=0$，而 $E_z\neq0$ 的导模称为横磁模或电模，记为 TM 模或 E 模。

因为空心金属波导管中只能传输这类模式，所以也将它们称做波导模。此时，$k_c^2\neq0$，且 $k_c^2>0$，即 $\beta^2<k^2$，则

$$v_p=\frac{\omega}{\beta}>\frac{\omega}{k}=\frac{1}{\sqrt{\mu\varepsilon}}=v \tag{8-26}$$

表明空心金属波导管中的 TE 模和 TM 模沿轴向传播的相速度 v_p 大于同一介质中平面波的速度 v，因而 TE 模和 TM 模是一种快波。

(3) $E_z\neq0$ 和 $H_z\neq0$ 的导模称为混合模。

这类模式存在于开放式波导中，且在波导表面附近的空间内传播，故又称为表面波模。此时 $k_c^2\neq0$，且 $k_c^2<0$，即 $\beta^2>k^2$，则

$$v_p=\frac{\omega}{\beta}<\frac{\omega}{k}=\frac{1}{\sqrt{\mu\varepsilon}}=v \tag{8-27}$$

表明表面波模沿轴向传播的相速度 v_p 小于同一介质中平面波的速度 v，是一种慢波。

需要指出的是，上述按有无 E_z 和/或 H_z 分量分类的方法不是唯一的。

8.2.6　导波方程的求解方法

综合以上讨论，根据 k_c 值的不同，规则导行系统中的导波场求解可分为两种情况。

1. $k_c^2 \neq 0$ 的情况

此种情况下导波场的求解问题属于本征值问题，其解可用纵向场法(longitudinal-field method)求得。

第一步：结合边界条件由本征值方程(8-20)求出纵向场分量 $H_z(u, v)$或 $E_z(u, v)$。求解方法通常采用分离变量法，边界条件要求在波导内壁切向电场为零，即

$$\begin{cases} E_z = 0 & (\text{TM 模}) \\ \dfrac{\partial H_z}{\partial n} = 0 & (\text{TE 模}) \end{cases} \tag{8-28}$$

第二步：由横-纵向场关系式(8-24)求出各横向场分量。

纵向场法不仅适用于本书所讨论的金属波导，而且也适用于其他规则波导，如介质波导等。

2. $k_c^2 = 0$ 的情况

与此种情况对应的是 $E_z = H_z = 0$ 的 TEM 导波场。由于 $k_c = 0$，因此 TEM 导波场求解问题属于非本征值问题，不能用上述纵向场法求解。此时 $\beta^2 = k^2$，而 $\dfrac{\partial^2}{\partial z^2} = -\beta^2 = -k^2$，于是由式(8-15)可知，TEM 导波场满足二维拉普拉斯方程，即

$$\nabla_T^2 \boldsymbol{E}_T(u, v) = \boldsymbol{0} \tag{8-29}$$

同理有

$$\nabla_T^2 \boldsymbol{H}_T(u, v) = \boldsymbol{0} \tag{8-30}$$

式(8-29)和式(8-30)为矢量方程，不易求解。但是，注意此时式(8-12a)变为 $\nabla_T \times \boldsymbol{E}_T \equiv 0$，因此 $\boldsymbol{E}_T(u, v)$可以看做二维静电场问题的解，且可用二维静电位函数的梯度表示为

$$\boldsymbol{E}_T(u, v) = -\nabla_T \Phi(u, v) \tag{8-31}$$

再由式(8-4)，可得

$$\nabla_T \cdot \boldsymbol{E}_T(u, v) \equiv \nabla_T^2 \Phi(u, v) = 0 \tag{8-32}$$

根据以上分析，TEM 导波场的一般求解方法如下：

第一步：结合边界条件求解方程(8-32)，确定 $\Phi(u, v)$。

第二步：由式(8-31)求出 $\boldsymbol{E}_T(u, v, z, t)$，即

$$\boldsymbol{E}_T(u, v, z, t) = -\nabla_T \Phi(u, v) \mathrm{e}^{\mathrm{j}(\omega t - \beta z)} \tag{8-33}$$

第三步：根据 TEM 波的性质，求出 $\boldsymbol{H}_T(u, v, z, t)$，即

$$\boldsymbol{H}_T(u, v, z, t) = \boldsymbol{e}_z \times \frac{\boldsymbol{E}_T}{Z_{\mathrm{TEM}}} \tag{8-34}$$

另外，有下列关系式：

$$\beta = k = \sqrt{\mu\varepsilon} = \sqrt{\varepsilon_r}\,k_0$$

$$Z_{\text{TEM}} = \sqrt{\frac{\mu}{\varepsilon}} = \frac{\eta_0}{\sqrt{\varepsilon_r}} \qquad (8-35)$$

$$\eta_0 = \sqrt{\frac{\mu_0}{\varepsilon_0}} = 120\pi = 376.7\ \Omega$$

8.3　导行波的一般传输特性

虽然规则导波系统横截面上的场分布随横截面的形状而变，但它们都具有共同的纵向传输特性。下面的讨论中，除损耗特性外，均只考虑理想导波系统。

8.3.1　传播常数、截止波长和传输条件

导行系统中某导模无衰减时所能传播的最大波长为该导模的截止波长(cut-off wavelength)，用 λ_c 表示。导行系统中某导模无衰减时所能传播的最低频率为该导模的截止频率(cut-off freqency)，用 f_c 表示。

也就是说，在截止波长以下，导行系统可以传播某种导模而无衰减，在截止波长以上传播就有衰减。通过对衰减机理的分析，可以求得相应导行系统中导模的截止条件和截止波长。

由前面的讨论知道导波系统中的场随 z 按 $e^{-j\beta z}$ 变化，其中相位常数

$$\beta = \sqrt{k^2 - k_c^2} = \sqrt{\omega^2\mu\varepsilon - k_c^2} \qquad (8-36)$$

已经确定，TEM 波的 $k_c=0$；并且可以证明，TE、TM 波的 k_c 为实数(详见第 9 章)。那么由式(8-36)可知，对一定的 k_c 和 μ、ε，在不同的频率(或波长)范围内，β 可能是实数，也可能是虚数，对特定的频率(或波长)，β 可以等于零。频率很低时，β 为虚数(即传播常数 γ 为实数)，则相应的导模不能传播；当频率很高时，β 为实数(即传播常数 γ 为虚数)，则相应的导模可以传播；当频率等于某一特定频率时，β 等于零(即传播常数 γ 等于零)，此时相应的导模处于可以传播和不能传播的临界状态，故把传播常数 β 等于零时的频率称为临界频率或截止频率 f_c，即

$$f_c = \frac{k_c}{2\pi\sqrt{\mu\varepsilon}} = \frac{k_c}{2\pi}\cdot v \qquad (8-37)$$

对应的临界波长或截止波长 λ_c 为

$$\lambda_c = \frac{v}{f_c} = \frac{2\pi}{k_c} \qquad (8-38)$$

其中 k_c 称为截止波数，即

$$k_c = \frac{2\pi}{\lambda_c} \qquad (8-39)$$

显然，对于传输 TEM 波的导波系统，$f_c=0$，$\lambda_c=\infty$。而对于传输 TE 波和 TM 波的导波系统，当 $f>f_c(\lambda<\lambda_c)$时，传播因子 $e^{-\gamma z}=e^{-j\beta z}$，表示场的振幅不随 z 而变，只是相位随 z 的增加连续滞后，说明其为沿着 z 轴传播的行波。因而导模无衰减传输的条件是其截止波长大于电磁波的工作波长($\lambda_c>\lambda$)，或其截止频率小于电磁波的工作频率($f_c<f$)。故这

类导波系统具有高通滤波器的特点。当 $f<f_c(\lambda>\lambda_c)$ 时，传播因子 $e^{-\gamma z}=e^{-\alpha z}$，表示场的振幅随 z 按指数率衰减，但相位不变，说明不能沿 z 轴传播，这种情况称为截止。处于截止状态的电磁波称为消失波或凋落波，这种消失波的衰减并不伴随电磁能量的耗散，是所谓电抗性衰减。因此，工作在截止状态的导波系统虽然不能用来传输电磁波能量，但可以用来构成某些特殊性能的微波元件，如截止衰减器等。

上述分析说明 λ_c 是一个重要的特性参量。不同的波型具有不同的截止波长，虽然对同一导波系统及同一频率的电磁波，有的波型能传输，有的波型却被截止。

最后需要指出的是，以上分析的是理想导体系统，即构成导波系统的导体为理想导体，当 $\lambda<\lambda_c$ 时传播常数为虚数，当 $\lambda>\lambda_c$ 时传播常数为实数。对于有耗导波系统来说，严格的截止波长已不存在，但在低耗导波系统中，在原来无耗时的截止波长上，仍然出现衰减突变。如果 $\lambda<\lambda_c$，此时传播常数为复数，表明波的振幅沿传输方向有衰减，同时又具有波动性，因此必须注意波导截止和波导有损耗所呈现的衰减常数是不同的。

8.3.2　相速度和群速度

导行波的相速度是指某导模等相位面移动的速度，记为 v_p。

令 $\omega t-\beta z=$常数，对时间 t 求导，得 v_p 的定义式为

$$v_p=\frac{dz}{dt}=\frac{\omega}{\beta}=\frac{\omega}{k}\frac{1}{\sqrt{1-\left(\frac{k_c}{k}\right)^2}}=\frac{v}{\sqrt{1-\left(\frac{\lambda}{\lambda_c}\right)^2}}=\frac{v}{G}\geqslant v \tag{8-40}$$

式中，$v=c/\sqrt{\varepsilon_r}$，$\lambda=\lambda_0/\sqrt{\varepsilon_r}$，$c$ 和 λ_0 分别为自由空间的光速和波长；$G=\sqrt{1-\left(\frac{\lambda}{\lambda_c}\right)^2}$ 称为波型因子。

传输 TE 波和 TM 波时，$G<1$，这时 $v_p>v$，表面看来似乎违背了相对论原理，因为任何能量的传播速度都不可能超过光速。事实上，相速度并不代表电磁波能量的传播速度，相速度只是描述了导波系统中某种波型的场分布随时间沿纵轴的移动速度。真正代表电磁波能量传播速度的是群速度。从物理概念上讲并不难理解，因为电磁波传输信号时必须对波进行调制。所以，信号传输的速度应该是波的包络传输的速度。已调波含有多种频率成分，由此构成一个波群。波群共同移动的速度，可以认为是波的包络移动的速度。

群速度是指波的包络或能量移动的速度，记为 v_g。其定义式为

$$v_g=\frac{d\omega}{d\beta}=\frac{1}{\frac{d\beta}{d\omega}}=v\sqrt{1-\left(\frac{\lambda}{\lambda_c}\right)^2}=vG\leqslant v \tag{8-41}$$

由式(8-40)和式(8-41)可见，导模的传播速度随频率变化。导模的相速度、群速度及平面波速度三者之间的关系式为

$$v_p\cdot v_g=v^2 \tag{8-42}$$

特别地，对于传输 TEM 波的导波系统，TEM 波的 $G\approx1$，因此其相速度、群速度及平面波速度三者相等，即

$$v_p=v_g=v \tag{8-43}$$

TE 波和 TM 波的相速度和群速度均是频率的函数，波速随频率而变化的现象称为波

的色散，波型因子 G 也称做色散因子。

如前所述，TE 波和 TM 波为色散波，TEM 波的 v_p 和 v_g 与频率无关，为非色散波。故传输 TE 波和 TM 波的导波系统也称为色散波传输线，传输 TEM 波的导波系统也称为非色散波传输线。

由于波的色散效应，波群的形状在传输过程中将发生畸变，频带愈宽，畸变愈显著。当传输窄脉冲波时，由于脉冲的频谱很宽，就应采取减小色散影响的措施，例如选用弱色散的微波传输线等。

相速度、群速度和真空中的光速之比与频率比(f/f_c)的关系如图 8-3 所示。当频率无限增加时，相速度和群速度都接近于光速。当频率趋近于截止频率时，波趋于截止状态，相速度趋近于无穷大，而群速度则趋近于零。

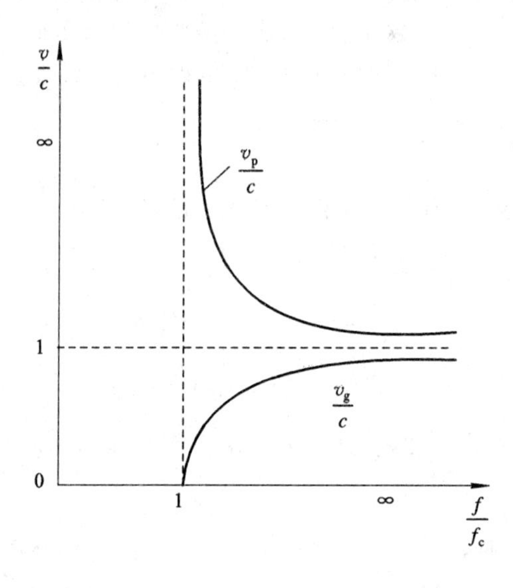

图 8-3　v_p/c、v_g/c 与 f/f_c 的关系曲线

8.3.3　波导波长

导行系统中导模相邻等相位面之间的距离，或相位差为 2π 的相位面之间的距离称为该导模的波导波长(waveguide wavelength)或相波长，记为 λ_g 或 λ_p。

$$\lambda_g=\frac{v_p}{f}=\frac{2\pi}{\beta}=\frac{\lambda}{\sqrt{1-\left(\frac{\lambda}{\lambda_c}\right)^2}}=\frac{\lambda}{G}\geqslant\lambda \tag{8-44}$$

$$\beta=\frac{2\pi}{\lambda_g} \tag{8-45}$$

对于 TEM 波，有

$$\lambda_g=\frac{2\pi}{\beta}=\frac{2\pi}{k}=\frac{2\pi}{\omega\sqrt{\mu\varepsilon}}=\frac{v}{f}=\lambda \tag{8-46}$$

8.3.4　波阻抗

导行系统中导模的横向电场与横向磁场之比称为该导模的波阻抗(wave impedance)，

即

$$Z=\frac{E_u}{H_v}=-\frac{E_v}{H_u} \tag{8-47a}$$

由式(8-24a)可得 TE 波和 TM 波的波阻抗为

$$Z_{\mathrm{TE}}=\frac{E_u}{H_v}=-\frac{E_v}{H_u}=\frac{\omega\mu}{\beta}=\sqrt{\frac{\mu}{\varepsilon}}\cdot\frac{k}{\beta}=\frac{\eta}{\sqrt{1-\left(\frac{\lambda}{\lambda_c}\right)^2}}=\frac{\eta}{G} \tag{8-47b}$$

$$Z_{\mathrm{TM}}=\frac{E_u}{H_v}=-\frac{E_v}{H_u}=\frac{\beta}{\omega\varepsilon}=\sqrt{\frac{\mu}{\varepsilon}}\cdot\frac{\beta}{k}=\eta\cdot\sqrt{1-\left(\frac{\lambda}{\lambda_c}\right)^2}=\eta G \tag{8-47c}$$

式中，$\eta=\sqrt{\mu/\varepsilon}$为介质的固有阻抗，对于空气，有

$$\eta=\eta_0=\sqrt{\frac{\mu_0}{\varepsilon_0}}=120\,\pi\approx 376.7\ \Omega$$

当 $\lambda>\lambda_c$ 时，$\beta=-\mathrm{j}\alpha$，消失波的波阻抗为虚数，即

$$Z_{\mathrm{TM}}=-\mathrm{j}\,\frac{\alpha}{\omega\varepsilon},\ Z_{\mathrm{TE}}=\mathrm{j}\,\frac{\omega\mu}{\alpha} \tag{8-48}$$

式中：

$$\alpha=\frac{2\pi}{\lambda}\sqrt{\left(\frac{\lambda}{\lambda_c}\right)^2-1}$$

式(8-48)表明，TM 导波的消失波波阻抗呈容性纯电抗，不传输能量，用于储存净电能；TE 导波的消失波波阻抗呈感性纯电抗，不传输能量，用于储存净磁能。

8.3.5 传输功率、损耗与衰减

前面的分析都是基于理想导行系统，实际导行系统都存在一定的损耗。这是因为导体的电导率 σ 并非无穷大，而介质损耗也并不等于零。由于存在损耗，导行波的幅度在传播过程中是逐渐衰减的，这种衰减是由于能量损耗引起的，因而称为电阻性衰减。

传输波(非消失波)的传输功率、损耗与衰减可用坡印廷定理进行分析。由坡印廷定理可知导行系统传输功率仅取决于横向场强。有耗导行系统的传播常数为复数 $\gamma=\alpha+\mathrm{j}\beta$，因而沿正 z 方向传输的行波横向场分量为

$$\boldsymbol{E}_T\mathrm{e}^{-\gamma z}=(\boldsymbol{E}_T\mathrm{e}^{-\mathrm{j}\beta z})\mathrm{e}^{-\alpha z}$$

$$\boldsymbol{H}_T\mathrm{e}^{-\gamma z}=(\boldsymbol{H}_T\mathrm{e}^{-\mathrm{j}\beta z})\mathrm{e}^{-\alpha z}$$

以上说明，行波$(\boldsymbol{E}_T\mathrm{e}^{-\mathrm{j}\beta z})$与$(\boldsymbol{H}_T\mathrm{e}^{-\mathrm{j}\beta z})$是按指数 $\mathrm{e}^{-\alpha z}$ 规律衰减的。经过单位距离，场强幅度衰减到原值的 $1/\mathrm{e}^{\alpha}$。功率与场强呈平方关系，因而功率衰减到原值的 $1/\mathrm{e}^{2\alpha}$。若 P 表示导行系统的传输功率，P_{L} 表示经过单位距离损耗的功率，则

$$P_{\mathrm{L}}=P(1-\mathrm{e}^{-2\alpha})$$

$$\mathrm{e}^{-2\alpha}=1-\frac{P_{\mathrm{L}}}{P} \tag{8-49a}$$

将 $\mathrm{e}^{-2\alpha}$展开成级数：

$$\mathrm{e}^{-2\alpha}=1-2\alpha+\frac{(-2\alpha)^2}{2!}+\frac{(-2\alpha)^3}{3!}+\cdots$$

因 α 通常很小，可以只取前两项，代入式(8－49a)得到

$$\alpha = \frac{P_L}{2P} \tag{8-49b}$$

可见，计算衰减常数 α 最后归结为计算损耗功率 P_L 与传输功率 P。式(8－49a)既可用来计算导体损耗呈现的衰减，又可用来计算介质损耗呈现的衰减。下面仅分析导体衰减。

穿过波导横截面的平均功率为

$$P = \frac{1}{2}\mathrm{Re}\left[\iint_S (\boldsymbol{E}_T \times \boldsymbol{H}_T^*) \cdot \boldsymbol{e}_z \mathrm{d}S\right] \tag{8-50a}$$

式中，$\boldsymbol{E}_T$ 和 $\boldsymbol{H}_T$ 是传输波型的横向场强矢量，S 表示导行系统横截面面积。若导体的表面电阻用 R_S 表示，则单位长导行系统损耗功率的计算公式为

$$P_L = \frac{1}{2}R_S\oint_C |H_t|^2 \mathrm{d}l \tag{8-50b}$$

式中，H_t 是导体表面的切向磁场。将式(8－50)表示的 P 和 P_L 代入式(8－49b)，便得到导体损耗的衰减常数计算公式为

$$\alpha = \frac{R_S}{2}\frac{\oint_C |H_t|^2 \mathrm{d}l}{\iint_S (\boldsymbol{E}_T \times \boldsymbol{H}_T^*) \cdot \boldsymbol{e}_z \mathrm{d}S} \tag{8-50c}$$

式中，R_S 的计算公式为

$$R_S = \sqrt{\frac{\omega\mu}{2\sigma}}$$

其中 σ 和 μ 分别表示导体的电导率和磁导率。衰减常数取决于导模的波型、频率及导体材料。式(8－50c)可用来计算各种导行系统导体损耗引起的衰减。

需要说明的是，严格计算导体损耗需要求解非理想导体边界条件下的场分布，这无疑是非常困难和复杂的。通常引用场的微扰概念，即仍按理想导体边界条件求场分布，仅认为波导内壁由于 $\sigma \neq \infty$ 产生了切向电场，此切向电场与切向磁场决定的坡印廷矢量指向导体壁从而造成功率损耗。通常导行系统材料都是良导体，进入导行系统壁的电磁波很快就衰减掉了，因此电磁波主要局限在导体表面趋肤深度之内（约微米数量级）。据此，式(8－50c)中的 $\boldsymbol{E}$、$\boldsymbol{H}$ 为理想条件下算得的场强，用此式计算损耗是足够精确的。

本节仅一般性地讨论了导行系统的纵向传输特性，并导出了截止波长、波导波长、相速度、群速度、波阻抗、传输功率和损耗的计算公式。在下一章，我们将结合具体的导行系统来研究其导模的场结构及传输特性。

本章小结

1. 给出了导行系统、导行电磁波和导模的定义，并按照有无纵向场分量对导模作了分类：TEM 波、TE 波、TM 波和混合波；对导行系统也作了相应的分类：非色散波、色散波和混合波导行系统。

2. 由麦克斯韦方程组出发，推导出规则导行系统的导波方程，即

$$\nabla^2 \begin{Bmatrix} \boldsymbol{E} \\ \boldsymbol{H} \end{Bmatrix} + k^2 \begin{Bmatrix} \boldsymbol{E} \\ \boldsymbol{H} \end{Bmatrix} = 0$$

导波方程的求解方法如下：

TE、TM 导波场的求解属于本征值问题，故采用纵向场方法求解。结合边界条件用分离变量法求解纵向场所满足的导波方程为

$$\nabla_T^2 \begin{Bmatrix} E_z \\ H_z \end{Bmatrix} + k_c^2 \begin{Bmatrix} E_z \\ H_z \end{Bmatrix} = 0 \qquad \text{边界条件} \begin{cases} E_z = 0 & \text{TM 模} \\ \dfrac{\partial H_z}{\partial n} = 0 & \text{TE 模} \end{cases}$$

然后利用横向场分量与纵向场分量的关系式求出全部场分量。

TEM 导波场的求解属于非本征值问题，故采用引入标量电位函数的方法求解。结合边界条件求解电位函数所满足的泊松方程：

$$\nabla_T \cdot \boldsymbol{E}_T(u, v) \equiv \nabla_T^2 \Phi(u, v) = 0$$

进而求得横向电磁场分量。

3. 给出了规则导行系统的导模沿轴向传播的一般特性，如表 8-1 所示。

表 8-1 导模沿轴向传播的一般特性

特性	一般公式
截止波长和截止频率	$\lambda_c = \dfrac{2\pi}{k_c}$，$f_c = \dfrac{k_c}{2\pi\sqrt{\mu\varepsilon}}$
传输条件	$\lambda < \lambda_c$ 或 $f > f_c$
相速度	$v_p = \dfrac{v}{\sqrt{1-(\lambda/\lambda_c)^2}} = \dfrac{v}{G}$
群速度	$v_g = v\sqrt{1-(\lambda/\lambda_c)^2} = vG$
波导波长	$\lambda_g = \dfrac{\lambda}{\sqrt{1-(\lambda/\lambda_c)^2}} = \dfrac{\lambda}{G}$
波阻抗	$Z_{TE} = \dfrac{\eta}{\sqrt{1-(\lambda/\lambda_c)^2}} = \dfrac{\eta}{G}$，$Z_{TM} = \eta\sqrt{1-(\lambda/\lambda_c)^2} = \eta G$ $Z_{TEM} = \eta = \eta_0\sqrt{\varepsilon_r}$，$\eta_0 \approx 376.7\ \Omega$
传输功率	$P = \dfrac{1}{2}\mathrm{Re}\left[\iint_S (\boldsymbol{E}_T \times \boldsymbol{H}_T^*) \cdot e_z \mathrm{d}S\right]$

*知识结构图

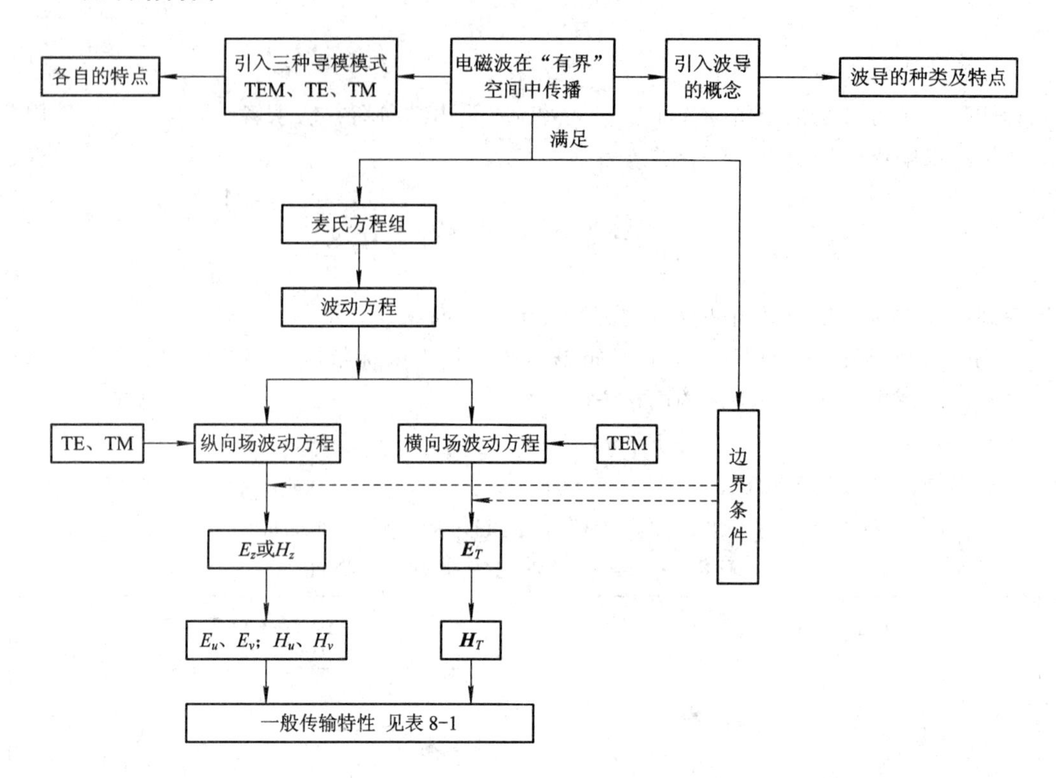

习　　题

8.1　何谓导行波？其类型和特点有哪些？

8.2　试推导式(8-20)。

8.3　何谓截止波长和截止频率？导模的传输条件是什么？

8.4　理想波导传输 TE 导模和 TM 导模，传播常数 γ 在什么情况下为实数 α？什么情况下为虚数 $\mathrm{j}\beta$？这两种情况各有何特点？

8.5　何谓波的色散？

8.6　如何定义波导中导模的波阻抗？分别写出 TE 导模、TM 导模的波阻抗与 TEM 导模波阻抗之间的关系式。

8.7　试用波阻抗的概念解释 TM 型凋落波储存净电能，TE 型凋落波储存净磁能。

第9章 规则金属波导

本章提要

- 矩形波导主模的场结构
- 圆波导中三个常用导模的场结构及其应用
- 同轴线主模的场结构
- 以上三种传输线的传播特性

本章主要结合具体的微波导行系统(包括矩形波导、圆波导和同轴线)讲述导模的场结构和传输特性。

矩形波导、圆波导同属金属波导。金属波导具有导体损耗和介质(管内介质一般为空气)损耗小、功率容量大、没有辐射损耗、结构简单、易于制造等优点，广泛应用于30～300 GHz的厘米波段及毫米波段的通信、雷达、遥感、电子对抗和测量系统中。金属波导仅有一个导体，不能传输TEM导波，只能传输横电(TE)导波和横磁(TM)导波两大类。事实上，在规则金属波导中，TE模和TM模就是麦克斯韦方程组的两套独立解，因此通常也把TE模和TM模称做波导模，而且它们存在无穷多的模式。但是，并不是每种导模都能够传输，只有满足传输条件的导模才能传输，而且在传播中具有严重的色散性。

同轴线属双导体结构，其上引导的导模是TEM模，是非色散模；但是也能引导TE模和TM模，它们是同轴线的高次模。对高次模的分析亦属本征值问题，故而将同轴线收入本章。

9.1 矩形波导

矩形波导(rectangular waveguide)是截面形状为矩形的金属波导管。如图9-1所示，a、b分别表示波导内壁宽边和窄边尺寸，管壁材料一般用铜、铝等金属制成，有时其壁上镀有金或银，波导内通常充以空气。矩形波导是最早使用的导行系统之一，至今仍广泛使用，特别是高功率系统、毫米波系统和一些精密测试设备等，主要采用矩形波导。

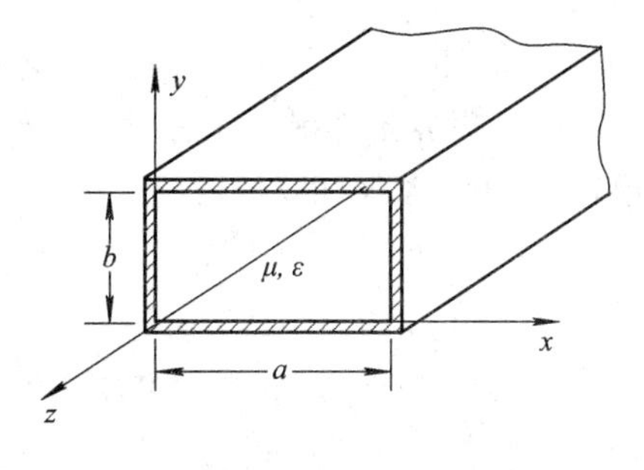

图9-1 矩形波导

本节中，我们首先分析矩形波导中的导模模式及其场结构，然后研究矩形波导中波的传输特性，并着重分析TE_{10}模的特性。

9.1.1 矩形波导中的导模及其场分量

如图 9-1 所示，矩形波导采用直角坐标系(x, y, z)，拉梅系数 $h_1=h_2=h_3=1$，则沿波导正 z 方向传播的导波场可以写成(略去时间因子 $e^{j\omega t}$)

$$\begin{aligned}\boldsymbol{E}(x, y, z) &= \boldsymbol{E}_T(x, y, z)+\boldsymbol{e}_z E_z(x, y, z)\\ &= \boldsymbol{E}_T(x, y)e^{-j\beta z}+\boldsymbol{e}_z E_z(x, y)e^{-j\beta z}\\ \boldsymbol{H}(x, y, z) &= \boldsymbol{H}_T(x, y, z)+\boldsymbol{e}_z H_z(x, y, z)\\ &= \boldsymbol{H}_T(x, y)e^{-j\beta z}+\boldsymbol{e}_z H_z(x, y)e^{-j\beta z}\end{aligned}$$

可写出直角坐标系中轴向场分量所满足的导波方程：

$$\frac{\partial^2 E_z}{\partial x^2}+\frac{\partial^2 E_z}{\partial y^2}=-k_c^2 E_z \tag{9-1}$$

$$\frac{\partial^2 H_z}{\partial x^2}+\frac{\partial^2 H_z}{\partial y^2}=-k_c^2 H_z \tag{9-2}$$

应用分离变量法求解，即令

$$H_z(x, y, z)=X(x)Y(y)e^{-j\beta z} \tag{9-3}$$

代入式(9-2)，得到

$$\frac{X''}{X}+\frac{Y''}{Y}=-k_c^2 \tag{9-4}$$

式中，X''和Y''分别是 X、Y 对 x、y 的二阶导数。式(9-4)要成立，则左边两项应分别等于常数。令

$$\frac{X''}{X}=-k_x^2 \quad 或 \quad X''+k_x^2 X=0 \tag{9-5}$$

和

$$\frac{Y''}{Y}=-k_y^2 \quad 或 \quad Y''+k_y^2 Y=0 \tag{9-6}$$

显然

$$k_x^2+k_y^2=k_c^2 \tag{9-7}$$

式(9-5)和式(9-6)的通解分别为

$$X(x)=A_1\cos(k_x x)+A_2\sin(k_x x) \tag{9-8}$$

$$Y(y)=B_1\cos(k_y y)+B_2\sin(k_y y) \tag{9-9}$$

因此得到

$$H_z=\{A_1\cos(k_x x)+A_2\sin(k_x x)\}\{B_1\cos(k_y y)+B_2\sin(k_y y)\}e^{-j\beta z} \tag{9-10}$$

同理可以求得

$$E_z=\{A_3\cos(k_x x)+A_4\sin(k_x x)\}\{B_3\cos(k_y y)+B_4\sin(k_y y)\}e^{-j\beta z} \tag{9-11}$$

结合边界条件确定积分常数，利用横向场分量与纵向场分量的关系即可求出所有场分量。由式(8-24a)可写出直角坐标系中横向场分量与纵向场分量之间的关系式，即

$$\left.\begin{aligned}E_x &=-\frac{1}{k_c^2}\left[j\beta\frac{\partial E_z}{\partial x}+j\omega\mu\frac{\partial H_z}{\partial y}\right]\\ E_y &=-\frac{1}{k_c^2}\left[j\beta\frac{\partial E_z}{\partial y}-j\omega\mu\frac{\partial H_z}{\partial x}\right]\\ H_x &=-\frac{1}{k_c^2}\left[j\beta\frac{\partial H_z}{\partial x}-j\omega\varepsilon\frac{\partial E_z}{\partial y}\right]\\ H_y &=-\frac{1}{k_c^2}\left[j\beta\frac{\partial H_z}{\partial y}+j\omega\varepsilon\frac{\partial E_z}{\partial x}\right]\end{aligned}\right\} \tag{9-12}$$

下面对 TE 模和 TM 模两种情况进行讨论。

1. TE 模

对于 TE 模，$E_z=0$，$H_z\neq 0$。边界条件要求在管壁处的切向电场为零，由式(8 - 28)或式(9 - 12)可知：

在 $x=0$ 和 a 处，

$$\frac{\partial H_z}{\partial x}=0$$

在 $y=0$ 和 b 处，

$$\frac{\partial H_z}{\partial y}=0$$

由式(9 - 10)得到

$$\frac{\partial H_z}{\partial x}=\{-A_1k_x\sin(k_xx)+A_2k_x\cos(k_xx)\}\{B_1\cos(k_yy)+B_2\sin(k_yy)\}e^{-j\beta z}$$

$$\frac{\partial H_z}{\partial y}=\{A_1\cos(k_xx)+A_2\sin(k_xx)\}\{-B_1k_y\sin(k_yy)+B_2k_y\cos(k_yy)\}e^{-j\beta z}$$

代入边界条件，由 $x=0$ 处$\dfrac{\partial H_z}{\partial x}=0$，应有

$$A_2k_x\cdot\{B_1\cos(k_yy)+B_2\sin(k_yy)\}e^{-j\beta z}=0$$

由此得到

$$A_2=0$$

又由 $x=a$ 处$\dfrac{\partial H_z}{\partial x}=0$，应有

$$-A_1k_x\sin(k_xa)\{B_1\cos(k_yy)+B_2\sin(k_yy)\}e^{-j\beta z}=0$$

则得到

$$k_xa=m\pi\quad 或者\quad k_x=\frac{m\pi}{a}\ (m=0,1,2,\cdots)$$

由 $y=0$ 处$\dfrac{\partial H_z}{\partial y}=0$，应有

$$A_1\cos\left(\frac{m\pi}{a}x\right)\{B_2k_y\}e^{-j\beta z}=0$$

由此得到

$$B_2=0$$

又由 $y=b$ 处$\dfrac{\partial H_z}{\partial y}=0$，应有

$$A_1\cos\left(\frac{m\pi}{a}x\right)\{-B_1k_y\sin(k_yb)\}e^{-j\beta z}=0$$

则得到

$$k_yb=n\pi\quad 或者\quad k_y=\frac{n\pi}{b}\ (n=0,1,2,\cdots)$$

最后得到 H_z 的基本解为

$$H_z=H_{mn}\cos\left(\frac{m\pi}{a}x\right)\cos\left(\frac{n\pi}{b}y\right)e^{-j\beta z}\tag{9-13}$$

式中，$H_{mn}=A_1B_1$ 为任意振幅常数，m、n 可取任意非负整数，称为波型指数。任意一对 m、n 值对应一个基本波函数。这些基本波函数的组合也是式(9－2)的解。故 H_z 的一般解为

$$H_z=\sum_{m=0}^{\infty}\sum_{n=0}^{\infty}H_{mn}\cos\left(\frac{m\pi}{a}x\right)\cos\left(\frac{n\pi}{b}y\right)e^{-j\beta z} \tag{9-14}$$

将式(9－14)代入式(9－12)，最后可得矩形波导中传输型 TE 导模场分量为

$$\left.\begin{aligned}
E_x&=\sum_{m=0}^{\infty}\sum_{n=0}^{\infty}\frac{j\omega\mu}{k_c^2}\frac{n\pi}{b}H_{mn}\cos\left(\frac{m\pi}{a}x\right)\sin\left(\frac{n\pi}{b}y\right)e^{j(\omega t-\beta z)}\\
E_y&=\sum_{m=0}^{\infty}\sum_{n=0}^{\infty}\frac{-j\omega\mu}{k_c^2}\frac{m\pi}{a}H_{mn}\sin\left(\frac{m\pi}{a}x\right)\cos\left(\frac{n\pi}{b}y\right)e^{j(\omega t-\beta z)}\\
E_z&=0\\
H_x&=\sum_{m=0}^{\infty}\sum_{n=0}^{\infty}\frac{j\beta}{k_c^2}\frac{m\pi}{a}H_{mn}\sin\left(\frac{m\pi}{a}x\right)\cos\left(\frac{n\pi}{b}y\right)e^{j(\omega t-\beta z)}\\
H_y&=\sum_{m=0}^{\infty}\sum_{n=0}^{\infty}\frac{j\beta}{k_c^2}\frac{n\pi}{b}H_{mn}\cos\left(\frac{m\pi}{a}x\right)\sin\left(\frac{n\pi}{b}y\right)e^{j(\omega t-\beta z)}\\
H_z&=\sum_{m=0}^{\infty}\sum_{n=0}^{\infty}H_{mn}\cos\left(\frac{m\pi}{a}x\right)\cos\left(\frac{n\pi}{b}y\right)e^{j(\omega t-\beta z)}
\end{aligned}\right\} \tag{9-15}$$

式中

$$k_c^2=k_x^2+k_y^2=\left(\frac{m\pi}{a}\right)^2+\left(\frac{n\pi}{b}\right)^2 \tag{9-16}$$

可见，矩形波导中的 TE 导模有无穷多个，以 TE_{mn} 表示。最低次的 TE 模是 TE_{10} 模($a>b$)。需要指出的是，m 和 n 不能同时为零。因为当 $m=0$ 且 $n=0$ 时，由式(9－15)可知，只有一恒定磁场 H_z，而其余场分量均不存在，所以 m 和 n 同时为零时的解无意义。

2. TM 模

对于 TM 模，$H_z=0$，$E_z\neq0$。边界条件要求在管壁处的切向电场为零，由式(8－28)可知：

在 $x=0$ 和 a 处，

$$E_z=0$$

在 $y=0$ 和 b 处，

$$E_z=0$$

将其代入式(9－11)，得到

$$A_3=0,\ k_x=\frac{m\pi}{a}\ (m=1,\ 2,\ \cdots)$$

$$B_3=0,\ k_y=\frac{n\pi}{b}\ (n=1,\ 2,\ \cdots)$$

于是得到 E_z 的基本解为

$$E_z=E_{mn}\sin\left(\frac{m\pi}{a}x\right)\sin\left(\frac{n\pi}{b}y\right)e^{-j\beta z} \tag{9-17}$$

式中：$E_{mn}=A_4B_4$ 为任意振幅常数；m、n 可取任意正整数。E_z 的一般解为

$$E_z=\sum_{m=1}^{\infty}\sum_{n=1}^{\infty}E_{mn}\sin\left(\frac{m\pi}{a}x\right)\sin\left(\frac{n\pi}{b}y\right)e^{-j\beta z} \tag{9-18}$$

将式(9－18)代入式(9－12)，最后可以得到矩形波导中传输型 TM 导模的场分量为

$$
\begin{cases}
E_x = \sum\limits_{m=1}^{\infty}\sum\limits_{n=1}^{\infty} \dfrac{-\mathrm{j}\beta}{k_c^2}\dfrac{m\pi}{a}E_{mn}\cos\left(\dfrac{m\pi}{a}x\right)\sin\left(\dfrac{n\pi}{b}y\right)\mathrm{e}^{\mathrm{j}(\omega t-\beta z)} \\
E_y = \sum\limits_{m=1}^{\infty}\sum\limits_{n=1}^{\infty} \dfrac{-\mathrm{j}\beta}{k_c^2}\dfrac{n\pi}{b}E_{mn}\sin\left(\dfrac{m\pi}{a}x\right)\cos\left(\dfrac{n\pi}{b}y\right)\mathrm{e}^{\mathrm{j}(\omega t-\beta z)} \\
E_z = \sum\limits_{m=1}^{\infty}\sum\limits_{n=1}^{\infty} E_{mn}\sin\left(\dfrac{m\pi}{a}x\right)\sin\left(\dfrac{n\pi}{b}y\right)\mathrm{e}^{\mathrm{j}(\omega t-\beta z)} \\
H_x = \sum\limits_{m=1}^{\infty}\sum\limits_{n=1}^{\infty} \dfrac{\mathrm{j}\omega\varepsilon}{k_c^2}\dfrac{n\pi}{b}E_{mn}\sin\left(\dfrac{m\pi}{a}x\right)\cos\left(\dfrac{n\pi}{b}y\right)\mathrm{e}^{\mathrm{j}(\omega t-\beta z)} \\
H_y = \sum\limits_{m=1}^{\infty}\sum\limits_{n=1}^{\infty} \dfrac{-\mathrm{j}\omega\varepsilon}{k_c^2}\dfrac{m\pi}{a}E_{mn}\cos\left(\dfrac{m\pi}{a}x\right)\sin\left(\dfrac{n\pi}{b}y\right)\mathrm{e}^{\mathrm{j}(\omega t-\beta z)} \\
H_z = 0
\end{cases}
\tag{9-19}
$$

式中

$$k_c^2 = \left(\frac{m\pi}{a}\right)^2 + \left(\frac{n\pi}{b}\right)^2$$

可见，矩形波导中的 TM 导模也有无穷多个，以 TM_{mn} 表示，最低次模为 TM_{11} 模。

9.1.2　矩形波导中导模的场结构

熟悉波导中各种模的场结构有着重要的实际意义，因为模的场结构是分析和研究波导问题及设计波导元件的基础和出发点。我们用电力线和磁力线的疏与密来表示波导中电场和磁场强度的弱与强。某种模式的场结构就是指在固定时刻波导中电力线和磁力线的形状及其分布情况。

如上所述，矩形波导中可能存在无穷多个 TE_{mn} 和 TM_{mn} 模，但其场结构却有规律可循。最基本的场结构模型是 TE_{10}、TE_{01}、TE_{11} 和 TM_{11} 四个模。只要掌握这四个模的场结构，矩形波导中所有 TE 和 TM 模的场结构便全部可以明了。其中最低次导模 TE_{10} 模是我们最为关注的。

由式(9－15)和式(9－19)可知，导模在矩形波导横截面上的场呈驻波分布，并且在每个横截面上的场分布是完全确定的，它与频率、该横截面在导行系统上的位置均没有关系。整个导模以完整的场结构(场型)沿轴向(z 方向)传播。

1. TE_{10} 模与 TE_{m0} 模的场结构

将 $m=1$ 及 $n=0$ 代入式(9－15)，得到 TE_{10} 模的场分量：

$$
\begin{cases}
E_y = -\mathrm{j}\dfrac{\omega\mu a}{\pi}H_{10}\sin\left(\dfrac{\pi}{a}x\right)\mathrm{e}^{-\mathrm{j}\beta z} \\
H_x = \mathrm{j}\dfrac{\beta a}{\pi}H_{10}\sin\left(\dfrac{\pi}{a}x\right)\mathrm{e}^{-\mathrm{j}\beta z} \\
H_z = H_{10}\cos\left(\dfrac{\pi}{a}x\right)\mathrm{e}^{-\mathrm{j}\beta z} \\
E_x = E_z = H_y = 0
\end{cases}
\tag{9-20}
$$

可见 TE_{10} 模只有 E_y、H_x 和 H_z 三个分量，且均与 y 无关。这表明电磁场沿 y 方向无变化，为均匀分布。各场分量沿 x 轴和 z 轴(波导宽壁中心)的变化规律分别为

$$E_y \propto \sin\left(\frac{\pi x}{a}\right),\ H_x \propto \sin\left(\frac{\pi x}{a}\right),\ H_z \propto \cos\left(\frac{\pi x}{a}\right)$$

$$E_y \propto \sin(\omega t - \beta z),\ H_x \propto -\sin(\omega t - \beta z),\ H_z \propto \cos(\omega t - \beta z)$$

电场只有 E_y 分量，它沿 x 方向呈正弦变化，在 a 边上有半个驻波分布，即在 $x=0$ 和 $x=a$ 处为零，在 $x=a/2$ 处最大，如图 9-2(a)、(b)所示，E_y 沿 z 方向为行波，如图 9-2(c)所示。

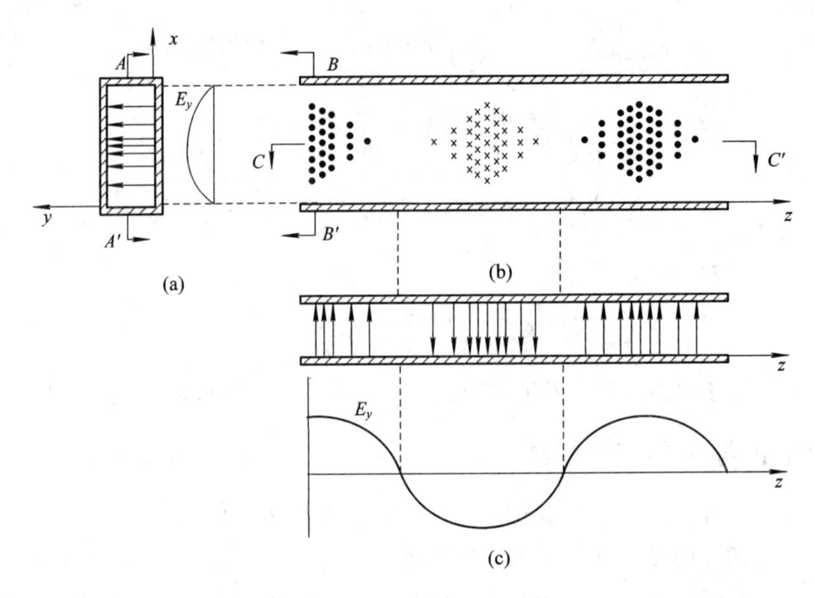

图 9-2　TE_{10} 模的电场结构

(a) BB' 横剖面；(b) AA' 纵剖面；(c) CC' 纵剖面

磁场有 H_x 和 H_z 两个分量。H_x 沿 a 边呈正弦分布，有半个驻波分布，即在 $x=0$ 和 $x=a$ 处为零，在 $x=a/2$ 处最大；H_z 沿 a 边呈余弦分布，即在 $x=0$ 和 $x=a$ 处最大，在 $x=a/2$ 处为零，如图 9-3(a)所示。H_x、H_z 沿 z 方向均为行波。H_x 和 H_z 在 xy 平面内合成闭合曲线，类似椭圆形状，如图 9-3(b)所示。可见，E_y 和 H_x 沿 z 方向反相(两者振幅同时达到最大或最小，但差一负号)，它们与 H_z 沿 z 方向则有 90°相位差(即横向电磁场最大时纵向场为零；而横向电磁场为零时纵向场最大)，这是传输模的特点。

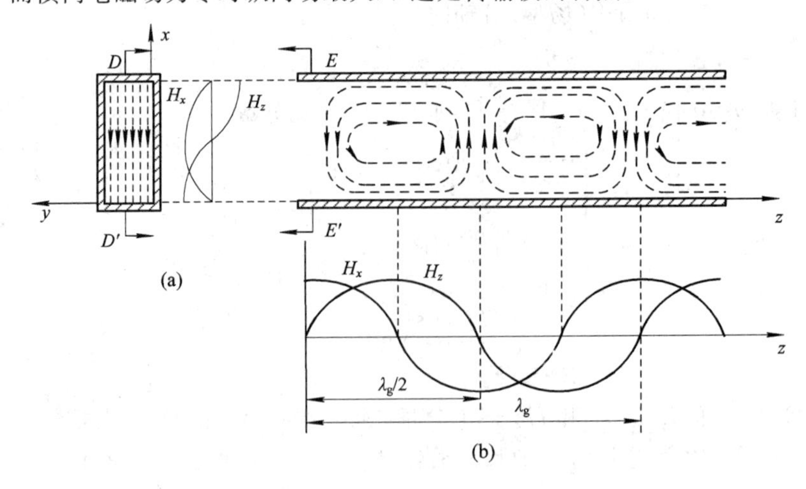

图 9-3　TE_{10} 模的磁场结构

(a) EE' 横剖面；(b) DD' 纵剖面

图 9-4 表示某一时刻 TE_{10} 模完整的场结构图。

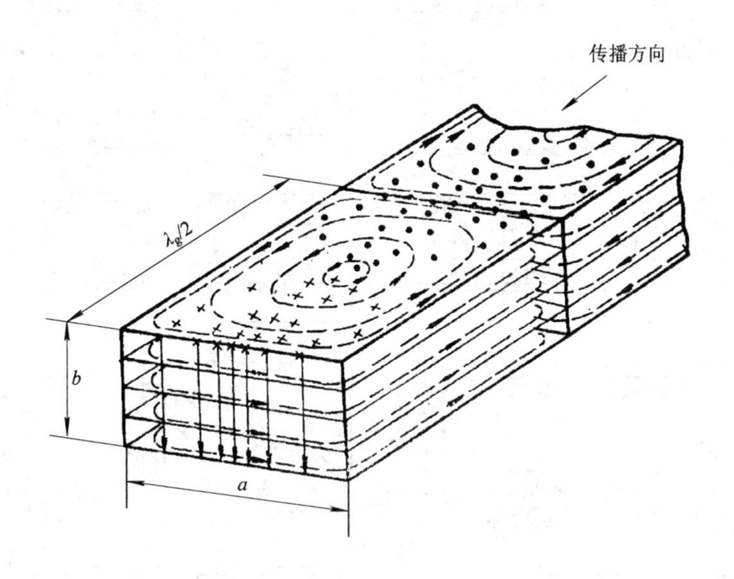

图 9-4　TE_{10} 模电磁场结构

由式(9-20)和 TE_{10} 模场结构可以看出，m 和 n 分别是场沿 a 边和 b 边分布的半驻波数。TE_{10} 模的场沿 a 边有 1 个半驻波分布，沿 b 边无变化。图 9-5(a)表示 TE_{10} 模的场结构。

和 TE_{10} 模类似，TE_{m0} 模也只有 E_y、H_x 和 H_z 三个分量，且均与 y 无关。电场 E_y 分量沿 x 轴的变化规律为 $E_y \propto \sin \frac{m\pi x}{a}$，即 TE_{20}、TE_{30}、…、TE_{m0} 等模的场沿 a 边有 2 个、3 个、…、m 个半驻波分布，沿 b 边无变化；或者，若以 TE_{10} 模的场分布作为一个基本单元(小巢)，则可以说沿 a 边分布有 2 个、3 个、…、m 个 TE_{10} 模场结构的"小巢"，沿 b 边无变化。图 9-5(b)表示 TE_{20} 模的场结构。

2. TE_{01} 模与 TE_{0n} 模的场结构

TE_{01} 模只有 E_x、H_y 和 H_z 三个分量。TE_{01} 模的场结构与 TE_{10} 模的差异只是波的极化面(即通过电场矢量与波导轴的平面)旋转了 90°，即场沿 a 边无变化，沿 b 边有半个驻波分布，如图 9-5(c)所示。

仿照 TE_{01} 模的场结构，TE_{02}、TE_{03}、…、TE_{0n} 模的场结构便是场沿 a 边无变化，沿 b 边有 2 个、3 个、…、n 个半驻波分布，或者说是沿 a 边无变化，沿 b 边分布有 2 个、3 个、…、n 个 TE_{01} 模场结构"小巢"。TE_{02} 模的场结构如图 9-5(d)所示。

3. TE_{11} 模与 TE_{mn}(m、$n>1$)模的场结构

m 和 n 都不为零的 TE 模有五个场分量，其中最简单的是 TE_{11} 模，其场沿 a 边和 b 边都有半个驻波分布，如图 9-5(e)所示。

仿照 TE_{11} 模，m 和 n 都大于 1 的 TE_{mn} 模的场结构便是沿 a 边分布有 m 个 TE_{11} 模场结构"小巢"，沿 b 边分布有 n 个 TE_{11} 模场结构"小巢"。TE_{21} 模的场结构如图 9-5(f)所示。

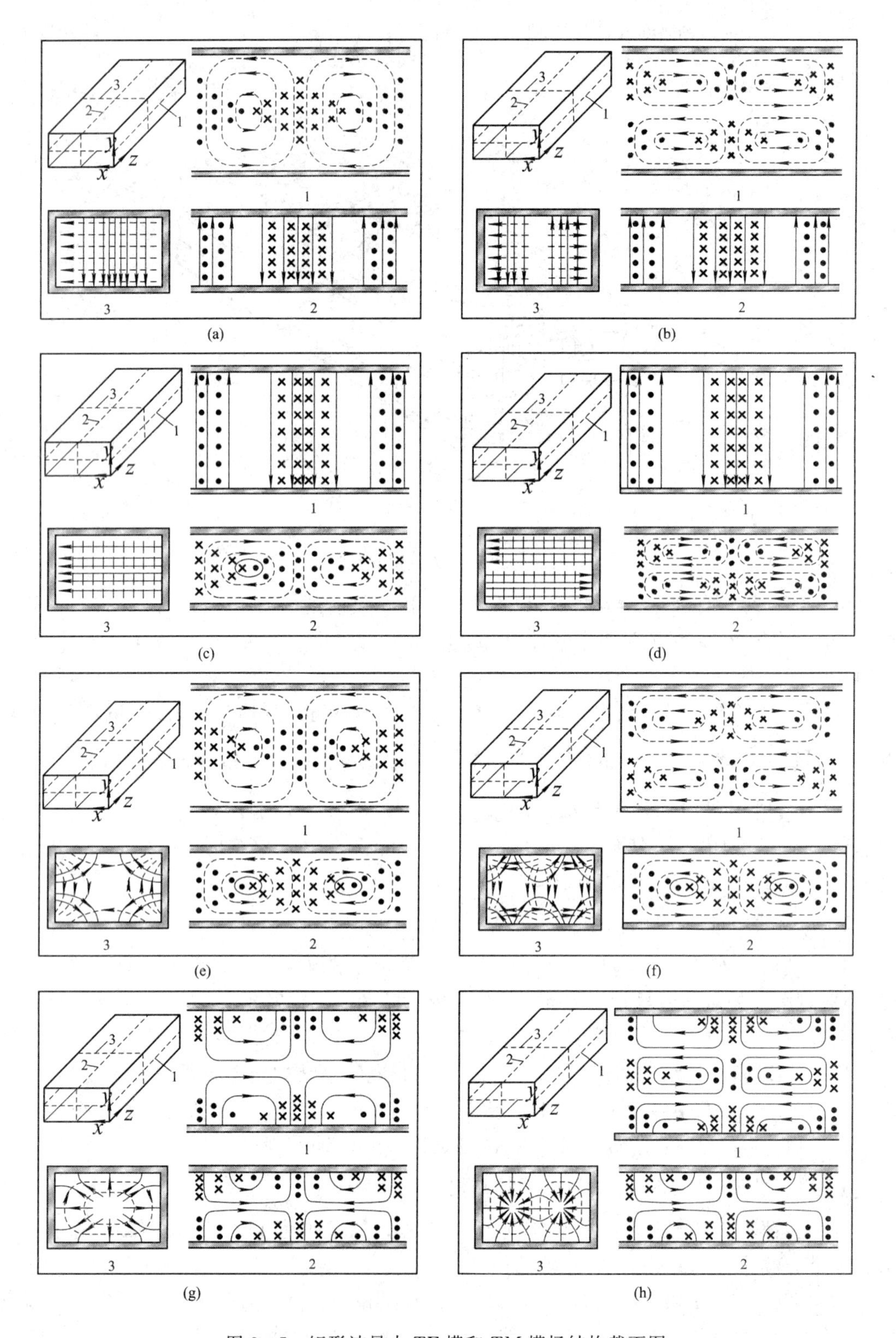

图 9-5　矩形波导中 TE 模和 TM 模场结构截面图

(a) TE_{10}；(b) TE_{20}；(c) TE_{01}；(d) TE_{02}；(e) TE_{11}；(f) TE_{21}；(g) TM_{11}；(h) TM_{21}

4. TM_{11}模与TM_{mn}模的场结构

TM模有五个场分量，其中最简单的是TM_{11}模，其磁力线完全分布在横截面内，且为闭合曲线，电力线则是空间曲线。其场沿 a 边和 b 边均有半个驻波分布，如图 9-5(g)所示。

仿照TM_{11}模，m 和 n 都大于1的TM_{mn}模的场结构便是沿 a 边和 b 边分别有 m 个和 n 个TM_{11}模场结构"小巢"。TM_{21}模的场结构如图 9-5(h)所示。

需要指出的是，并非所有的TE_{mn}模和TM_{mn}模都会在波导中同时传播，波导中存在什么模，由信号频率、波导尺寸与激励方式来决定。

9.1.3 矩形波导的管壁电流

当波导中传输电磁波时，在金属波导内壁表面上将感应产生电流，称之为管壁电流。在微波频率下，由于趋肤效应，管壁电流集中在波导内壁表面流动，其趋肤深度 δ 的典型数量级是 10^{-4} cm(例如铜波导，$f=30$ GHz 时，$\delta=3.8\times10^{-4}$ cm<0.5 μm)，因此管壁电流可看成面电流，通常用电流线描述电流分布。

管壁电流由管壁附近的切向磁场决定，满足关系

$$\boldsymbol{J}_S = \boldsymbol{e}_n \times \boldsymbol{H}_t \tag{9-21}$$

式中，$\boldsymbol{e}_n$ 是波导内壁的单位法线矢量，$\boldsymbol{H}_t$ 为内壁附近的切向磁场，如图 9-6 所示。

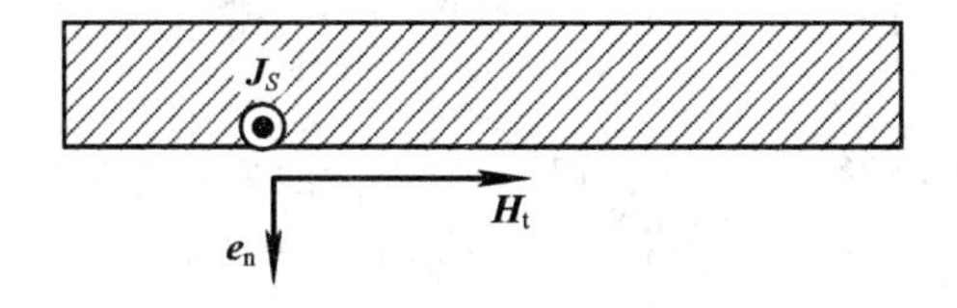

图 9-6　管壁内的表面电流

矩形波导几乎都是工作在TE_{10}模式。由式(9-20)和式(9-21)可求得其管壁电流密度分别如下：

在波导下底面($y=0$)和上顶面($y=b$)，$\boldsymbol{e}_n=\pm\boldsymbol{e}_y$，则有

$$\begin{aligned}\boldsymbol{J}_S\big|_{y=0} &= \boldsymbol{e}_y\times[\boldsymbol{e}_xH_x+\boldsymbol{e}_zH_z] = \boldsymbol{e}_xH_z-\boldsymbol{e}_zH_x\\ &=\left[\boldsymbol{e}_xH_{10}\cos\left(\frac{\pi}{a}x\right)-\boldsymbol{e}_z\mathrm{j}\frac{\beta a}{\pi}H_{10}\sin\left(\frac{\pi}{a}x\right)\right]\mathrm{e}^{\mathrm{j}(\omega t-\beta z)}\end{aligned}$$

和

$$\begin{aligned}\boldsymbol{J}_S\big|_{y=b} &= -\boldsymbol{e}_y\times[\boldsymbol{e}_xH_x+\boldsymbol{e}_zH_z] = -\boldsymbol{e}_xH_z+\boldsymbol{e}_zH_x\\ &=\left[-\boldsymbol{e}_xH_{10}\cos\left(\frac{\pi}{a}x\right)+\boldsymbol{e}_z\mathrm{j}\frac{\beta a}{\pi}H_{10}\sin\left(\frac{\pi}{a}x\right)\right]\mathrm{e}^{\mathrm{j}(\omega t-\beta z)}\end{aligned}$$

在左侧壁($x=0$)上，$\boldsymbol{e}_n=\boldsymbol{e}_x$，则有

$$\boldsymbol{J}_S\big|_{x=0} = \boldsymbol{e}_x\times\boldsymbol{e}_zH_z = -\boldsymbol{e}_yH_z\big|_{x=0} = -\boldsymbol{e}_yH_{10}\mathrm{e}^{\mathrm{j}(\omega t-\beta z)}$$

在右侧壁($x=a$)上，$\boldsymbol{e}_n=-\boldsymbol{e}_x$，则有

$$\boldsymbol{J}_S\big|_{x=a} = -\boldsymbol{e}_x\times\boldsymbol{e}_zH_z = \boldsymbol{e}_yH_z\big|_{x=a} = -\boldsymbol{e}_yH_{10}\mathrm{e}^{\mathrm{j}(\omega t-\beta z)}$$

结果表明，当矩形波导中传输 TE_{10} 模时，在左、右侧壁内只有 J_y 分量电流，且大小相等方向相同；上、下宽壁内的电流由 J_x 和 J_z 合成，同一 x 位置的上、下宽壁内的电流大小相等方向相反，如图 9-7 所示。

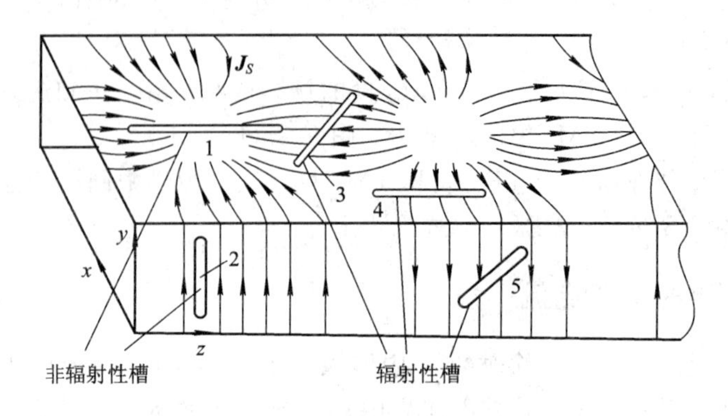

图 9-7　TE_{10} 模的管壁电流与管壁上的槽缝

研究波导管壁电流结构有着重要的实际意义。除了计算波导损耗需要知道管壁电流外，在实际应用中，有时需要在波导壁上开槽或孔以做成特定用途的元件，波导元件也需要相互连接。因此，要注意接头与槽孔所在的位置不应该破坏管壁电流的通路，否则将严重破坏原波导内的场结构，引起辐射和反射，影响功率的有效传输。相反，如果需要在波导壁上开槽做成辐射器，则应当切断电流。图 9-7 中，槽 1 和槽 2 是非辐射性槽；槽 3、槽 4 和槽 5 是辐射性槽。

由上面分析知道，在矩形波导传输 TE_{10} 模时，在波导宽壁中心线($x=a/2$ 处)上只有纵向电流 J_z，因此沿中心线纵向开槽可制成驻波测量线，用于各种微波测量。

9.1.4　矩形波导的传输特性

1. 导模的传输条件与截止

由式(8-21)和式(9-16)可以得到矩形波导中每个导模的传播常数为相位常数：

$$\beta = \sqrt{k^2 - k_c^2} = \sqrt{\omega^2 \mu \varepsilon - \left(\frac{m\pi}{a}\right)^2 - \left(\frac{n\pi}{b}\right)^2} \tag{9-22}$$

对于传输模，β 应为实数，即要求 $k^2 > k_c^2$；β 为虚数时，波不能传输；$\beta=0$ 时，是波导中波能否传输的临界状态。而对于尺寸一定的波导和一定的模式，k_c^2 为一常数，如果介质一定，k^2 的值就取决于频率的高低。由式(8-37)和式(8-38)可计算得到导模的截止频率和截止波长：

$$f_{c_{TE_{mn}}} = f_{c_{TM_{mn}}} = \frac{k_{cmn}}{2\pi\sqrt{\mu\varepsilon}} = \frac{1}{2\pi\sqrt{\mu\varepsilon}}\sqrt{\left(\frac{m\pi}{a}\right)^2 + \left(\frac{n\pi}{b}\right)^2} \tag{9-23}$$

$$\lambda_{c_{TE_{mn}}} = \lambda_{c_{TM_{mn}}} = \frac{2\pi}{k_{cmn}} = \frac{2}{\sqrt{\left(\frac{m}{a}\right)^2 + \left(\frac{n}{b}\right)^2}} \tag{9-24}$$

由上述分析可以得到如下重要结论：

1）导模的传输条件

某导模在波导中能够传输的条件是该导模的截止波长 λ_c 大于工作波长 λ，或截止频率 f_c 小于工作频率 f，即 $\lambda<\lambda_c$ 或 $f>f_c$，因而金属波导具有“高通滤波器”的性质。

2）导模的截止

由式(9－22)可知，$\lambda_c<\lambda$ 或 $f_c>f$ 的导模其 β 为虚数，相应的模式称为消失模(evanescent mode)或截止模(cut-off mode)。其所有场分量的振幅均按指数规律衰减，该衰减是由于截止模的电抗反射造成的。工作在截止模式的波导称为截止波导(cut-off waveguide)，其传播常数为衰减常数，即

$$\gamma=\alpha=\frac{2\pi}{\lambda_c}\sqrt{1-\left(\frac{\lambda_c}{\lambda}\right)^2}\approx\frac{2\pi}{\lambda_c}$$

利用一段截止波导可做成截止衰减器。

3）导模的简并现象

波导中不同的模具有相同截止波长(或截止频率)的现象，称为波导模式的“简并”现象。在矩形波导中，TE_{mn} 模和 TM_{mn} 模(m、n 均不为零)互为简并模，它们具有不同的场分布，但是纵向传输特性完全相同。矩形波导中，TE_{m0} 模式和 TE_{0n} 模式非简并模式(并不绝对)。

4）主模 TE_{10} 模

波导中截止波长 λ_c 最长(或截止频率 f_c 最低)的模称为该导行系统的主模(dominant mode)，或称基模、最低型模，其他的模则称为高次模(high-order mode)。

将不同的 m 和 n 值代入式(9－24)，便可得到不同模式截止波长的计算公式，见表9－1。表中同时列出以 BJ－100 型矩形波导(a=2.286 cm，b=1.016 cm)为例计算的部分模式的截止波长。将表中 λ_c 值按大小顺序排在一横坐标轴上，就得到如图9－8所示的截止波长分布图。

表9－1　BJ－100型矩形波导不同波型的截止波长

波型	TE_{10}	TE_{20}	TE_{01}	TE_{11}，TM_{11}	TE_{30}	TE_{21}，TM_{21}	TE_{31}，TM_{31}	TE_{40}	TE_{02}
λ_c	$2a$	a	$2b$	$\frac{2}{\sqrt{\left(\frac{1}{a}\right)^2+\left(\frac{1}{b}\right)^2}}$	$\frac{2}{3}a$	$\frac{2}{\sqrt{\left(\frac{2}{a}\right)^2+\left(\frac{1}{b}\right)^2}}$	$\frac{2}{\sqrt{\left(\frac{3}{a}\right)^2+\left(\frac{1}{b}\right)^2}}$	$\frac{1}{2}a$	b
λ_c 值/cm	4.572	2.286	2.032	1.857	1.524	1.519	1.219	1.143	1.016

由图9－8可见，矩形波导中的主模是 TE_{10} 模(如果 $a>b$)，其截止波长最长，等于 $2a$，它右边标有斜线的区域是截止区。在本例中，当工作波长 λ=5 cm 时，波导对所有模式都截止，工作在这种情况下的波导称为“截止波导”。当 λ=4 cm 时，波导只能传输 TE_{10} 模，工作在这种情况下的波导称为“单模波导”。当 λ=1.5 cm 时，波导同时允许 TE_{10}、TE_{20}、TE_{01}、TE_{11}、TM_{11}、TE_{30}、TE_{21} 及 TM_{21} 等模式传输，工作在这种情况下的波导称为“多模波导”。

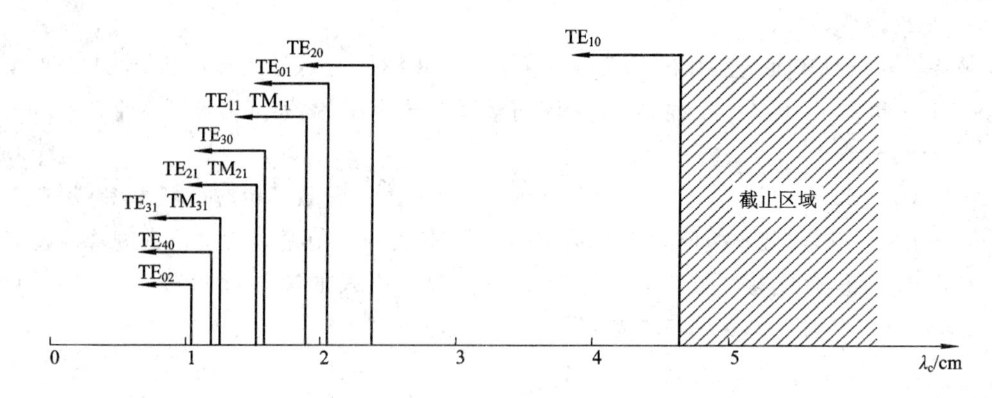

图 9-8　矩形波导不同波型截止波长分布图(BJ-100 型波导)

2. 相速度和群速度

由式(8-40)，矩形波导导模的相速度为

$$v_{\mathrm{p}}=\frac{v}{\sqrt{1-\left(\frac{\lambda}{\lambda_{\mathrm{c}}}\right)^{2}}}=\frac{v}{G}\geqslant v \tag{9-25}$$

式中，v 和 λ 分别表示同一媒质中平面波的速度($v=c/\sqrt{\varepsilon_{\mathrm{r}}}$，$c$ 为自由空间中的光速)和波长($\lambda=\lambda_0/\sqrt{\varepsilon_{\mathrm{r}}}$，$\lambda_0$ 为自由空间波长)，G 为波型因子。由此可见，波导中传输模的相速度大于同一媒质中的光速。主模 TE_{10} 模的相速度为

$$v_{\mathrm{p}_{\mathrm{TE}_{10}}}=\frac{v}{\sqrt{1-\left(\frac{\lambda}{2a}\right)^{2}}} \tag{9-26}$$

由式(8-41)，矩形波导导模的群速度为

$$v_{\mathrm{g}}=v\sqrt{1-\left(\frac{\lambda}{\lambda_{\mathrm{c}}}\right)^{2}}=vG\leqslant v \tag{9-27}$$

由此可见，波导中传输模的群速度小于同一媒质中的光速。主模 TE_{10} 模的群速度为

$$v_{\mathrm{g}_{\mathrm{TE}_{10}}}=v\sqrt{1-\left(\frac{\lambda}{2a}\right)^{2}} \tag{9-28}$$

显然有

$$v_{\mathrm{p}}\cdot v_{\mathrm{g}}=v^{2} \tag{9-29}$$

由式(9-25)和式(9-27)可见，矩形波导中波的传播速度是频率的函数，存在严重的色散现象。这种色散特性是由于波导的截止特性引起的，即是由波导本身的特性(边界条件)所决定的。

3. 波导波长

由式(8-44)，矩形波导导模的波导波长为

$$\lambda_{\mathrm{g}}=\frac{\lambda}{\sqrt{1-\left(\frac{\lambda}{\lambda_{\mathrm{c}}}\right)^{2}}}=\frac{\lambda}{G} \tag{9-30}$$

主模 TE_{10} 模的波导波长为

$$\lambda_{g_{TE_{10}}} = \frac{\lambda}{\sqrt{1-\left(\frac{\lambda}{2a}\right)^2}} \tag{9-31}$$

4. 波阻抗

由式(8－47b)，矩形波导中 TE 模的波阻抗为

$$Z_{TE} = \sqrt{\frac{\mu}{\varepsilon}} \cdot \frac{k}{\beta} = \frac{\eta}{\sqrt{1-\left(\frac{\lambda}{\lambda_c}\right)^2}} = \frac{\eta}{G} \tag{9-32}$$

主模 TE_{10} 模的波阻抗为

$$Z_{TE_{10}} = \frac{\eta}{\sqrt{1-\left(\frac{\lambda}{2a}\right)^2}} \tag{9-33}$$

可见，TE_{10} 模的波阻抗与波导窄边尺寸 b 无关。矩形波导通常都以 TE_{10} 模式工作，由式(9－33)，宽边尺寸 a 相同而窄边尺寸 b 不同的两段矩形波导的波阻抗相等。但是，将这两段波导连接时，在连接处必将产生波的反射而得不到匹配。为了处理波导的匹配问题，就需要引入波导的等效特性阻抗。关于矩形波导的等效特性阻抗问题，我们将在《微波技术》的微波网络一章中讨论。

由式(8－47c)，矩形波导中 TM 模的波阻抗为

$$Z_{TM} = \sqrt{\frac{\mu}{\varepsilon}} \cdot \frac{\beta}{k} = \eta \cdot \sqrt{1-\left(\frac{\lambda}{\lambda_c}\right)^2} = \eta G \tag{9-34}$$

5. 传输功率

矩形波导引导电磁波沿正 z 轴传播(行波工作状态)，传输的平均功率可由波导横截面上的坡印廷矢量的积分求得

$$\begin{aligned} P &= \frac{1}{2}\mathrm{Re}\left[\iint_S (\boldsymbol{E}_T \times \boldsymbol{H}_T^*) \cdot \boldsymbol{e}_z \, \mathrm{d}S\right] = \frac{1}{2Z}\iint_S |E_T|^2 \, \mathrm{d}S \\ &= \frac{1}{2Z}\int_0^a\int_0^b (|E_x|^2 + |E_y|^2) \, \mathrm{d}x \, \mathrm{d}y \end{aligned} \tag{9-35}$$

矩形波导工作在 TE_{10} 模式下的传输功率为

$$\begin{aligned} P &= \frac{1}{2Z_{TE_{10}}}\int_0^a\int_0^b |E_y|^2 \, \mathrm{d}x \, \mathrm{d}y \\ &= \frac{1}{2Z_{TE_{10}}}\int_0^a\int_0^b \left|\frac{-\mathrm{j}\omega\mu a}{\pi} H_{10} \sin\frac{\pi x}{a} \mathrm{e}^{-\mathrm{j}\beta z}\right|^2 \mathrm{d}x \, \mathrm{d}y \\ &= \frac{\omega^2 \mu^2 a^3 b \, |H_{10}|^2}{4\pi^2 Z_{TE_{10}}} = \frac{abE_0^2}{4Z_{TE_{10}}} \end{aligned} \tag{9-36}$$

式中 E_0 是 TE_{10} 模电场分量的振幅常数，对于空心矩形波导，有

$$Z_{TE_{10}} = \frac{120\pi}{\sqrt{1-\left(\frac{\lambda}{2a}\right)^2}}$$

则由式(9－36)可以得到矩形波导传输 TE_{10} 波的传输功率为

$$P = \frac{abE_0^2}{480\pi}\sqrt{1-\left(\frac{\lambda}{2a}\right)^2} \tag{9-37}$$

矩形波导能够承受的极限传输功率称为矩形波导的功率容量，一般用 P_c 表示。如果矩形波导内媒质的击穿场强为 E_c，由式(9-37)，矩形波导的功率容量为

$$P_c = \frac{abE_c^2}{480\pi}\sqrt{1-\left(\frac{\lambda}{2a}\right)^2} \tag{9-38}$$

对于空心波导，已知空气的 $E_c = 30$ kV/cm，对于截面尺寸为 $a\times b = 7.214$ cm$\times$3.404 cm(BJ-32)的波导，当传输电磁波的波长 $\lambda = 9.1$ cm 时，波导传输的功率容量为

$$P_c = \frac{7.214\times10^{-2}\times3.404\times10^{-2}\times(3\times10^6)^2}{480\pi}\times\sqrt{1-\left(\frac{9.1}{14.4}\right)^2} \approx 11\ 300\ \text{kW}$$

式(9-38)表明，矩形波导尺寸越大，频率越高，矩形波导功率容量就越大。当 $\lambda/\lambda_c > 0.9$ 时，功率容量急剧下降；当 $\lambda/\lambda_c = 1$ 时，$P_c = 0$；当 $\lambda/\lambda_c < 0.5$ 时有可能出现高次模，既要兼顾功率容量，又要使矩形波导单模传输电磁波，一般情况下我们选取 $0.5 < \lambda/\lambda_c < 0.9$。对于传输 TE_{10} 模，其 $\lambda_c = 2a$，则要求 $a < \lambda < 1.8a$。功率容量与波长的关系如图 9-9 所示。

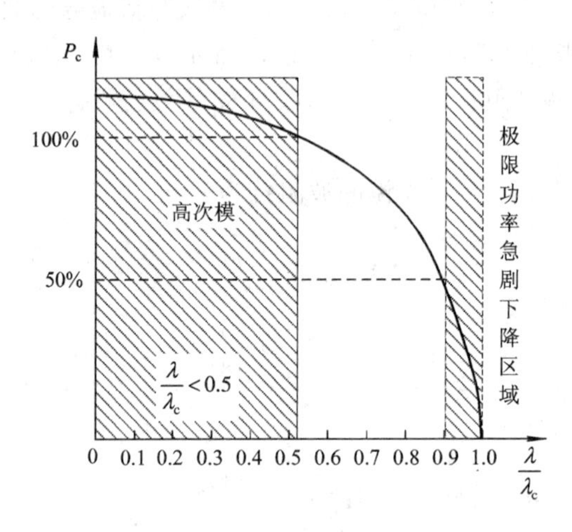

图 9-9　功率容量与波长的关系

矩形波导的功率容量较大，适合大功率微波传输，其中一个主要原因是矩形波导横截面的尺寸比一般的微波传输线的截面尺寸大。需要说明的是，微波导行系统的功率容量除了与传输线的尺寸结构有关外，还与导行系统所连接的负载有关。我们这里讨论的是导行系统工作在行波工作状态，即导行系统末端所接的负载将传输线传输的功率全部吸收，传输线上只有入射波，没有反射波。这时，在导行系统的尺寸和介质填充不变的情况下功率容量最大。但实际应用中，导行系统上总有反射波，也就是工作在行驻波工作状态，这时矩形波导传输 TE_{10} 模的功率容量为

$$P_c' = \frac{P_c}{\rho} \tag{9-39}$$

式中，ρ 是表征导行系统驻波成分大小的驻波比，它的取值范围是 $1\leqslant\rho\leqslant\infty$。为留有余地，波导实际允许的传输功率一般取行波工作状态下功率容量理论值的 25%～30%。

6. 损耗

前面推导了矩形波导场分布和矩形波导的传播特性，这些结论都是假定矩形波导是理

想导行系统，而实际导体的电导率 σ 是有限值，导体上的壁电流会引起功率损耗，如果波导内填充介质，还会引起介质损耗。

1）介质损耗

金属波导中填充均匀介质的损耗引起的导波的衰减常数为

$$\alpha_{\rm d}=\frac{k^2\tan\delta}{2\beta}\ (\text{Np/m})\qquad \text{TE 导波或 TM 导波} \tag{9-40}$$

一般情况下波导内是空气，介质损耗可以忽略。

2）导体损耗

将 TE_{10} 模的电磁场表达式代入式(8-50c)，得到导体损耗引起的衰减常数为

$$\alpha_{\rm c}=\frac{P_{\rm L}}{2P}=\frac{R_{\rm S}}{2}\frac{\oint_C |H_{\rm t}|^2\,{\rm d}l}{\iint_S(\boldsymbol{E}_T\times\boldsymbol{H}_T^*)\cdot\boldsymbol{e}_z\,{\rm d}S}$$

$$=\frac{R_{\rm S}}{b\sqrt{\dfrac{\mu}{\varepsilon}}\sqrt{1-\left(\dfrac{\lambda}{2a}\right)^2}}\left[1+2\frac{b}{a}\left(\frac{\lambda}{2a}\right)^2\right]\quad(\text{Np/m}) \tag{9-41}$$

其他导模衰减常数的计算可以参照 TE_{10} 模衰减常数的计算方法，金属导体的表面电阻见附录 F。

式(9-41)表明波导管的导体损耗由两项组成：第一项是由 H_x 分量产生的纵向电流引起的，它随着频率的升高而增加；第二项是由横向电流引起的，它随着频率的升高而下降。由此可以推断，在给定波导尺寸时，衰减一定有一个最小值，它对应 $\dfrac{{\rm d}\alpha}{{\rm d}f}=0$。图 9-10 是给定波导宽边尺寸 $a=15$ cm 时，对应不同的窄边尺寸 b，波导衰减常数随频率变化的曲线。可见，在接近截止频率时，不仅传输功率急剧下降，而且衰减也急剧上升，因此矩形波导的使用频率不要接近截止频率；另外，b 愈大衰减愈小，但是，因为矩形波导单模传输需要满足 $a>\lambda/2$，$b<\lambda/2$，所以一般情况下选择在 $b/a=1/2$ 附近。

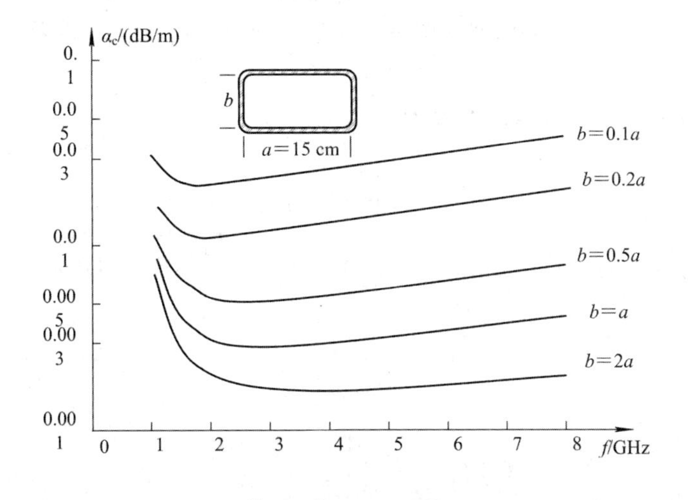

注：1 dB≈0.115 Np

图 9-10　衰减常数 $\alpha_{\rm c}$ 随频率 f 变化的曲线

7. 矩形波导截面尺寸的设计考虑

波导的尺寸设计是指根据给定的工作频率来确定波导横截面的尺寸。设计原则：工作频带内单模传输；损耗尽可能小；功率容量尽可能大；尺寸尽可能小；制造尽可能简单。

单模传输的条件为

$$\frac{\lambda}{2} < a < \lambda,\ 0 < b < \frac{\lambda}{2} \tag{9-42}$$

再综合考虑功率容量和损耗两方面的要求，一般取

$$a = 0.7\lambda,\ b = (0.4 \sim 0.5)a \tag{9-43}$$

实用时通常按照工作频率和用途，选用标准波导。国产波导尺寸见附录 G。

波导尺寸确定后，便可确定其工作频率范围。由式(9-43)可知一般情况下，$a>2b$，为保证单模传输，$\lambda>a$，保守计算 $\lambda\geqslant 1.05a$；矩形波导的工作波长接近截止波长 λ_c 时传输功率急剧下降，衰减也急剧上升，通常选择 $\lambda\leqslant 0.8\lambda_c$，因此矩形波导的工作波长范围为

$$1.05a \leqslant \lambda \leqslant 1.6a \tag{9-44}$$

例如 BJ-32 波导(72.14 mm×34.04 mm)，由式(9-44)算得其工作波长范围为 75.75 mm$<\lambda<$115.42 mm，相应的频率范围为 2.599～3.96 GHz。

可见矩形波导的频带不够宽，达不到倍频程，这是矩形波导的主要缺点之一。为了展宽频带，可采用脊形波导(ridded waveguide)。脊形波导与相同截面尺寸的矩形波导相比，其中主模 TE_{10} 模的截止波长变长，次低模 TE_{20} 模的截止波长虽然变化不大，但是单模工作的频带仍然得到了有效的展宽，可达数倍频程，因此脊形波导适于用作宽带馈线和元件；另外，脊形波导的等效阻抗低，因此脊高度渐变的脊形波导还适于用作高低阻抗传输线之间的过渡段，比如由波导变至同轴线或微带；但是由于脊形波导内存在突缘，因而功率容量减小，损耗增加，不宜于传输大功率；另外，相比而言，脊形波导加工上的难度也比较大。

【例 9-1】 空气铜制 BJ-100 型(a=2.286 cm，b=1.016 cm)波导，试问：

(1) 工作波长为 1.5 cm 时，波导中能传输什么模？

(2) 工作波长为 3 cm 时，求波导中传输电磁波的 v_p、v_g、Z_{TE}，以及 1 m 长波导的 dB 衰减值(1 Np=8.686 dB)。

解 (1) 矩形波导模式的截止波长计算公式为

$$\lambda_c = \frac{2}{\sqrt{\left(\dfrac{m}{a}\right)^2 + \left(\dfrac{n}{b}\right)^2}}$$

模式能够传输的条件是 $\lambda_c>1.5$ cm，按照由长至短的顺序计算各导模的截止波长如下：

$$\lambda_c(TE_{10}) = 2a = 4.572\ \text{cm}$$

$$\lambda_c(TE_{20}) = a = 2.286\ \text{cm}$$

$$\lambda_c(TE_{30}) = 2a/3 = 1.524\ \text{cm}$$

$$\lambda_c(TE_{40}) = a/2 = 1.143\ \text{cm}$$

$$\lambda_c(TE_{01}) = 2b = 2.032\ \text{cm}$$

$$\lambda_c(TE_{02}) = b = 1.016\ \text{cm}$$

$$\lambda_c(TE_{11}、TM_{11}) = 1.857\ \text{cm}$$

$$\lambda_c(\text{TE}_{21}、\text{TM}_{21}) = 1.519 \text{ cm}$$

$$\lambda_c(\text{TE}_{31}、\text{TM}_{31}) = 1.219 \text{ cm}$$

可见，此波导中能够传输 TE_{10}、TE_{20}、TE_{30}、TE_{01}、TE_{11}、TM_{11}、TE_{21} 和 TM_{21} 共 8 种模式。

(2) $\lambda=3$ cm 时只能传输 TE_{10} 模，则有

$$v_p = \frac{c}{G} = \frac{3\times 10^8}{\sqrt{1-\left(\frac{3}{4.572}\right)^2}} \approx 3.976\times 10^8 \text{ m/s}$$

$$v_g = c\cdot G = 3\times 10^8 \times \sqrt{1-\left(\frac{3}{4.572}\right)^2} \approx 2.264 \text{ m/s}$$

$$Z_{\text{TE}_{10}} = \frac{\eta}{G} = \frac{120\pi}{\sqrt{1-\left(\frac{3}{4.572}\right)^2}} \approx 499.58\ \Omega$$

$$\beta_{\text{TE}_{10}} = \sqrt{k^2-k_c^2} = \sqrt{\left(\frac{2\pi}{\lambda}\right)^2-\left(\frac{2\pi}{\lambda_c}\right)^2} = \sqrt{\left(\frac{2\pi}{3}\right)^2-\left(\frac{2\pi}{4.572}\right)^2} \approx 158.05 \text{ rad/m}$$

铜的电导率 $\sigma=5.8\times 10^7$ S/m，则 $R_S=\sqrt{\omega\mu/2\sigma}=0.026\ \Omega$。由式(9-41)计算得到

$$\alpha_c = \frac{R_S}{b\sqrt{\frac{\mu}{\varepsilon}}\sqrt{1-\left(\frac{\lambda}{2a}\right)^2}}\left[1+2\frac{b}{a}\left(\frac{\lambda}{2a}\right)^2\right] = 0.0125 \text{ Np/m} = 0.11 \text{ dB/m}$$

9.2 圆　波　导

圆形波导(circular waveguide)简称圆波导，是截面形状为圆形的空心金属波导管，如图 9-11 所示，其内壁半径为 R。与矩形波导一样，圆波导也只能传输 TE 和 TM 导波。圆波导具有加工方便、损耗较小与双极化特性，常用在天线馈线中；圆波导段还可广泛用作微波谐振腔、波长计。本节将讨论圆波导中的导模及其传输特性，着重分析三个常用主要模式(TE_{11}、TM_{01} 和 TE_{01} 模)的特点及其应用。

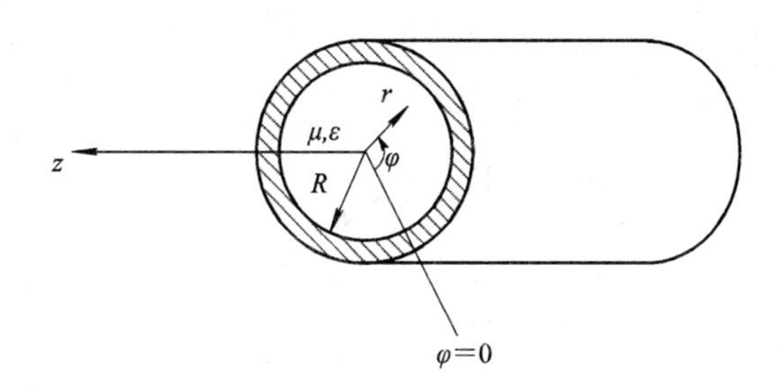

图 9-11　圆波导及其坐标系

9.2.1　圆波导中的导模

如图 9-11 所示，圆波导分析采用圆柱坐标系(r, φ, z)，其拉梅系数 $h_1=1$，$h_2=r$，$h_3=1$。沿波导正 z 方向传播的导波场可以写成(略去时间因子 $e^{j\omega t}$)

$$\begin{aligned}\boldsymbol{E}(r, \varphi, z) &= \boldsymbol{E}_T(r, \varphi, z) + \boldsymbol{e}_z E_z(r, \varphi, z)\\ &= \boldsymbol{E}_T(r, \varphi)\mathrm{e}^{-\mathrm{j}\beta z} + \boldsymbol{e}_z E_z(r, \varphi)\mathrm{e}^{-\mathrm{j}\beta z}\\ \boldsymbol{H}(r, \varphi, z) &= \boldsymbol{H}_T(r, \varphi, z) + \boldsymbol{e}_z H_z(r, \varphi, z)\\ &= \boldsymbol{H}_T(r, \varphi)\mathrm{e}^{-\mathrm{j}\beta z} + \boldsymbol{e}_z H_z(r, \varphi)\mathrm{e}^{-\mathrm{j}\beta z}\end{aligned}$$

由式(8-20)可写出圆柱坐标系中轴向场分量所满足的导波方程：

$$\frac{\partial^2 E_z}{\partial r^2} + \frac{1}{r}\frac{\partial E_z}{\partial r} + \frac{1}{r^2}\frac{\partial^2 E_z}{\partial \varphi^2} = -k_c^2 E_z \tag{9-45}$$

$$\frac{\partial^2 H_z}{\partial r^2} + \frac{1}{r}\frac{\partial H_z}{\partial r} + \frac{1}{r^2}\frac{\partial^2 H_z}{\partial \varphi^2} = -k_c^2 H_z \tag{9-46}$$

与矩形波导一样，先用分离变量法求解出 E_z 和 H_z，用边界条件确定积分常数，然后再利用横向场分量与纵向场分量的关系求出所有场分量。由式(8-24a)可写出圆柱坐标系中横向场分量与纵向场分量之间的关系式：

$$\begin{cases} E_r = -\dfrac{1}{k_c^2}\left[\mathrm{j}\beta\dfrac{\partial E_z}{\partial r} + \dfrac{\mathrm{j}\omega\mu}{r}\dfrac{\partial H_z}{\partial \varphi}\right] \\ E_\varphi = -\dfrac{1}{k_c^2}\left[\dfrac{\mathrm{j}\beta}{r}\dfrac{\partial E_z}{\partial \varphi} - \mathrm{j}\omega\mu\dfrac{\partial H_z}{\partial r}\right] \\ H_r = -\dfrac{1}{k_c^2}\left[\mathrm{j}\beta\dfrac{\partial H_z}{\partial r} - \dfrac{\mathrm{j}\omega\varepsilon}{r}\dfrac{\partial E_z}{\partial \varphi}\right] \\ H_\varphi = -\dfrac{1}{k_c^2}\left[\dfrac{\mathrm{j}\beta}{r}\dfrac{\partial H_z}{\partial \varphi} + \mathrm{j}\omega\varepsilon\dfrac{\partial E_z}{\partial r}\right] \end{cases} \tag{9-47}$$

下面分别对 TE 模和 TM 模两种情况进行讨论。

1. TE 模

对于 TE 模，$E_z=0$，故只需求 H_z。应用分离变量法求解式(9-46)，即令

$$H_z = R(r)\Phi(\varphi)\mathrm{e}^{-\mathrm{j}\beta z} \tag{9-48}$$

代入式(9-46)，得到方程

$$\frac{r^2}{R}\frac{\partial^2 R}{\partial r^2} + \frac{r}{R}\frac{\partial R}{\partial r} + k_c^2 r^2 = -\frac{1}{\Phi}\frac{\partial^2 \Phi}{\partial \varphi^2}$$

此式要成立，则等式两边须等于一个共同的常数。令此常数为 m^2，得到

$$\frac{\mathrm{d}^2\Phi}{\mathrm{d}\varphi^2} + m^2\Phi = 0 \tag{9-49}$$

$$r^2\frac{\mathrm{d}^2 R}{\mathrm{d}r^2} + r\frac{\mathrm{d}R}{\mathrm{d}r} + (k_c^2 r^2 - m^2)R = 0 \tag{9-50}$$

式(9-49)的通解为

$$\Phi(\varphi) = B_1\cos m\varphi + B_2\sin m\varphi = B\begin{matrix}\cos m\varphi\\ \sin m\varphi\end{matrix} \quad (m = 0, 1, 2, \cdots) \tag{9-51}$$

式中，B 为积分常数。因圆波导结构呈轴对称，分布函数沿坐标 φ 既可以按 $\cos m\varphi$ 变化，也可以按 $\sin m\varphi$ 变化，也就是说场的极化方向具有不确定性。为了满足场量沿 φ 方向的变化周期为 2π，m 应为整数，一般取非负整数，负整数的结果也一样。

式(9-50)的通解为

$$R(r) = A_1\mathrm{J}_m(k_c r) + A_2\mathrm{N}_m(k_c r) \tag{9-52}$$

式中，A_1、A_2 为积分常数；$\mathrm{J}_m(k_c r)$是第一类 m 阶贝塞尔函数，$\mathrm{N}_m(k_c r)$是第二类 m 阶贝塞尔函数，其变化曲线如图 9-12 所示。

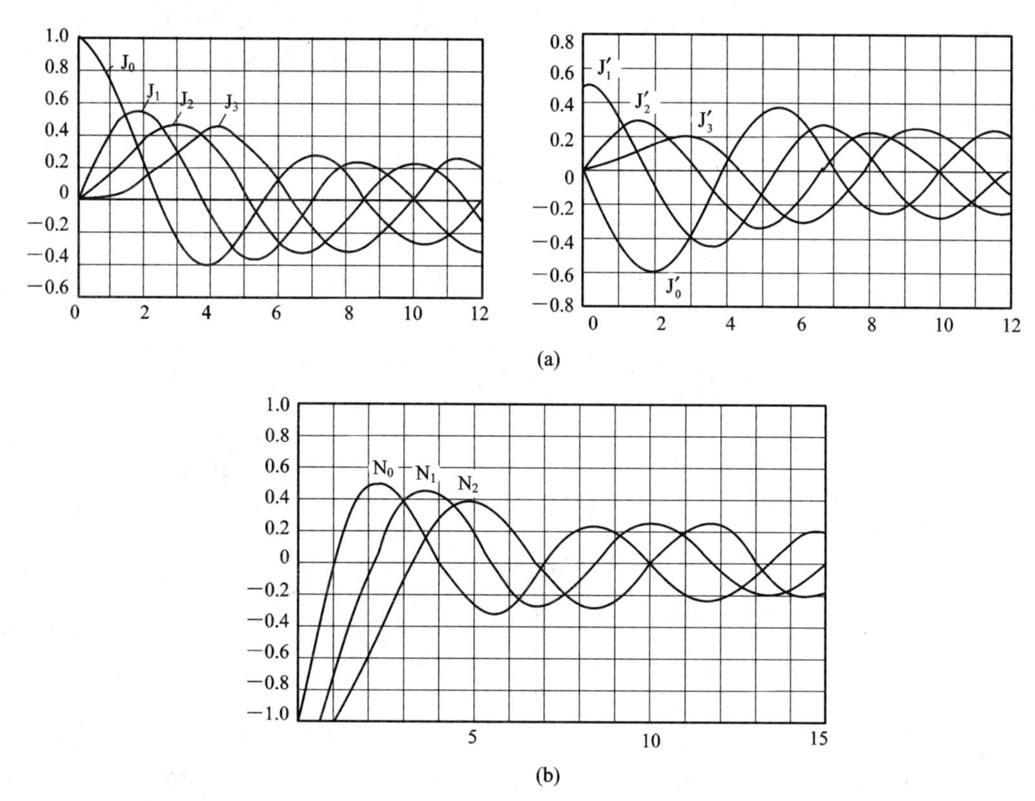

图 9-12　变化曲线

(a) 第一类贝塞尔函数 $\mathrm{J}_m(x)$及其导数 $\mathrm{J}'_m(x)$的变化曲线；(b) 第二类贝塞尔函数 $\mathrm{N}_m(x)$的变化曲线

将式(9-51)和式(9-52)代入式(9-48)，得到

$$H_z = \{A_1 \mathrm{J}_m(k_c r) + A_2 \mathrm{N}_m(k_c r)\} B \begin{matrix} \cos m\varphi \\ \sin m\varphi \end{matrix} \mathrm{e}^{-\mathrm{j}\beta z} \tag{9-53}$$

边界条件要求：$0 \leqslant r \leqslant R$，$H_z$ 应为有限值。由式(9-53)，因 $r \to 0$ 时，$\mathrm{N}_m(k_c r) \to -\infty$，而圆波导中心处的场应该是有限的，故须令 $A_2 = 0$。

在 $r = R$ 处，$E_\varphi = E_z = 0$。由式(8-28)或式(9-47)可知，有

$$\left. \frac{\partial H_z}{\partial r} \right|_{r=R} = 0$$

即

$$\left. \frac{\partial H_z}{\partial r} \right|_{r=R} = \{A_1 k_c \mathrm{J}'_m(k_c R)\} B \begin{matrix} \cos m\varphi \\ \sin m\varphi \end{matrix} \mathrm{e}^{-\mathrm{j}\beta z} = 0$$

则

$$\mathrm{J}'_m(k_c R) = 0$$

令 $\mathrm{J}'_m(k_c R)$的第 n 个根为 u'_{mn}，即得到

$$k_c R = u'_{mn} \quad 或 \quad k_c = \frac{u'_{mn}}{R} \qquad (n = 1, 2, 3, \cdots) \tag{9-54}$$

最后得到 H_z 的基本解为

$$H_z = H_{mn}\mathrm{J}_m\left(\frac{u'_{mn}}{R}r\right)\begin{matrix}\cos m\varphi \\ \sin m\varphi\end{matrix}\,\mathrm{e}^{-\mathrm{j}\beta z} \tag{9-55a}$$

式中，$H_{mn}=A_1B$ 为任意振幅常数。m 可取任意非负整数，n 可取任意正整数，称为波型指数。任意一对 m、n 值对应一个基本波函数，这些基本波函数的组合也是式(9-46)的解。故 H_z 的一般解为

$$H_z = \sum_{m=0}^{\infty}\sum_{n=1}^{\infty}H_{mn}\mathrm{J}_m\left(\frac{u'_{mn}}{R}r\right)\begin{matrix}\cos m\varphi \\ \sin m\varphi\end{matrix}\,\mathrm{e}^{-\mathrm{j}\beta z} \tag{9-55b}$$

将式(9-55b)代入式(9-47)，最后可得圆波导中传输型 TE 导模场分量为

$$\begin{cases}
E_r = \pm\displaystyle\sum_{m=0}^{\infty}\sum_{n=1}^{\infty}\frac{\mathrm{j}\omega\mu m R^2}{(u'_{mn})^2 r}H_{mn}\mathrm{J}_m\left(\frac{u'_{mn}}{R}r\right)\begin{matrix}\sin m\varphi \\ \cos m\varphi\end{matrix}\,\mathrm{e}^{\mathrm{j}(\omega t-\beta z)} \\
E_\varphi = \displaystyle\sum_{m=0}^{\infty}\sum_{n=1}^{\infty}\frac{\mathrm{j}\omega\mu R}{u'_{mn}}H_{mn}\mathrm{J}'_m\left(\frac{u'_{mn}}{R}r\right)\begin{matrix}\cos m\varphi \\ \sin m\varphi\end{matrix}\,\mathrm{e}^{\mathrm{j}(\omega t-\beta z)} \\
E_z = 0 \\
H_r = \displaystyle\sum_{m=0}^{\infty}\sum_{n=1}^{\infty}\frac{-\mathrm{j}\beta R}{u'_{mn}}H_{mn}\mathrm{J}'_m\left(\frac{u'_{mn}}{R}r\right)\begin{matrix}\cos m\varphi \\ \sin m\varphi\end{matrix}\,\mathrm{e}^{\mathrm{j}(\omega t-\beta z)} \\
H_\varphi = \pm\displaystyle\sum_{m=0}^{\infty}\sum_{n=1}^{\infty}\frac{\mathrm{j}\beta m R^2}{(u'_{mn})^2 r}H_{mn}\mathrm{J}_m\left(\frac{u'_{mn}}{R}r\right)\begin{matrix}\sin m\varphi \\ \cos m\varphi\end{matrix}\,\mathrm{e}^{\mathrm{j}(\omega t-\beta z)} \\
H_z = \displaystyle\sum_{m=0}^{\infty}\sum_{n=1}^{\infty}H_{mn}\mathrm{J}_m\left(\frac{u'_{mn}}{R}r\right)\begin{matrix}\cos m\varphi \\ \sin m\varphi\end{matrix}\,\mathrm{e}^{\mathrm{j}(\omega t-\beta z)}
\end{cases} \tag{9-56}$$

可见，圆波导中的 TE 导模有无穷多个，以 TE_{mn} 表示。场沿半径按贝塞尔函数或其导数的规律变化，波型指数 n 表示场沿半径分布的半驻波数或场的最大值个数；场沿圆周按正弦或余弦函数形式变化，波型指数 m 表示场沿圆周分布的整波数。

2. TM 模

对于 TM 模，$H_z=0$，$E_z\neq 0$。用同样的方法可以求得

$$E_z = \{A_3\mathrm{J}_m(k_c r) + A_4\mathrm{N}_m(k_c r)\}C\begin{matrix}\cos m\varphi \\ \sin m\varphi\end{matrix}\,\mathrm{e}^{-\mathrm{j}\beta z} \tag{9-57}$$

边界条件要求：$0\leqslant r\leqslant R$，E_z 为有限值，则 $A_4=0$；$r=R$，$E_\varphi=E_z=0$，即

$$\mathrm{J}_m(k_c R) = 0$$

令 $\mathrm{J}_m(k_c R)$的第 n 个根为 u_{mn}，则得到

$$k_c R = u_{mn} \quad 或 \quad k_c = \frac{u_{mn}}{R} \qquad (n = 1, 2, 3, \cdots) \tag{9-58}$$

最后得到 E_z 的基本解为

$$E_z = E_{mn}\mathrm{J}_m\left(\frac{u_{mn}}{R}r\right)\begin{matrix}\cos m\varphi \\ \sin m\varphi\end{matrix}\,\mathrm{e}^{-\mathrm{j}\beta z} \tag{9-59a}$$

式中，$E_{mn}=A_1C$ 为任意振幅常数。m 可取任意非负整数，n 可取任意正整数，称为波型指数。任意一对 m、n 值对应一个基本波函数，这些基本波函数的组合也是式(9-45)的解。故 E_z 的一般解为

$$E_z = \sum_{m=0}^{\infty}\sum_{n=1}^{\infty}E_{mn}\mathrm{J}_m\left(\frac{u_{mn}}{R}r\right)\begin{matrix}\cos m\varphi \\ \sin m\varphi\end{matrix}\,\mathrm{e}^{-\mathrm{j}\beta z} \tag{9-59b}$$

将式(9-59b)代入式(9-47)，最后可得圆波导中传输型 TM 导模场分量为

$$
\begin{cases}
E_r = \sum\limits_{m=0}^{\infty}\sum\limits_{n=1}^{\infty} \dfrac{-\mathrm{j}\beta R}{u_{mn}} E_{mn} \mathrm{J}'_m\left(\dfrac{u_{mn}}{R}r\right) \begin{matrix}\cos m\varphi \\ \sin m\varphi\end{matrix} \mathrm{e}^{\mathrm{j}(\omega t-\beta z)} \\
E_\varphi = \pm \sum\limits_{m=0}^{\infty}\sum\limits_{n=1}^{\infty} \dfrac{\mathrm{j}\beta R^2 m}{u_{mn}^2} E_{mn} \mathrm{J}_m\left(\dfrac{u_{mn}}{R}r\right) \begin{matrix}\sin m\varphi \\ \cos m\varphi\end{matrix} \mathrm{e}^{\mathrm{j}(\omega t-\beta z)} \\
E_z = \sum\limits_{m=0}^{\infty}\sum\limits_{n=1}^{\infty} E_{mn} \mathrm{J}_m\left(\dfrac{u_{mn}}{R}r\right) \begin{matrix}\cos m\varphi \\ \sin m\varphi\end{matrix} \mathrm{e}^{\mathrm{j}(\omega t-\beta z)} \\
H_r = \mp \sum\limits_{m=0}^{\infty}\sum\limits_{n=1}^{\infty} \dfrac{\mathrm{j}\omega\varepsilon R^2 m}{u_{mn}^2 r} E_{mn} \mathrm{J}_m\left(\dfrac{u_{mn}}{R}r\right) \begin{matrix}\sin m\varphi \\ \cos m\varphi\end{matrix} \mathrm{e}^{\mathrm{j}(\omega t-\beta z)} \\
H_\varphi = \sum\limits_{m=0}^{\infty}\sum\limits_{n=1}^{\infty} \dfrac{-\mathrm{j}\omega\varepsilon R}{u_{mn}} E_{mn} \mathrm{J}'_m\left(\dfrac{u_{mn}}{R}r\right) \begin{matrix}\cos m\varphi \\ \sin m\varphi\end{matrix} \mathrm{e}^{\mathrm{j}(\omega t-\beta z)} \\
H_z = 0
\end{cases}
\tag{9-60}
$$

可见，圆波导中的 TM 模也有无穷多个，以 TM_{mn} 表示。

9.2.2 圆波导中导模的传输特性

圆波导与矩形波导一样同属空心金属波导，因而，它们的纵向传输特性基本一致。圆波导中 TE 模和 TM 模的传输特性见表 9-2。

表 9-2　圆波导中导模的传输特性

	截止波数 k_c	截止波长 λ_c	截止频率 f_c	传播常数 β	波阻抗
计算公式		$\lambda_c=\dfrac{2\pi}{k_c}$	$f_c=\dfrac{k_c v}{2\pi}$	$\beta=\sqrt{k^2-k_c^2}$	$Z=\dfrac{E_r}{H_\varphi}=-\dfrac{E_\varphi}{H_r}$
TE 模	$\dfrac{u'_{mn}}{R}$	$\dfrac{2\pi R}{u'_{mn}}$	$\dfrac{u'_{mn}}{2\pi R\sqrt{\mu\varepsilon}}$	$\sqrt{\omega^2\mu\varepsilon-\left(\dfrac{u'_{mn}}{R}\right)^2}$	$\dfrac{\omega\mu}{\beta}=\dfrac{\eta k}{\beta}=\dfrac{\eta}{G}$
TM 模	$\dfrac{u_{mn}}{R}$	$\dfrac{2\pi R}{u_{mn}}$	$\dfrac{u_{mn}}{2\pi R\sqrt{\mu\varepsilon}}$	$\sqrt{\omega^2\mu\varepsilon-\left(\dfrac{u_{mn}}{R}\right)^2}$	$\dfrac{\beta}{\omega\varepsilon}=\dfrac{\eta\beta}{k}=\eta G$

表 9-3 和表 9-4 分别列出了几个 TE 模和 TM 模的截止波长值。

表 9-3　u'_{mn} 值与相应 TE_{mn} 模的 λ_c 值

波型	TE_{11}	TE_{21}	TE_{01}	TE_{31}	TE_{12}	TE_{22}	TE_{02}	TE_{13}	TE_{03}
u'_{mn}	1.841	3.054	3.832	4.201	5.332	6.705	7.016	8.536	10.173
λ_c	3.41R	2.06R	1.64R	1.50R	1.18R	0.94R	0.90R	0.74R	0.62R

表 9-4　u_{mn} 值与相应 TM_{mn} 模的 λ_c 值

波型	TM_{01}	TM_{11}	TM_{21}	TM_{02}	TM_{12}	TM_{22}	TM_{03}	TM_{13}
u_{mn}	2.405	3.832	5.135	5.520	7.016	8.417	8.650	10.17
λ_c	2.62R	1.64R	1.22R	1.14R	0.90R	0.75R	0.72R	0.62R

由上面的分析和计算结果可知：

(1) 圆波导和矩形波导一样，具有高通特性，传输模的相位因数需满足关系

$\beta^2=\omega^2\mu\varepsilon-k_c^2$，因此圆波导中也只能传输 $\lambda<\lambda_c$ 的模，且因 λ_c 与圆波导的半径 R 成正比，故尺寸越小，λ_c 越小。

（2）圆波导有两种简并现象：一种是 TE_{0n} 模和 TM_{1n} 模简并，这两种模的 λ_c 相同；另一种是特殊的简并现象，即所谓"极化简并"。这是因为场分量沿 φ 方向的分布存在着 $\cos m\varphi$ 和 $\sin m\varphi$ 两种可能性。这两种分布模的 m、n 和场结构完全一样，只是极化面相互旋转了 90°，故称为极化简并。除 TE_{0n} 模和 TM_{0n} 模外，每种 TE_{mn} 和 TM_{mn} 模($m\neq0$)本身都存在着简并现象，而极化简并现象实际上也是存在的。因为圆波导加工总不可能保证完全是个正圆，如稍微出现有椭圆度，则其中传输的模就会分裂成沿椭圆长轴极化和沿短轴极化的两个模，从而形成极化简并现象，如图 9－13 所示。另外，波导中总难免出现不均匀性，或在波导壁上开孔或槽等，这也会导致模的极化简并，故圆波导通常不宜用作传输系统。但有时我们又需要利用圆波导的这种极化简并现象来做成一些特殊的微波元件。

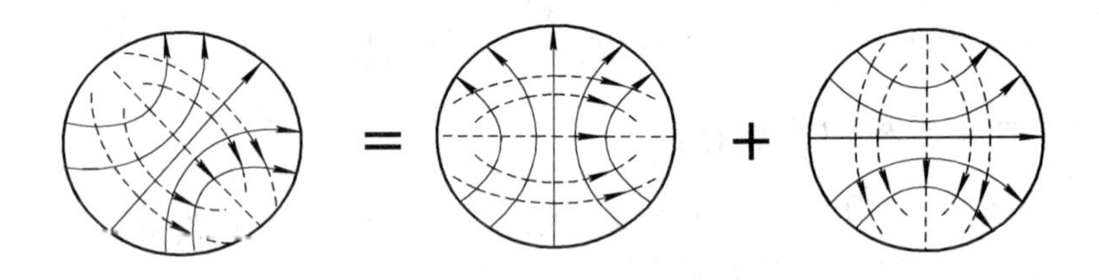

图 9－13　TE_{11} 模的极化简并

（3）比较表 9－3 和表 9－4 可以看出，圆波导中的主模是 TE_{11} 模，其截止波长最长，$\lambda_{c_{TE_{11}}}=3.41R$；圆波导模式的截止波长分布图如图 9－14 所示。由图可见，当 $2.62R<\lambda<3.41R$ 或者 $\frac{\lambda}{3.41}<R<\frac{\lambda}{2.62}$ 时，圆波导中只能传输 TE_{11} 模，可以做到单模工作。若同时考虑传输功率大和损耗小的要求，一般选取 $R=\lambda/3$。

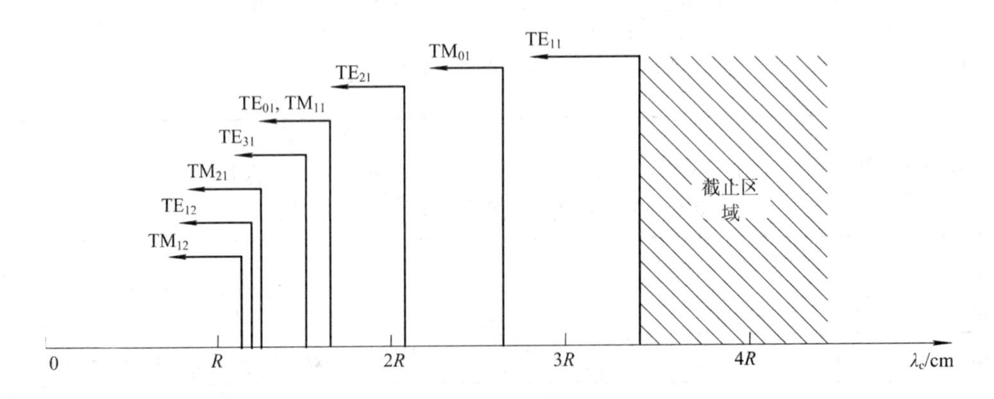

图 9－14　圆波导的模式截止波长分布图

9.2.3　圆波导中三个主要导模及其应用

圆波导中实际应用较多的模是 TE_{11}、TM_{01} 和 TE_{01} 三个模。利用这三个模的场结构和管壁电流分布的特点可以构成一些特殊用途的波导元件，以用于微波天线馈线系统中。下面分别加以讨论。

1. 主模 TE_{11} 模($\lambda_c=3.41R$)

将 $m=1$，$n=1$ 代入式(9-56)可以得到 TE_{11} 模场分量为(取 $\sin\varphi$)

$$\begin{cases} E_r = -\dfrac{j\omega\mu R^2}{(1.841)^2 r} H_{11} J_1\left(\dfrac{1.841r}{R}\right)\cos\varphi e^{j(\omega t-\beta z)} \\ E_\varphi = \dfrac{j\omega\mu R}{1.841} H_{11} J_1'\left(\dfrac{1.841r}{R}\right)\sin\varphi e^{j(\omega t-\beta z)} \\ E_z = 0 \\ H_r = \dfrac{-j\beta R}{1.841} H_{11} J_1'\left(\dfrac{1.841r}{R}\right)\sin\varphi e^{j(\omega t-\beta z)} \\ H_\varphi = -\dfrac{j\beta R^2}{(1.841)^2 r} H_{11} J_1\left(\dfrac{1.841r}{R}\right)\cos\varphi e^{j(\omega t-\beta z)} \\ H_z = H_{11} J_1\left(\dfrac{1.841r}{R}\right)\sin\varphi e^{j(\omega t-\beta z)} \end{cases} \tag{9-61}$$

TE_{11} 模有五个场分量，其场结构及管壁电流分布图如图 9-15 所示。由图可见，TE_{11} 模的场结构与矩形波导主模 TE_{10} 模的场结构相似。实际应用中，圆波导的 TE_{11} 模是由矩形波导的 TE_{10} 模激励，将矩形波导的截面逐渐过渡成圆形，从而 TE_{10} 模自然过渡到 TE_{11} 模，如图 9-16 所示。

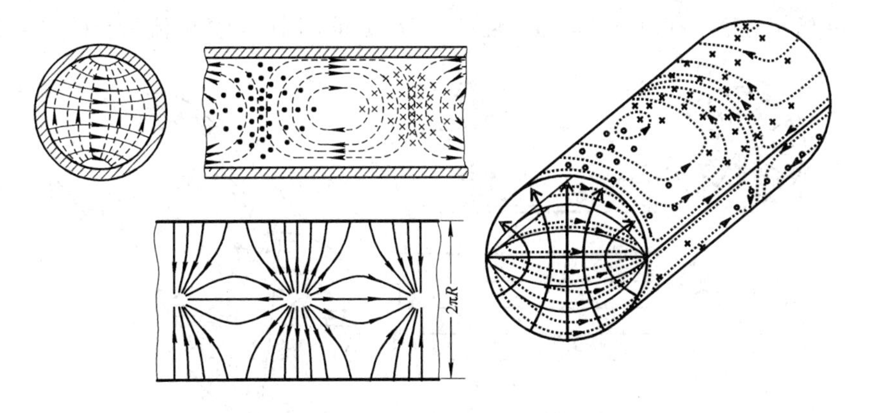

图 9-15　TE_{11} 模的电磁场结构及管壁电流分布图

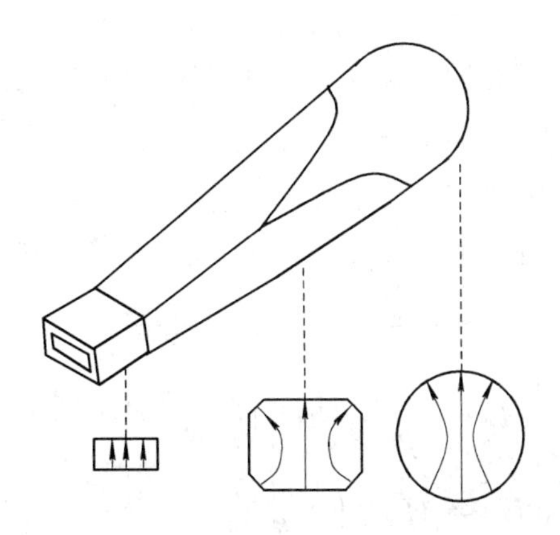

图 9-16　由矩形波导的 TE_{10} 模过渡到圆波导的 TE_{11} 模

虽然 TE_{11} 模是圆波导的主模，但是如前所述，它存在极化简并，如图 9-13 所示，所以不宜采用 TE_{11} 模来传输微波能量。这也就是实用中不用圆波导而采用矩形波导作传输系统的基本原因。

然而，利用 TE_{11} 模的极化简并却可以构成一些特殊的波导元器件，如极化衰减器、极化分离器等。

2. 轴对称 TM_{01} 模($\lambda_c=2.62R$)

TM_{01} 模是圆波导中的最低型横磁模，并且不存在简并。将 $m=0$，$n=1$ 代入式(9-60)，得到 TM_{01} 模的场分量为

$$\begin{cases} E_r = \dfrac{j\beta R}{2.405} E_{01} J_1\left(\dfrac{2.405r}{R}\right) e^{j(\omega t-\beta z)} \\ E_z = E_{01} J_0\left(\dfrac{2.405r}{R}\right) e^{j(\omega t-\beta z)} \\ H_\varphi = \dfrac{j\omega\varepsilon R}{2.405} E_{01} J_1\left(\dfrac{2.405r}{R}\right) e^{j(\omega t-\beta z)} \\ E_\varphi = H_r = H_z = 0 \end{cases} \tag{9-62}$$

TM_{01} 模有三个场分量，其场结构及管壁电流分布图如图 9-17 所示。由图可见，其场结构的特点是：① 电磁场沿 φ 方向不变化，场分布具有轴对称性；② 电场相对集中在中心线附近；③ 磁场相对集中在波导壁附近，且只有 H_φ 分量，因而管壁电流只有纵向分量 J_z。

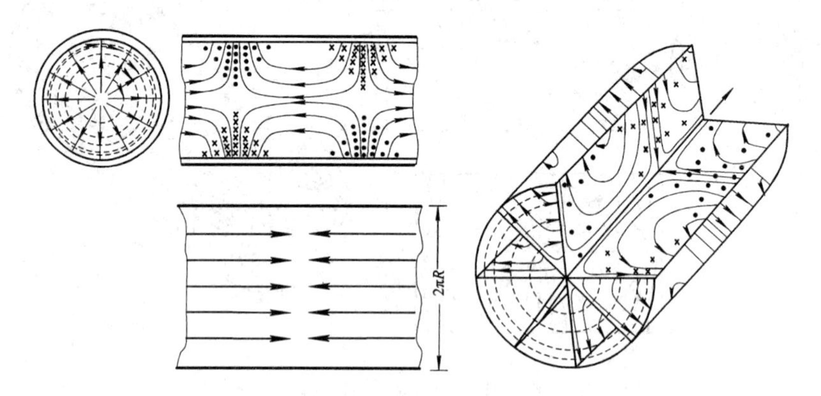

图 9-17　TM_{01} 模的电磁场结构及管壁电流分布图

因为 TM_{01} 模的场结构具有轴对称性，且只有纵向电流，所以特别适于作微波天线扫描装置的旋转铰链工作模式。

3. 低损耗 TE_{01} 模($\lambda_c=1.64R$)

TE_{01} 模是圆波导的高次模。将 $m=0$ 和 $n=1$ 代入式(9-56)可以得到其场分量为

$$\begin{cases} E_\varphi = -\dfrac{j\omega\mu R}{3.832} H_{01} J_1\left(\dfrac{3.832r}{R}\right) e^{j(\omega t-\beta z)} \\ H_r = \dfrac{j\beta R}{3.832} H_{01} J_1\left(\dfrac{3.832r}{R}\right) e^{j(\omega t-\beta z)} \\ H_z = H_{01} J_0\left(\dfrac{3.832r}{R}\right) e^{j(\omega t-\beta z)} \\ E_r = E_z = H_\varphi = 0 \end{cases} \tag{9-63}$$

TE_{01}模有三个场分量，其场结构及管壁电流分布图如图 9－18 所示。由图可见，其场结构有如下特点：① 电磁场沿 φ 方向不变化，场分布具有轴对称性；② 电场只有 E_φ 分量，电力线都是横截面内的同心圆，且在波导中心和波导壁附近为零；③ 在管壁附近只有 H_z 分量，管壁电流只有 J_φ 分量。因此，当传输功率一定时，随着频率的升高，其功率损耗反而单调下降。这一特点使 TE_{01}模适于用作高 Q 圆柱谐振腔的工作模式和毫米波远距离低耗传输。在毫米波段，TE_{01}模圆波导的理论衰减约为矩形波导衰减的 1/4～1/8。但 TE_{01}模不是主模，因此在使用时需要设法抑制其他模。

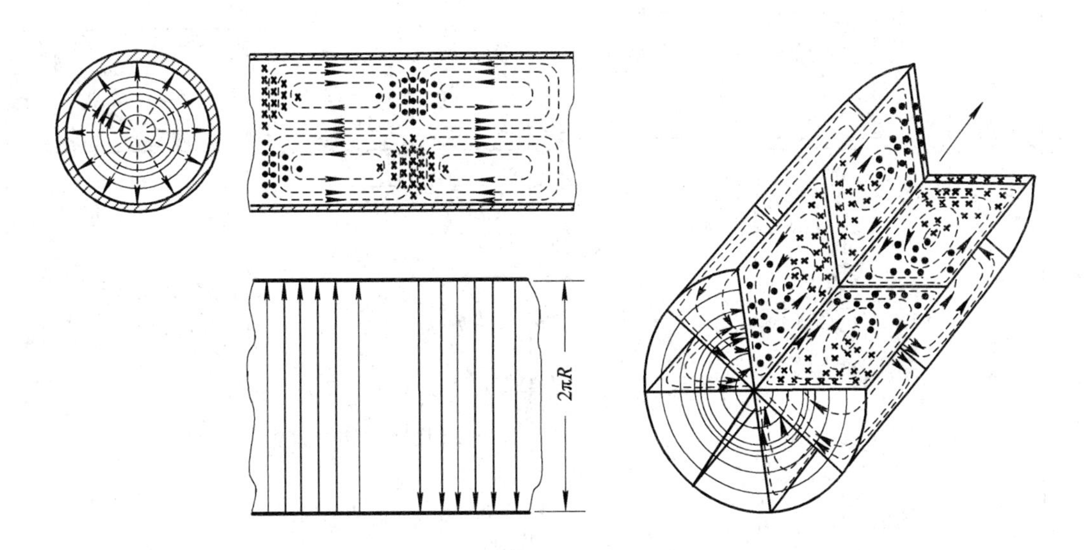

图 9－18　TE_{01}模的电磁场结构及管壁电流分布图

以上三种导模的导体衰减频率特性如图 9－19 所示。它们的波型比较见表 9－5。

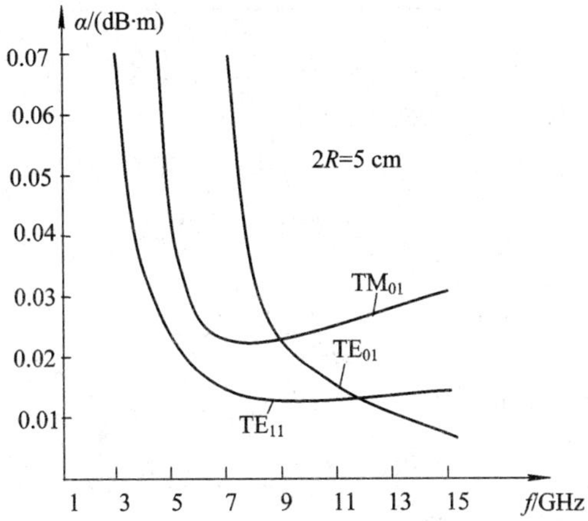

图 9－19　圆波导三种主要模式的导体衰减频率特性

表 9－5　圆波导中的三个主要波型比较

波型	TE_{11}	TE_{01}	TM_{01}
场分量	H_r、H_φ、H_z、E_r、E_φ	H_r、H_z、E_φ	E_r、E_z、H_φ
场结构	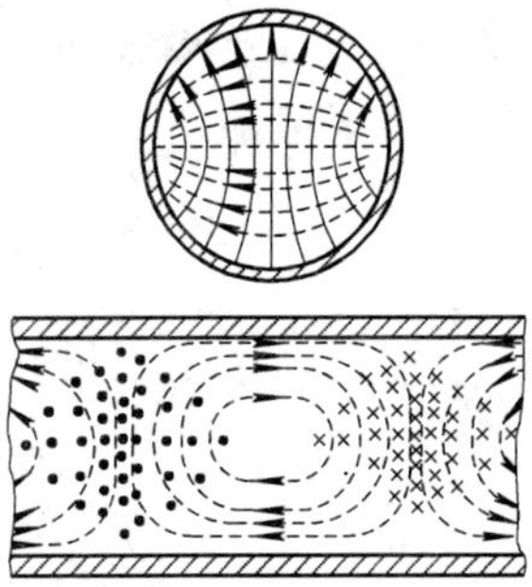	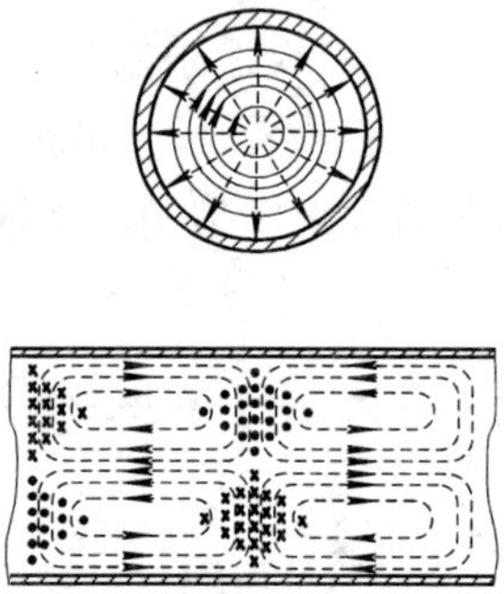	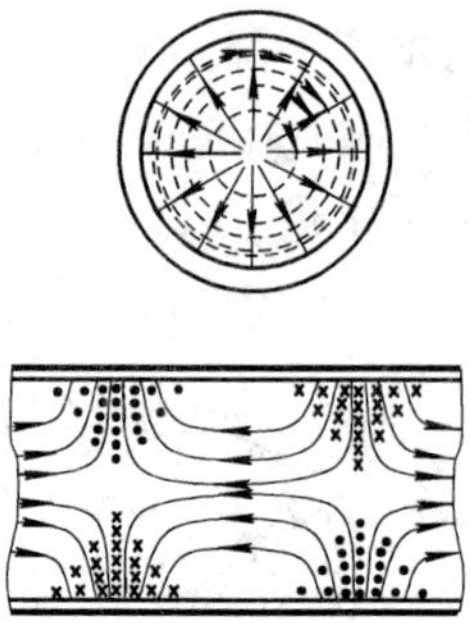
λ_c	$3.41R$	$1.64R$	$2.62R$
导体衰减	$\frac{R_S}{R\eta}\cdot\frac{1}{\sqrt{1-(f_c/f)^2}}\cdot[(f_c/f)^2+0.420]$	$\frac{R_S}{R\eta}\cdot\frac{(f_c/f)^2}{\sqrt{1-(f_c/f)^2}}$	$\frac{R_S}{R\eta}\cdot\frac{1}{\sqrt{1-(f_c/f)^2}}$
特点	1. 主模 2. 存在极化简并，容易发生模式裂变	1. 无纵向管壁电流 2. 损耗随频率升高而降低 3. 场分布具有轴对称性	1. 只有纵向管壁电流 2. 场分布具有轴对称性
应用	1. 天线开关传输用模 2. 极化性元件的工作模	1. 远距离波导传输用模 2. 低损耗馈线用模	旋转铰链工作模

【例 9－2】 求半径为 0.5 cm、填充 ε_r 为 2.25 的介质($\tan\delta=0.001$)的圆波导前两个传输模的截止频率；计算工作频率为 13.0 GHz 时 50 cm 长波导的介质衰减。

解　前两个传输模是 TE_{11} 模和 TM_{01} 模，其截止频率分别为

$$f_{c_{TE_{11}}}=\frac{u'_{11}c}{2\pi R\sqrt{\varepsilon_r}}=\frac{1.841(3\times10^8)}{2\pi(0.005)\sqrt{2.25}}\approx 11.72\ \text{GHz}$$

$$f_{c_{TM_{01}}}=\frac{u_{01}c}{2\pi R\sqrt{\varepsilon_r}}=\frac{2.405(3\times10^8)}{2\pi(0.005)\sqrt{2.25}}\approx 15.31\ \text{GHz}$$

显然，当工作频率 $f=13.0$ GHz 时，该波导只能传输 TE_{11} 模，其波数为

$$k=\frac{2\pi f\sqrt{\varepsilon_r}}{c}=\frac{2\pi(13\times10^9)\sqrt{2.25}}{3\times10^8}\approx 408.4\ \text{rad/m}$$

TE_{11} 模的传播常数为

$$\beta_{11}=\sqrt{k^2-\left(\frac{u'_{11}}{R}\right)^2}=\sqrt{408.4^2-(1.841/0.005)^2}\approx 176.7\ \text{rad/m}$$

介质衰减常数为

$$\alpha_{\mathrm{d}} = \frac{k^2 \tan\delta}{2\beta_{11}} = \frac{408.4^2 \times 0.001}{2 \times 176.7} \approx 0.47\ \mathrm{Np/m}$$

由于 1 Np=8.686 dB，因此 50 cm 长波导的衰减值为

$$L = 8.686\alpha_{\mathrm{d}} l \approx 8.686 \times 0.47 \times 0.5 = 2.04\ \mathrm{dB}$$

【例 9－3】 用半径 $R=2$ cm 的圆波导作截止衰减器，如果使工作波长为 10 cm 的 TE_{11} 模衰减 25 dB，求圆波导的长度。

解 圆波导截止衰减器的原理是使 TE_{11} 模截止。圆波导 TE_{11} 模的截止波长为 $\lambda_{\mathrm{c}}=3.41R=6.82\ \mathrm{cm}<10\ \mathrm{cm}$，即 TE_{11} 模截止，此时

$$\beta = \sqrt{k^2 - k_{\mathrm{c}}^2} = 2\pi\sqrt{\left(\frac{1}{\lambda}\right)^2 - \left(\frac{1}{\lambda_{\mathrm{c}}}\right)^2}$$

$$= -\mathrm{j}2\pi\sqrt{\left(\frac{1}{\lambda_{\mathrm{c}}}\right)^2 - \left(\frac{1}{\lambda}\right)^2} = -\mathrm{j}\alpha$$

由此可求出 $\alpha \approx 67.38$ Np/m，由于 1 Np=8.686 dB ，因此

$$-\alpha l \times 8.686 = -25$$

则

$$l = \frac{25}{67.38 \times 8.686} \approx 0.0427\ \mathrm{m} = 4.27\ \mathrm{cm}$$

9.3　同轴线及其高次模

如图 9－20 所示，同轴线(coaxial line)是由两根共轴的圆柱导体构成的导行系统，a、b 分别为内导体外半径和外导体内半径，两导体之间可填充空气(硬同轴)，也可填充相对介电常数为 ε_{r} 的高频介质(软同轴)。

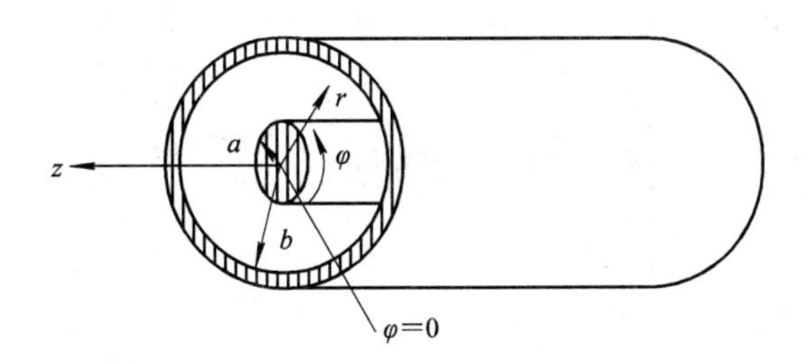

图 9－20　同轴线及其坐标系

同轴线是一种双导体导行系统，其主模是 TEM 模，TE 模和 TM 模为其高次模。通常同轴线都以 TEM 模工作，广泛用作宽频带馈线，设计宽带元件。

本节主要研究同轴线以 TEM 模工作时的传输特性，并简单分析其高次模以便确定同轴线的尺寸。

9.3.1　同轴线的主模 TEM 模

如图 9－20 所示，同轴线分析采用圆柱坐标系(r，φ，z)。对于 TEM 模，$E_z=H_z=0$。由第 8 章的分析可知，TEM 导波场满足二维拉普拉斯方程(8－29)，在柱坐标系下，该方程变为

$$\nabla_T^2 \boldsymbol{E}_T(r, \varphi) = \boldsymbol{0} \tag{9-64}$$

即 TEM 模在同轴线横截面上的场分布与静电场的分布相同，可用位函数方法求解。仿照式(8-31)，可写出圆柱坐标系下用标量位函数 $\Phi(r, \varphi)$ 的梯度表示的横截面内的电场：

$$\boldsymbol{E}_T(r, \varphi) = -\nabla_T \Phi(r, \varphi) \tag{9-65}$$

式中 $\boldsymbol{E}_T(r, \varphi)$ 表示同轴线横截面上的电场，仅为 r、φ 的函数。仿照式(8-32)，可写出圆柱坐标系下标量位函数 $\Phi(r, \varphi)$ 所满足的二维拉普拉斯方程：

$$\nabla_T^2 \Phi(r, \varphi) = 0 \tag{9-66}$$

即

$$\frac{1}{r}\frac{\partial}{\partial r}\left(r\frac{\partial \Phi(r, \varphi)}{\partial r}\right) + \frac{1}{r^2}\frac{\partial^2 \Phi(r, \varphi)}{\partial \varphi^2} = 0 \tag{9-67}$$

因为同轴线结构具有轴对称性，并且有

$$\frac{\partial \Phi}{\partial \varphi} = 0$$

于是式(9-67)变成

$$\frac{1}{r}\frac{\partial}{\partial r}\left(r\frac{\partial \Phi}{\partial r}\right) = 0 \tag{9-68}$$

其解为

$$\Phi = -A \ln r + B \tag{9-69}$$

设边界条件为

$$\begin{aligned} \Phi(a, \varphi) &= V_0 \\ \Phi(b, \varphi) &= 0 \end{aligned} \tag{9-70}$$

V_0 的大小由激励源决定，将边界条件代入式(9-69)，有

$$-A \ln a + B = V_0$$
$$-A \ln b + B = 0$$

由此解得 A 和 B，代入式(9-69)得到 Φ 的解为

$$\Phi(r, \varphi) = \frac{V_0 \ln(b/r)}{\ln(b/a)} \tag{9-71}$$

将其代入式(9-65)，得到

$$\begin{aligned} \boldsymbol{E}_T(r, \varphi) &= -\nabla_T \Phi(r, \varphi) = -\left(\boldsymbol{e}_r \frac{\partial \Phi}{\partial r} + \boldsymbol{e}_\varphi \frac{1}{r}\frac{\partial \Phi}{\partial \varphi} + \boldsymbol{e}_z \frac{\partial \Phi}{\partial z}\right) \\ &= -\boldsymbol{e}_r \frac{\partial \Phi}{\partial r} = \boldsymbol{e}_r \frac{V_0}{r \ln(b/a)} \end{aligned} \tag{9-72}$$

说明同轴线传输 TEM 模时，电场只有 E_r 分量。由此可得传输型的电场为

$$\boldsymbol{E} = \boldsymbol{e}_r \frac{V_0}{r \ln(b/a)} e^{j(\omega t - \beta z)} \tag{9-73}$$

式中，β 为传播常数，即

$$\beta = k = \omega \sqrt{\mu \varepsilon} \tag{9-74}$$

由式(8-34)，求出磁场为

$$\boldsymbol{H} = \frac{1}{\eta}\boldsymbol{e}_z \times \boldsymbol{E} = \boldsymbol{e}_\varphi \frac{V_0}{\eta r \ln(b/a)} e^{j(\omega t - \beta z)} \tag{9-75}$$

式中 $\eta=\sqrt{\mu/\varepsilon}$。

根据式(9-73)和式(9-75)可画出同轴线中TEM导模的场结构，如图9-21所示。

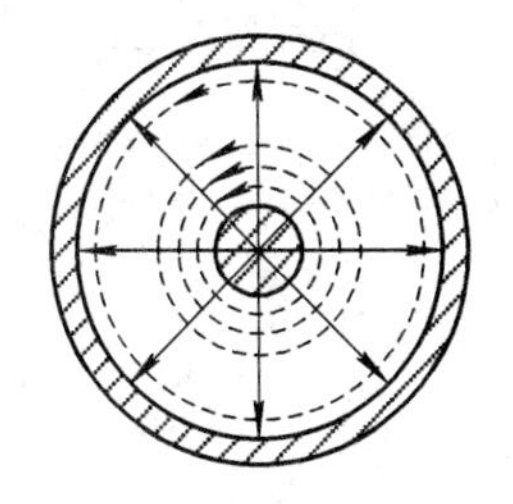
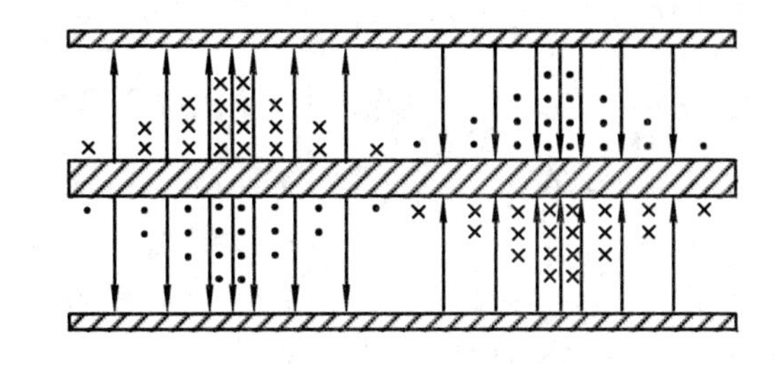

图9-21　同轴线中TEM模电磁场结构

可见，愈靠近内导体表面，电磁场愈强，内导体的表面电流密度较外导体内表面的表面电流密度大得多。因此同轴线的热损耗主要发生在截面尺寸较小的内导体上。

9.3.2　同轴线的高次模

当同轴线截面尺寸与信号波长可相比拟时，除主模TEM模外，同轴线内将会出现TE模和TM模(常称做波导模)。实用中的同轴线都以TEM模工作，这些高次模(higher-order mode)通常是截止的，只是在不连续性或激励源附近起电抗作用。分析高次模的目的在于了解高次模的场结构，确定其截止波长或截止频率，尤其是最低次波导模(the lowest-order waveguide-type mode)的截止波长或截止频率，以便在给定工作频率时选择合适的尺寸，保证同轴线内只传输TEM模，或者采取措施抑制高次模的产生。

1. TE模

分析同轴线中TE模的方法与分析圆波导中TE模的方法相似。因为 $r=0$ 不属于波的传播区域，所以 H_z 的解为

$$H_z=[A_1 J_m(k_c r)+A_2 N_m(k_c r)]\begin{matrix}\cos m\varphi\\ \sin m\varphi\end{matrix}\, e^{-j\beta z} \tag{9-76}$$

边界条件要求：在 $r=a$ 和 b 处，$\dfrac{\partial H_z}{\partial n}=\dfrac{\partial H_z}{\partial r}=0$，于是得到

$$A_1 J_m'(k_c a)+A_2 N_m'(k_c a)=0$$
$$A_1 J_m'(k_c b)+A_2 N_m'(k_c b)=0$$

由此得到决定TE模本征值 k_c 的方程：

$$\frac{J_m'(k_c a)}{J_m'(k_c b)}=\frac{N_m(k_c a)}{N_m(k_c b)} \tag{9-77}$$

此为超越方程，有无限多个解，每个解的根决定一个 k_c 值，即确定一个截止波长 λ_c。满足此式的 k_c 值决定同轴线的 TE_{mn} 模。该式无解析解，一般用图解法或数值法求解。最低次 TE_{11} 模的近似解可求得为

$$k_{c_{11}}\approx\frac{2}{a+b} \tag{9-78}$$

由此可得 TE_{11} 模的截止波长近似为

$$\lambda_{c_{TE_{11}}}\approx\pi(b+a) \tag{9-79}$$

2. TM 模

分析同轴线中 TM 模的方法与分析圆波导中 TM 模的方法相似。因为 $r=0$ 不属于波的传播区域，所以 E_z 的解为

$$E_z = [A_3 \mathrm{J}_m(k_c r) + A_4 \mathrm{N}_m(k_c r)] \begin{matrix} \cos m\varphi \\ \sin m\varphi \end{matrix} \mathrm{e}^{-\mathrm{j}\beta z} \tag{9-80}$$

边界条件要求：在 $r=a$ 和 b 处，$E_z=0$，于是得到

$$A_1 \mathrm{J}_m(k_c a) + A_2 \mathrm{N}_m(k_c a) = 0$$
$$A_1 \mathrm{J}_m(k_c b) + A_2 \mathrm{N}_m(k_c b) = 0$$

由此得到决定 TM 模本征值 k_c 的方程：

$$\frac{\mathrm{J}_m(k_c a)}{\mathrm{J}_m(k_c b)} = \frac{\mathrm{N}_m(k_c a)}{\mathrm{N}_m(k_c b)} \tag{9-81}$$

该式同样是超越方程，满足此式的 k_c 值决定同轴线的 TM_{mn} 模，用数值法求得式(9-81)的近似解为

$$k_c \approx \frac{n\pi}{b-a} \qquad (n=1, 2, \cdots) \tag{9-82}$$

其中最低次 TM_{01} 模的近似解为

$$k_{c_{01}} \approx \frac{\pi}{b-a} \tag{9-83}$$

由此可得 TM_{01} 模的截止波长近似为

$$\lambda_{c_{\mathrm{TE}_{01}}} \approx 2(b-a) \tag{9-84}$$

由式(9-84)可以看出，同轴线中 TM 型高次模的近似截止波长与 m 无关。这就意味着，如果在同轴线内出现 TM_{01} 模，就可能同时出现 TM_{11}、TM_{21}、TM_{31} 等模，这是我们所不希望的。

由上述分析可知，同轴线中的最低次高次模是 TE_{11} 模。

9.3.3 主模 TEM 模的传输特性

1. 相速度、群速度和波导波长

对于 TEM 模，$k_c=0$，$\lambda_c=\infty$，$\beta=k$，$G=1$，则由式(8-43)可得到相速度及群速度的计算公式为

$$v_p = v_g = v = \frac{c}{\sqrt{\varepsilon_r}} \tag{9-85}$$

式中，c 为自由空间光速。由式(8-46)可得到波导波长的计算公式为

$$\lambda_g = \lambda = \frac{\lambda_0}{\sqrt{\varepsilon_r}} \tag{9-86}$$

式中，λ_0 为自由空间波长。

2. 特性阻抗

传输线上行波的电压与电流之比定义为传输线的特性阻抗(characteristic impedance)，用 Z_0 表示。在本章的分析中一直假设传输线上只有沿正 z 方向传播的电磁波，即行波。

由磁场的表达式可求出同轴线内导体上的轴向电流为

$$I_a = \oint_l H_\varphi(a,\varphi,z)\mathrm{d}l = \int_0^{2\pi} H_\varphi(a,\varphi,z)a\,\mathrm{d}\varphi = \frac{2\pi V_0}{\eta\ln(b/a)}\mathrm{e}^{-\mathrm{j}\beta z} \tag{9-87}$$

由电场的表达式可求出同轴线内外导体之间的电压为

$$U_{ab} = U_a - U_b = \int_a^b E_r(r,\varphi,z)\,\mathrm{d}r = V_0\mathrm{e}^{-\mathrm{j}\beta z} \tag{9-88}$$

于是得到特性阻抗为

$$Z_0 = \frac{U_{ab}}{I_a} = \frac{60}{\sqrt{\varepsilon_r}}\ln\frac{b}{a} \tag{9-89}$$

同轴线特性阻抗与尺寸的关系曲线如图 9-22 所示。

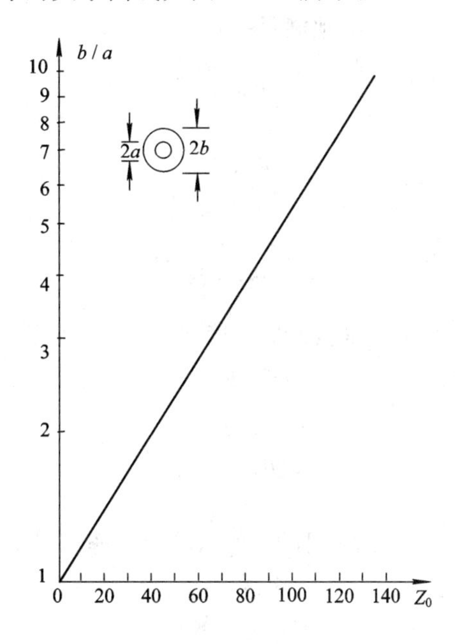

图 9-22　同轴线的特性阻抗与尺寸的关系曲线

3. 衰减常数

传输 TEM 模时，空气同轴线的导体衰减常数为

$$\alpha_c = \frac{R_S}{2\eta\ln(b/a)}\left(\frac{1}{a}+\frac{1}{b}\right)\quad(\text{Np/m}) \tag{9-90}$$

式中，$R_S=1/(\sigma\delta)$为金属导体的表面电阻。介质衰减常数为

$$\alpha_d = \frac{k\tan\delta}{2}\qquad(\text{Np/m}) \tag{9-91}$$

4. 传输功率

同轴线传输 TEM 模时的功率容量为

$$P_c = \sqrt{\varepsilon_r}\,\frac{a^2}{120}E_c^2\ln\frac{b}{a} \tag{9-92}$$

式中，E_c 为媒质的击穿场强。我们已经知道空气的击穿场强约为 30 kV/cm。例如内、外导体半径分别为 3.5 mm 和 8 mm 的空气同轴线，其功率容量为 760 kW。

分析式(9-92)可知，b/a 一定，似乎选用实际尺寸较大的同轴线可增大功率容量。但是，在增大到一定尺寸时，会出现高次模，从而限制了其最高工作频率。因此，对于给定的

最高工作频率 $f_{\max}$，存在一个功率容量上限 $P_{\max}$ 的问题，可由下式计算：

$$P_{\max}=\frac{0.025}{\eta_0}\left(\frac{cE_c}{f_{\max}}\right)^2=5.8\times10^{12}\left(\frac{E_c}{f_{\max}}\right)^2 \tag{9-93}$$

实际应用时，考虑到驻波的影响以及安全系数，通常选取功率容量或功率容量上限理论值的 1/4 作为实用功率容量。

5. 同轴线的尺寸选择

尺寸选择的原则是：① 保证在给定工作频带内只传输 TEM 模；② 满足功率容量要求，即传输功率尽量大；③ 损耗尽量小。

(1) 为保证只传输 TEM 模，必须满足条件

$$\lambda_{\min}>\lambda_{c_{\mathrm{TE}_{11}}}\approx\pi(b+a)$$

通常要求

$$\lambda_{\min}\geqslant1.05\lambda_{c_{\mathrm{TE}_{11}}}$$

因此得到

$$b+a\leqslant\frac{\lambda_{\min}}{1.05\pi} \tag{9-94}$$

该式可以决定 $b+a$ 的取值范围。为最后确定 a、b 的实际尺寸，还必须确定两者的比例关系。此比例关系可根据功率容量或损耗的要求来确定。

(2) 功率容量最大的条件是

$$\frac{\mathrm{d}P_c}{\mathrm{d}a}=0$$

即假定 b 不变，只对 a 求导(反之也一样)，可以求得功率容量最大的尺寸条件是

$$\frac{b}{a}=1.649 \tag{9-95}$$

与该尺寸相应的空气同轴线特性阻抗为 30 Ω。

(3) 损耗最小的条件是

$$\frac{\mathrm{d}\alpha_c}{\mathrm{d}a}=0$$

即假定 b 不变，只对 a 求导(反之也一样)，可以求得损耗最小的尺寸条件是

$$\frac{b}{a}=3.591 \tag{9-96}$$

与该尺寸相应的空气同轴线特性阻抗为 76.71 Ω。若采用这种尺寸的同轴线作振荡回路，其回路品质因数 Q 最高。

(4) 若兼顾功率和损耗的要求，则一般取

$$\frac{b}{a}=2.303 \tag{9-97}$$

与该尺寸相应的空气同轴线特性阻抗为 50 Ω。

在微波波段，同轴线的特性阻抗通常选用 50 Ω 和 75 Ω 两种标准值。与金属波导一样，同轴线的尺寸也已标准化，见附录 H。

【例 9-4】 已知同轴线的功率容量为

$$P_c = \frac{\pi}{\eta} a^2 E_c^2 \ln \frac{b}{a}$$

式中，a、b 为同轴线的内、外导体半径，E_c 为介质击穿场强。保持 b 不变，确定 b/a 的值使功率容量达到最大。

解　由于已知保持 b 不变，有

$$\frac{dP_c}{da} = \frac{\pi E_c^2}{\eta}\left(2a \ln\left(\frac{b}{a}\right) - a\right) = \frac{\pi a E_c^2}{\eta}\left(\ln\left(\frac{b}{a}\right)^2 - 1\right) = 0$$

$$\Rightarrow \ln\left(\frac{b}{a}\right)^2 - 1 = 0 \Rightarrow \left(\frac{b}{a}\right)^2 = e$$

解得

$$\frac{b}{a} = \sqrt{e} \approx 1.65$$

9.4　波导的激励与耦合

前面讨论了波导中不同传输模的场型，但是，没有说明这些不同的模式是如何建立的，波导中的电磁能是如何输送进去的，馈入的电磁能又如何保证是我们所需要的波型，本节将简单论述相关问题。在本节中，我们虽然没有对波导中场型的建立进行严格的数学推导，但是从实际应用的角度对波导中常用场型的建立作了简要说明。

波导中的能量是通过电磁激励方法产生的。所谓激励，就是在波导中建立所需要的波型的方法，这样的装置称之为激励装置或激励元件，如图 9 - 23 所示。从另一种角度看，从波导中取出波型能量的方法称为接收或是耦合。本节主要从激励的角度分析波导中电磁能量的建立。

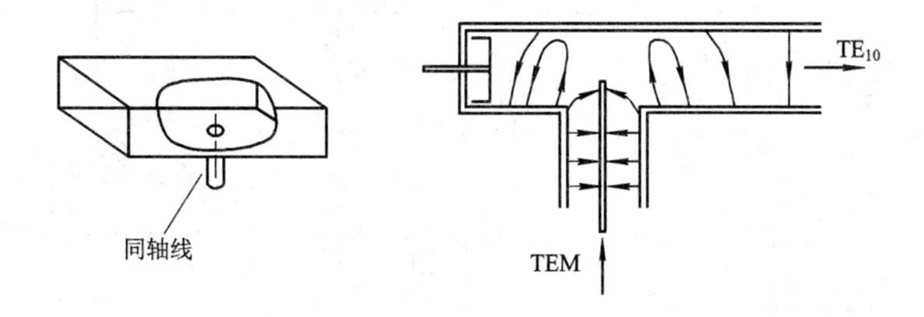

图 9 - 23　矩形波导 TE_{10} 波的激励

波导激励(excitation of waveguides)的本质是辐射问题。它是向波导管壁所限制的有限空间辐射，并要求波导建立所需要的波型。由于激励源附近的边界条件比较复杂，要用严格的数学方法求解是很困难的，因此，这里仅从实际观点出发，对激励方法作一介绍。

波导中某种波型的激励与耦合是建立在已知这种波型场型结构的基础之上的。在波导中激励所需要波型的方法大致有以下三种：

(1) 电场激励：在波导中建立一种电场，这些电力线的形状和方向与所需要波型的电力线的形状和方向一样。

(2) 磁场激励：在波导中建立起磁力线，这些磁力线的形状和方向与所需要波型的磁力线的形状和方向一样。

(3) 电流激励：在波导壁上建立的某一截面上电流的方向和分布与所需要波型在该截

面上的电流方向与分布相一致。

我们已经知道矩形波导可以单模传输 TE_{10} 模，它是矩形波导的主模；圆波导的主模是 TE_{11}。本节将重点介绍几种矩形波导 TE_{10} 模和圆波导 TE_{11} 模的激励装置。

1. 探针激励(棒激励、电激励)

探针激励由在平行电力线方向伸入波导内的电偶极子所构成。电偶极子是由同轴线内导体伸长一小段所构成的，其另一端接微波振荡源。探针激励通常置于电场最强处，以增强激励度。

探针激励是最常采用的激励矩形波导 TE_{10} 模的装置，如图 9-24 所示。这种装置称为同轴波导过渡器(同轴波导转换器)。这种同轴波导转换一般放在矩形波导宽边中央的 $a/2$ 处，因为此处的场强最大，从耦合的角度去观察该处耦合最强。为了使能量向一个方向传输，在另一端做成短路活塞，活塞位置 d(距探针的距离)、探针长度 l 可调。由于不同类型的传输线连接在一起，阻抗不连续，必然会引起很大的反射，因此调节 d 和 l 进行阻抗匹配，使反射最小，同时，保证最大激励。一般情况下，$d=\lambda_g/4$ 可以得到最大的激励。d 和 l 的值一般由实验方法来决定。

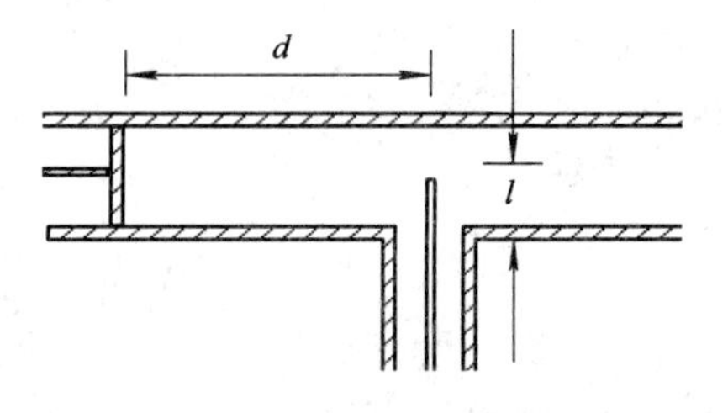

图 9-24　矩形波导 TE_{10} 波探针激励

以上介绍的是矩形波导 TE_{10} 模的一般电激励装置，有时在激励波导时为了获得最大功率和宽频带激励，探针会有一些变形，如图 9-25 所示。

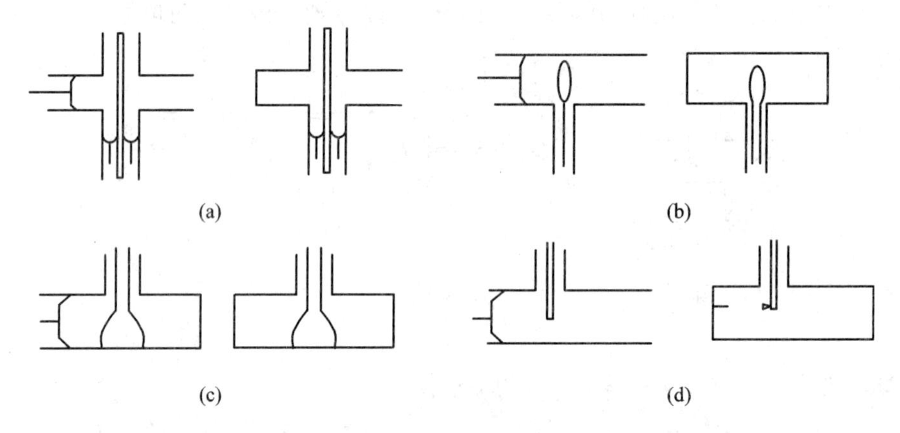

图 9-25　矩形波导 TE_{10} 模的特殊激励装置

图 9-25(a)是一种可调节的匹配激励装置。同轴内导体完全穿过波导，在同轴线的另一端装有短路活塞，波导另一端也有一个可调短路活塞。调节前者可以控制探针的辐射电阻，而调节后者可以补偿探针输入阻抗的电抗部分，从而达到阻抗匹配。

图 9-25(b)是图 9-24 的一种变形，这只是为了提高功率容量和加宽频带，探针头变粗呈椭球形。

图 9-25(c)是门钮式激励装置，可用于更高功率情况下。虽然没有调谐元件，但是可以在偏离中心频率±10%的频带内及驻波比不大于 1.1～1.5 的情况下获得匹配。

图 9-25(d)装置是为了展宽频带而使探针偏离波导宽边中央。

2. 环激励(磁激励)

环激励是将同轴线内导体延伸后弯成环形，将其端部焊在外导体上，然后插入波导中所需激励模式的磁场最强处，并使小环的法线平行于磁力线，以增强激励度。

环激励也同样可以激励出矩形波导中的 TE_{10} 模。小环的位置可以垂直接在波导的端面上，也可以接在波导窄壁上，如图 9-26 所示。

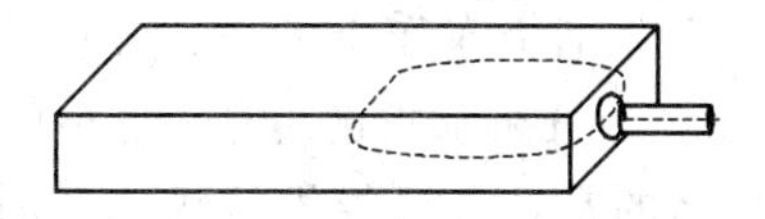
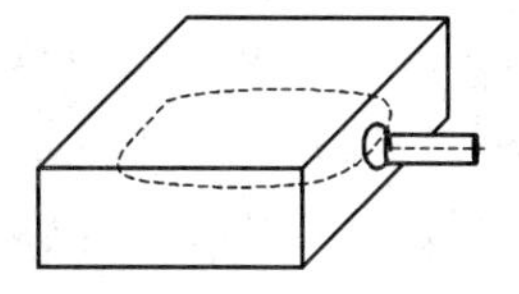

图 9-26　矩形波导 TE_{10} 波磁激励

3. 孔或缝激励

孔或缝激励方式是在两个波导的公共壁上开孔或缝，使一部分能量辐射到另一波导中，并建立起所需要的模式。

矩形波导中的 TE_{10} 模也可以由小孔或缝来激励，小孔或缝可以在端面上，也可以在宽边或窄边上，如图 9-27 所示。小孔激励可以是电场激励，也可以是磁场激励，还可以是电磁激励。图 9-27(a)就是磁场激励；图 9-27(b)和 9-27(c)都是电磁激励。另外，这种激励方法还可用于波导与谐振腔之间的耦合、两条微带之间的耦合、波导与带状线之间的耦合等。

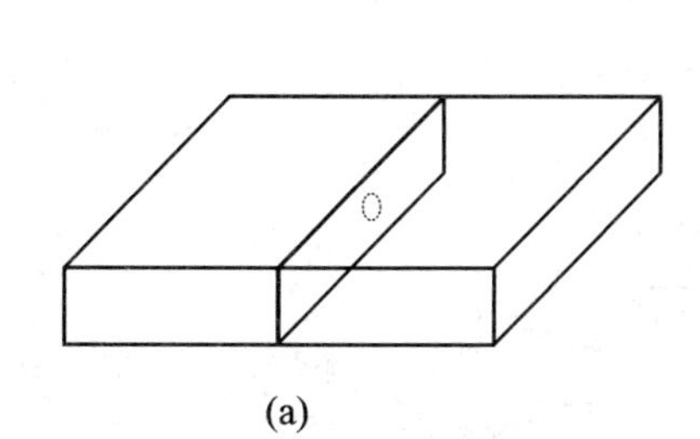
(a)

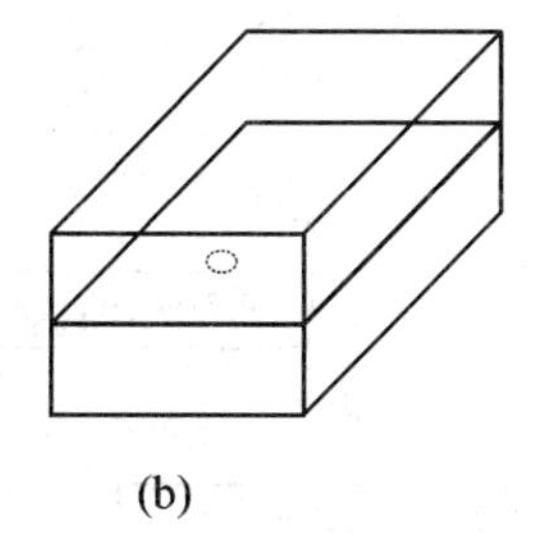
(b)

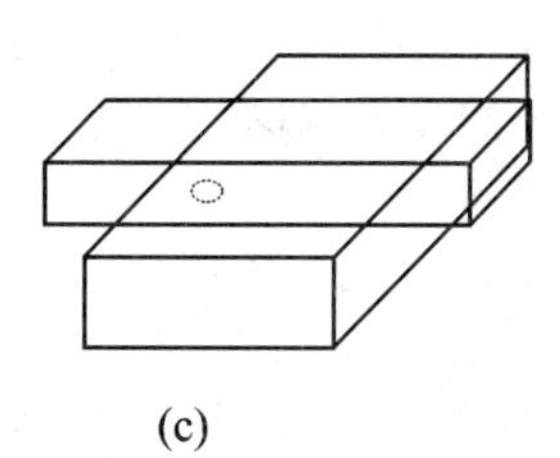
(c)

图 9-27　矩形波导 TE_{10} 波孔激励

4. 直接过渡

直接过渡是通过波导截面形状的逐渐变形，将原波导中的模式转换成另一种波导中所需要的模式。

圆波导中所需要的波型的激励，一般就采用这种方法，由一个从矩形波导转变成圆波导的波型变换器来完成。它将矩形波导中的 TE_{10} 模，经过波导截面的逐渐变形，变为圆波导所需要的波型。图 9-16 是一种将矩形波导的 TE_{10} 模变换成为圆波导的 TE_{11} 的波型变换器，图中非常清楚地显示出矩形波导的 TE_{10} 模是如何通过波导结构的逐渐变形而逐渐转变为圆波导 TE_{11} 模的过程。这种直接过渡方式还常用于同轴线与微带之间的过渡和矩形波导与微带之间的过渡。

最后需要指出的是，任何激励装置除了激励出所需要的模式以外，还会激励出其他波型。这是因为引入激励装置后，主模场和其他高次模的场相叠加才能满足波导内不连续处的边界条件，所以，在激励装置附近存在着很多模式。模式的传输条件是 $\lambda<\lambda_c$；而 $\lambda>\lambda_c$ 的模式将在激励源附近很快地被衰减掉而不传输。因此，进行波导激励的同时需要恰当地选择波导截面尺寸，使不希望的模式被截止。

本章小结

本章结合第 8 章导行电磁波的基本理论，分别研究了矩形波导、圆波导及同轴线的横向模式理论和纵向传输特性。前者指的是导波场的分析和求解方法、导模的场结构和管壁电流分布的规律和特点、导模的激励等；后者指的是各种导模沿波导轴向的传输特性。这些都是很重要的内容。

1. 金属波导里的正规模式是 TE 导模和 TM 导模，并且有无穷多个模式，用 TE_{mn} 和 TM_{mn} 来表示。它们构成规则金属波导的正交完备模系。矩形波导和圆波导的基本传输特性完全一样。

2. 矩形波导是厘米波段和毫米波段使用最多的导行系统，几乎都以主模 TE_{10} 模工作。

3. 圆波导常用的导模有 TE_{11} 模、TE_{01} 模和 TM_{01} 模，主模是 TE_{11} 模。利用这三种导模场结构各自的特点可以构成一些特殊用途的元件。

4. 同轴线的主模是 TEM 模，截止波长为无穷大，工作频带宽，广泛用作宽带馈线和宽带元件，但是要注意抑制高次模。同轴线的最高工作频率 $f_{\max}\leqslant 0.95 f_{c_{TE_{11}}}$。

5. 波导中的导模是用激励方式产生的。常用的激励方式有探针激励、环激励、孔或缝激励和直接过渡激励。

* 知识结构图

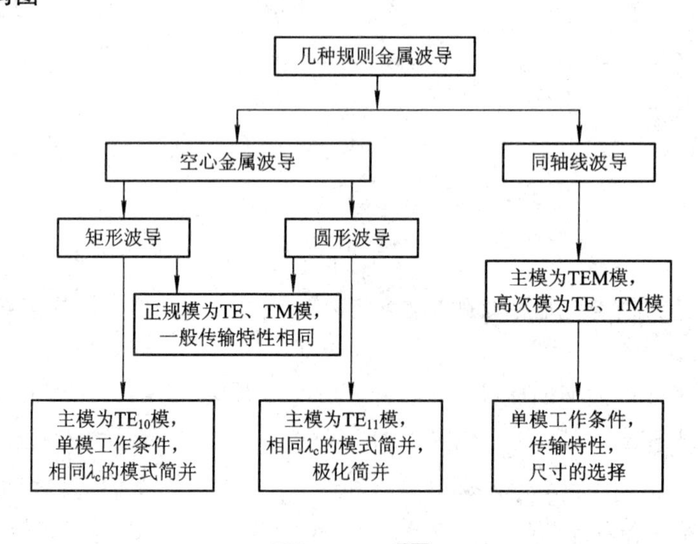

习　题

9.1　矩形波导中的 v_p 和 v_g、λ_g 和 λ_0 有何区别？它们与哪些因素有关？

9.2　用 BJ－32 作传输线：

（1）工作波长为 6 cm 时，波导中能够传输哪些模？

（2）测得波导中传输 TE_{10} 模时，两个波节点的距离为 10.9 cm，求波导的波导波长 λ_g 和工作波长 λ_0。

（3）波导中工作波长 $\lambda_0=10$ cm，求 v_p、v_g 和 λ_g。

9.3　矩形波导截面尺寸为 $a\times b=23\ \text{cm}\times 10\ \text{cm}$，传输 10^4 MHz 的 TE_{10} 模，求截止波长 λ_c、波导波长 λ_g、相速度 v_p 和波阻抗 $Z_{TE_{10}}$。如果波导的尺寸 a 或 b 发生变化，上述参数会不会发生变化？

9.4　矩形波导截面尺寸为 $a\times b=23\ \text{cm}\times 10\ \text{cm}$，将波长为 2 cm、3 cm、5 cm 的微波信号接入这个波导，问这三种信号是否能传输？可能出现哪些波型？

9.5　如果用三公分标准波导(BJ－100)来传输 $\lambda=5$ cm 的电磁波，可以吗？如果用五公分波导(BJ－58)传输 $\lambda=3$ cm 的电磁波呢？会有什么问题？

9.6　通常选择矩形波导尺寸时满足 $a=2b$ 的关系，证明这种设计的波导会使频带最宽，而衰减常数 α 最小。

9.7　求 BJ－32 波导工作波长为 10 cm 时，矩形波导传输 TE_{10} 模的最大传输功率。

9.8　在 BJ－100 波导中传输 TE_{10} 模，其工作频率为 10 GHz：

（1）求 λ_g、β 和 $Z_{TE_{10}}$。

（2）若宽边尺寸增加一倍，上述各参量将如何变化？

（3）若窄边尺寸增加一倍，上述各参量将如何变化？

（4）若波导尺寸不变，只是频率变为 15 GHz，上述各参量将如何变化？

9.9　用 BJ－100 波导作为馈线，问：

（1）当工作波长为 1.5 cm、3 cm、4 cm 时波导中能出现哪些波型？

（2）为保证只传输 TE_{10} 模，其波长范围应该为多少？

9.10　求 BJ－100 波导在 $f=10$ GHz 时的极限功率和衰减常数；如果波导波长为 4 cm，问损耗功率占传输功率的百分之多少(设波导材料为黄铜)？

9.11　某雷达的中心波长为 $\lambda_0=10$ cm，采用矩形波导作为馈线，传输 TE_{10} 模，要求波段中最大波长 λ_{max} 和最小波长 λ_{min} 所传输的功率相差不到一倍，计算 λ_{max}、λ_{min} 及波导尺寸。

9.12　计算 BJ－32 波导在工作频率为 3 GHz 时，传输 TE_{10} 模的导体衰减常数；设此波导内均匀填充 ε_r 为 2.25 的介质，其 $\tan\delta=0.001$，求波导总的衰减常数值。

9.13　简述圆波导中波型指数 m、n 的意义。为什么不存在 $n=0$ 的波型？

9.14　圆波导中 TE_{10}、TM_{01} 和 TE_{01} 模的特点是什么？有何应用？

9.15　什么是波导的简并？矩形波导和圆波导中的简并有何异同？

9.16　周长为 25.1 cm 的空气填充圆波导，其工作频率为 3 GHz，问能传输哪些模？

9.17　空气填充的圆波导直径为 5 cm：

（1）求 TE_{10}、TM_{01} 和 TE_{01} 模的截止波长。

（2）当工作波长为 7 cm、6 cm 和 3 cm 时，波导中可出现哪些波型？

（3）当工作波长为 7 cm 时，求主模的波导波长。

9.18　为什么要保证单模传输？写出矩形波导、圆波导的单模传输条件。

9.19　空气填充的圆波导传输 TE_{01} 模，已知 $\lambda_0/\lambda_g=0.9$，$f_0=5$ GHz，求：

(1) λ_g、β、v_p、v_g。

(2) 若波导半径扩大一倍，β有何变化？

9.20　发射机工作频率为 3 GHz，今用矩形波导和圆波导作馈线，均以主模传输，试比较波导尺寸大小。

9.21　工作波长为 8 mm 的信号用 BJ - 320 矩形波导过渡到传输 TE_{01}模的圆波导，并要求两者相速度一样，试计算圆波导的半径；若过渡到圆波导后传输 TE_{11}模且相速度一样，再计算圆波导的半径。

9.22　圆波导中波型场结构的规律如何？截止波导为何可以用作衰减器？为何可以用截止式衰减器作为标准衰减器？用 $R=1$ cm 的圆波导作为截止衰减器，问长度为多少时，才能使 $\lambda=30$ cm 的波衰减 30 dB？

9.23　用圆波导作为 TE_{01}模截止衰减器，其工作频率为 1000 GHz，要求经过 0.1 m 后衰减 100 dB，计算波导的直径。

9.24　同轴线的主模是什么？其电磁场结构有何特点？

9.25　空气同轴线的尺寸为 $a=1$ cm，$b=4$ cm：

(1) 计算最低次波导模的截止波长；为保证只传输 TEM 模，工作波长至少应该是多少？

(2) 若工作波长为 10 cm，求 TE_{11}模和 TEM 模的相速度。

9.26　同轴线尺寸选择的依据是什么？为什么？已知工作波长为 10 cm，传输功率为 300 kW，设计此同轴线的尺寸。

9.27　设计一同轴线，其传输的最短工作波长为 10 cm，要求其特性阻抗为 50 Ω，计算硬的(空气填充)和软的(聚乙烯填充)两种同轴线的尺寸。

9.28　发射机工作波长范围是 10～20 cm，用同轴线馈电，要求损耗最小，计算同轴线的尺寸。

附　录

附录 A　矢量恒等式

$\boldsymbol{A}\pm\boldsymbol{B}=\pm\boldsymbol{B}+\boldsymbol{A}$

$\boldsymbol{A}\cdot\boldsymbol{B}=\boldsymbol{B}\cdot\boldsymbol{A}$

$\boldsymbol{A}\times\boldsymbol{B}=-\boldsymbol{B}\times\boldsymbol{A}$

$(\boldsymbol{A}+\boldsymbol{B})\cdot\boldsymbol{C}=\boldsymbol{A}\cdot\boldsymbol{C}+\boldsymbol{B}\cdot\boldsymbol{C}$

$(\boldsymbol{A}+\boldsymbol{B})\times\boldsymbol{C}=\boldsymbol{A}\times\boldsymbol{C}+\boldsymbol{B}\times\boldsymbol{C}$

$\boldsymbol{A}\cdot\boldsymbol{B}\times\boldsymbol{C}=\boldsymbol{A}\times\boldsymbol{B}\cdot\boldsymbol{C}$

$\boldsymbol{A}\times(\boldsymbol{B}\times\boldsymbol{C})=(\boldsymbol{A}\cdot\boldsymbol{C})\boldsymbol{B}-(\boldsymbol{A}\cdot\boldsymbol{B})\boldsymbol{C}$

附录 B　矢量微分公式

$\nabla(u+v)=\nabla u+\nabla v$

$\nabla\cdot(\boldsymbol{A}+\boldsymbol{B})=\nabla\cdot\boldsymbol{A}+\nabla\cdot\boldsymbol{B}$

$\nabla\times(\boldsymbol{A}+\boldsymbol{B})=\nabla\times\boldsymbol{A}+\nabla\times\boldsymbol{B}$

$\nabla(uv)=u\,\nabla v+v\,\nabla u$

$\nabla\cdot(w\boldsymbol{A})=w\,\nabla\cdot\boldsymbol{A}+\boldsymbol{A}\cdot\nabla w$

$\nabla\times(w\boldsymbol{A})=w\,\nabla\times\boldsymbol{A}-\boldsymbol{A}\times\nabla w$

$\nabla\cdot(\boldsymbol{A}\times\boldsymbol{B})=\boldsymbol{B}\cdot\nabla\times\boldsymbol{A}-\boldsymbol{A}\cdot\nabla\times\boldsymbol{B}$

$\nabla\times(\boldsymbol{A}\times\boldsymbol{B})=\boldsymbol{A}\,\nabla\cdot\boldsymbol{B}-\boldsymbol{B}\,\nabla\cdot\boldsymbol{A}+(\boldsymbol{B}\cdot\nabla)\boldsymbol{A}-(\boldsymbol{A}\cdot\nabla)\boldsymbol{B}$

$\nabla\times\nabla\times\boldsymbol{A}=\nabla\nabla\cdot\boldsymbol{A}-\nabla\cdot\nabla\boldsymbol{A}=\nabla\nabla\cdot\boldsymbol{A}-\nabla^2\boldsymbol{A}$

$\nabla\times(v\,\nabla u)=\nabla v\times\nabla u$

$\nabla\times\nabla w\equiv 0$

$\nabla\cdot\nabla\times\boldsymbol{A}\equiv 0$

附录 C　矢量积分公式

$$\iiint_V \nabla\cdot\boldsymbol{A}\,\mathrm{d}V=\oint\!\!\!\oint_S \boldsymbol{A}\cdot\mathrm{d}\boldsymbol{S}$$ 高斯散度定理

$$\iint_S \nabla\times\boldsymbol{A}\,\mathrm{d}\boldsymbol{S}=\oint_l \boldsymbol{A}\cdot\mathrm{d}\boldsymbol{l}$$ 矢量斯托克斯定理

$$\iiint_V \nabla\times\boldsymbol{A}\,\mathrm{d}V=\oint\!\!\!\oint_S (\boldsymbol{e}_n\times\boldsymbol{A})\,\mathrm{d}S$$

$$\iiint_V \nabla w\,\mathrm{d}V=\oint\!\!\!\oint_S w\,\mathrm{d}\boldsymbol{S}$$

$$\iiint (u\nabla^2 v+\nabla u\cdot\nabla v)\,\mathrm{d}V=\oint\!\!\!\oint u\frac{\partial v}{\partial n}\,\mathrm{d}S$$ 格林第一恒等式

$$\iiint (u\nabla^2 v-v\nabla^2 u)\,\mathrm{d}V=\oint\!\!\!\oint \left(u\frac{\partial v}{\partial n}-v\frac{\partial u}{\partial n}\right)\mathrm{d}S$$ 格林第二恒等式

附录 D 正交曲线坐标系($\hat{v}_1$，$\hat{v}_2$，$\hat{v}_3$)

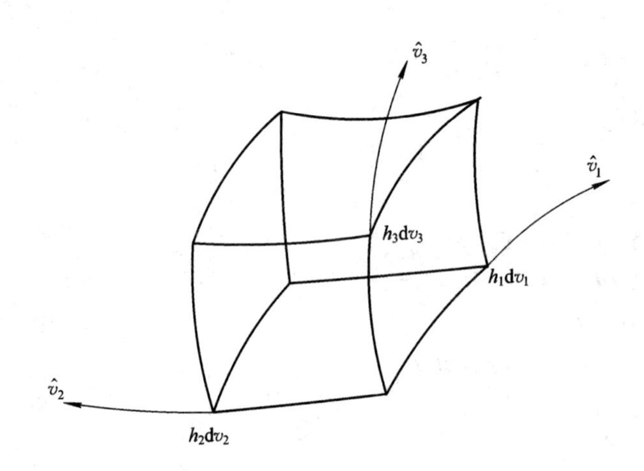

附表 D-1 三种常用坐标系

坐标系名称	直角坐标系	圆柱坐标系	球坐标系
坐标变量 v_1 v_2 v_3	$-\infty<x<+\infty$ $-\infty<y<+\infty$ $-\infty<z<+\infty$	$0\leqslant\rho<+\infty$ $0\leqslant\varphi<2\pi$ $-\infty<z<+\infty$	$0\leqslant r<+\infty$ $0\leqslant\theta<\pi$ $0\leqslant\varphi<2\pi$
坐标单位矢量 $\boldsymbol{e}_1$ $\boldsymbol{e}_2$ $\boldsymbol{e}_3$	$\boldsymbol{e}_x$ （常矢量） $\boldsymbol{e}_y$ （常矢量） $\boldsymbol{e}_z$ （常矢量）	$\boldsymbol{e}_\rho$ （为 φ 的函数） $\boldsymbol{e}_\varphi$ （为 φ 的函数） $\boldsymbol{e}_z$ （常矢理）	$\boldsymbol{e}_r$ （为 θ，φ 的函数） $\boldsymbol{e}_\theta$ （为 θ，φ 的函数） $\boldsymbol{e}_\varphi$ （为 φ 的函数）
拉梅系数 h_1 h_2 h_3	1 1 1	1 ρ 1	1 r $r\sin\theta$
矢量长度元 $\mathrm{d}\boldsymbol{l}$	$\mathrm{d}\boldsymbol{l}=\boldsymbol{e}_x\,\mathrm{d}x+\boldsymbol{e}_y\,\mathrm{d}y+\boldsymbol{e}_z\,\mathrm{d}z$	$\mathrm{d}\boldsymbol{l}=\boldsymbol{e}_\rho\,\mathrm{d}\rho+\boldsymbol{e}_\varphi\,\mathrm{d}\varphi+\boldsymbol{e}_z\,\mathrm{d}z$	$\mathrm{d}\boldsymbol{l}=\boldsymbol{e}_r\,\mathrm{d}r+\boldsymbol{e}_\theta r\,\mathrm{d}\theta+\boldsymbol{e}_\varphi r\sin\theta\,\mathrm{d}\varphi$
矢量面积元 $\mathrm{d}\boldsymbol{S}$	$\mathrm{d}\boldsymbol{S}=\boldsymbol{e}_x\,\mathrm{d}y\,\mathrm{d}z+\boldsymbol{e}_y\,\mathrm{d}z\,\mathrm{d}x$ $+\boldsymbol{e}_z\,\mathrm{d}x\,\mathrm{d}y$	$\mathrm{d}\boldsymbol{S}=\boldsymbol{e}_\rho\rho\,\mathrm{d}\varphi\,\mathrm{d}z+\boldsymbol{e}_\varphi\,\mathrm{d}z\,\mathrm{d}\rho$ $+\boldsymbol{e}_z\rho\,\mathrm{d}\rho\,\mathrm{d}\varphi$	$\mathrm{d}\boldsymbol{S}=\boldsymbol{e}_r r^2\sin\theta\,\mathrm{d}\theta\,\mathrm{d}\varphi$ $+\boldsymbol{e}_\theta r\sin\theta\,\mathrm{d}\varphi\,\mathrm{d}r$ $+\boldsymbol{e}_\varphi r\,\mathrm{d}r\,\mathrm{d}\theta$
体积元 $\mathrm{d}V$	$\mathrm{d}V=\mathrm{d}x\,\mathrm{d}y\,\mathrm{d}z$	$\mathrm{d}V=\rho\,\mathrm{d}\rho\,\mathrm{d}\varphi\,\mathrm{d}z$	$\mathrm{d}V=r^2\sin\theta\,\mathrm{d}r\,\mathrm{d}\theta\,\mathrm{d}\varphi$

附表 D-2　三种常用坐标系中坐标变量的转换关系

	直角坐标系	圆柱坐标系	球坐标系
直角坐标系		$x=\rho\cos\varphi$ $y=\rho\sin\varphi$ $z=z$	$x=r\sin\theta\cos\varphi$ $y=r\sin\theta\sin\varphi$ $z=r\cos\theta$
圆柱坐标系	$\rho=\sqrt{x^2+y^2}$ $\varphi=\arctan\dfrac{y}{x}$ $z=z$		$\rho=r\sin\theta$ $\varphi=\varphi$ $z=r\cos\theta$
球坐标系	$r=\sqrt{x^2+y^2+z^2}$ $\theta=\arctan\dfrac{\sqrt{x^2+y^2}}{z}$ $\varphi=\arctan\dfrac{y}{x}$	$r=\sqrt{\rho^2+z^2}$ $\theta=\arcsin\dfrac{\rho}{\sqrt{\rho^2+z^2}}$ $\varphi=\varphi$	

附表 D-3　三种常用坐标系中坐标单位矢量的转换关系

	直角坐标系	圆柱坐标系	球坐标系
直角坐标系		$\boldsymbol{e}_x=\boldsymbol{e}_\rho\cos\varphi-\boldsymbol{e}_\varphi\sin\varphi$ $\boldsymbol{e}_y=\boldsymbol{e}_\rho\sin\varphi+\boldsymbol{e}_\varphi\cos\varphi$ $\boldsymbol{e}_z=\boldsymbol{e}_z$	$\boldsymbol{e}_x=\boldsymbol{e}_r\sin\theta\cos\varphi+\boldsymbol{e}_\theta\cos\theta\cos\varphi-\boldsymbol{e}_\varphi\sin\varphi$ $\boldsymbol{e}_y=\boldsymbol{e}_r\sin\theta\sin\varphi+\boldsymbol{e}_\theta\cos\theta\sin\varphi+\boldsymbol{e}_\varphi\cos\varphi$ $\boldsymbol{e}_z=\boldsymbol{e}_r\cos\theta-\boldsymbol{e}_\theta\sin\theta$
圆柱坐标系	$\boldsymbol{e}_\rho=\boldsymbol{e}_x\cos\varphi+\boldsymbol{e}_y\sin\varphi$ $\boldsymbol{e}_\varphi=-\boldsymbol{e}_x\sin\varphi+\boldsymbol{e}_y\cos\varphi$ $\boldsymbol{e}_z=\boldsymbol{e}_z$		$\boldsymbol{e}_\rho=\boldsymbol{e}_r\sin\theta+\boldsymbol{e}_\theta\cos\theta$ $\boldsymbol{e}_\varphi=\boldsymbol{e}_\varphi$ $\boldsymbol{e}_z=\boldsymbol{e}_r\cos\theta-\boldsymbol{e}_\theta\sin\theta$
球坐标系	$\boldsymbol{e}_r=\boldsymbol{e}_x\sin\theta\cos\varphi+\boldsymbol{e}_y\sin\theta\sin\varphi+\boldsymbol{e}_z\cos\theta$ $\boldsymbol{e}_\theta=\boldsymbol{e}_x\cos\theta\cos\varphi+\boldsymbol{e}_y\cos\theta\sin\varphi-\boldsymbol{e}_z\sin\theta$ $\boldsymbol{e}_\varphi=-\boldsymbol{e}_x\sin\varphi+\boldsymbol{e}_y\cos\varphi$	$\boldsymbol{e}_r=\boldsymbol{e}_\rho\sin\theta+\boldsymbol{e}_z\cos\theta$ $\boldsymbol{e}_\theta=\boldsymbol{e}_\rho\cos\theta-\boldsymbol{e}_z\sin\theta$ $\boldsymbol{e}_\varphi=\boldsymbol{e}_\varphi$	

附录 E　梯度、散度、旋度以及拉普拉斯运算表达式

1. 正交曲线坐标系（$\hat{v}_1$，$\hat{v}_2$，$\hat{v}_3$）

$$\nabla=\boldsymbol{e}_{v_1}\frac{1}{h_1}+\boldsymbol{e}_{v_2}\frac{1}{h_2}+\boldsymbol{e}_{v_3}\frac{1}{h_3}$$

$$\nabla u=\boldsymbol{e}_{v_1}\frac{1}{h_1}\frac{\partial u}{\partial v_1}+\boldsymbol{e}_{v_2}\frac{1}{h_2}\frac{\partial u}{\partial v_2}+\boldsymbol{e}_{v_3}\frac{1}{h_3}\frac{\partial u}{\partial v_3}$$

$$\nabla \cdot \boldsymbol{F}=\frac{1}{h_1 h_2 h_3}\left[\frac{\partial}{\partial v_1}(h_2 h_3 F_1)+\frac{\partial}{\partial v_2}(h_3 h_1 F_2)+\frac{\partial}{\partial v_3}(h_1 h_2 F_3)\right]$$

$$\nabla \times \boldsymbol{F}=\frac{1}{h_1 h_2 h_3}\begin{vmatrix} h_1 \boldsymbol{e}_{v_1} & h_2 \boldsymbol{e}_{v_2} & h_3 \boldsymbol{e}_{v_3} \\ \dfrac{\partial}{\partial v_1} & \dfrac{\partial}{\partial v_2} & \dfrac{\partial}{\partial v_3} \\ h_1 F_1 & h_2 F_2 & h_3 F_3 \end{vmatrix}$$

$$\nabla^2 u=\nabla \cdot \nabla u=\frac{1}{h_1 h_2 h_3}\left[\frac{\partial}{\partial v_1}\left(\frac{h_2 h_3}{h_1}\frac{\partial u}{\partial v_1}\right)+\frac{\partial}{\partial v_2}\left(\frac{h_3 h_1}{h_2}\frac{\partial u}{\partial v_2}\right)+\frac{\partial}{\partial v_3}\left(\frac{h_1 h_2}{h_3}\frac{\partial u}{\partial v_3}\right)\right]$$

2. 直角坐标系($\boldsymbol{e}_x$，$\boldsymbol{e}_y$，$\boldsymbol{e}_z$)

$$\nabla u=\boldsymbol{e}_x \frac{\partial u}{\partial x}+\boldsymbol{e}_y \frac{\partial u}{\partial y}+\boldsymbol{e}_z \frac{\partial u}{\partial z}$$

$$\nabla \cdot \boldsymbol{F}=\frac{\partial F_x}{\partial x}+\frac{\partial F_y}{\partial y}+\frac{\partial F_z}{\partial z}$$

$$\nabla \times \boldsymbol{F}=\begin{vmatrix} \boldsymbol{e}_x & \boldsymbol{e}_y & \boldsymbol{e}_z \\ \dfrac{\partial}{\partial x} & \dfrac{\partial}{\partial y} & \dfrac{\partial}{\partial z} \\ F_x & F_y & F_z \end{vmatrix}$$

$$\nabla^2 u=\nabla \cdot \nabla u=\frac{\partial^2 u}{\partial x^2}+\frac{\partial^2 u}{\partial y^2}+\frac{\partial^2 u}{\partial z^2}$$

3. 圆柱坐标系($\boldsymbol{e}_\rho$，$\boldsymbol{e}_\varphi$，$\boldsymbol{e}_z$)

$$\nabla u=\boldsymbol{e}_\rho \frac{\partial u}{\partial \rho}+\boldsymbol{e}_\varphi \frac{1}{\rho}\frac{\partial u}{\partial \varphi}+\boldsymbol{e}_z \frac{\partial u}{\partial z}$$

$$\nabla \cdot F=\frac{1}{\rho}\frac{\partial}{\partial \rho}(\rho F_\rho)+\frac{1}{\rho}\frac{\partial F_\varphi}{\partial \varphi}+\frac{\partial F_z}{\partial z}$$

$$\nabla \times \boldsymbol{F}=\boldsymbol{e}_\rho\left(\frac{1}{\rho}\frac{\partial F_z}{\partial \varphi}-\frac{\partial F_\varphi}{\partial z}\right)+\boldsymbol{e}_\varphi\left(\frac{\partial F_\rho}{\partial z}-\frac{\partial F_z}{\partial \rho}\right)+\boldsymbol{e}_z\left(\frac{1}{\rho}\frac{\partial}{\partial \rho}(\rho F_\varphi)-\frac{1}{\rho}\frac{\partial F_\rho}{\partial \varphi}\right)$$

$$\nabla^2 u=\frac{1}{\rho}\frac{\partial}{\partial \rho}\left(\rho \frac{\partial u}{\partial \rho}\right)+\frac{1}{\rho^2}\frac{\partial^2 u}{\partial \varphi^2}+\frac{\partial^2 u}{\partial z^2}$$

4. 球坐标系($\boldsymbol{e}_r$，$\boldsymbol{e}_\theta$，$\boldsymbol{e}_\varphi$)

$$\nabla u=\boldsymbol{e}_r \frac{\partial u}{\partial r}+\boldsymbol{e}_\theta \frac{1}{r}\frac{\partial u}{\partial \theta}+\boldsymbol{e}_\varphi \frac{1}{r \sin\theta}\frac{\partial u}{\partial \varphi}$$

$$\nabla \cdot \boldsymbol{F}=\frac{1}{r^2}\frac{\partial}{\partial r}(r^2 F_r)+\frac{1}{r \sin\theta}\frac{\partial}{\partial \theta}(F_\theta \sin\theta)+\frac{1}{r \sin\theta}\frac{\partial F_\varphi}{\partial \varphi}$$

$$\nabla \times \boldsymbol{F}=\boldsymbol{e}_r \frac{1}{r \sin\theta}\left(\frac{\partial}{\partial \theta}(F_\varphi \sin\theta)-\frac{\partial F_\theta}{\partial \varphi}\right)+\boldsymbol{e}_\theta \frac{1}{r}\left(\frac{1}{\sin\theta}\frac{\partial F_r}{\partial \varphi}-\frac{\partial}{\partial r}(rF_\varphi)\right)$$
$$+\boldsymbol{e}_\varphi \frac{1}{r}\left(\frac{\partial}{\partial r}(rF_\theta)-\frac{\partial F_r}{\partial \theta}\right)$$

$$\nabla^2 u=\frac{1}{r^2}\frac{\partial}{\partial r}\left(r^2 \frac{\partial u}{\partial r}\right)+\frac{1}{r^2 \sin\theta}\frac{\partial}{\partial \theta}\left(\sin\theta \frac{\partial u}{\partial \theta}\right)+\frac{1}{r^2 \sin^2\theta}\frac{\partial^2 u}{\partial \varphi^2}$$

附录 F　常用材料的特性

附表 F-1　常用导体材料的特性

材料	电导率 σ/S·m^{-1}	磁导率 μ/H·m^{-1}	趋肤深度 δ/μm	表面电阻 R_S/Ω
银	6.1×10^{7}	$4\pi\times10^{-7}$	$0.37\sqrt{\lambda(\text{cm})}$	$\frac{0.044}{\sqrt{\lambda(\text{cm})}}$
铜	5.5×10^{7}	$4\pi\times10^{-7}$	$0.39\sqrt{\lambda(\text{cm})}$	$\frac{0.047}{\sqrt{\lambda(\text{cm})}}$
铝	3.2×10^{7}	$4\pi\times10^{-7}$	$0.5\sqrt{\lambda(\text{cm})}$	$\frac{0.061}{\sqrt{\lambda(\text{cm})}}$
黄铜	1.6×10^{7}	$4\pi\times10^{-7}$	$0.73\sqrt{\lambda(\text{cm})}$	$\frac{0.086}{\sqrt{\lambda(\text{cm})}}$

附表 F-2　常用介质材料的特性

特　性 材 料	λ=10 cm		λ=3 cm		热传导率(25℃) W/(cm·℃)	热膨胀系数 10^{-6}℃
	ε_r	tanδ*	ε_r	tanδ		
聚四氟乙烯	2.08	0.4×10^{-3}	2.1	0.4×10^{-3}		
聚乙烯	2.26	0.4×10^{-3}	2.26	0.5×10^{-3}		
聚苯乙烯	2.55	0.5×10^{-3}	2.55	0.7×10^{-3}		
夹布胶木			3.67	0.6×10^{-3}		
石英	3.78	0.1×10^{-3}	3.80	0.1×10^{-3}	0.0008	0.55
氧化铍(99.5%)			6.0	0.3×10^{-3}	0.13	6.0
氧化铍(99%)			6.1	0.1×10^{-3}		
氧化铝(96%)			8.9	0.6×10^{-3}	0.02	6.0
氧化铝(99%)			9.0	0.1×10^{-3}		
氧化铝(99.6%)			9.5～9.6	0.2×10^{-3}	0.02	
氧化铝(99.9%)			9.9	0.025×10^{-3}	0.02	
尖晶石			9	$10^{-4}\sim10^{-3}$	0.01	7
蓝宝石			9.3～11.7	0.1×10^{-3}	0.02	5.0～6.6
石榴石铁氧体			13～16	0.2×10^{-3}	0.03	
砷化钛			73.3	1.6×10^{-3}		
二氧化钛			85	0.4×10^{-3}	0.002	8.3
金红石			100	0.4×10^{-3}		

附录 G　国产矩形波导管参数表

型号	频率范围/GHz	内截面尺寸/mm					壁厚/mm	外截面尺寸/mm					
		a	b	偏差(±)		r		A	B	偏差(±)		R	R
				Ⅱ级	Ⅲ级	max						min	max
BJ-8	0.64～0.98	292.0	146.0	0.4	0.8	1.5	3	298.0	152.0	0.4	0.8	1.6	2.1
BJ-9	0.76～1.15	247.6	123.8	0.4	0.8	1.2	3	253.6	129.8	0.4	0.8	1.6	2.1
BJ-12	0.96～1.46	195.6	97.8	0.4	0.8	1.2	3	201.6	103.8	0.4	0.8	1.6	2.1
BJ-14	1.14～1.73	165.0	82.5	0.4	0.6	1.2	2	169.0	86.5	0.3	0.6	1.0	1.5
BJ-18	1.45～2.20	129.6	64.8	0.3	0.5	1.2	2	133.6	68.8	0.3	0.5	1.0	1.5
BJ-22	1.72～2.61	109.2	54.6	0.2	0.4	1.2	2	113.2	58.6	0.2	0.4	1.0	1.5
BJ-26	2.17～3.30	86.40	43.20	0.17	0.3	1.2	2	90.40	47.20	0.2	0.3	1.0	1.5
BJ-32	2.60～3.95	72.14	34.04	0.14	0.24	1.2	2	76.14	38.04	0.14	0.28	1.0	1.5
BJ-40	3.22～4.90	58.20	29.10	0.12	0.20	1.2	1.5	61.20	32.10	0.15	0.20	0.8	1.5
BJ-48	3.94～5.99	47.55	22.15	0.10	0.15	0.8	1.5	50.55	25.15	0.10	0.20	0.8	1.3
BJ-58	4.64～7.05	40.40	20.20	0.8	0.14	0.8	1.5	43.40	23.20	0.10	0.20	0.8	1.3
BJ-70	5.38～8.17	34.85	15.80	0.7	0.12	0.8	1.5	37.85	18.80	0.10	0.20	0.8	1.3
BJ-84	6.57～9.99	28.50	12.60	0.06	0.10	0.8	1.5	31.50	15.60	0.07	0.15	0.8	1.3
BJ-100	8.20～12.5	22.86	10.67	0.05	0.07	0.8	1	24.86	12.16	0.06	0.10	0.65	1.3
BJ-120	9.84～15.5	19.05	9.52	0.04	0.06	0.8	1	21.05	11.52	0.05	0.10	0.5	1.15
BJ-140	11.9～18.0	15.80	7.90	0.03	0.05	0.4	1	17.80	9.90	0.05	0.10	0.5	1.15
BJ-180	14.5～22.0	12.96	6.48	0.03	0.05	0.4	1	14.96	8.48	0.05	0.10	0.5	1.0
BJ-220	17.6～26.7	10.67	4.32	0.02	0.04	0.4	1	12.67	6.32	0.05	0.10	0.5	1.0
BJ-260	21.7～33.0	8.64	4.32	0.02	0.04	0.4	1	10.64	6.32	0.05	0.10	0.5	1.0
BJ-320	26.4～40.0	7.112	3.556	0.02	0.04	0.4	1	9.11	5.56	0.05	0.10	0.5	1.0
BJ-400	32.9～50.1	5.690	2.845	0.02	0.04	0.3	1	7.69	4.85	0.05	0.10	0.5	1.0
BJ-500	39.2～59.6	4.775	2.388	0.02	0.04	0.3	1	6.78	4.39	0.05	0.10	0.5	1.0
BJ-620	49.8～75.8	3.759	1.880	0.02	0.04	0.2	1	5.76	3.88	0.05	0.10	0.5	1.0
BJ-740	60.5～91.9	3.099	1.549	0.02	0.04	0.15	1	5.10	3.55	0.05	0.10	0.5	1.0
BJ-900	73.8～112	2.540	1.270	0.02	0.04	0.15	1	4.54	3.27	0.05	0.10	0.5	1.0
BJ-1200	92.2～140	2.032	1.016	0.02	0.20	0.15	1	4.03	3.02	0.05	0.10	0.5	1.0
BB-22	1.72～2.61	109.2	13.10	0.10	0.20	1.2	2	113.2	17.1	0.22	0.44	1.0	1.5
BB-26	2.17～3.30	84.6	10.40	0.09	0.15	1.2	2	90.4	14.4	0.17	0.34	1.0	1.5
BB-32	2.60～3.95	72.14	8.60	0.07	0.12	1.2	2	76.14	12.60	0.14	0.28	1.0	1.5
BB-40	3.22～4.90	58.20	7.00	0.06	0.10	1.2	1.5	61.20	10.0	0.12	0.24	0.8	1.3
BB-48	3.94～5.99	47.55	5.70	0.05	0.10	0.8	1.5	50.55	8.70	0.10	0.20	0.8	1.3
BB-58	4.64～7.05	40.40	5.00	0.04	0.08	0.8	1.5	43.40	8.00	0.08	0.16	0.8	1.3
BB-70	5.38～8.17	34.85	5.00	0.04	0.08	0.8	1.5	37.85	8.00	0.07	0.14	0.8	1.3
BB-84	6.57～9.99	28.50	5.00	0.03	0.06	0.8	1.5	31.50	8.00	0.06	0.12	0.8	1.3
BB-100	8.20～12.5	22.86	5.00	0.02	0.04	0.8	1	24.86	7.00	0.05	0.10	0.65	1.15

注：

(1) 波导管的型号：第一个字母 B 表示波导管；第二个字母 J 表示矩形截面，B 表示扁矩形截面；阿拉伯数字表示波导管中心工作频率，单位为百兆赫兹；罗马字母表示波导管精度等级。

例如：BJ-32-Ⅱ表示矩形波导管中心工作频率为 32 百兆赫，Ⅱ级精度。

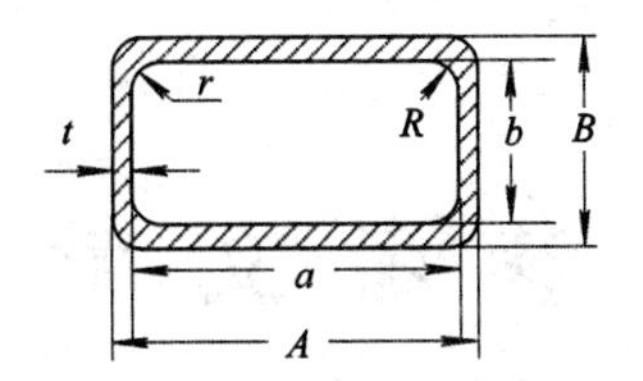

(2) 波导管表面粗糙度标准如下：

BJ - 8～BJ - 14　　不高于$\overset{0.8}{\nabla}$

BJ - 18～BJ - 58　　不高于$\overset{0.4}{\nabla}$

BJ - 70～BJ - 260　　不高于$\overset{0.2}{\nabla}$

BJ - 320～BJ - 1200　　不高于$\overset{0.1}{\nabla}$

BB - 22～BB - 58　　不高于$\overset{0.4}{\nabla}$

BB - 70～BB - 100　　不高于$\overset{0.2}{\nabla}$

(3) 波导管应用黄铜 H96 制造。

(4) 制造长度如下：

BJ - 3～BJ - 140：3 m

BJ - 180～BJ - 260：3 m

BJ - 320～BJ - 1200：1.5 m

附录 H　常用同轴射频电缆特性参数

型　号	内导体结构/mm		绝缘外径/mm	电缆外径/mm	特性阻抗		衰减不大于/dB·m^{-1}		电容不小于	试验电压/kV	电晕电压/kV
	根数×直径	外径			不小于	不大于	3 MHz	10 MHz	/pF·m^{-1}		
SWY - 50 - 2	1×0.68	0.68	2.2±0.1	4.0±0.3	47.5	52.5	2.0	4.3	115	3	1.5
SWY - 50 - 3	1×0.90	0.90	3.0±0.2	5.3±0.3	47.5	52.5	1.7	3.9	110	4	2
SWY - 50 - 5	1×1.37	1.37	4.6±0.2	9.6±0.6	47.5	52.5	1.4	3.5	110	6	3
SWY - 50 - 7 - 1	7×0.76	2.28	7.3±0.3	10.3±0.6	47.5	52.5	1.25	3.5	115	10	4
SWY - 50 - 7 - 2	7×0.76	2.28	7.3±0.3	11.1±0.6	47.5	52.5	1.25	3.2	115	10	4
SWY - 50 - 9	7×0.95	2.85	9.2±0.5	12.8±0.8	47.5	52.5	0.85	2.5	115	10	4.5
SWY - 50 - 11	7×1.13	3.93	11.0±0.6	14.0±0.8	47.5	52.5	0.85	2.5	115	14	5.5
SWY - 75 - 5 - 1	1×1.72	0.72	4.6±0.2	7.3±0.4	72	78	1.3	3.3	75	5	2
SWY - 75 - 5 - 2	7×0.26	0.78	4.6±0.2	7.3±0.4	72	78	1.5	3.6	76	5	2
SWY - 75 - 7	7×0.40	1.20	7.3±0.3	10.3±0.6	72	78	1.1	2.7	76	8	3
SWY - 75 - 9	1×1.37	1.37	9.0±0.4	12.6±0.8	72	78	0.8	2.4	70	10	4.5
SWY - 100 - 2	1×0.60	0.60	7.3±0.3	10.3±0.6	95	105	1.2	2.8	57	6	3

注：例如型号 SWY - 50 - 7 - 1 中各符号的含义如下：

S 表示同轴射频电缆；W 表示聚乙烯绝缘材料；Y 表示聚乙烯护层；50 表示特性阻抗为 50 Ω；7 表示芯线绝缘外径为 7 mm；1 表示结构序号。

参 考 文 献

[1] 谢处方，饶克谨．电磁场与电磁波．北京：人民教育出版社，1979.
[2] 毕德显．电磁场理论．北京：电子工业出版社，1985.
[3] 牛中奇，朱满座，卢志远，等．电磁场与电磁波简明教程．西安：西安电子科技大学出版社，1998.
[4] 马西奎，刘补生，邱捷，等．电磁场重点难点及典型题精解．西安：西安交通大学出版社，2000.
[5] 王增和，王培章，卢春兰．电磁场与电磁波．北京：电子工业出版社，2001.
[6] 王家礼，朱满座，路宏敏．电磁场与电磁波．2 版．西安：西安电子科技大学出版社，2004.
[7] 周希朗．电磁场理论与微波技术基础解题指导．南京：东南大学出版社，2005.
[8] 冯恩信．电磁场与电磁波 .2 版．西安：西安交通大学出版社，2005.
[9] 戴晴．电磁场与电磁波：典型题解析与实战模拟．长沙：国防科技大学出版社，2005.
[10] 焦其祥，李莉，高泽华，等．电磁场与电磁波．北京：科学出版社，2006.
[11] 梁昌洪，谢拥军，官伯然．简明微波．北京：高等教育出版社，2006.
[12] 沈熙宁．电磁场与电磁波．北京：科学出版社，2006.
[13] Bhag Singh Guru，Hiziroglu Huseyin R. 电磁场与电磁波．2 版．周克定，译．北京：机械工业出版社，2006.
[14] 廖承恩．微波技术基础．北京：国防工业出版社，1984.
[15] 吴明英，毛秀华．微波技术．西安：西北电讯工程学院出版社，1985.